W0263650

DIE GRUNDLEHREN DER
MATHEMATISCHEN WISSENSCHAFTEN

IN EINZELDARSTELLUNGEN MIT BESONDERER BERÜCKSICHTIGUNG DER ANWENDUNGSGEBIETE

HERAUSGEGEBEN VON

W. BLASCHKE · R. GRAMMEL · E. HOPF · F. K. SCHMIDT
B. L. VAN DER WAERDEN

BAND I

VORLESUNGEN ÜBER DIFFERENTIALGEOMETRIE

VON

WILHELM BLASCHKE

BERLIN

SPRINGER-VERLAG

1945

VORLESUNGEN ÜBER

DIFFERENTIAL-GEOMETRIE

VON

WILHELM BLASCHKE

I

ELEMENTARE DIFFERENTIALGEOMETRIE

VIERTE, UNVERÄNDERTE AUFLAGE

MIT 35 TEXTFIGUREN

BERLIN

SPRINGER · VERLAG

1945

ISBN 978-3-642-98800-4
DOI 10.1007/978-3-642-99615-3
ISBN 978-3-642-99615-3 (eBook)

mitgeteilt wurden, sei insbesondere erwähnt, daß an Stelle der Figur 27a auf Seite 229, wie schon 1925 J. HJELMSLEV richtig angegeben hat, die folgende zu setzen ist.

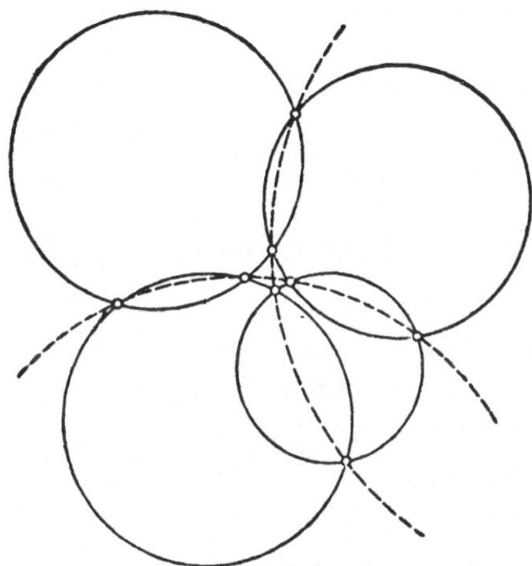

Der Herausgeber der dritten Auflage, mein Freund GERHARD THOMSEN, ist 1934 freiwillig aus dem Leben geschieden.

Später hoffe ich, in einer „Einführung in die Differentialgeometrie" das Verfahren mittels der Formen von PFAFF nach E. CARTAN darstellen zu können, ähnlich wie ich in meinem Büchlein von 1942 die „Nicht-Euklidische Geometrie" erläutert habe.

Hamburg, im November 1944.

W. BLASCHKE.

Vorwort zur vierten Auflage.

Dieses Lehrbuch umfaßt drei Bände. Der erste bringt eine Einführung in die „elementare", das heißt bewegungsinvariante Differentialgeometrie, der zweite eine Darstellung neuerer Untersuchungen über *affine Differentialgeometrie*, der dritte ist den *konformen und verwandten Kugelgeometrien* gewidmet.

Die Differentialgeometrie untersucht die Eigenschaften der krummen Linien und Flächen im unendlich Kleinen. Die verschiedenen Wendungen des Begriffs „Krümmung" stehen dabei im Vordergrund, so daß man auch von „Krümmungstheorie" spricht. Im Gegensatz dazu betrachtet man in der algebraischen Geometrie die geometrischen Gebilde von vornherein in ihrer Gesamterstreckung. Indessen verzichtet auch die Differentialgeometrie durchaus nicht auf das Studium der geometrischen Figuren im ganzen und die Fragen der „Differentialgeometrie im großen", die die mikroskopischen mit den makroskopischen Eigenschaften verknüpfen, gehören zu den reizvollsten, allerdings auch zu den schwierigsten Fragen unserer Wissenschaft.

Die Krümmungstheorie erscheint, wenn man erst die Fesseln der Dimensionenzahl Drei und der Maßbestimmung EUKLIDs zerrissen hat, nicht mehr bloß als ein eng begrenztes Teilgebiet der Mathematik, sondern sie umfaßt einen erheblichen Teil der theoretischen Physik. Aus diesem weiten Gebiete soll in diesem Buch, das aus Vorlesungen in Tübingen und Hamburg entstanden ist, ein Ausschnitt geboten werden, der nicht allein im Werdegang der Anwendungen der Analysis auf die Geometrie, sondern auch in Geschmack und Arbeitsrichtung des Verfassers begründet ist. Als Leitstern wird uns F. KLEINs Erlanger Programm dienen. Ferner sollen besonders die Beziehungen zur Variationsrechnung gepflegt werden.

Die neue vierte Auflage mußte wegen des Krieges als unveränderter Abdruck der dritten erscheinen. Von Mängeln, die mir inzwischen

Inhaltsverzeichnis.

Einleitung. Vektoren.

§ 1. Skalare Produkte.

Wir führen im Raume ein kartesisches Koordinatensystem ein, dessen Achsen so liegen, wie das in der Fig. 1 angedeutet ist. Die drei Koordinaten eines Punktes $\mathfrak{x}$ bezeichnen wir mit x_1, x_2, x_3. Alle betrachteten Punkte setzen wir zunächst als reell voraus.

Zwei in bestimmter Reihenfolge genommene Punkte $\mathfrak{x}$ und $\mathfrak{y}$ des Raumes mit den Koordinaten x_1, x_2, x_3, und y_1, y_2, y_3 bestimmen eine von $\mathfrak{x}$ nach $\mathfrak{y}$ führende gerichtete Strecke. Zwei zu den Punktepaaren $\mathfrak{x}$, $\mathfrak{y}$ und $\bar{\mathfrak{x}}$, $\bar{\mathfrak{y}}$ gehörende gerichtete Strecken sind dann und nur dann gleichsinnig parallel und gleichlang,

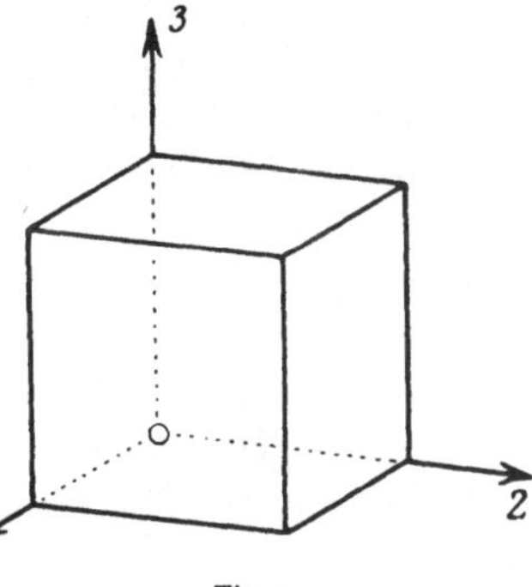

Fig. 1.

wenn die entsprechenden Koordinatendifferenzen alle übereinstimmen:

$$(1) \qquad y_i - x_i = \bar{y}_i - \bar{x}_i \quad (i = 1, 2, 3) .$$

Wir bezeichnen das System aller von den sämtlichen Punkten des Raumes auslaufenden gerichteten Strecken von einer und derselben festen Richtung, demselben Sinn und der gleichen Länge als einen *Vektor*. Da für diese Strecken die Koordinatendifferenzen der beiden Endpunkte immer die gleichen sind, können wir diese drei Differenzen dem Vektor als seine *Koordinaten* (oder *Komponenten*, wie man auch sagt) zuordnen, und zwar entsprechen die verschiedenen Systeme der als Vektorkoordinaten genommenen Zahlentripel eineindeutig den verschiedenen Vektoren. An den Vektoren ist bemerkenswert, daß ihre Koordinaten sich bei einer Parallelverschiebung des Koordinatensystems nicht ändern im Gegensatz zu den Koordinaten der Punkte. Eine Parallelverschiebung des Koordinatensystems ist durch die Formeln

$$(2) \qquad x_i^* = x_i + a_i \quad (i = 1, 2, 3)$$

gegeben, wo x_i die alten und x_i^* die neuen Koordinaten sind, die a_i aber für den ganzen Raum feste Konstante. In der Tat heben sich ja die a_i bei Bildung der Differenzen z. B. in (1) fort.

Gleichungen der Art (2), die in allen Koordinaten dieselbe Gestalt haben, wollen wir abkürzend in der Form

$$(3) \qquad \mathfrak{x}^* = \mathfrak{x} + \mathfrak{a}$$

schreiben, indem wir die Fußmarken weglassen und statt der lateinischen Buchstaben der Koordinaten die deutschen (Frakturbuchstaben) schreiben. Diese Schreibweise benutzen wir für die Koordinaten der Punkte wie auch der Vektoren. Einen Vektor mit den Koordinaten a_i bezeichnen wir dann auch als Vektor $\mathfrak{a}$. Offenbar ist in (3) $\mathfrak{a}$ der Vektor, um den alle Punkte gleichzeitig parallel verschoben werden. Die Koordinaten x_i eines Punktes $\mathfrak{x}$ können wir auffassen als die Koordinaten des Vektors, der vom Koordinatenursprung mit den Koordinaten $(0,0,0)$ nach $\mathfrak{x}$ führt. Wir sprechen dann mit einem gewissen Mangel an Folgerichtigkeit auch von dem Vektor $\mathfrak{x}$ dieses Punktes. Dabei ist aber zu bemerken, daß dieser „Vektor" des Punktes $\mathfrak{x}$ wesentlich abhängt von der Wahl des Ursprungs und sich bei Parallelverschiebung des Koordinatensystems ändert. Ein Vektor im wirklichen Sinne, der sich bei einer solchen Parallelverschiebung nicht ändert, wird erst durch *zwei* Punkte mittels ihrer Koordinatendifferenzen bestimmt. Im folgenden werden wir diesen Unterschied zwischen Punkten und Vektoren nicht weiter in der Bezeichnungsweise hervorheben und für beide deutsche Buchstaben gebrauchen.

Gelten für drei Vektoren $\mathfrak{a}$, $\mathfrak{b}$ und $\mathfrak{c}$ die Gleichungen $c_i = a_i + b_i$ oder

$$(4) \qquad \mathfrak{c} = \mathfrak{a} + \mathfrak{b},$$

so bezeichnet man $\mathfrak{c}$ als die *Summe von $\mathfrak{a}$ und $\mathfrak{b}$*. Als *Produkt eines Vektors* $\mathfrak{v}$ mit einer Zahl c erklären wir den Vektor mit den Koordinaten $c \cdot v_i$. Den Ausdruck

$$(5) \qquad \mathfrak{x}\mathfrak{y} = x_1 y_1 + x_2 y_2 + x_3 y_3$$

für zwei Vektoren $\mathfrak{x}$ und $\mathfrak{y}$ nennt man ihr *skalares Produkt*. Wir kürzen diesen Ausdruck einfach durch das Symbol $\mathfrak{x}\mathfrak{y}$ ab. Oft werden wir auch Klammern setzen: $(\mathfrak{x}\mathfrak{y})$. Die zu der Bilinearform (5) gehörige quadratische Form

$$(6) \qquad \mathfrak{x}\mathfrak{x} = x_1^2 + x_2^2 + x_3^2$$

bezeichnen wir als das *skalare Quadrat* von $\mathfrak{x}$ und schreiben statt $\mathfrak{x}\mathfrak{x}$ auch $\mathfrak{x}^2$. Nehmen wir den Vektor $\mathfrak{y} - \mathfrak{z}$, der durch die Koordinatendifferenzen der Punkte $\mathfrak{y}$ und $\mathfrak{z}$ bestimmt wird, so schreiben wir für sein skalares Quadrat $(\mathfrak{y} - \mathfrak{z})^2$ oder $(\mathfrak{y} - \mathfrak{z})(\mathfrak{y} - \mathfrak{z})$. Entsprechend setzen wir z. B. für das skalare Produkt zweier durch zwei Punktepaare $\mathfrak{a}$, $\mathfrak{b}$, und $\mathfrak{c}$, $\mathfrak{d}$ gebildeter Vektoren $(\mathfrak{a} - \mathfrak{b})$ und $(\mathfrak{c} - \mathfrak{d})$:

$$(7) \qquad \begin{aligned} &(\mathfrak{a} - \mathfrak{b})(\mathfrak{c} - \mathfrak{d}) \\ &= (a_1 - b_1)(c_1 - d_1) + (a_2 - b_2)(c_2 - d_2) + (a_3 - b_3)(c_3 - d_3). \end{aligned}$$

Man bestätigt ferner durch ausführliche Berechnung in Koordinaten die folgenden Rechenregeln:

$$(8) \qquad \begin{aligned} (\mathfrak{x} + \mathfrak{y}) + \mathfrak{z} &= \mathfrak{x} + (\mathfrak{y} + \mathfrak{z}), \\ \mathfrak{y} + \mathfrak{z} &= \mathfrak{z} + \mathfrak{y}, \\ \mathfrak{y}\mathfrak{z} &= \mathfrak{z}\mathfrak{y}. \end{aligned}$$

Es kommt also auf die Reihenfolge der Vektoren bei Addition und skalarem Produkt nicht an. Ferner gilt:

$$(9) \qquad \mathfrak{x}(\mathfrak{y}+\mathfrak{z}) = \mathfrak{x}\mathfrak{y}+\mathfrak{x}\mathfrak{z}$$

und daher

$$(10) \qquad (\mathfrak{y}+\mathfrak{z})^2 = \mathfrak{y}\mathfrak{y}+2\mathfrak{y}\mathfrak{z}+\mathfrak{z}\mathfrak{z}\,.$$

Eine Vektorgleichung der Form

$$(11) \qquad \mathfrak{d} = A\mathfrak{a}+B\mathfrak{b}+C\mathfrak{c}\,.$$

mit Koeffizienten A, B, C können wir mit einem weiteren Vektor $\mathfrak{v}$ „skalar multiplizieren" und erhalten dann:

$$(12) \qquad (\mathfrak{v}\mathfrak{d}) = A\,(\mathfrak{v}\mathfrak{a})+B\,(\mathfrak{v}\mathfrak{b})+C\,(\mathfrak{v}\mathfrak{c})\,.$$

Diese Rechenregel werden wir besonders häufig anwenden. Für die eingeführte Produktbildung zweier Vektoren gilt aber natürlich nicht das assoziative Gesetz $(\mathfrak{x}\mathfrak{y})\mathfrak{z} = \mathfrak{x}(\mathfrak{y}\mathfrak{z})$.

In der analytischen Geometrie zeigt man, daß

$$(13) \qquad \mathfrak{x}\mathfrak{x} = \mathfrak{x}^2 = l^2$$

das *Quadrat der Länge l* des Vektors $\mathfrak{x}$, d. h. der zugehörigen Strecken ist und ferner, daß für den *Winkel φ, $0 \leqq \varphi < \pi$*, der durch die beiden Vektoren $\mathfrak{y}$ und $\mathfrak{z}$ gegebenen Richtungen die Formel

$$(14) \qquad \cos\varphi = \frac{(\mathfrak{y}\mathfrak{z})}{\big|\,\sqrt{(\mathfrak{y}\mathfrak{y})\,(\mathfrak{z}\mathfrak{z})}\,\big|}$$

gilt, wie aus (13) mittels des Kosinussatzes leicht folgt. Die senkrechten Striche im Nenner deuten an, daß die positive Wurzel zu nehmen ist. Die Bedingung für das Senkrechtstehen zweier Vektoren ist also durch

$$(15) \qquad \mathfrak{y}\mathfrak{z} = 0$$

gegeben. Allgemein bedeutet nach (13), (14) das skalare Produkt $\mathfrak{y}\mathfrak{z}$ das mit geeignetem Vorzeichen genommene *Produkt der Längen der Vektoren $\mathfrak{y}$ und $\mathfrak{z}$ mal dem Kosinus des eingeschlossenen Winkels.*

Im Gegensatz zu den einzelnen Koordinaten der Vektoren, die sich bei Drehungen des Koordinatensystems ändern, *sind die skalaren Produkte* (und Quadrate) *vom Koordinatensystem ganz unabhängige Größen,* wie daraus hervorgeht, daß sie eine vom Koordinatensystem unabhängige geometrische Bedeutung besitzen. Bildet man also etwa für einen und denselben Vektor in den Koordinaten, die er in zwei verschiedenen Systemen besitzt, jedesmal das skalare Quadrat, so erhält man beide Male denselben Wert. Die skalaren Produkte sind, wie man sagt, *„invariant"* gegenüber Koordinatentransformation. Die Vektoren bilden ein zweckmäßiges Durchgangsstadium, um aus den Koordinaten gegebener Punkte Ausdrücke zu bilden, die vom Koordinatensystem nicht abhängen, die also eine von diesem unabhängige geometrische Bedeutung besitzen. Denn indem man von den Koordinaten der Punkte zu den Koordinatendifferenzen der Punktepaare, also zu Vektoren übergeht, erhält man Ausdrücke, die schon von den Parallelverschiebungen des Koordinatensystems nicht mehr abhängen; durch die Bildung der skalaren Produkte schaltet man dann aber auch noch die Drehungen aus.

Zum Unterschied von den in den Begriff der Vektoren zusammengefaßten Größentripeln wollen wir einfache, nur aus einer Zahl bestehende Größen als *skalare Größen* bezeichnen.

Gelegentlich werden wir für Vektoren auch griechische Buchstaben einführen.

§ 2. Determinanten und Vektorprodukte.

Ein weiterer invarianter Ausdruck, den man bilden kann, ist die dreireihige *Determinante* aus drei Vektoren $\mathfrak{x}$, $\mathfrak{y}$ und $\mathfrak{z}$

$$(16) \qquad (\mathfrak{x}, \mathfrak{y}, \mathfrak{z}) = (\mathfrak{x}\,\mathfrak{y}\,\mathfrak{z}) = \begin{vmatrix} x_1 & y_1 & z_1 \\ x_2 & y_2 & z_2 \\ x_3 & y_3 & z_3 \end{vmatrix}.$$

Diese Determinante ist, wie man in der analytischen Geometrie lehrt, gleich dem mit einem geeigneten Vorzeichen versehenen *Rauminhalt des Parallelflachs* über den drei Vektoren $\mathfrak{x}$, $\mathfrak{y}$ und $\mathfrak{z}$.

Von den Rechenregeln, die für Determinanten gelten, seien als Beispiele nur angemerkt:

$$(17) \qquad \begin{aligned} &+ (\mathfrak{x}, \mathfrak{y}, \mathfrak{z}) = + (\mathfrak{y}, \mathfrak{z}, \mathfrak{x}) = + (\mathfrak{z}, \mathfrak{x}, \mathfrak{y}) = \\ &- (\mathfrak{x}, \mathfrak{z}, \mathfrak{y}) = - (\mathfrak{z}, \mathfrak{y}, \mathfrak{x}) = - (\mathfrak{y}, \mathfrak{x}, \mathfrak{z}) \end{aligned}$$

und

$$(18) \qquad (\mathfrak{x} + \mathfrak{a},\ \mathfrak{y}, \mathfrak{z}) = (\mathfrak{x}, \mathfrak{y}, \mathfrak{z}) + (\mathfrak{a}, \mathfrak{y}, \mathfrak{z}),$$

sowie

$$(19) \qquad (\varrho \cdot \mathfrak{x}, \mathfrak{y}, \mathfrak{z}) = \varrho \cdot (\mathfrak{x}, \mathfrak{y}, \mathfrak{z}).$$

wenn ϱ ein skalarer Faktor ist.

Ferner gilt nach dem Multiplikationssatz der Determinanten für das *Produkt zweier Determinanten* die Formel

$$(20) \qquad (\mathfrak{x}, \mathfrak{y}, \mathfrak{z})\,(\mathfrak{x}', \mathfrak{y}', \mathfrak{z}') = \begin{vmatrix} \mathfrak{x}\mathfrak{x}' & \mathfrak{x}\mathfrak{y}' & \mathfrak{x}\mathfrak{z}' \\ \mathfrak{y}\mathfrak{x}' & \mathfrak{y}\mathfrak{y}' & \mathfrak{y}\mathfrak{z}' \\ \mathfrak{z}\mathfrak{x}' & \mathfrak{z}\mathfrak{y}' & \mathfrak{z}\mathfrak{z}' \end{vmatrix}$$

wo rechts die Determinante aus den 3×3 skalaren Produkten steht.

Man ordnet zwei Vektoren $\mathfrak{x}$ und $\mathfrak{y}$ einen dritten $\mathfrak{z}$ als ihr „*Vektorprodukt*" oder „*äußeres Produkt*" zu nach den Formeln

$$
\begin{aligned}
z_1 &= x_2 y_3 - x_3 y_2 \\
z_2 &= x_3 y_1 - x_1 y_3 , \\
z_3 &= x_1 y_2 - x_2 y_1 .
\end{aligned}
\tag{21}
$$

Für (21) schreibt man eine „Vektorgleichung"

$$
\mathfrak{z} = \mathfrak{x} \times \mathfrak{y} ,
\tag{22}
$$

wobei das Zeichen $\times$ die Bildung des Vektorprodukts andeutet. Bekanntlich läßt sich der Produktvektor $\mathfrak{z}$ geometrisch durch die Eigenschaften erklären: 1. $\mathfrak{z}$ steht auf $\mathfrak{x}$ und $\mathfrak{y}$ senkrecht, 2. die Länge von $\mathfrak{z}$ ist gleich dem Flächeninhalt des Parallelogramms mit den Seiten $\mathfrak{x}$ und $\mathfrak{y}$, 3. der Sinn von $\mathfrak{z}$ ist so zu wählen, daß die drei Vektoren $\mathfrak{x}$, $\mathfrak{y}$ und $\mathfrak{z}$ in dieser Reihenfolge ebenso aufeinander folgen wie die Koordinatenachsen (vgl. Fig. 1). Der Produktvektor $\mathfrak{z}$ ist den Vektoren $\mathfrak{x}$ und $\mathfrak{y}$ also auf eine rein geometrische Weise zugeordnet, er ist, wie man sagt, „mit den Vektoren $\mathfrak{x}$ und $\mathfrak{y}$ auf eine gegenüber Koordinatentransformationen invariante Weise verknüpft". Für die Vektorprodukte gelten, wie man sofort sieht, die Rechenregeln:

$$
\mathfrak{x} \times \mathfrak{y} = - \mathfrak{y} \times \mathfrak{x} .
\tag{23}
$$

In einem Vektorprodukt sind also die Vektoren nicht vertauschbar. Das Vektorprodukt ist „alternierend". Weiter gilt:

$$
\begin{aligned}
(c\,\mathfrak{x}) \times \mathfrak{y} &= c\,(\mathfrak{x} \times \mathfrak{y}) = \mathfrak{x} \times (c\,\mathfrak{y}) , \\
\mathfrak{x} \times (\mathfrak{y} + \mathfrak{z}) &= (\mathfrak{x} \times \mathfrak{y}) + (\mathfrak{x} \times \mathfrak{z}) .
\end{aligned}
\tag{24}
$$

Ferner ist $\mathfrak{x} \times \mathfrak{x} = 0$. Die Gleichung

$$
\mathfrak{x} \times \mathfrak{y} = 0
\tag{25}
$$

ist die notwendige und hinreichende Bedingung für die *lineare Abhängigkeit* der Vektoren $\mathfrak{x}$, $\mathfrak{y}$. Zwei Vektoren $\mathfrak{x}$ und $\mathfrak{y}$ heißen dabei linear abhängig, wenn man zwei nicht gleichzeitig verschwindende Zahlen a und b finden kann, so daß die Vektor-Gleichung $a\,\mathfrak{x} + b\,\mathfrak{y} = 0$ gilt. Ebenso ist

$$
(\mathfrak{x}\,\mathfrak{y}\,\mathfrak{z}) = 0
\tag{26}
$$

die notwendige und hinreichende Bedingung für die lineare Abhängigkeit $(a\,\mathfrak{x} + b\,\mathfrak{y} + c\,\mathfrak{z} = 0)$ dreier Vektoren. Die lineare Abhängigkeit zweier Vektoren bedeutet Übereinstimmung der Richtung und die von dreien, daß die Vektoren zu einer Ebene parallel liegen. Vier Vektoren sind in unserm dreidimensionalen Raum immer linear abhängig. Daß der Produktvektor $\mathfrak{z} = \mathfrak{x} \times \mathfrak{y}$ auf $\mathfrak{x}$ und $\mathfrak{y}$ senkrecht steht, folgt auch aus der wichtigen Rechenregel

$$
\mathfrak{x}\,(\mathfrak{y} \times \mathfrak{z}) = \mathfrak{y}\,(\mathfrak{z} \times \mathfrak{x}) = \mathfrak{z}\,(\mathfrak{x} \times \mathfrak{y}) = (\mathfrak{x}, \mathfrak{y}, \mathfrak{z}) ,
\tag{27}
$$

in der links immer das skalare Produkt aus einem Vektor und einem Vektorprodukt steht und rechts eine Determinante. Es handelt sich bei dieser Formel (27) um die Entwicklung der Determinante $(\mathfrak{x}\,\mathfrak{y}\,\mathfrak{z})$ nach einer Spalte (Determinantenentwicklung von *Laplace*).

Weiter geben wir als Rechenregel noch die „*Identität von J. L. Lagrange*" für das Skalarprodukt zweier Vektorprodukte an:

$$(28) \qquad (\mathfrak{x}\times\mathfrak{y})\,(\mathfrak{x}'\times\mathfrak{y}') = (\mathfrak{x}\,\mathfrak{x}')\,(\mathfrak{y}\,\mathfrak{y}') - (\mathfrak{x}\,\mathfrak{y}')\,(\mathfrak{y}\,\mathfrak{x}')\,.$$

Ferner läßt sich daraus leicht die folgende Formel herleiten:

$$(29) \qquad (\mathfrak{x}\times\mathfrak{y})\times\mathfrak{z} = (\mathfrak{x}\,\mathfrak{z})\,\mathfrak{y} - (\mathfrak{y}\,\mathfrak{z})\,\mathfrak{x}\,.$$

Zum Schluß bemerken wir noch: Für drei Vektoren $\mathfrak{x}$, $\mathfrak{y}$ und $\mathfrak{z}$ ist

$$(30) \qquad (\mathfrak{x}\,\mathfrak{y}\,\mathfrak{z}) > 0$$

die notwendige und hinreichende Bedingung dafür, daß ein Achsenkreuz mit den Richtungen dieser Vektoren durch eine Bewegung so in das Achsenkreuz der Fig. 1 übergeführt werden kann, daß $x_1 > 0$, $x_2 = 0$, $x_3 = 0$; $y_2 > 0$, $y_3 = 0$; $z_3 > 0$ wird. Für $(\mathfrak{x}\,\mathfrak{y}\,\mathfrak{z}) < 0$ ist eine solche Überführung nur durch eine kongruente Abbildung möglich, die aus Bewegungen und Spiegelungen zusammengesetzt ist.

§ 3. Das vollständige System der Invarianten einer Anzahl von Punkten.

Wenn eine Anzahl von reellen Punkten

$$(31) \qquad \mathfrak{x}^{(1)}, \mathfrak{x}^{(2)} \ldots \mathfrak{x}^{(p)}$$

gegeben ist, dann werden nur solche analytischen Ausdrücke in ihren Koordinaten x eine allein aus der Figur der Punkte entspringende geometrische Bedeutung besitzen, die von der besonderen Wahl des kartesischen Koordinatensystems nicht abhängen. Geht man durch Bewegungen und Spiegelungen des ursprünglichen Achsenkreuzes der Fig. 1 zu irgend einem neuen kartesischen Koordinatensystem über, so hängen die neuen Koordinaten x^* mit den alten x bekanntlich durch eine lineare Transformation

$$(32) \qquad x_i = \Big(\sum_{k=1}^{3} b_{ik}\,x_k^*\Big) + d_i \qquad (i = 1, 2, 3)$$

zusammen, bei der die neun Koeffizienten b_{ik} an die sechs Bedingungen

$$(33) \qquad \sum_{i=1}^{3} b_{ik}\,b_{il} = \begin{cases} 1 \text{ für } k = l\,(= 1, 2, 3) \\ 0 \text{ für } k \neq l \end{cases}$$

geknüpft sein müssen. Von den drei Parametern d_i und den drei weiteren in den b_{ik} enthaltenen unabhängigen Parametern hängt die allgemeinste der in Frage kommenden Koordinatentransformationen ab.

Wenn wir auf rechnerischem Wege Ausdrücke von geometrischer Bedeutung in den Koordinaten der Punkte (31) bestimmen wollen, dann haben wir solche Ausdrücke zu bilden, die bei den Transformationen (32) (33) auf neue Koordinaten in diesen neuen Koordinaten x^* genau dieselbe Form wieder annehmen wie in den alten, d. h. solche Ausdrücke, die *invariant* sind *gegenüber den Substitutionen* (32) (33). Haben wir umgekehrt Ausdrücke in den Koordinaten, von denen wir schon wissen, daß ihnen eine geometrische Bedeutung zukommt, so wissen wir von diesen auch, daß sie gegenüber den Transformationen (32), (33) invariant sein müssen. Z. B. ist für zwei Punkte $\mathfrak{x}^{(1)}$ und $\mathfrak{x}^{(2)}$. der Ausdruck für das Quadrat der Entfernung

$$\sum_{i=1}^{3}[x_i^{(1)} - x_k^{(2)}]^2 = [x_1^{(1)} - x_1^{(2)}]^2 + [x_2^{(1)} - x_2^{(2)}]^2 + [x_3^{(1)} - x_3^{(2)}]^2$$

eine Invariante. In der Tat erhält man aus (32)

$$x_i^{(1)} = \Big(\sum_k b_{ik} \overset{*}{x}_k^{(1)}\Big) + d_i,$$

$$x_i^{(2)} = \Big(\sum_k b_{ik} \overset{*}{x}_k^{(2)}\Big) + d_i$$

und

$$\sum_{i=1}^{3}[x_i^{(1)} - x_i^{(2)}]^2 = \sum_{i=1}^{3}\Big[\sum_{k=1}^{3} b_{ik}(\overset{*}{x}_k^{(1)} - \overset{*}{x}_k^{(2)})\Big]^2$$

$$= \sum_{i,k,l=1}^{3} b_{ik}\, b_{il}\, (\overset{*}{x}_k^{(1)} - \overset{*}{x}_k^{(2)})(\overset{*}{x}_l^{(1)} - \overset{*}{x}_l^{(2)}).$$

Nach (33) ist der Ausdruck rechts aber gleich

$$\sum_{k=1}^{3}[\overset{*}{x}_k^{(1)} - \overset{*}{x}_k^{(2)}]^2,$$

was zu beweisen war.

Wir stellen uns nun die Aufgabe, für die gegebenen Punkte (31) ein vollständiges System von Invarianten $(J_1, J_2 \ldots J_r)$ zu bestimmen, d. h. so viele Invarianten aufzufinden, daß sich jede weitere als eine Funktion $F(J_1, J_2 \ldots J_r)$ von ihnen ergibt. Durch Angabe der Werte der Invarianten $J_1 \ldots J_r$ ist dann offenbar die geometrische Gestalt der aus den Punkten (31) gebildeten Figur vollständig beschrieben. Um die gestellte Aufgabe zu erledigen, bilden wir zunächst aus den p Punkten $p - 1$ Vektoren $\eta^{(1)}, \eta^{(2)} \ldots \eta^{(p-1)}$, indem wir die Koordinaten etwa des Punktes $\mathfrak{x}^p$ von den übrigen abziehen:

$$(34)\quad \eta^{(1)} = \mathfrak{x}^{(1)} - \mathfrak{x}^{(p)}, \quad \eta^{(2)} = \mathfrak{x}^{(2)} - \mathfrak{x}^{(p)}, \quad \ldots \quad \eta^{(p-1)} = \mathfrak{x}^{(p-1)} - \mathfrak{x}^{(p)}.$$

Die Vektoren η transformieren sich dann nach den zu (32) gehörigen homogenen Substitutionsformeln

$$(35)\qquad \eta_i = \sum_{k=1}^{3} b_{ik}\, \overset{*}{\eta}_k \quad (i = 1, 2, 3),$$

wobei die b_{ik} wieder den Gleichungen (33) zu genügen haben.

Durch Übergang zu Vektoren haben wir die drei Konstanten d_i ausgeschaltet, dafür haben wir jetzt von den $3\,p$ Größen der Koordinaten der Punkte (31) drei verloren, indem wir nur mehr $p-1$ Vektoren mit $3\,p-3$ Koordinaten übrig behalten. Offenbar ist das Problem, aus den Punkten (31) die Invarianten zu bestimmen, gleichwertig mit dem, die Invarianten der Vektoren η gegenüber den Substitutionen (35) zu bestimmen. Denn unsere Aufgabe ist es ja, aus den Punkten (31) Ausdrücke zu bilden, in deren Transformationsformeln die b_{ik}, d_i eliminiert sind. Durch Bildung der η haben wir aber gerade schon die Elimination der d_i erreicht. Die Ausschaltung der d_i entspricht natürlich der im § 1 erwähnten Ausschaltung der Schiebungen bei den Vektoren.

Jetzt gilt es noch, aus den η Ausdrücke herzustellen, bei deren Substitution die b_{ik} eliminiert erscheinen. Wir können uns jetzt die Vektoren alle von einem festen Ursprung abgetragen denken, den Substitutionen (35) mit (33) entsprechen dann die aus Drehungen um den Ursprung und Spiegelungen an Ebenen durch den Ursprung zusammengesetzten Abbildungen.

Zu den Invarianten der Vektoren gehören sicher die Skalarprodukte

$$(36) \qquad (\eta^{(\alpha)}\,\eta^{(\beta)}) \quad [\alpha,\beta = 1, 2 \ldots p-1],$$

denn im § 1 haben wir ja gesehen, daß ihnen eine geometrische Bedeutung zukommt. *Wir können nun zeigen, daß die Skalarprodukte (36) schon ein vollständiges System von Invarianten unserer Vektoren η (bzw. unserer Punkte χ) darstellen.* Dazu bemerken wir zunächst: Durch Bildung der Determinanten und Vektorprodukte können wir nach § 2 (25) und (26) nachprüfen, welche von unsern Vektoren linear abhängen. Wir denken uns dann s Vektoren aus den η herausgegriffen, wobei s die Maximalzahl linear unabhängiger Vektoren unter den η ist. Diese s herausgegriffenen Vektoren wollen wir *Grundvektoren* nennen. s kann 1, 2 oder 3 sein. Denken wir uns die Numerierung der Punkte und Vektoren so abgeändert, daß die Grundvektoren die ersten s Vektoren $\eta^{(1)}$, $\eta^{(2)} \ldots \eta^{(s)}$ sind, dann können wir die übrigen Vektoren $\eta^{(s+1)}$, $\eta^{(s+2)} \ldots \eta^{(p-1)}$ aus den Grundvektoren linear kombinieren:

$$(37) \qquad \eta^{(r)} = \alpha_1^r\,\eta^{(1)} + \alpha_2^r\,\eta^{(2)} \ldots + \alpha_s^r\,\eta^{(s)},$$

wo r von $(s+1)$ bis $p-1$ läuft, mit $s\,(p-1-s)$ Koeffizienten α. Diese Koeffizienten α sind nun alle Invarianten unserer Vektoren, und zwar lassen sie sich durch skalare Produkte ausdrücken. Durch skalare Multiplikation von (37) mit $\eta^{(t)}$ ($t = 1, 2 \ldots s$) folgt nämlich:

$$(38) \qquad (\eta^{(r)}\,\eta^{(t)}) = \alpha_1^r\,(\eta^{(1)}\,\eta^{(t)}) + \alpha_2^r\,(\eta^{(2)}\,\eta^{(t)}) \ldots + \alpha_s^r\,(\eta^{(s)}\,\eta^{(t)})$$
$$[r = (s+1), (s+2) \ldots (p-1); \quad t = 1, 2 \ldots s]$$

Für jede Reihe von s Größen α, die zu einem festen Index r gehören, haben wir hier ein System von s linearen Gleichungen. Die s-reihige

Determinante des Gleichungssystems ist jedesmal die aus den Skalarprodukten der Grundvektoren gebildete:

$$(39) \qquad\qquad | (\eta^{(s)} \eta^{(t)}) | \,.$$

Wir können nun immer die α aus den in (38) auftretenden Skalarprodukten berechnen, da diese Determinante sicher nicht verschwindet.

Um das einzusehen, unterscheiden wir drei Fälle $s = 3, 2, 1$. Für $s = 3$ ist die Determinante (39) nach dem Multiplikationssatz (20) einfach gleich dem Quadrat der Determinante

$$(40) \qquad\qquad (\eta^{(1)}, \eta^{(2)}, \eta^{(3)}) \,.$$

Diese darf aber wegen der vorausgesetzten linearen Unabhängigkeit der Grundvektoren $\eta^{(1)}$, $\eta^{(2)}$, $\eta^{(3)}$ nach (26) nicht verschwinden. Das gleiche gilt dann von der Determinante (39). Für $s = 2$ haben wir aus dem Verschwinden der Determinante (39):

$$(41) \qquad (\eta^{(1)} \cdot \eta^{(1)}) \, (\eta^{(2)} \eta^{(2)}) - (\eta^{(1)} \eta^{(2)})^2 = 0 \,.$$

Nach (14) müßte für den Winkel φ der Vektoren $\eta^{(1)}$ und $\eta^{(2)}$ gelten: $\cos^2 \varphi = 1$, d. h. sie müßten den Winkel Null oder π haben, also gleichgerichtet oder entgegengerichtet sein. Gleichgerichtete und entgegengesetzt gerichtete Vektoren sind aber proportional, d. h. linear abhängig. Das wäre gegen die Voraussetzung. $s = 1$ hieße $(\eta^{(1)} \eta^{(1)}) = 0$. Das ist nach (5) aber nur für $\eta^{(1)} \equiv 0$ möglich. Diesen Nullvektor können wir aber ausschließen. Denn nach (34) müßten sonst zwei Punkte zusammenfallen.

Somit ist gezeigt, daß sich die α immer durch Skalarprodukte berechnen lassen. Wir können nun leicht zeigen: Die Skalarprodukte der Grundvektoren $\eta^{(1)} \dots \eta^{(s)}$ allein und die Koeffizienten α stellen ein vollständiges System der Invarianten dar. Zunächst ist das vollständige System der Invarianten der Grundvektoren allein offenbar durch die Skalarprodukte gegeben. Das folgt geometrisch für die einzelnen Fälle $s = 1, 2, 3$ ohne weiteres. Denn die Skalarprodukte der Grundvektoren bestimmen ja nach (13) (14) deren Längen und Winkel, und ein System von 1, 2 oder 3 linear unabhängigen Vektoren ist in jedem Falle bis auf Drehungen und Spiegelungen eindeutig festgelegt, wenn alle ihre Längen und Winkel bekannt sind. Jede Invariante ist daher eine Funktion der Längen und Winkel, also der skalaren Produkte.

Nehmen wir nun aber weiter die Grundvektoren als im Raum fest gegeben an, dann ist jeder andere Vektor in allen seinen drei Koordinaten bestimmt, wenn nur seine zu der Darstellung (37) gehörigen Koeffizienten α bekannt sind. Die Invarianten, die sich aus den zu den Grundvektoren hinzukommenden Vektoren noch bilden lassen, lassen sich also schon alle bilden, wenn man nur die Größen α zu den Skalarprodukten der Grundvektoren hinzunimmt. Da die α aber einzeln Invarianten sind, hat man in den α und den Skalarprodukten der Grundvektoren schon ein vollständiges System aller Invarianten. Da die a sich durch Skalarprodukte ausdrücken, können wir somit alle Invarianten unserer Punkte allein durch die Skalarprodukte der zugehörigen Vektoren darstellen.

§ 4. Das vollständige System unabhängiger Invarianten.

Die Verwendung der Koeffizienten a der Linearkombinationen hat nun aber noch einen besonderen Vorteil, nämlich wenn es uns darauf ankommt, das vollständige System von *unabhängigen* Invarianten unserer Vektoren zu bilden. Die Skalarprodukte sind nämlich nicht alle unabhängig. Wir wissen ja, daß in (37) schon die a und die Skalarprodukte der Grundvektoren ein vollständiges System von Invarianten ausmachen. Die a lassen sich aber nach (37) allein aus den Skalarprodukten der Grundvektoren und den links stehenden Skalarprodukten der übrigen Vektoren $\eta^{(s+1)}$, $\eta^{(s+2)}$ ... $\eta^{(p-1)}$ mit den Grundvektoren bilden. Es kommen dabei die Skalarprodukte der $\eta^{(s+1)}$ ... $\eta^{(p-1)}$ untereinander gar nicht vor. Diese letzteren sind aber einfache Funktionen der übrigen Skalarprodukte, also abhängig von diesen, denn nach (37) lassen sich die Skalarprodukte

$$(\eta^{(\varrho)} \eta^{(\sigma)}) \quad [\varrho, \sigma = s + 1, s + 2 \ldots p - 1]$$

mittels der a und der Skalarprodukte der Grundvektoren, also nach dem eben Gesagten aus den übrigen Skalarprodukten berechnen. In der Geometrie wird es uns aber vor allem darauf ankommen, eine vollständige Übersicht über alle *unabhängigen Invarianten* zu bekommen. Die $\frac{s(s+1)}{2}$ verschiedenen Skalarprodukte der Grundvektoren und die Koeffizienten a sind nun sicher auch unabhängige Invarianten. Erstens gilt das für die Skalarprodukte der Grundvektoren für sich. Das folgt aus der Unabhängigkeit der entsprechenden Längen und Winkel. Weiter sind dann aber auch die sämtlichen a unabhängig, denn es ist ja die Angabe der sämtlichen a notwendig, um die übrigen Vektoren in ihrer geometrischen Lage zum System der Grundvektoren eindeutig festzulegen. Wenn wir somit das Problem haben, für eine Anzahl gegebener Punkte (31) ein vollständiges System unabhängiger Invarianten aufzustellen, so können wir nach folgender Vorschrift verfahren.

Wir betrachten die Vektoren η, die von einem der Punkte, etwa $\mathfrak{x}^{(p)}$ nach den übrigen hinführen, und greifen aus den η irgendwie die höchstmögliche Zahl s linear unabhängiger Grundvektoren heraus. Kombinieren wir dann alle übrigen Vektoren linear aus den Grundvektoren, so ist das vollständige System der unabhängigen Invarianten unserer Punkte durch die Skalarprodukte der Grundvektoren und die Koeffizienten der Linearkombinationen gegeben.

Zum Schluß fügen wir noch die folgende Bemerkung an: Betrachten wir statt des Übergangs zu den durch Bewegungen und Spiegelungen erzeugten neuen Koordinatensystemen nur die sich durch reine Bewegungen ergebenden, die alle vom Typ der Fig. 1 sind, so sind bekanntlich die zugehörigen Substitutionen nur diejenigen unter den Substitutionen (32), bei denen die dreireihige Determinante

$$(42) \qquad b = |b_{ik}| = + 1$$

ist. Allgemein folgt aus (33) schon für die Determinante mit $k = 3$ Zeilen und $l = 3$ Spalten

$$\left| \sum_{i=1}^{3} b_{ik} b_{il} \right| = 1$$

oder nach dem Multiplikationssatz für Determinanten

$$\left| \sum_{i=1}^{3} b_{ik} b_{il} \right| = |b_{ik}| \cdot |b_{il}| = b^2 ,$$

weiter

$$b^2 = 1 .$$

Die Substitutionen (32) zerfallen also in zwei Scharen mit $b = + 1$ und $b = - 1$, von denen die erste den reinen Bewegungen des Koordinatensystems entspricht.

Gegenüber den reinen Bewegungen des Koordinatensystems sind nicht nur die Skalarprodukte und Koeffizienten von Linearkombinationen Invarianten, sondern auch die Determinanten von je drei Vektoren. Nach dem Multiplikationssatz für Determinanten folgt nämlich aus (32), wenn man für drei Vektoren $\mathfrak{x}, \mathfrak{y}, \mathfrak{z}$ die entsprechenden (homogenen) Substitutionsformeln ansetzt:

$$(43) \qquad (\mathfrak{x}, \mathfrak{y}, \mathfrak{z}) = (\mathfrak{x}^*, \mathfrak{y}^*, \mathfrak{z}^*) \cdot b .$$

Das Quadrat einer Determinante von drei Vektoren ist nach (20) auf skalare Produkte zurückführbar, also gegenüber den allgemeinen Substitutionen (32), (33) invariant.

1. Kapitel.

Kurventheorie.

§ 5. Bogenlänge.

Eine räumliche Kurve kann man dadurch festlegen, daß man die rechtwinkligen Koordinaten x_1, x_2, x_3 eines Kurvenpunktes als Funktionen eines Parameters t gibt

$$(1) \qquad x_k = x_k(t), \quad k = 1, 2, 3.$$

Es soll von den Funktionen $x_k(t)$ im folgenden in der Regel angenommen werden, daß sie „analytisch" sind, sich also an jeder von uns zu betrachtenden Stelle t_0 nach Potenzen von $t - t_0$ entwickeln lassen, derart, daß die Reihen für hinlänglich kleine $|t - t_0|$ konvergieren. Wir werden ferner im allgemeinen nur reelle Parameterwerte und nur reelle analytische Funktionen zulassen. Natürlich dürfen unsere drei Funktionen $x_k(t)$ nicht alle drei konstant sein, sonst schrumpft die Kurve auf einen einzelnen Punkt zusammen. Wir wollen sogar annehmen, daß an keiner Stelle t alle Ableitungen der drei Funktionen gleichzeitig verschwinden, ein Fall, der seinen Grund sowohl in der Parameterdarstellung wie auch in einem besonderen Verhalten der Kurve an der Stelle t haben kann.

Das über einen Kurvenbogen mit den Endpunkten $t = a$ und $t = b$ erstreckte Integral

$$(2) \qquad \boxed{\; s = \int_a^b \sqrt{x_1'^2 + x_2'^2 + x_3'^2}\, dt \;}$$

wird als die Bogenlänge unserer Kurve bezeichnet. Die Striche deuten dabei Ableitungen nach t an. Wir werden die Beziehung (2) auch durch die Formel

$$ds^2 = dx_1^2 + dx_2^2 + dx_3^2$$

andeuten und abkürzend davon sprechen, daß das „Bogenelement" ds die Entfernung „benachbarter" Kurvenpunkte bedeutet.

Es sei kurz darauf hingewiesen, wie man diese Bogenlänge durch Grenzübergang aus der Länge von „einbeschriebenen" Vielecken erhält. Setzt man

$$(3) \qquad a = t_0 < t_1 < t_2 < \cdots < t_n = b,$$

so ist die Länge σ_n des unserm Kurvenbogen einbeschriebenen Vielecks mit den auf der Kurve gelegenen, zu den Parameterwerten (3) gehörigen Ecken durch:

$$\sigma_n = \sum_{k=1}^{n} \sqrt{\{x_1(t_k) - x_1(t_{k-1})\}^2 + \{x_2(t_k) - x_2(t_{k-1})\}^2 + \{x_3(t_k) - x_3(t_{k-1})\}^2}$$

gegeben.

Wendet man den Mittelwertsatz der Differentialrechnung auf die drei unter dem Wurzelzeichen stehenden Differenzen an, so gilt:

$$(4) \qquad x_i(t_k) - x_i(t_{k-1}) = (t_k - t_{k-1})\, x_i'(t_k^{(i)}) \quad [i = 1, 2, 3],$$

wobei die $t_k^{(i)}$ drei Zwischenwerte mit

$$(5) \qquad t_{k-1} \leq t_k^{(i)} \leq t_k$$

sind. Mittels (4) erhält man aus der obigen Formel für σ_n:

$$(6) \qquad \sigma_n = \sum_{k=1}^{n} (t_k - t_{k-1})\, \sqrt{\{x_1'(t_k^{(1)})\}^2 + \{x_2'(t_k^{(2)})\}^2 + \{x_3'(t_k^{(3)})\}^2}.$$

An Stelle der drei Mittelwerte $t_k^{(i)}$ soll ein einziger τ_k gesetzt und der entstehende Fehler abgeschätzt werden. Zunächst gilt die algebraische Identität:

$$(7) \qquad \sqrt{x_1'(t_k^{(1)})^2 + \cdots} - \sqrt{x_1'(\tau_k)^2 + \cdots}$$
$$= \frac{\{x_1'(t_k^{(1)}) - x_1'(\tau_k)\}\{x_1'(t_k^{(1)}) + x_1'(\tau_k)\} + \cdots}{\sqrt{x_1'(t_k^{(1)})^2 + \cdots} + \sqrt{x_1'(\tau_k)^2 + \cdots}}.$$

Dabei deuten die Punkte an, daß unter jeder der vier Wurzeln noch je zwei Glieder hinzuzufügen sind, die durch Vertauschung des Index 1 mit 2 oder 3 entstehen. Ebenso sind im Zähler der rechten Seite noch zwei entsprechende Glieder hinzuzufügen. Wir wählen jetzt die Zwischenwerte t_k so dicht, daß

$$(8) \qquad |x_i'(t_k) - x_i'(t_{k-1})| < \varepsilon$$

wird, was wegen der gleichmäßigen Stetigkeit der x_i' in $a \leq t \leq b$ möglich ist. Da der Absolutwert der drei in (7) als Faktoren der Klammerausdrücke $\{x_i'(t_k^{(i)}) - x_i'(\tau_k)\}$ auftretenden Größen

$$\frac{\{x_i'(t_k^{(i)}) + x_i'(\tau_k)\}}{\sqrt{\{x_1'(t_k^{(i)})\}^2 + \cdots} + \sqrt{\{x_1'(\tau_k)\}^2 + \cdots}} \qquad [i = 1, 2, 3]$$

sicher ≤ 1 ist, so folgt dann aus (7):

$$(9) \quad \left| \sqrt{x_1'(t_k^{(1)})^2 + \cdots} - \sqrt{x_1'(\tau_k)^2 + \cdots} \right| \leq |x_1'(t_k^{(1)}) - x_1'(\tau_k)| + \cdots < 3\,\varepsilon.$$

Somit ist

$$(10) \quad \left| \sigma_n - \sum (t_k - t_{k-1})\, \sqrt{x_1'(\tau_k)^2 + x_2'(\tau_k)^2 + x_3'(\tau_k)^2} \right| \leq 3\,\varepsilon\,(b - a).$$

Verfeinert man nun die Einteilung t_0, t_1, ..., t_n, so daß ε gegen Null geht, so wird

$$(11) \qquad \lim \sigma_n = \int_a^b dt \, \sqrt{x_1'^2 + x_2'^2 + x_3'^2} \,,$$

wie behauptet wurde. Die einzige kleine Schwierigkeit, die zu überwinden war, um auf die übliche Näherungsformel für das bestimmte Integral zu kommen, war die Verschiedenheit der drei Zwischenwerte $t_k^{(i)}$.

Man kann an Stelle von t als neuen Parameter auf der Kurve den Bogen

$$(12) \qquad s = \int_a^t \sqrt{x_1'^2 + x_2'^2 + x_3'^2} \, dt$$

einführen. Zur Festlegung dieses besonderen Parameters ist noch die Wahl des Anfangspunktes $t = a$ der Zählung ($s = 0$) und die Wahl des „positiven Sinnes“ auf der Kurve erforderlich, der wachsenden s-Werten entspricht. Nimmt man in (12) die Wurzel positiv, so wird der positive Sinn auch den zunehmenden t-Werten entsprechen. Für den Bogen als Parameter ($s = \pm t +$ konst. und $ds = \pm dt$) ist nach (12) kennzeichnend

$$(13) \qquad x_1'^2 + x_2'^2 + x_3'^2 = 1\,.$$

Als einfachstes Beispiel für eine unebene Kurve nehmen wir eine Schraubenlinie auf einem Kreiszylinder vom Halbmesser a

$$(14) \qquad x_1 = a \cos t, \quad x_2 = a \sin t, \quad x_3 = bt\,.$$

Wir finden

$$(15) \qquad x_1' = - a \sin t, \quad x_2' = a \cos t \quad x_3' = b$$

und daraus

$$(16) \qquad s = t \sqrt{a^2 + b^2}\,.$$

§ 6. Tangente und Schmiegebene.

Wir bezeichnen den Vektor vom Ursprung zum Kurvenpunkt $x_i(t)$ mit $\mathfrak{x}(t)$. Der Vektor

$$(17) \qquad \frac{\mathfrak{x}(t + h) - \mathfrak{x}(t)}{h}$$

hat dann dieselbe Richtung wie die Verbindungssehne der Kurvenpunkte, die zu den Parameterwerten t und $t + h$ gehören. Für $h \to 0$ geht der Sehnenvektor über in den „Tangentenvektor“

$$(18) \qquad \mathfrak{x}'(t) \text{ mit den Koordinaten } x_i'(t)$$

an der Stelle t. Deutet man t als Zeit, so nennt man $\mathfrak{x}'(t)$ den „*Geschwindigkeitsvektor*“. Ist t die Bogenlänge der Kurve, so wird bei dieser

Deutung die Kurve mit der konstanten Geschwindigkeit 1 durchlaufen.

Als Grenzlage der Sehne ergibt sich so die Tangente, die mittels eines Parameters r folgendermaßen dargestellt werden kann:

$$(19) \qquad \boxed{\mathfrak{y} = \mathfrak{x} + r\mathfrak{x}'} \,,$$

d. h. ausführlich:

$$(20) \qquad y_i = x_i + r x_i' \,.$$

Es kann also, wenn alle $x_i' \neq 0$ sind,

$$(21) \qquad \frac{y_1 - x_1}{x_1'} = \frac{y_2 - x_2}{x_2'} = \frac{y_3 - x_3}{x_3'}$$

als Gleichungspaar der Tangente in den laufenden Koordinaten y_i angesehen werden. Die Tangentenformeln (19) bis (21) werden unbrauchbar, wenn der Geschwindigkeitsvektor $\mathfrak{x}' = 0$ ist, d. h. wenn alle $x_i' = 0$ sind ($i = 1, 2, 3$). Diesen Fall haben wir aber im §5 bereits ausgeschlossen.

Denkt man in (20) t und r veränderlich, so hat man, wenn unsere Kurve nicht geradlinig ist, die Parameterdarstellung einer Fläche vor sich, die von den Kurventangenten überstrichen wird. Wie bei der Parameterdarstellung einer Kurve ein einziger Parameter t zur Anwendung kommt, so bei der Darstellung einer Fläche deren zwei: r, t.

Für $t = s$ haben wir nach (13)·

$$(22) \qquad \mathfrak{x}'^2 = 1 \,.$$

Es ist also das skalare Quadrat des Tangentenvektors gleich 1. Vektoren mit der Länge 1 wollen wir auch als *Einheitsvektoren* bezeichnen.

Wir merken uns noch folgende Regel:

Sind $\mathfrak{x}$ und $\mathfrak{y}$ beide von einem Parameter t abhängig, so wird das skalare Produkt folgendermaßen differenziert:

$$(23) \qquad \frac{d}{dt} \sum x_i y_i = \sum x_i' y_i + \sum x_i y_i',$$

was sich abgekürzt so schreibt:

$$(24) \qquad \frac{d}{dt} (\mathfrak{x}\,\mathfrak{y}) = \mathfrak{x}'\,\mathfrak{y} + \mathfrak{x}\,\mathfrak{y}' \,.$$

Ganz entsprechende Regeln kann man für die Ableitung der Determinanten und Vektorprodukte herleiten:

$$(25) \qquad \frac{d}{dt} \{\mathfrak{x}(t) \times \mathfrak{y}(t)\} = (\mathfrak{x}' \times \mathfrak{y}) + (\mathfrak{x} \times \mathfrak{y}'),$$

$$(26) \qquad \frac{d}{dt} (\mathfrak{x}, \mathfrak{y}, \mathfrak{z}) = (\mathfrak{x}', \mathfrak{y}, \mathfrak{z}) + (\mathfrak{x}, \mathfrak{y}', \mathfrak{z}) + (\mathfrak{x}, \mathfrak{y}, \mathfrak{z}') \,.$$

Legen wir durch drei Kurvenpunkte t, $t + h$, $t + k$ die Sehnenvektoren

$$(27) \quad \begin{aligned} \mathfrak{v} &= \frac{\mathfrak{x}\,(t + h) - \mathfrak{x}\,(t)}{h} = \mathfrak{x}'\,(t) + \frac{h}{2!}\,\mathfrak{x}''\,(t) + \frac{h^2}{3!}\,\mathfrak{x}'''\,(t) + \cdots, \\ \mathfrak{w} &= \frac{\mathfrak{x}\,(t + k) - \mathfrak{x}\,(t)}{k} = \mathfrak{x}'\,(t) + \frac{k}{2!}\,\mathfrak{x}''\,(t) + \frac{k^2}{3!}\,\mathfrak{x}'''\,(t) + \cdots, \end{aligned}$$

so bestimmen sie dieselbe Ebene wie die Vektoren

$$\mathfrak{v} \ \text{und} \ \frac{2\,(\mathfrak{w} - \mathfrak{v})}{k - h} = \mathfrak{x}''(t) + \frac{(k + h)}{3}\,(\ldots).$$

Durch den Grenzübergang $h \to 0$, $k \to 0$ erhält man daraus die Vektoren

$$\mathfrak{x}'(t) \quad \text{und} \quad \mathfrak{x}''(t),$$

die, wenn sie nicht gleichgerichtet sind, die Grenzlage der Ebene durch drei benachbarte Kurvenpunkte festlegen. Man bezeichnet diese Ebene als *Schmiegebene* der Kurve im Punkte $\mathfrak{x}$. Ist $\mathfrak{y}$ ein beliebiger Punkt von ihr, so liegen die drei vom Ursprung aus abgetragenen Vektoren $\mathfrak{x}'$, $\mathfrak{x}''$ und $\mathfrak{y} - \mathfrak{x}$ in einer Ebene, was sich nach § 2 (26) durch die Gleichung

$$(28) \quad \boxed{(\mathfrak{y} - \mathfrak{x},\, \mathfrak{x}',\, \mathfrak{x}'') = 0}$$

zum Ausdruck bringen läßt. (28) ist also die *Gleichung der Schmiegebene*.

$\mathfrak{x}''$ pflegt man in der Mechanik, wenn der Parameter nicht die Bogenlänge, sondern die Zeit ist, als „*Beschleunigungsvektor*" zu bezeichnen. Diese Bezeichnung für $\mathfrak{x}''$ wollen wir hier auch auf unsern Fall übernehmen. Es ist dann die Schmiegebene durch Kurvenpunkt, Geschwindigkeits- und Beschleunigungsvektor festgelegt.

Ein Ausnahmefall tritt nur dann ein, wenn die Vektoren $\mathfrak{x}'$ und $\mathfrak{x}''$ gleichgerichtet sind, wenn es also zwei Zahlen a und b gibt, die nicht alle beide Null sind, so daß $a\mathfrak{x}' + b\mathfrak{x}'' = 0$ ist oder, was nach § 2 (25) dasselbe besagt, wenn

$$(29) \quad \mathfrak{x}' \times \mathfrak{x}'' = 0$$

ist.

Wann tritt der Ausnahmefall ein, daß $\mathfrak{x}' \times \mathfrak{x}''$ längs einer Kurve identisch verschwindet? Da $\mathfrak{x}'$ nicht identisch Null sein darf, wenn die Kurve nicht auf einen einzigen Punkt zusammenschrumpfen soll, so muß $\mathfrak{x}''$ von $\mathfrak{x}'$ linear abhängen:

$$\mathfrak{x}'' = \varphi\,\mathfrak{x}'.$$

Durch Integration dieser drei vektoriell zusammengefaßten Differentialgleichungen folgt

$$(29\,\text{a}) \quad x_i = c_i f(t) + C_i, \qquad f(t) = \int e^{\int \varphi\, dt}\, dt.$$

Führt man statt $f(t)$ einen neuen Parameter t^* ein, den man hinterher wieder mit t bezeichnet, so hat man:

$$x_i = c_i t + C_i .$$

Dadurch sind aber die geraden Linien gekennzeichnet. Somit verschwindet $\mathfrak{x}' \times \mathfrak{x}''$ nur bei den Geraden identisch.

Daß die *Schmiegebene als Grenzlage einer Ebene durch drei benachbarte Kurvenpunkte* t_1, t_2, t_3 aufgefaßt werden kann, sieht man so: Soll die Ebene

$$f(t) \equiv \sum_1^3 u_i x_i (t) + u_0$$

durch die Punkte t_k gehen, so muß $f(t_k) = 0$ sein für t_1, t_2, t_3. Nach dem Mittelwertsatz gibt es dann innerhalb des kleinsten Intervalls, das t_1, t_2, t_3 enthält, zwei verschiedene Stellen t_4, t_5, für die $f'(t_4) = f'(t_5) = 0$ wird. Durch nochmalige Anwendung des Mittelwertsatzes folgt $f''(t_6) = 0$ für eine neue Stelle t_6 im alten Intervall. Rücken nun t_1, t_2, t_3 gegen t, so auch t_4, t_5, t_6. Somit gilt (wenn wir nur Vorhandensein und Stetigkeit der ersten und zweiten Ableitungen annehmen) für die Grenzlage:

$$f(t) = f'(t) = f''(t) = 0 .$$

§ 7. Krümmung und Windung. Krümmungskreis.

Nehmen wir jetzt die Bogenlänge als Kurvenparameter

$$\mathfrak{x} = \mathfrak{x}(s), \quad \mathfrak{x}'^2 = 1 ,$$

so wird nach (23)

$$(30) \qquad \mathfrak{x}' \mathfrak{x}'' = 0 ,$$

d. h. der in der Schmiegebene gelegene Beschleunigungsvektor steht auf der Kurventangente senkrecht. Man nennt jede Gerade durch den Kurvenpunkt $\mathfrak{x}$ senkrecht zur Tangente $\mathfrak{x}'$ eine „*Kurvennormale*" und insbesondere die Kurvennormale in der Schmiegebene „*Hauptnormale*". $\mathfrak{x}''$ gibt also die Richtung der Hauptnormalen an.

Trägt man vom Koordinatenursprung $\mathfrak{o}$ aus den Einheitsvektor $\mathfrak{x}'$ ab, so durchläuft sein Endpunkt auf der Einheitskugel um $\mathfrak{o}$ eine Kurve $\mathfrak{x}'(s)$, wenn $\mathfrak{x}$ die Kurve $\mathfrak{x}(s)$ beschreibt. Diese Kurve $\mathfrak{x}'(s)$ nennt man das *Tangentenbild* von $\mathfrak{x}(s)$. $\mathfrak{x}'(s)$ schrumpft nur dann auf einen Punkt zusammen ($\mathfrak{x}'(s) = \text{konst.}$), wenn $\mathfrak{x}(s)$ geradlinig ist ($\mathfrak{x} = \mathfrak{x}' \cdot s + \text{konst.}$). Das Bogenelement des Tangentenbildes sei mit $d s_1$ bezeichnet. Wendet man die Formel (12) in der Form

$$(31) \qquad ds = \sqrt{\left(\frac{d\mathfrak{x}}{dt} \frac{d\mathfrak{x}}{dt}\right)} \cdot dt$$

an, so findet man $d s_1 = \sqrt{\left(\frac{d\mathfrak{x}'}{ds} \frac{d\mathfrak{x}'}{ds}\right)} \cdot ds$ oder

$$(32) \qquad \left(\frac{d s_1}{d s}\right)^2 = \mathfrak{x}''^2 .$$

Da $ds_1 : ds$ nur für die Geraden identisch verschwindet, also gewisser-maßen die Abweichung der Kurve $\mathfrak{x}(s)$ an der betrachteten Stelle s von der Geraden mißt, so nennt man $ds_1 : ds$ die „*Krümmung*" von $\mathfrak{x}(s)$ an der betreffenden Stelle. Man bezeichnet die Krümmung üblicher-weise mit $1 : \varrho$. Wir finden also

$$(33) \qquad \boxed{\frac{1}{\varrho} = \frac{ds_1}{ds} = \sqrt{\mathfrak{x}''^2}}.$$

Das Vorzeichen der Wurzel kann beliebig gewählt werden. $|1 : \varrho|$ ist also die Länge des Beschleunigungsvektors und $\varrho\mathfrak{x}''$ ist ein Einheits-vektor auf der Hauptnormalen, wenn $\mathfrak{x}'' \neq 0$ ist, wie wir hier voraus-setzen wollen.

Die Kurvennormale, die auf der Schmiegebene senkrecht steht, nennt man „*Binormale*". Ihre Richtung ist die von $\mathfrak{x}' \times \mathfrak{x}''$, denn dieser Produktvektor steht auf $\mathfrak{x}'$ und $\mathfrak{x}''$ senkrecht.

Wir wollen nun drei Einheitsvektoren zu jedem Kurvenpunkt $\mathfrak{x}(s)$ einführen: 1. den *Tangentenvektor*

$$(34) \qquad\qquad \mathfrak{x}'(s) = \xi_1(s),$$

2. den *Hauptnormalenvektor*

$$(35) \qquad\qquad \varrho\,\mathfrak{x}''(s) = \varrho\,\xi_1'(s) = \xi_2(s)$$

und 3. den *Binormalenvektor* $\xi_3(s)$. Wir erklären ihn durch die Formel

$$(36) \qquad\qquad \xi_3 = \xi_1 \times \xi_2 = \varrho\,(\mathfrak{x}' \times \mathfrak{x}'').$$

ξ_3 steht in der Tat auf ξ_1, ξ_2 senkrecht. ξ_3 ist ein Einheitsvektor; denn nach der Identität von LAGRANGE (§ 2 (28)) und wegen $\xi_1\xi_2 = 0$ ist

$$(37) \qquad\qquad \xi_3^2 = \xi_1^2\xi_2^2 - (\xi_1\xi_2)^2 = 1.$$

Schließlich folgen die Vektoren ξ_1, ξ_2, ξ_3 nach § 2 Schluß so aufein-ander wie die drei Einheitsvektoren auf den Koordinatenachsen, denn es ist

$$(38) \qquad\qquad (\xi_1\xi_2\xi_3) = (\xi_1 \times \xi_2)\,\xi_3 = \xi_3^2 = +1.$$

Aus $\xi_1 \times \xi_2 = \xi_3$ folgt übrigens für unsere drei Einheitsvektoren nach § 2 (29) auch $\xi_2 \times \xi_3 = \xi_1$ und $\xi_3 \times \xi_1 = \xi_2$.

Um die Krümmung zu erklären, haben wir vom Ursprung aus die Vektoren $\xi_1(s)$ abgetragen und die Bogenlänge ds_1 des entstehenden „Tangentenbildes" berechnet. Entsprechend erklären wir jetzt die „*Windung*" oder „*Torsion*" dadurch, daß wir vom Ursprung aus die Binormalenvektoren $\xi_3(s)$ abtragen. Ihre Endpunkte erfüllen das „*Bi-normalenbild*" von $\mathfrak{x}(s)$. Den Quotienten der Bogenelemente

$$(39) \qquad \boxed{\frac{ds_3}{ds} = \sqrt{\xi_3'^2} = \frac{1}{\tau}}$$

wollen wir als „*Windung*" bezeichnen. Für ebene Kurven ist $\xi_3 = $ konst., also die Windung Null. Somit ist die Windung ein Maß für die Abweichung unsrer Kurve $\mathfrak{x}\,(s)$ von ihrer Schmiegebene.

Durch (39) ist $1:\tau$ wieder nur abgesehen vom Vorzeichen erklärt. Wir können jedoch diese Unbestimmtheit beseitigen. Der Vektor ξ_3' nämlich läßt sich sicher aus den linear unabhängigen Einheitsvektoren $\xi_1,\ \xi_2,\ \xi_3$ kombinieren:

$$(40) \qquad \xi_3' = a_1\,\xi_1 + a_2\,\xi_2 + a_3\,\xi_3.$$

Nun ist ξ_3 ein Einheitsvektor, also $\xi_3^2 = 1$ und daraus folgt $\xi_3\xi_3' = 0$. Multipliziert man (40) skalar mit ξ_3 unter Beachtung der Rechenregel § 1 (12), so erhält man daraus aber $a_3 = 0$. Ferner ist nach (35)

$$(41) \qquad \xi_1' = \frac{\xi_2}{\varrho}.$$

und somit

$$(42) \qquad \frac{d}{ds}\,(\xi_1\xi_3) = \frac{1}{\varrho}\,(\xi_2\xi_3) + (\xi_1\xi_3') = 0,$$

also wegen $\xi_2\xi_3 = 0$

$$\xi_1\xi_3' = a_1 = 0.$$

Es bleibt also

$$(43) \qquad \xi_3' = a_2\,\xi_2$$

und nach (39)

$$\xi_3'^{\,2} = a_2^2 = \frac{1}{\tau^2}.$$

Wir entscheiden jetzt über das Vorzeichen von $1:\tau$, wenn wir $a_2 = -\,1:\tau$ setzen und somit die Windung durch die Formel erklären:

$$(44) \qquad \xi_3' = -\,\frac{\xi_2}{\tau}.$$

§ 8. Bestimmung der Invarianten einer Kurve.

Unseren bisherigen Untersuchungen über die Kurven haben hauptsächlich geometrische Erwägungen die Richtung gegeben. Wir können die Aufgabe der Kurventheorie aber auch von der rein rechnerischen Seite her in Angriff nehmen. Es handelt sich dann darum, eine vollständige Übersicht über alle Ausdrücke in den Funktionen $\mathfrak{x}\,(t)$ und ihren Ableitungen zu bekommen, die invariant sind gegenüber den in § 3 (32), (33) gegebenen Substitutionen. Dies Problem ist offenbar dem in den §§ 3 und 4 gelösten sehr verwandt. Dort handelte es sich um die Bestimmung der Invarianten einer endlichen Anzahl von Punkten, bei der Kurve aber um die Invarianten einer stetigen Mannigfaltigkeit von Punkten.

Wir wollen uns nun zunächst ganz auf die Fragen der sogenannten *„Differentialgeometrie im Kleinen"* beschränken, d. h. wir wollen uns vorerst nur mit den Krümmungseigenschaften einer Kurve in der unmittelbaren Umgebung einer und derselben Stelle beschäftigen. Im Gegensatz zu ihr befaßt sich die „*Differentialgeometrie im Großen*" mit solchen Eigenschaften der Kurve, die sich erst aus ihrem gesamten Verlauf erschließen lassen. Ein erstes Problem dieser zweiten Art von Kurventheorie werden wir erst im § 12 kennenlernen. Für uns handelt es sich zunächst also nur um die Bestimmung der Invarianten, die eine Kurve auf Grund ihrer zu einer und derselben Stelle gehörigen Krümmungseigenschaften besitzt, das heißt um die Bestimmung der Invarianten aus den Vektoren

$$(45) \qquad \mathfrak{x}, \dot{\mathfrak{x}}, \ddot{\mathfrak{x}}, \dddot{\mathfrak{x}} \ldots,$$

die zu einer und derselben Stelle t gehören (Punkte bedeuten Ableitungen nach t). Die Bestimmung der Invarianten der bis zu einer beliebigen Ableitungsordnung gegebenen Vektoren (45) geschieht dann aber in der Hauptsache nach den Regeln des § 3 und § 4. Nur ein neues Moment haben wir noch zu berücksichtigen: Ist die Kurve in beliebiger Parameterdarstellung gegeben, so werden nur solche Ausdrücke in den Skalarprodukten und Koeffizienten von Linearkombinationen — die ja die Invarianten der Vektoren (45) darstellen — auch Invarianten der Kurve sein, welche auch noch invariant sind gegenüber den *Transformationen*

$$(46) \qquad t = f(t^*)$$

für den Übergang zu einem neuen Parameter t^*.

Die Funktion f setzen wir dabei als analytisch voraus. Bei der Substitution (46) wird, wenn wir

$$(47) \qquad \mathfrak{x}(t) = \mathfrak{x}\big(f(t^*)\big) = \mathfrak{x}^*(t^*)$$

setzen, z. B.

$$(48) \qquad \frac{d\mathfrak{x}^*}{dt^*} = \frac{d\mathfrak{x}}{dt} \cdot f' \qquad\qquad \left[f' = \frac{df}{dt^*}\right]$$

$$(49) \qquad \frac{d^2\mathfrak{x}^*}{dt^{*2}} = \frac{d^2\mathfrak{x}}{dt^2} f'^2 + \frac{d\mathfrak{x}}{dt} f''.$$

$$\cdot \quad \cdot \quad \cdot \quad \cdot \quad \cdot \quad \cdot \quad \cdot \quad \cdot$$

Beschränken wir uns auf solche Stellen, wo die Ableitung des Vektors des Kurvenpunktes $\mathfrak{x}$ nach dem Parameter nicht verschwindet, so muß nach (48) $f' \neq 0$ gelten. Nach (46) gilt weiter

$$(50) \qquad dt^* = \frac{1}{f'} dt.$$

Da wir uns auf die Umgebung einer Kurvenstelle beschränken, sind die Größen $f', f'', f''' \ldots$ als konstante bei den Transformationen auftretende Substitutionskoeffizienten zu betrachten. Und zwar tritt bei jeder neuen Ableitung des Kurvenpunktes in der Reihe (45) in den zugehörigen Substitutionsformeln (48) (49) usw. ein neuer Koeffizient neben den schon früher vorgekommenen auf, nämlich bei $\frac{d^n \mathfrak{x}^*}{d\,t^{*n}}$ der Koeffizient $\frac{d^n f}{d\,t^{*n}}$ $= f^{(n)}$. Die scheinbare Schwierigkeit, aus den Vektoren (45) Invarianten gegenüber den Parametertransformationen zu bilden, also alle die konsekutiven Koeffizienten f', $f'' \ldots$ zu eliminieren, läßt sich nun mit einem Schlage überwinden und die Parametertransformationen lassen sich überhaupt ganz ausschalten durch Einführung eines invarianten Parameters. Ein solcher ist die im § 5 erklärte Bogenlänge, auf die wir in den vorangehenden Abschnitten die Kurve bezogen haben. Der Einführung dieses invarianten Parameters liegt folgendes zugrunde: Wir suchen eine bis auf Parametertransformationen, also gegenüber den Substitutionen § 3 (32), (33) der räumlichen Koordinaten des Flächenpunktes invariante Größe φ auf, die irgendwie aus den Vektoren (45) gebildet ist und die sich bei der Substitution (46) nach dem Gesetz

$$(51) \qquad\qquad \varphi^* = \varphi \cdot f'$$

transformiert, wobei φ^* bezüglich t^* in derselben Weise gebildet ist wie φ bezüglich t. Die einfachste nämlich von Ableitungen möglichst niedriger Ordnung abhängende derartige Größe ist nun die in (12) verwendete Größe $\sqrt{\dot{\mathfrak{x}}^2}$. In der Tat:

Für die Bildung von Invarianten der Vektoren (45) gegenüber den Koordinatentransformationen § 3 (32), (33) kommt $\mathfrak{x}$ selbst gar nicht in Frage. Für den Punkt $\mathfrak{x}$ gelten ja die Formeln

$$(52) \qquad\qquad x_i = \left(\sum_{k=1}^{3} b_{ik}\, x_k^* \right) + d_i,$$

während für alle Ableitungen, wie man durch Differenzieren von (52) ersieht, die zugehörigen homogenen Substitutionsformeln gelten:

$$(53) \qquad\qquad \dot{x}_i = \sum_{k=1}^{3} b_{ik}\, \dot{x}_k^*, \qquad \ddot{x}_i = \sum_{k=1}^{3} b_{ik}\, \ddot{x}_k^*$$

usw. Also nur bei dem Punkt $\mathfrak{x}$, der im strengen Sinne nach § 1 kein Vektor ist, treten die Koeffizienten d_i auf. Bei der Bildung von Invarianten handelt es sich aber um eine Elimination der b_{ik}, d_i. Da jede einzelne der drei Größen d_i nun nur in den Substitutionsformeln einer einzigen der drei Koordinaten x_1, x_2, x_3 vorkommt, bei den Koordinaten der Ableitungsvektoren (53) aber nicht mehr, so eliminieren sich die d_i einfach dadurch, daß man den Punkt $\mathfrak{x}$ selbst als zur Bildung von Invarianten nicht in Frage kommend wegläßt. Unsere Aufgabe reduziert sich also darauf, aus den Vektoren

$$(54) \qquad\qquad \dot{\mathfrak{x}},\ \ddot{\mathfrak{x}},\ \dddot{\mathfrak{x}} \ \ldots$$

die Invarianten gegenüber den homogenen Substitutionen (53) zu bilden. In erster Ableitungsordnung haben wir dann nur den Vektor $\dot{\mathfrak{x}}$

und als einzige solche Invariante das skalare Quadrat $\dot{\mathfrak{x}}^2$. Dieses substituiert sich bei Parametertransformation nach

$$(55) \qquad \left(\frac{d\,\mathfrak{x}^*}{d\,t^*}\frac{d\,\mathfrak{x}^*}{d\,t^*}\right) = \left(\frac{d\,\mathfrak{x}}{d\,t}\frac{d\,\mathfrak{x}}{d\,t}\right)\cdot f'^2;$$

also ist $\sqrt{\dot{\mathfrak{x}}^2}$ tatsächlich die einzige Größe von den für φ verlangten Eigenschaften, die sich aus ersten Ableitungen berechnen läßt.

Ein weiterer Ausdruck von den für φ verlangten Transformationseigenschaften wäre auch der folgende, etwas verwickeltere:

$$(56) \qquad \sqrt{(\dot{\mathfrak{x}}^2)\,(\ddot{\mathfrak{x}}^2) - (\dot{\mathfrak{x}}\ddot{\mathfrak{x}})^2} : (\dot{\mathfrak{x}}^2)$$

für den das Gesetz (51) leicht mittels (48) (49) nachzuweisen ist. Wir wollen uns zunächst noch nicht für eine besondere Wahl von φ entscheiden.

Haben wir nun einmal eine geeignete Größe φ gefunden, so ist nach (50) (51) das Differential $d\sigma$:

$$(57) \qquad d\sigma = \varphi\,dt$$

invariant und

$$(58) \qquad \sigma = \int\limits_{t_0}^{t_1} \varphi\,dt$$

ist eine *Integralinvariante*. Durch letztere ist ein invarianter Parameter σ unserer Kurve gegeben, für $\varphi = \sqrt{\dot{\mathfrak{x}}^2}$ erhält man die Bogenlänge. Nimmt man für φ den Ausdruck (56), so wird das Differential $d\varphi$, wie wir nur erwähnen, gleich dem „unendlich kleinen Winkel benachbarter" Kurventangenten, dem sogenannten *Kontingenzwinkel*. Das zugehörige Integral (58) ist dann im Gegensatz zur Bogenlänge sogar invariant gegenüber Ähnlichkeitstransformationen. Mittels einer Größe φ können wir nun aus irgendeiner parameterinvarianten Größe S durch Ableitung sofort eine neue bilden, nämlich durch:

$$(59) \qquad S' = \frac{d\,S}{d\,t}\cdot\frac{1}{\varphi}.$$

Denn für die parameterinvariante Größe S gilt

$$(60) \qquad S\,(t) = S\,(f\,(t^*)) = S^*\,(t^*)$$

und

$$(61) \qquad \frac{d\,S^*}{d\,t^*} = \frac{d\,S}{d\,t}\cdot f',$$

woraus die Behauptung folgt. S' wollen wir auch die *invariante Ableitung von S bezüglich des Differentials $d\sigma$ nennen*. S' können wir nun wieder invariant ableiten

$$(62) \qquad S'' = \frac{d\,S'}{d\,t}\frac{1}{\varphi} = \frac{d^2 S}{d\,t^2}\frac{1}{\varphi^2} - \frac{d\,S}{d\,t}\frac{\dfrac{d\,\varphi}{d\,t}}{\varphi^3}$$

und so immer neue Invarianten bilden.

Denken wir uns die Kurve auf den invarianten Parameter (58) bezogen, so erkennen wir, daß die invarianten Ableitungen nach dem Differential $d\sigma$ einfach die Ableitungen nach dem Parameter (58) sind. In der Tat muß, wenn der Parameter σ schon von vornherein mit t identisch sein soll, nach (57) und (58) $\varphi = 1$ sein, und die invarianten Ableitungen fallen dann mit den gewöhnlichen zusammen. Diese Ableitungen nach σ lassen sich also auch nach (59) und (62) bilden, ohne daß vorher die Quadratur (58) ausgeführt und die Kurve explizite auf den Parameter σ transformiert wird.

Wir können nun, wenn wir ein allgemeines invariantes Differential zugrunde legen, speziell auch für die einzelnen Koordinaten von $\mathfrak{x}$, die wir nach (47) als parameterinvariant anzusprechen haben, die invarianten Ableitungen bilden:

$$(63) \qquad \mathfrak{x}', \ \mathfrak{x}'' \ \mathfrak{x}''' \cdots$$

Aus diesen Vektoren lassen sich rückwärts, wenn nur φ festgelegt ist, die gewöhnlichen Ableitungsvektoren leicht wieder berechnen, aber dies ist im allgemeinen gar nicht nötig, denn wir können ganz im Bereich der invarianten Ableitungen bleiben, ohne die gewöhnlichen zu benutzen. Wir haben es ja mit invarianten geometrischen Problemen zu tun, die nur die Kurve und nicht die Parameterwahl betreffen, und wir können uns die Kurve ja immer auf den speziellen Parameter σ bezogen denken. An die hier entwickelten Gedankengänge wollen wir später im 5. Kapitel in der Flächentheorie wieder anknüpfen.

Als invariante Differentialform unserer Kurventheorie wollen wir jetzt das Bogenelement

$$(64) \qquad ds = \sqrt{\dot{\mathfrak{x}}^2}\, dt$$

zugrunde legen. Dann sind für die Vektoren (63) die Parametertransformationen ganz ausgeschaltet und wir haben, um die Invarianten unserer Kurve zu bekommen, nur noch nach § 3 und § 4 die Invarianten der Vektoren gegenüber den Substitutionen (53) zu bestimmen. Genau genommen ist der Parameter (64) und damit die invariante Ableitung nur bis auf ein Vorzeichen bestimmt, aber diesen Übelstand können wir dadurch ausgleichen, daß wir der Kurve einen bestimmten Durchlaufssinn zuschreiben, der zu der wachsenden Bogenlänge gehören soll. Nehmen wir dann in (64) die Wurzel positiv, so können wir sagen, die invarianten Ableitungen sind die Ableitungen in Richtung wachsender Bogenlänge. Für den ersten der Vektoren (63) gilt nach (13) noch

$$(65) \qquad \mathfrak{x}'^2 = 1\,.$$

Daraus ergeben sich für die folgenden Vektoren Beziehungen wie

$$(66) \qquad \mathfrak{x}'\,\mathfrak{x}'' = 0, \quad \mathfrak{x}'\,\mathfrak{x}''' + \mathfrak{x}''\,\mathfrak{x}'' = 0$$

usw. Außer diesen bestehen keinerlei weitere identische Relationen zwischen den Vektoren (63).

Um nun nach Maßgabe der Regel des § 4 die Invarianten der Vektoren (63) zu bestimmen, könnten wir aus den Vektoren die niedrigsten linear unabhängigen herausgreifen und die folgenden linear kombinieren Für die Rechnungen ist es aber zweckmäßig, dies Verfahren etwas abzuändern. Da in (34) $\mathfrak{x}' = \xi_1$ gesetzt wurde, sind die Vektoren (63) mit ξ_1, ξ_2, ξ_1'' ... usw. identisch. Nun bestimmen sich aus diesen Vektoren aber auch die in (35) (36) eingeführten Vektoren ξ_2 und ξ_3 mittels

$$(67) \qquad \xi_2 = \frac{\xi_1'}{\sqrt{(\xi_1'\xi_1')}}, \qquad \xi_3 = \xi_1 \times \xi_2.$$

Daher ist das Problem der Bestimmung der Invarianten der Vektoren (63) gleichbedeutend mit dem der Bestimmung der Invarianten der Vektoren

$$(68) \qquad \xi_1, \xi_2, \xi_3, \xi_1', \xi_2', \xi_3', \xi_1'', \xi_2'', \xi_3'', \xi_1''' \cdots$$

Diese sind zwar mehr an Zahl und zum Teil überzählig, aber wir haben hier den Vorteil, daß wir ξ_1, ξ_2 und ξ_3 als Grundvektoren herausgreifen können und daß dann für diese orthogonalen Einheitsvektoren die Tabelle

$$(69) \qquad \begin{aligned} \xi_1^2 &= \xi_2^2 = \xi_3^2 = 1, \\ \xi_1\xi_2 &= \xi_2\xi_3 = \xi_3\xi_1 = 0 \end{aligned}$$

für die Skalarprodukte gilt, was, wie wir sehen werden, für die weiteren Rechnungen sehr bequem ist. Aus diesen Grundvektoren haben wir nun also zunächst ihre ersten Ableitungen linear zu kombinieren.

Das wollen wir im nächsten Abschnitt bewerkstelligen.

§ 9. Formeln von FRENET.

Wir hatten in (41) $\xi_1' = \xi_2 : \varrho$ und in (44) $\xi_3' = - \xi_2 : \tau$ gefunden. Wir wollen noch die Ableitung ξ_2' aus ξ_1, ξ_2, ξ_3 zusammensetzen. Wir hatten in § 7 gefunden

$$(70) \qquad \xi_2 = \xi_3 \times \xi_1$$

und daraus folgt

$$\xi_2' = (\xi_3' \times \xi_1) + (\xi_3 \times \xi_1'),$$

$$(71) \qquad \xi_2' = - \frac{\xi_2 \times \xi_1}{\tau} + \frac{\xi_3 \times \xi_2}{\varrho}$$

$$= - \frac{\xi_1}{\varrho} + \frac{\xi_3}{\tau}.$$

Die damit aufgestellten Beziehungen

$$(72) \qquad \boxed{\begin{aligned} \frac{d\xi_1}{ds} &= \quad * \; + \; \frac{\xi_2}{\varrho} \qquad *\,, \\[2mm] \frac{d\xi_2}{ds} &= -\frac{\xi_1}{\varrho} \qquad * \; + \; \frac{\xi_3}{\tau}\,, \\[2mm] \frac{d\xi_3}{ds} &= \quad * \; - \; \frac{\xi_2}{\tau} \qquad * \end{aligned}}$$

stammen von F. Frenet (Toulouse 1847) und bilden die Grundlage
der ganzen elementaren Differentialgeometrie der räumlichen Kurven.
Leiten wir (72) nach der Bogenlänge s ab und ersetzen wir rechts die
dabei auftretenden ersten Ableitungen der Grundvektoren ξ_1, ξ_2, ξ_3
mittels der Gleichungen (72) wieder durch Linearkombinationen aus den
Grundvektoren selbst, so erhalten wir auch ξ_1'', ξ_2'', ξ_3'' als Linearkombinationen der Grundvektoren dargestellt. Die Koeffizienten sind dabei
aus den ϱ, τ und ihren Ableitungen ϱ', τ' gebildete Ausdrücke. Durch
Fortsetzung eines solchen Verfahrens können wir dann die sämtlichen
Vektoren der Reihe (68) aus den drei ersten Grundvektoren linear kombinieren mit Koeffizienten, die nur aus den ϱ, τ und ihren Ableitungen
nach der Bogenlänge gebildet sind. Nach § 4 ist nun ein vollständiges
System unabhängiger Invarianten der Vektoren (68), also ein vollständiges System unabhängiger Invarianten unserer Kurve gegeben
durch die Skalarprodukte (69) der Grundvektoren, die sich alle auf Konstanten reduzieren, und die Koeffizienten der eben erwähnten Linearkombinationen, die sich ja alle aus den ϱ, τ und ihren Ableitungen
nach der Bogenlänge zusammensetzen. Man sieht auch leicht, daß ϱ, τ
und alle einzelnen ihrer Ableitungen für die Darstellung der unabhängigen
Koeffizienten der Linearkombinationen wesentlich in Frage kommen,
d. h. *daß die Größen*

$$(73) \qquad \varrho, \tau, \varrho', \tau', \varrho'', \tau'', \varrho''' \cdots$$

ein System unabhängiger Invarianten unserer Kurve liefern.

Sind die Funktionen $\varrho\,(s)$, $\tau\,(s)$ bekannt, so stellen die Formeln (72)
von Frenet ein System linearer Differentialgleichungen für die neun
Funktionen $\xi_1\,(s)$, $\xi_2\,(s)$, $\xi_3\,(s)$ dar. Aus

$$(74) \qquad \mathfrak{x}\,(s) = \int \xi_1\,(s)\,ds$$

erhält man dann die Kurve.

Aus der ersten Formel (72) können wir sofort die Kurven bestimmen,
für die die Krümmung $1 : \varrho$ identisch verschwindet. Man findet durch
zwei Integrationen

$$\frac{d\xi_1}{ds} = 0, \quad \frac{d\mathfrak{x}}{ds} = \xi_1 = \text{konst.},$$

$$(75) \qquad \mathfrak{x} = \xi_1 s + \mathfrak{x}_0,$$

also die Geraden.

Aus dem Verschwinden der Windung folgt

$$\frac{d\xi_3}{ds} = 0, \quad \xi_3 = \text{konst.}$$

Da ferner

$$\xi_3 \cdot \frac{d\mathfrak{x}}{ds} = 0$$

ist, erhält man durch nochmalige Integration

$$(76) \qquad \xi_3 \cdot \mathfrak{x} = \text{konst.},$$

d. h. die Kurve liegt in einer Ebene, denn (76) ist eine lineare Gleichung in x_1, x_2, x_3.

Wir hatten $\mathfrak{x}' = \xi_1$. Durch Ableitung folgt $\mathfrak{x}'' = \xi_1' = \xi_2 : \varrho$ und weiter

$$\mathfrak{x}''' = -\frac{\xi_1}{\varrho^2} - \frac{\varrho'\xi_2}{\varrho^2} + \frac{\xi_3}{\varrho\tau}.$$

Nimmt man für $\mathfrak{x}$ die Reihenentwicklung

$$\mathfrak{x} = \mathfrak{x}_0' s + \tfrac{1}{2}\mathfrak{x}_0'' s^2 + \tfrac{1}{6}\mathfrak{x}_0''' s^3 + \cdots$$

und setzt man für die zur Stelle $s = 0$ gehörigen Vektoren $\mathfrak{x}_0'$, $\mathfrak{x}_0''$, $\mathfrak{x}_0'''$ die soeben gefundenen Werte ein, so folgt, wenn man die $(\xi_i)_{s=0}$ der Reihe nach mit den Koordinatenachsen zusammenfallen läßt, also ihnen die Koordinaten gibt:

$$\xi_1 = \{1,\, 0,\, 0\}$$
$$\xi_2 = \{0,\, 1,\, 0\}$$
$$\xi_3 = \{0,\, 0,\, 1\}$$

die sogenannte *kanonische Darstellung* für unsere Kurve in der Umgebung von $s = 0$:

$$(77)\quad\begin{aligned}
x_1 &= s \qquad * \qquad\quad -\frac{1}{6\,\varrho_0^2}s^3 + \cdots,\\[2mm]
x_2 &= * + \frac{1}{2\,\varrho_0}s^2 - \frac{\varrho_0'}{6\,\varrho_0^2}s^3 + \cdots,\\[2mm]
x_3 &= * \qquad * \qquad\; +\frac{1}{6\,\varrho_0\tau_0}s^3 + \cdots
\end{aligned}$$

Da die Reihen rechts beliebig fortgesetzt werden können, wenn man Krümmung und Windung in ihrer Abhängigkeit von der Bogenlänge s kennt, so folgt, daß hierdurch und durch die Festlegung der Anfangslage unsres „*begleitenden Dreibeins*" ξ_1, ξ_2, ξ_3 die Kurve eindeutig be-

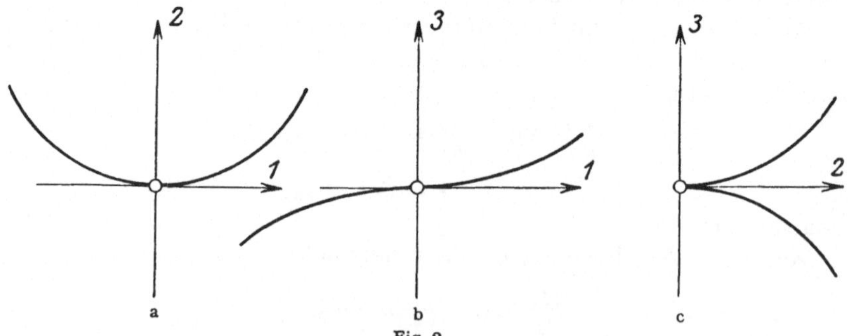

Fig. 2.

stimmt ist. Außerdem kann man aus der kanonischen Entwicklung ablesen, wie die Normalrisse (senkrechten Projektionen) unsrer Kurve auf die $\xi_i\xi_k$-Ebenen im Ursprung aussehen. Man vergleiche die beigegebene Fig. 2.

§ 10. Über das Vorzeichen der Windung.

Es war nach (44)

$$\xi_3' = -\frac{\xi_2}{\tau},$$

also

$$\frac{1}{\tau} = -\xi_2\xi_3'.$$

Wir wollen links die Ableitungen von $\mathfrak{r}$ einführen. Nach (35) (36) wird

$$\xi_2 = \varrho\,\mathfrak{r}'', \qquad \xi_3 = \varrho\,(\mathfrak{r}' \times \mathfrak{r}''),$$
$$\xi_3' = \varrho\,(\mathfrak{r}' \times \mathfrak{r}''') + \varrho'\,(\mathfrak{r}' \times \mathfrak{r}'').$$

Somit ist

$$\frac{1}{\tau} = -\xi_2\xi_3' = \varrho^2(\mathfrak{r}',\mathfrak{r}'',\mathfrak{r}'''),$$

und wir haben zur Bestimmung von ϱ und τ aus $\mathfrak{r}\,(s)$ die Formeln

$$(78) \qquad \boxed{\;\frac{1}{\varrho} = \sqrt{\mathfrak{r}''^2},\quad \frac{1}{\tau} = \frac{(\mathfrak{r}'\,\mathfrak{r}''\,\mathfrak{r}''')}{\mathfrak{r}''^2}\;}.$$

Wir wollen die Ausdrücke für Krümmung und Windung noch umrechnen für den Fall eines beliebigen Parameters t. Deuten die Punkte Ableitungen nach t, die Striche Ableitungen nach s an, so ist

$$(79) \qquad \begin{aligned} \mathfrak{r}' &= \frac{\dot{\mathfrak{r}}}{\sqrt{\dot{\mathfrak{r}}^2}} \\[2mm] \mathfrak{r}'' &= \frac{\ddot{\mathfrak{r}}}{\dot{\mathfrak{r}}^2} - \frac{(\dddot{\mathfrak{r}}\,\dot{\mathfrak{r}})\,\dot{\mathfrak{r}}}{(\dot{\mathfrak{r}}^2)^2}, \\[2mm] \mathfrak{r}''' &= \frac{\dddot{\mathfrak{r}}}{\sqrt{(\dot{\mathfrak{r}}^2)^3}} + \cdots, \end{aligned}$$

wo die Punkte in dem Ausdruck für $\mathfrak{r}'''$ Glieder andeuten, die sich aus $\ddot{\mathfrak{r}}$ und $\dot{\mathfrak{r}}$ linear zusammensetzen. Daraus ergibt sich

$$(80) \qquad \boxed{\begin{aligned} \frac{1}{\varrho^2} &= \frac{\dot{\mathfrak{r}}^2\ddot{\mathfrak{r}}^2 - (\dot{\mathfrak{r}}\ddot{\mathfrak{r}})^2}{(\dot{\mathfrak{r}}^2)^3} = \frac{(\dot{\mathfrak{r}} \times \ddot{\mathfrak{r}})^2}{(\dot{\mathfrak{r}}^2)^3}, \\[2mm] \frac{1}{\tau} &= \frac{(\dot{\mathfrak{r}}\,\ddot{\mathfrak{r}}\,\dddot{\mathfrak{r}})}{(\dot{\mathfrak{r}} \times \ddot{\mathfrak{r}})^2}. \end{aligned}}$$

Hieran ist besonders bemerkenswert, daß die Windung sich rational, ohne Ausziehen einer mehrwertigen Wurzel berechnen läßt, sobald nur $\dot{\mathfrak{r}} \times \ddot{\mathfrak{r}} \neq 0$. Ihr Vorzeichen hat also eine geometrische Bedeutung. Nehmen wir an, daß das zugrunde gelegte Achsenkreuz so aussieht, daß man Daumen, Zeige- und Mittelfinger der rechten Hand der Reihe nach gleichzeitig mit der x_1-, x_2-, x_3-Achse zur Deckung bringen kann

(Fig. 1), dann werden positiv und negativ gewundene Schrauben schematisch durch Fig. 3 dargestellt.

In der Tat: Berechnen wir für unsre Schraube von § 5 (14) Krümmung und Windung, so erhalten wir:

$$\dot{x}_1 = -a\sin t, \quad \ddot{x}_1 = -a\cos t, \quad \dddot{x}_1 = +a\sin t,$$

$$\dot{x}_2 = +a\cos t, \quad \ddot{x}_2 = -a\sin t, \quad \dddot{x}_2 = -a\cos t,$$

$$\dot{x}_3 = b, \qquad\quad \ddot{x}_3 = 0, \qquad\quad \dddot{x}_3 = 0,$$

und daraus

$$\dot{\mathfrak{x}}^2 = a^2 + b^2, \quad \ddot{\mathfrak{x}}^2 = a^2, \quad \dot{\mathfrak{x}}\ddot{\mathfrak{x}} = 0, \qquad (\dot{\mathfrak{x}}\ddot{\mathfrak{x}}\dddot{\mathfrak{x}}) = a^2 b.$$

Somit nach (80):

$$\frac{1}{\varrho} = \pm \frac{a}{a^2 + b^2},$$

$$\frac{1}{\tau} = \frac{b}{a^2 + b^2}.$$

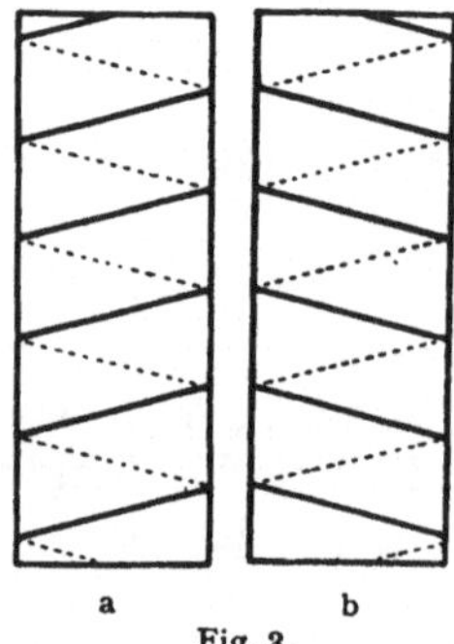

a   b
Fig. 3.

Die Windung ist also > 0 oder < 0, je nachdem $b \gtrless 0$ ist, was den Fig. 3a und 3b entspricht. Entsprechend kann man sich die Bedeutung des Vorzeichens von $1:\tau$ für eine beliebige Kurve, etwa an der kanonischen Darstellung (77) deutlich machen.

Spiegelt man unsre Kurve an einer Ebene, indem man etwa das Vorzeichen einer der Koordinaten x_i umkehrt, so ändert die Windung ihr Vorzeichen. Man könnte eine Kurve vom Typ der Fig. 3a auch als *weinwendig* und eine der Fig. 3b entsprechende auch als *hopfenwendig* bezeichnen, weil die Ranken des Weins positiv und die des Hopfens negativ gewunden wachsen.

§ 11. Kinematische Deutung von FRENETs Formeln.

Wir bringen jetzt eine kinematische Deutung der FRENETschen Formeln, die von G. DARBOUX stammt[1].

---

[1] Vgl. G. DARBOUX: Théorie des surfaces, Bd. I, Kap. 1. Paris: Gauthier-Villars 1887. Dieses Werk von DARBOUX, das 4 Bände umfaßt, ist noch heute als eins der schönsten und reichhaltigsten Werke über Differentialgeometrie anzusehen. GASTON DARBOUX wurde 1842 in Nîmes geboren. Mit 18 Jahren kam er nach Paris. An dem geistigen Leben dieser Stadt hat er dann 57 Jahre lang hervorragenden Anteil gehabt. Schon als Student der École polytechnique und der Ecole Normale erregte er durch seine mathematische Begabung Aufsehen. Sehr bald kam er zu Ämtern und Ehren. 1880 wurde er der Nachfolger von CHASLES auf dem Lehrstuhl für Geometrie an der Sorbonne, vier Jahre später wurde er zum Membre de l'Institut ernannt. Seine besondere Lehrbefähigung machte DARBOUX zum Vater einer ausgedehnten geometrischen Schule in Frankreich.

Über Leben und Werk von DARBOUX vergleiche man: A. VOSS: Jahrbuch d. Kgl. bay. Ak. d. Wiss. 1917, S. 26—53, oder Jahresber. d. D. Math. Ver. Bd. 27,

Dreht man einen starren Körper um eine Achse, so haben alle Punkte des Körpers, die von der Achse gleichen Abstand besitzen, auch die gleiche Geschwindigkeit. Je weiter ein Punkt von der Achse entfernt ist, eine um so größere Geschwindigkeit wird er besitzen, und zwar wächst die Geschwindigkeit direkt proportional dem Abstand von der Achse. Die Geschwindigkeit ω aller Punkte im Abstand 1 von der Achse pflegt man auch als die Winkelgeschwindigkeit der Drehung zu bezeichnen. Hat ein Punkt den Abstand r von der Achse, so ist seine Geschwindigkeit durch

$$(81) \qquad \omega \cdot r$$

gegeben.

Wir denken uns nun den Ursprung $\mathfrak{o}$ unseres Koordinatensystems auf die Achse der Drehung gelegt. Von $\mathfrak{o}$ aus tragen wir auf der Achse den „Drehvektor" $\mathfrak{d}$ so ab, daß seine Länge $\sqrt{\mathfrak{d}^2}$ gleich ω und sein Sinn so ausfällt, daß die Drehung um den Vektor, wenn man in dessen positiver Richtung blickt, entgegen dem Uhrzeigersinn erfolgt. Es sei nun weiter $\mathfrak{p}$ der Vektor, der vom Ursprung $\mathfrak{o}$ zu einem allgemeinen Punkt des starren Körpers hinführt. Der Abstand r dieses Punktes $\mathfrak{p}$ von der Achse ist dann:

$$(82) \qquad r = \sqrt{(\mathfrak{d} \times \mathfrak{p})^2} : \sqrt{\mathfrak{d}^2}.$$

In der Tat gilt nach Fig. 4

$$(83) \qquad r = \sqrt{\mathfrak{p}^2} \cdot \sin \varphi ,$$

wenn φ der Winkel zwischen $\mathfrak{p}$ und $\mathfrak{d}$ ist. Nach § 1 (14) gilt aber

$$\cos \varphi = \frac{\mathfrak{p}\,\mathfrak{d}}{\sqrt{\mathfrak{p}^2}\,\sqrt{\mathfrak{d}^2}}$$

somit

$$(84) \qquad r = \sqrt{(\mathfrak{p}^2)(\mathfrak{d}^2) - (\mathfrak{p}\,\mathfrak{d})^2} : \sqrt{\mathfrak{d}^2}.$$

Ersetzt man in (84) die erste Wurzel mittels § 2 (28) durch $\sqrt{(\mathfrak{d} \times \mathfrak{p})^2}$, so erhält man nach (81) für die Geschwindigkeit v des Punktes $\mathfrak{p}$ unter Beachtung von $\omega = \sqrt{\mathfrak{d}^2}$:

$$(85) \qquad v = \sqrt{(\mathfrak{d} \times \mathfrak{p})^2}.$$

Bezeichnet man mit $\mathfrak{v}$ den Geschwindigkeitsvektor des Punktes $\mathfrak{p}$, so gilt offenbar

$$(86) \qquad \mathfrak{v} = \mathfrak{d} \times \mathfrak{p}.$$

S. 196—217. 1918. Ferner: L. P. Eisenhart und D. Hilbert: Acta mathematica Bd. 42, S. 257—284 und S. 269—273. 1920. Schließlich sei noch auf den zum Teil autobiographischen Vortrag von Darboux hingewiesen, den er vor dem römischen Mathematikerkongreß 1908 gehalten hat. Atti del congresso I, S. 105—122.

denn da $\mathfrak{v}$ sowohl auf $\mathfrak{b}$ wie auf $\mathfrak{p}$ senkrecht steht, gilt sicher

$$\mathfrak{v} = \lambda \cdot (\mathfrak{b} \times \mathfrak{p})$$

mit einem Faktor λ. Wegen $\mathfrak{v}\mathfrak{v} = v^2$ folgt aber aus (85) $\lambda^2 = 1$. Wegen der oben getroffenen Entscheidung über den Sinn von $\mathfrak{b}$ ergibt sich dann aber weiter $\lambda = +1$, womit (86) bewiesen ist.

Denken wir uns jetzt einen starren Körper, der im Ursprung fest ist, und der sich so bewegt, daß drei senkrechte Achsen in ihm immer parallel zu den Grundvektoren ξ_1, ξ_2, ξ_3 einer Raumkurve $\mathfrak{x}(s)$ verbleiben. Die Raumkurve wollen wir dabei mit der Geschwindigkeit 1 durchlaufen, so daß wir die Bogenlänge s gleich der Zeit setzen können.

Einen Punkt dieses Körpers können wir in der Form darstellen:

$$\mathfrak{p} = u_1\,\xi_1 + u_2\,\xi_2 + u_3\,\xi_3.$$

Sein Geschwindigkeitsvektor $\mathfrak{v} = d\mathfrak{p} : ds$ wird nach den FRENET-Formeln

$$\mathfrak{v} = -\frac{u_2}{\varrho}\,\xi_1 + \left(\frac{u_1}{\varrho} - \frac{u_3}{\tau}\right)\xi_2 + \frac{u_2}{\tau}\,\xi_3.$$

Daraus folgt nach (86) wenn man für $\mathfrak{b}$ eine Linearkombination der ξ ansetzt und die auf (38) folgenden Gleichungen berücksichtigt:

$$(87) \qquad \mathfrak{b} = \frac{1}{\tau}\,\xi_1 + \frac{1}{\varrho}\,\xi_3.$$

Wir finden also:

Die Komponenten des Drehvektors für das begleitende Dreibein einer Raumkurve sind: die Windung in der Tangentenrichtung und die Krümmung in der Binormalenrichtung.

Wenn man umgekehrt Krümmung und Windung durch die Formel (87) einführt, so ergeben sich rückwärts sofort die Formeln FRENETS:

$$(88) \qquad
\begin{aligned}
\frac{d\xi_1}{ds} &= \mathfrak{b} \times \xi_1 = +\frac{\xi_2}{\varrho}, \\[4pt]
\frac{d\xi_2}{ds} &= \mathfrak{b} \times \xi_2 = -\frac{\xi_1}{\varrho} + \frac{\xi_3}{\tau}, \\[4pt]
\frac{d\xi_3}{ds} &= \mathfrak{b} \times \xi_3 = -\frac{\xi_2}{\tau}.
\end{aligned}$$

§ 12. Ebene Kurven, Vierscheitelsatz.

Bei ebenen Kurven kann man, wenn erst über den positiven Sinn der Zählung der Bogenlänge entschieden ist, der Krümmung ein bestimmtes Vorzeichen zuschreiben. Dazu kommt man folgendermaßen. Es sei $\mathfrak{x}(s)$ eine Kurve der Ebene $x_3 = 0$. Wir setzen

$$(88\mathrm{a}) \qquad x_1' = \cos\lambda, \quad x_2' = \sin\lambda, \quad x_3' = 0$$

und wählen als Hauptnormale den Einheitsvektor

$$\varrho\, x_1'' = \cos\left(\lambda + \frac{\pi}{2}\right) = -\sin\lambda = -x_2',$$

$$\varrho\, x_2'' = \sin\left(\lambda + \frac{\pi}{2}\right) = +\cos\lambda = +x_1',$$

$$\varrho\, x_3'' = 0\,.$$

Wir haben also, wenn wir die verschwindende x_3-Koordinate im folgenden weglassen, für die Ebene als Ersatz der FRENET-Formeln

$$(89) \qquad \varrho\, x_1'' = -x_2', \quad \varrho\, x_2'' = +x_1'.$$

Das Vorzeichen des dadurch eindeutig bestimmten ϱ kehrt sich um, wenn man das Vorzeichen von ds umkehrt.

Wir wollen von den Formeln (89) eine Anwendung machen und zum erstenmal einen Lehrsatz aus der *Differentialgeometrie „im großen"* beweisen. Es sei $\mathfrak{x}\,(s)$ eine geschlossene ebene Kurve, deren Tangentenbild ein einmal stets im gleichen Sinn umlaufener Kreis ist. Eine solche Kurve, für die $1 : \varrho$ etwa > 0 sein soll, und die von einer Geraden höchstens in zwei Punkten geschnitten wird, nennt man eine „*Eilinie*" oder „*Oval*". Ein Beispiel einer Eilinie ist die Ellipse. Ein Punkt der Kurve, in dem die Krümmung $\varkappa = 1 : \varrho$ verschwindende Ableitung ($\varkappa' = 0$) hat, soll ein „*Scheitel*" genannt werden. Solche Punkte sind bei einer Ellipse die Achsenpunkte, und zwar sind diese vier Punkte wie man leicht nachrechnet, die einzigen Scheitel einer (nicht kreisförmigen) Ellipse.

Es soll nun gezeigt werden:

Vierscheitelsatz. *Die Mindestzahl der Scheitel einer Eilinie ist vier.*

Dazu beweisen wir den Hilfssatz, daß das rings um die Eilinie erstreckte Integral

$$(89\,\mathrm{a}) \qquad \oint (a_0 + a_1 x_1 + a_2 x_2)\, \varkappa' \cdot ds = 0$$

ist, wenn die a_i beliebige Konstante, $x_1\,(s)$, $x_2\,(s)$ die Koordinaten eines Punktes der Eilinie sind und $\varkappa\,(s)$ die zugehörige Krümmung bedeutet. Da die a_i beliebig sind, kommt man auf die drei Gleichungen

$$\oint \varkappa'\, ds = 0, \quad \oint x_1 \varkappa'\, ds = 0, \quad \oint x_2 \varkappa'\, ds = 0.$$

Die erste Gleichung folgt sofort aus der Geschlossenheit, die zweite und dritte bestätigt man durch Integration nach Teilen unter Beachtung von (89)

$$\oint x_1 \varkappa'\, ds = -\oint x_1' \varkappa\, ds = -\oint x_2''\, ds = 0.$$

Setzen wir $\varkappa\,(s)$ als stetig voraus, so gibt es sicher zwei Stellen $\mathfrak{p}$ und $\mathfrak{q}$ auf unsrer Eilinie, wo $\varkappa$ seinen größten und seinen kleinsten Wert annimmt. Diese sind jedenfalls Nullstellen von $\varkappa'$, und damit ist das Vorhandensein zweier Scheitel $\mathfrak{p}$, $\mathfrak{q}$ gesichert. Angenommen, $\varkappa'$ wechselt zwischen $\mathfrak{p}$ und $\mathfrak{q}$ nirgends sein Zeichen, sei also auf dem einen Teilbogen $\mathfrak{p}\,\mathfrak{q}$ unsrer Eilinie immer $\geqq 0$ und auf dem andern stets $\leqq 0$. Es sei dann $a_0 + a_1 x_1 + a_2 x_2 = 0$ die Gleichung der Verbindungsgeraden $\mathfrak{p}\,\mathfrak{q}$, so daß der Ausdruck $(a_0 + a_1 x_1 + a_2 x_2)\, \varkappa'$ beim Durchlaufen unsrer Eilinie niemals sein Zeichen ändert. Dann kann aber das Integral (89a) nicht verschwinden. Die Annahme von nur zwei Zeichenwechseln von $\varkappa'$ auf unsrer Eilinie führt also zu einem Widerspruch mit unserm Hilfssatz. Da aber aus der Geschlossenheit der Eilinie hervorgeht, daß die Zeichenwechsel von $\varkappa'$, falls ihrer nur endlich viele vorhanden sind, jedenfalls in gerader Zahl auftreten, so ergibt sich das Vorhandensein von mindestens vier Scheiteln. Da wir in der Ellipse eine Eilinie mit tatsächlich vier Scheiteln vor uns haben, ist die Vier als Mindestzahl gesichert.

Den vorgetragenen Nachweis des mehrfach bewiesenen Vierscheitelsatzes verdankt der Verfasser einer Mitteilung von G. HERGLOTZ[1].

§ 13. Krümmungsmittelpunkt und Schmiegkreis.

Kehren wir zu räumlichen oder „gewundenen" Kurven zurück, halten wir aber die Voraussetzung $\mathfrak{x}'' \neq 0$ fest! Eine Kugel mit dem Mittelpunkt $\mathfrak{y}$ und dem Halbmesser a kann man offenbar durch die Gleichung darstellen:

$$(\mathfrak{x} - \mathfrak{y})^2 = a^2,$$

wenn die Koordinaten des Vektors $\mathfrak{x}$ die laufenden Koordinaten der Punkte der Kugel darstellen. Soll die Kugel mit dem Mittelpunkt $\mathfrak{y}$ und dem Halbmesser a an der Stelle $s = s_0$ mit der Kurve $\mathfrak{x}\,(s)$ drei zusammenfallende Punkte gemein haben, so muß die Reihenentwicklung

$$f(s) = (\mathfrak{x}(s) - \mathfrak{y})^2 - a^2$$

nach Potenzen von $s - s_0$ mit den Gliedern dritter Ordnung beginnen, d. h. es muß für $s = s_0$

$$f(s) = 0, \quad f'(s) = 0, \quad f''(s) = 0$$

sein. Das gibt nach den FRENET-Formeln:

$$\text{a)} \qquad (\mathfrak{x} - \mathfrak{y})^2 = a^2,$$
$$(90) \qquad \text{b)} \qquad (\mathfrak{x} - \mathfrak{y})\,\xi_1 = 0,$$
$$\text{c)} \qquad (\mathfrak{x} - \mathfrak{y})\frac{\xi_2}{\varrho} + 1 = 0.$$

Nach (90b) liegt der Mittelpunkt $\mathfrak{y}$ in der Normalebene, nach (90c) oder $(\mathfrak{y} - \mathfrak{x})\,\xi_2 = \varrho$ hat der Normalriß von $\mathfrak{y}$ auf die Hauptnormale

[1] Andere Beweise bei: MUKHOPADHYAYA: Bull. Calcutta Math. Soc. Bd. 1. 1909; A. KNESER: H. Weber-Festschrift S. 170—180. Leipzig u. Berlin; 1912, W. BLASCHKE: Rendiconti di Palermo Bd. 36, S. 220—222. 1913; H. MOHRMANN: Ebenda Bd. 37, S. 267—268. 1914.

die Entfernung ϱ vom Punkte $\mathfrak{x}$. Setzen wir also von $\mathfrak{y}$ voraus, daß es in der Schmiegebene liegt, so haben wir:

$$(91) \qquad \boxed{\mathfrak{y} = \mathfrak{x} + \varrho\,\xi_2}\;.$$

Es gibt somit genau eine Kugel „durch drei benachbarte" Kurvenpunkte, die ihren Mittelpunkt auf der Schmiegebene liegen hat. Wir wollen den Punkt $\mathfrak{y}$ in der Schmiegebene, den Mittelpunkt dieser ausgezeichneten Kugel, den *Krümmungsmittelpunkt* nennen und den Schnittkreis der Kugel mit der Schmiegebene, also den Kreis durch drei benachbarte Kurvenpunkte, den *Schmiegkreis* oder *Krümmungskreis*. Damit ist eine geometrische Deutung für den „*Krümmungshalbmesser*" ϱ, den reziproken Wert der Krümmung gefunden. Da $\mathfrak{y} - \mathfrak{x} = \varrho\,\xi_2$ ist, weist der Hauptnormalenvektor ξ_2 von $\mathfrak{x}$ nach dem Krümmungsmittelpunkt $\mathfrak{y}$ oder in entgegengesetzter Richtung, je nachdem $\varrho > 0$ oder $\varrho < 0$ gewählt ist.

Die Schnittgerade der Ebenen (90b) und (90c), d. h. mit andern Worten den Durchschnitt „benachbarter" Normalebenen pflegt man als „*Krümmungsachse*" der Kurve zu bezeichnen. Sie steht im Krümmungsmittelpunkt auf der Schmiegebene senkrecht.

§ 14. Schmiegkugeln.

Wir wollen jetzt durch vier benachbarte Punkte von $\mathfrak{x}\,(s)$ eine Kugel legen, $\mathfrak{z}$ sei ihr Mittelpunkt, R ihr Halbmesser. Dann muß

$$(92) \qquad g(s) = (\mathfrak{x} - \mathfrak{z})^2 - R^2$$

gleichzeitig mit den Ableitungen bis zur dritten Ordnung Null sein. Das gibt neben den schon unter etwas anderer Bezeichnung berechneten Formeln (90) noch eine neue

$$(93) \qquad \begin{aligned} (\mathfrak{x} - \mathfrak{z})\,\xi_1 &= 0\,, \\[4pt] (\mathfrak{x} - \mathfrak{z})\,\frac{\xi_2}{\varrho} + 1 &= 0\,, \\[4pt] (\mathfrak{x} - \mathfrak{z})\,\frac{1}{\varrho}\left(\frac{\xi_3}{\tau} - \frac{\xi_1}{\varrho}\right) - (\mathfrak{x} - \mathfrak{z})\,\varrho'\,\frac{\xi_2}{\varrho^2} &= 0\,. \end{aligned}$$

Setzt man zufolge der beiden ersten dieser Gleichungen

$$(94) \qquad \mathfrak{z} = \mathfrak{x} + \varrho\,\xi_2 + \sigma\,\xi_3,$$

so folgt aus der dritten, wenn $1 : \tau \neq 0$,

$$\sigma = \tau\varrho'\,.$$

Somit ist der Mittelpunkt der „*Schmiegkugel*"

$$(95) \qquad \boxed{\mathfrak{z} = \mathfrak{x} + \varrho\,\xi_2 + \varrho'\tau\,\xi_3}$$

und ihr quadrierter Halbmesser

$$(96) \qquad R^2 = \varrho^2 + \varrho'^2 \tau^2 .$$

Der Mittelpunkt $\mathfrak{z}$ der Schmiegkugel liegt nach (95) auf der Krümmungsachse.

Durch Ableitung von (95) erhält man nach den FRENET-Formeln

$$(97) \qquad \mathfrak{z}' = \left\{ \frac{\varrho}{\tau} + (\varrho'\tau)' \right\} \xi_3 .$$

Für eine unebene Kurve auf einer festen Kugel ist also

$$(98) \qquad \frac{\varrho}{\tau} + \frac{d}{ds}\left(\tau \frac{d\varrho}{ds} \right) = 0 .$$

Nehmen wir umgekehrt an, diese Differentialgleichung zwischen den Funktionen $\varrho\,(s), \tau\,(s)$ sei identisch erfüllt, dann ist $\mathfrak{z}' = 0$, also $\mathfrak{z} = $ konst. und nach (96)

$$\frac{dR^2}{ds} = 2\,\varrho'\tau \left\{ \frac{\varrho}{\tau} + \frac{d}{ds}(\varrho'\tau) \right\} = 0$$

oder $R = $ konst. Das heißt, die Beziehung (98) ist für die unebenen sphärischen Kurven kennzeichnend.

Nehmen wir einmal eine Kurve mit fester Krümmung $(\varrho' = 0)$: Dann fällt der Mittelpunkt (95) der Schmiegkugel in den Krümmungsmittelpunkt (91)

$$\mathfrak{y} = \mathfrak{z} = \mathfrak{x} + \varrho\xi_2 = \mathfrak{x}^* .$$

Man findet

$$(99) \qquad \frac{d\mathfrak{x}^*}{ds} = \frac{\varrho}{\tau}\xi_3 , \quad \frac{ds^*}{ds} = \pm\frac{\varrho}{\tau}$$

und somit

$$(100) \qquad \frac{d\mathfrak{x}^*}{ds^*} = \xi_1^* = \pm\,\xi_3 .$$

Ferner durch Ableitung von (100) nach s

$$\frac{d\xi_1^*}{ds} = \frac{\xi_2^*}{\varrho^*}\left(\pm\frac{\varrho}{\tau} \right) = \mp\frac{\xi_2}{\tau}$$

oder

$$(101) \qquad \frac{\xi_2^*}{\varrho^*} = -\frac{\xi_2}{\varrho} .$$

Bildet man das „skalare Quadrat", so folgt

$$(102) \qquad \varrho^{*\,2} = \varrho^2 = \text{konst.}$$

Ferner ist

$$(103) \qquad \mathfrak{y}^* = \mathfrak{z}^* = \mathfrak{x}^* + \varrho^*\xi_2^* = \mathfrak{x}^* - \varrho\xi_2 = \mathfrak{x} .$$

Die Kurven $(\mathfrak{x})$ und $(\mathfrak{x}^*)$ haben also beide die gleiche feste Krümmung und jede ist der Ort der Krümmungsmittelpunkte für die andere.

Die Formeln (93) lassen noch eine andere Deutung zu. Die erste ist bei veränderlichem $\mathfrak{z}$ die Gleichung der Normalebene unserer Kurve $\mathfrak{x}(s)$. Die beiden ersten Gleichungen zusammen ergeben daher als Schnitt benachbarter Normalebenen die Krümmungsachse, auf der $\mathfrak{y}$ und $\mathfrak{z}$ liegen. Nimmt man noch die dritte hinzu, so erkennt man, daß $\mathfrak{z}$ Schnittpunkt dreier benachbarter Normalebenen ist.

§ 15. BERTRAND-Kurven.

In den Kurvenpaaren mit fester Krümmung, die im letzten Paragraphen betrachtet wurden, haben wir ein Beispiel eines Kurvenpaares mit gemeinsamen Hauptnormalen. Alle derartigen Paare hat zuerst J. BERTRAND[1] ermittelt, und zwar auf folgende Weise:

Es sei $\mathfrak{x}(s)$ die eine Kurve des Paares,

$$(104) \qquad \mathfrak{x}^* = \mathfrak{x} + a\,\xi_2$$

die zweite. Durch Ableitung mit Benutzung der FRENET-Formeln folgt

$$(105) \qquad \frac{d\mathfrak{x}^*}{ds} = \left(1 - \frac{a}{\varrho}\right)\xi_1 + a'\,\xi_2 + \frac{a}{\tau}\,\xi_3\,.$$

Da dieser Tangentenvektor auf ξ_2 senkrecht stehen soll, muß jedenfalls $a' = 0$, also a konstant sein. Bezeichnen wir den Winkel zwischen ξ_1 und dem Einheitsvektor ξ_1^* in der Tangente an $(\mathfrak{x}^*)$ mit ω, so ist

$$(106) \qquad \xi_1^* = \xi_1 \cos\omega + \xi_3 \sin\omega\,.$$

Daraus folgt durch Ableitung

$$107) \qquad \frac{d\xi_1^*}{ds^*} \cdot \frac{ds^*}{ds} = \frac{\xi_2^*}{\varrho^*} \cdot \frac{ds^*}{ds} = \xi_2\left(\frac{\cos\omega}{\varrho} - \frac{\sin\omega}{\tau}\right) + \xi_1 \frac{d\cos\omega}{ds} + \xi_3 \frac{d\sin\omega}{ds}\,.$$

Sollen also die Hauptnormalen ξ_2 und ξ_2^* zusammenfallen, so muß $\omega = $ konst. sein. Da die Vektoren ξ_1^* und $d\mathfrak{x}^* : ds$ gleichgerichtet sind, folgt aus (105) und (106)

$$(108) \qquad \begin{vmatrix} 1 - \dfrac{a}{\varrho} & \dfrac{a}{\tau} \\ \cos\omega & \sin\omega \end{vmatrix} = 0,$$

also eine lineare Gleichung zwischen Krümmung und Windung:

$$(109) \qquad \frac{a \sin\omega}{\varrho} + \frac{a \cos\omega}{\tau} = \sin\omega\,.$$

Für $\omega = \pi/2$ kommen wir auf den im vorigen Abschnitt behandelten Fall der Kurven mit fester Krümmung zurück. Schließen wir den

---

[1] J. BERTRAND.: Mémoire sur la théorie des courbes à double courbure. Paris, Comptes Rendus Bd. 36. 1850 und Liouvilles Journal (1) Bd. 15, S. 332—350. 1850.

trivialen Fall ebener Kurven, der für $\sin \omega = 0$ eintritt, aus, so können wir für

$$a \operatorname{cotg} \omega = b$$

setzen und (109) in der Form schreiben

$$(110) \qquad \frac{a}{\varrho} + \frac{b}{\tau} = 1 \,.$$

Eine solche Beziehung muß also für jede Kurve eines BERTRAND-Paares erfüllt sein. Wenn man die Schlußfolge umgekehrt durchgeht, erkennt man die Bedingung (110) auch als hinreichend. Für eine Schraubenlinie ($\varrho, \tau =$ konst.) gibt es unendlich viele Beziehungen (110) und entsprechend unendlich viele Schraubenlinien, die die erste zu einem BERTRAND-Paar ergänzen.

§ 16. Natürliche Gleichungen.

Es handelt sich darum, ob durch Angabe der Funktionen $\varrho = \varrho\,(s)$, $\tau = \tau\,(s)$ eine Kurve im Raum, abgesehen von Bewegungen, eindeutig bestimmt werden kann. Für den Fall analytischer Kurven war die Eindeutigkeit schon in § 9 (77) mittels der kanonischen Darstellung festgestellt worden. Macht man nur Differenzierbarkeitsvoraussetzungen, so kann man den Nachweis folgendermaßen führen.

Nach FRENET genügen die Koordinaten ξ_{ik} der Vektoren ξ_i des begleitenden Dreibeins den linearen, homogenen Differentialgleichungen mit schiefsymmetrischer Determinante

$$(111) \qquad \frac{d\xi_{1k}}{ds} = \frac{\xi_{2k}}{\varrho}, \quad \frac{d\xi_{2k}}{ds} = -\frac{\xi_{1k}}{\varrho} + \frac{\xi_{3k}}{\tau}, \quad \frac{d\xi_{3k}}{ds} = -\frac{\xi_{2k}}{\tau}\,.$$

Angenommen, wir hätten außer der Kurve $\mathfrak{x}\,(s)$ noch eine zweite $\bar{\mathfrak{x}}\,(s)$, deren $\bar{\xi}_{ik}$ denselben Gleichungen (111) genügen. Dann folgt aus der schiefen Symmetrie der FRENET-Formeln, daß

$$(112) \qquad \frac{d}{ds}\,(\xi_{1k}\bar{\xi}_{1k} + \xi_{2k}\bar{\xi}_{2k} + \xi_{3k}\bar{\xi}_{3k}) = 0$$

ist. Bewegen wir nun die Kurve $\bar{\mathfrak{x}}\,(s)$ so lange, bis das zur Stelle $s = 0$ gehörige Dreibein mit dem entsprechenden Dreibein zu $\mathfrak{x}\,(s)$ zusammenfällt, so ist für $s = 0$

$$(113) \qquad \xi_{1k}\bar{\xi}_{1k} + \xi_{2k}\bar{\xi}_{2k} + \xi_{3k}\bar{\xi}_{3k} = 1$$

und somit gilt die Formel wegen (112) für jedes s. Also fallen die Einheitsvektoren mit den Koordinaten ξ_{ik}, $\bar{\xi}_{ik}$, $i = 1, 2, 3$ für jedes s zusammen: $\xi_{ik} = \bar{\xi}_{ik}$. Insbesondere folgt für $i = 1$

$$(114) \qquad \xi_1 - \bar{\xi}_1 = \frac{d}{ds}\,(\mathfrak{x} - \bar{\mathfrak{x}}) = 0,$$

also, da für $s = 0$ nach unsrer Annahme $\mathfrak{x} - \bar{\mathfrak{x}} = 0$ ist, allgemein

$$(115) \qquad \mathfrak{x}(s) = \bar{\mathfrak{x}}(s),$$

w. z. b. w.

Es bleibt noch festzustellen, ob man die Funktionen $\varrho\,(s)$ und $\tau\,(s)$ beliebig vorgeben kann. Schreibt man in (111) an Stelle von ξ_{ik} kurz u_i, so hat man das System linearer, homogener Differentialgleichungen zu lösen:

$$(116) \qquad \frac{d u_1}{d s} = \frac{u_2}{\varrho}, \qquad \frac{d u_2}{d s} = -\frac{u_1}{\varrho} + \frac{u_3}{\tau}, \qquad \frac{d u_3}{d s} = -\frac{u_2}{\tau}.$$

Sind die Funktionen $1 : \varrho\,(s)$, $1 : \tau\,(s)$ stetig in einem Intervall um $s = 0$, so haben diese Differentialgleichungen nach bekannten Existenzsätzen (vgl. den folgenden § 17) bei beliebig vorgegebenen Anfangswerten ein Lösungssystem. Wir wollen drei derartige Lösungssysteme ermitteln:

$$(\xi_{11}, \xi_{21}, \xi_{31}); \qquad (\xi_{12}, \xi_{22}, \xi_{32}); \qquad (\xi_{13}, \xi_{23}, \xi_{33})$$

mit den Anfangswerten

$$(1, 0, 0); \qquad (0, 1, 0); \qquad (0, 0, 1).$$

Da, wie wir schon im besonderen Fall $(i = k)$ bemerkt haben,

$$(117) \qquad \frac{d}{d s} \sum_r \xi_{ri} \xi_{rk} = 0$$

ist wegen der schiefen Symmetrie der Matrix (111), so erfüllen die ξ_{ik} nicht nur für $s = 0$, sondern für jedes s die Bedingungen einer orthogonalen Matrix

$$(118) \qquad \sum \xi_{ri} \xi_{rk} = \delta_{ik} \begin{cases} = 0, & \text{für } i \neq k, \\ = 1, & \text{für } i = k, \end{cases}$$

Setzen wir nun

$$\frac{d x_i}{d s} = \xi_{1i},$$
$$(119)$$
$$x_i = \int_0^s \xi_{1i}(s)\,d s,$$

so haben wir eine Kurve gefunden, deren Krümmung und Windung, wie man ohne Mühe bestätigt, die vorgeschriebenen Werte $1 : \varrho\,(s)$, $1 : \tau\,(s)$ haben.

Durch Angabe der stetigen Funktionen $1 : \varrho\,(s)$ und $1 : \tau\,(s)$ ist also eine Kurve, und zwar wie vorhin bewiesen wurde, abgesehen von Bewegungen *eindeutig* bestimmt. Man nennt deshalb die Formeln:

$$(120) \qquad \varrho = \varrho(s), \qquad \tau = \tau(s)$$

die „natürlichen Gleichungen" einer Kurve. „Natürlich", weil sie von der Koordinatenwahl unabhängig sind. Unwesentlich ist es, wenn in diesen Gleichungen s durch $\pm\, s + $ konst. ersetzt wird.

Berechnen wir als Beispiel die natürlichen Gleichungen einer „*Epizykloide*", die von einem Umfangspunkt eines rollenden Kreises beschrieben wird, der auf einem festen Kreis seiner Ebene außen gleitungslos abrollt. Es seien a und λa die Halbmesser des festen und des rollenden Kreises. Dann findet sich für die Kurve (Fig. 5) die Parameterdarstellung

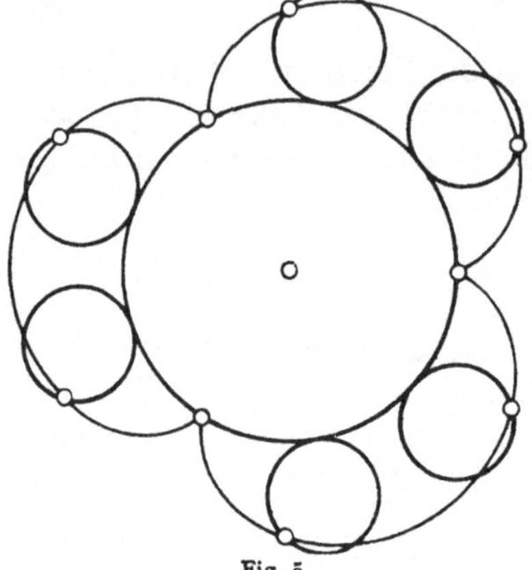

Fig. 5.

$$(121) \quad \begin{aligned} x_1 &= a\{(1+\lambda)\cos\lambda\varphi \\ &\qquad - \lambda\cos(\lambda+1)\varphi\}, \\ x_2 &= a\{(1+\lambda)\sin\lambda\varphi \\ &\qquad - \lambda\sin(\lambda+1)\varphi\}. \end{aligned}$$

Man findet nach geeigneter Wahl einer Integrationskonstanten

$$(122) \quad s = 4\lambda(1+\lambda)\,a\cos\frac{\varphi}{2}, \quad \varrho = \frac{4\lambda(1+\lambda)}{1+2\lambda}\,a\sin\frac{\varphi}{2}.$$

Somit ergeben sich *die natürlichen Gleichungen der Epizykloide*

$$(123) \quad s^2 + (1+2\lambda)^2\varrho^2 = \{4\lambda(1+\lambda)\,a\}^2, \quad \frac{1}{\tau} = 0.$$

Es ist bemerkenswert, daß bei dieser im allgemeinen transzendenten Kurve die Beziehung zwischen s und ϱ stets algebraisch ist.

§ 17. Hilfssatz über lineare Differentialgleichungen.

Im vorigen Abschnitt wurde benutzt, daß ein System von Gleichungen

$$(124) \quad \frac{du_i}{ds} = \sum_{k=1}^{3} c_{ik}u_k; \qquad i = 1, 2, 3,$$

wenn die $c_{ik}(s)$ in $0 \leqq s \leqq r$ stetig sind, ebenda stetige Lösungen besitzen, die vorgeschriebene Anfangswerte u_i^0 annehmen. Den Nachweis erbringt man am einfachsten mittels „schrittweiser Näherungen". Man setze

$$u_i^1 = u_i^0 + \int_0^s \sum_k c_{ik}u_k^0\,ds,$$

$$(125) \quad u_i^2 = u_i^0 + \int_0^s \sum_k c_{ik}u_k^1\,ds,$$

$$\cdots\cdots\cdots\cdots\cdots$$

$$u_i^n = u_i^0 + \int_0^s \sum_k c_{ik}u_k^{n-1}\,ds.$$

Es sei $|c_{ik}| < \frac{1}{3} C$, $|u_i^0| \leqq 1$. Dann wird

$$|u_i^1 - u_i^0| < Cs\,,$$

$$u_i^2 - u_i^1 = \int_0^s \sum_k c_{ik}\,(u_k^1 - u_k^0)\,ds\,,$$

$$|u_i^2 - u_i^1| < C^2 \frac{s^2}{2}\,,$$

$$\cdot\ \cdot\ \cdot\ \cdot\ \cdot\ \cdot\ \cdot\ \cdot\ \cdot\ \cdot\ \cdot\ \cdot$$

$$|u_i^n - u_i^{n-1}| < C^n \frac{s^n}{n!} \leqq C^n \frac{r^n}{n!}\,.$$

Somit ist die Funktionenfolge $u_i^n(s)$ im Intervall $0 \leqq s \leqq r$ gleichmäßig konvergent

(126)
$$\lim u_i^n(s) = u_i(s)\,.$$

Wegen der gleichmäßigen Konvergenz folgt aus (125) für $n \to \infty$

(127)
$$u_i = u_i^0 + \int_0^s \sum c_{ik}\,u_k\,ds$$

oder

(128)
$$\frac{du_i}{ds} = \sum c_{ik}\,u_k\,, \qquad u_i(0) = u_i^0\,,$$

w. z. b. w [1].

§ 18. Böschungslinien.

Kurven, deren Tangenten mit einer festen Richtung einen festen Winkel bilden, nennt man nach E. MÜLLER Böschungslinien. Beispiele dafür sind die ebenen Kurven und die Schrauben (§ 5). Das Tangentenbild einer Böschungslinie ist ein Kreis. Nennen wir den Einheitsvektor in der festen Richtung $\mathfrak{e}$ und den festen Winkel ϑ, so ist

(129)
$$\mathfrak{e}\,\mathfrak{x}_1 = \cos\vartheta$$

und durch Ableitung

(130)
$$\mathfrak{e}\,\mathfrak{x}_2 = 0\,.$$

$\mathfrak{e}$ liegt somit in der Ebene $\mathfrak{x}_1$, $\mathfrak{x}_3$. So können wir

(131)
$$\mathfrak{e}\,\mathfrak{x}_3 = \sin\vartheta$$

setzen. Durch Ableitung von (130) folgt nach FRENET und wegen (129), (131)

(132)
$$\frac{\sin\vartheta}{\tau} - \frac{\cos\vartheta}{\varrho} = 0 \qquad \text{oder} \qquad \tau = \varrho\,\mathrm{tg}\,\vartheta\,,$$

d. h. *bei einer Böschungslinie stehen Krümmung und Windung in festem Verhältnis.*

---

[1] Zum Eindeutigkeitsbeweis kann man so verfahren wie im 2. Band dieser Differentialgeometrie § 50, Hilfssatz 1.

Ist umgekehrt (132) erfüllt, so ist

$$(133) \qquad \frac{d}{ds}\left(\xi_1 \cos \vartheta + \xi_3 \sin \vartheta\right) = 0 \,,$$

also die Richtung

$$(134) \qquad e = \xi_1 \cos \vartheta + \xi_3 \sin \vartheta$$

und

$$(135) \qquad e\,\xi_1 = \cos \vartheta$$

unveränderlich, unsere Kurve also eine Böschungslinie. Auch (130) oder $e\,\frac{d^2\mathfrak{x}}{ds^2} = 0$ kennzeichnet die Böschungslinien, denn durch Integration folgt daraus:

$$e\,\frac{d\mathfrak{x}}{ds} = \text{konst.}$$

Wir wollen uns die Böschungslinie auf eine Ebene senkrecht zu e projizieren. Der Normalriß sei $\bar{\mathfrak{x}}\,(s)$:

$$(136) \qquad \bar{\mathfrak{x}} = \mathfrak{x} - (\mathfrak{x}e)e \,.$$

Daraus folgt nach (129)

$$(137) \qquad \bar{\mathfrak{x}}' = \xi_1 - e \cos \vartheta \,,$$

$$(138) \qquad \bar{\mathfrak{x}}'' = \frac{\xi_2}{\varrho} \,.$$

Ferner

$$(139) \qquad \bar{\mathfrak{x}}'^2 = \sin^2 \vartheta \,, \qquad \frac{d\bar{s}}{ds} = \sin \vartheta \,, \qquad \bar{s} = s \sin \vartheta \,.$$

Somit ist

$$(140) \qquad \frac{d^2\bar{\mathfrak{x}}}{d\bar{s}^2} = \bar{\mathfrak{x}}'' \cdot \left(\frac{ds}{d\bar{s}}\right)^2 = \frac{\xi_2}{\varrho \sin^2 \vartheta} = \frac{\bar{\xi}_2}{\bar{\varrho}} \,.$$

Man kann also setzen

$$(141) \qquad \bar{\xi}_2 = \xi_2 \qquad \text{und} \qquad \bar{\varrho} = \varrho \sin^2 \vartheta \,.$$

§ 19. Böschungslinien auf einer Kugel.

Soll man auf einer Kugel vom Halbmesser R die unebenen Böschungslinien ermitteln, so kann man zunächst die Formel (96) von § 14 heranziehen. Nämlich

$$\varrho^2 + \varrho'^2 \tau^2 = R^2 \,.$$

Nach (132) ist $\tau = \varrho\,\text{tg}\,\vartheta$, also

$$\varrho^2\left(1 + \varrho'^2 \text{tg}^2 \vartheta\right) = R^2 \,, \qquad \varrho'\,\text{tg}\,\vartheta = \frac{\sqrt{R^2 - \varrho^2}}{\varrho} \,, \qquad \frac{\varrho\,d\varrho}{\sqrt{R^2 - \varrho^2}}\,\text{tg}\,\vartheta = ds$$

und daraus nach geeigneter Wahl des Kurvenpunktes $s = 0$

$$(142) \qquad s = -\,\text{tg}\,\vartheta\,\sqrt{R^2 - \varrho^2}$$

oder

$$(143) \qquad \varrho = \sqrt{R^2 - s^2\,\text{ctg}^2 \vartheta} \,.$$

Für den Normalriß (§ 18) unserer Böschungslinie folgt nach (139) und (141)

$$(144) \quad \bar{\varrho} = \sqrt{R^2 \sin^4 \vartheta - \bar{s}^2 \cos^2 \vartheta}\,.$$

Nach § 16 (123) sind diese Normalrisse also Epizykloiden. In der Fig. 5a wird dieser Zusammenhang zwischen sphärischen Böschungslinien und ebenen Radlinien in Auf- und Grundriß verdeutlicht. Der Grundriß ist dabei doppelt zu durchlaufen.

Wir wollen von den Böschungslinien einer Kugel folgenden Satz erwähnen:

Denkt man sich mit dem begleitenden Dreibein einer unebenen Böschungslinie auf einer Kugel eine Ebene fest verbunden, die zur Richtung e weder parallel noch senkrecht ist, so umhüllt diese Ebene, wenn das Dreibein längs seiner Kurve vorwärtsgleitet, ebenfalls eine Böschungslinie, die auf einem Drehellipsoid liegt, dessen Achse zu e parallel ist und durch den Mittelpunkt unserer Kugel hindurchgeht[1].

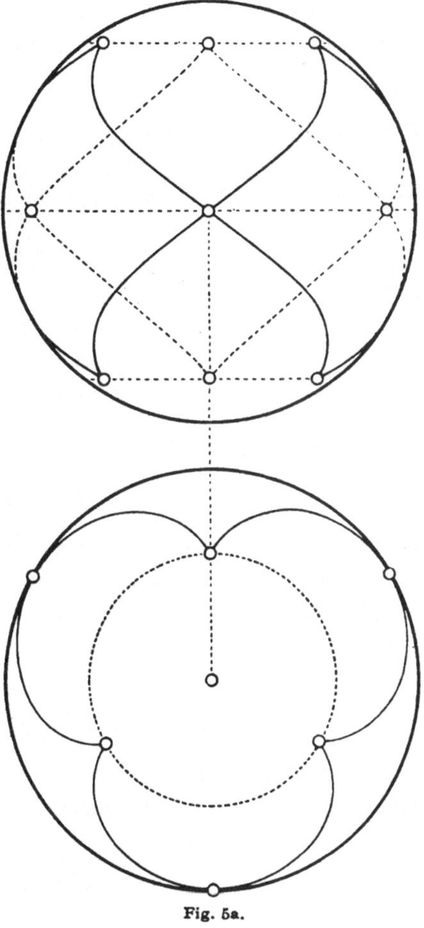

Fig. 5a.

§ 20. Böschungslinien auf einem Drehparaboloid.

Als Normalriß der Böschungslinien auf einem Drehparaboloid, dessen Achse parallel zur festen Richtung e ist, auf eine Ebene senkrecht zu e erhält man *Kreisevolventen*, ebene Kurven also, die ihre Krümmungsmittelpunkte auf einem Kreise haben.

Man kann das aus den Ergebnissen des letzten Abschnitts folgern, wenn man den Raum in der Richtung e streckt und durch Grenzübergang aus dem Ellipsoid, das aus der Kugel entstanden ist, ein Paraboloid herleitet. Aber man kann die Behauptung auch unabhängig davon, und zwar ohne jede Rechnung bestätigen.

---

[1] Vgl. W. BLASCHKE: Bemerkungen über allgemeine Schraubenlinien. Monatsh. f. Math. u. Phys. Bd. 19, S. 188—204, bes. S. 198. 1908.

Es habe unser Vektor e die Koordinaten 0, 0, 1, liege also auf der x_3-Achse. Die Gleichung des Paraboloids sei:

$$(145) \qquad x_1^2 + x_2^2 = 2c x_3 .$$

Eine Schmiegebene unsrer Böschungslinie schließt mit x_3 nach (129) und (130) den Winkel ϑ ein, ihre Gleichung kann also, wenn wir sie um x_3 noch geeignet drehen, auf die Form

$$(146) \qquad x_3 = x_1 \operatorname{ctg} \vartheta + \text{konst.}$$

gebracht werden. Ihr Durchschnitt mit dem Paraboloid ist eine Ellipse, die mit unserer Böschungslinie drei benachbarte Punkte gemein hat. Der „Grundriß" dieser Ellipse auf $x_3 = 0$ ist eine neue Ellipse, die mit dem Grundriß der Böschungslinie wieder drei benachbarte Punkte gemein hat. Man findet ihre Gleichung durch Eliminieren von x_3 aus (145) und (146), nämlich:

$$(147) \qquad x_1^2 + x_2^2 = 2c x_1 \operatorname{ctg} \vartheta + \text{konst.}$$

Das ist aber offenbar ein Kreis, also der Schmiegkreis des Grundrisses der Böschungslinie. Sein Mittelpunkt hat von der Drehachse (vom Ursprung) die feste Entfernung $c \operatorname{ctg} \vartheta$. Somit ist der Ort der Krümmungsmittelpunkte des Grundrisses unserer Böschungslinie tatsächlich ein Kreis.

§ 21. Evoluten, Evolventen.

Die Kurven auf der Tangentenfläche einer Raumkurve $\mathfrak{x}(s)$, die die Tangenten senkrecht durchschneiden, nennt man *Fadenevolventen*. Setzt man

$$(148) \qquad \mathfrak{x}^* = \mathfrak{x} - r \boldsymbol{\xi}_1 ,$$

so folgt

$$(149) \qquad \frac{d \mathfrak{x}^*}{ds} = (1 - r') \boldsymbol{\xi}_1 - r \frac{\boldsymbol{\xi}_2}{\varrho} .$$

Also muß sein

$$(150) \qquad \boldsymbol{\xi}_1 \frac{d \mathfrak{x}^*}{ds} = 1 - r' = 0 .$$

Daraus folgt $r = s + \text{konst.}$ Somit haben wir die gesuchten Evolventen in der Parameterdarstellung

$$(151) \qquad \mathfrak{x}^* = \mathfrak{x}(s) - (s + \text{konst.}) \frac{d \mathfrak{x}(s)}{ds} .$$

Anziehender ist die umgekehrte Aufgabe: zu $(\mathfrak{x}^*)$ rückwärts eine „*Evolute*" $(\mathfrak{x})$ aufzusuchen. Vertauscht man die Bezeichnungen $\mathfrak{x}^*$ und $\mathfrak{x}$, so handelt es sich darum, Normalen von $(\mathfrak{x})$ so anzuordnen, daß sie Tangenten einer Kurve $(\mathfrak{x}^*)$ werden. Setzen wir entsprechend

$$(152) \qquad \mathfrak{x}^* = \mathfrak{x} + u_2 \boldsymbol{\xi}_2 + u_3 \boldsymbol{\xi}_3 ,$$

so wird

$$(153) \qquad \frac{d\mathfrak{x}^*}{ds} = \left(1 - \frac{u_2}{\varrho}\right)\xi_1 + \left(u_2' - \frac{u_3}{\tau}\right)\xi_2 + \left(u_3' + \frac{u_2}{\tau}\right)\xi_3.$$

Sollen die Vektoren $\mathfrak{x}^* - \mathfrak{x}$ und $d\mathfrak{x}^* : ds$ linear abhängen, so muß zunächst

$$(154) \qquad u_2 = \varrho$$

sein, d. h. die zum Punkt $\mathfrak{x}$ gehörigen Evolutenpunkte $\mathfrak{x}^*$ liegen auf der Krümmungsachse (§ 13) von $\mathfrak{x}$. Ferner muß sein

$$(155) \qquad \begin{vmatrix} \varrho' - \dfrac{u_3}{\tau} & u_3' + \dfrac{\varrho}{\tau} \\[2mm] \varrho & u_3 \end{vmatrix} = 0$$

oder

$$(156) \qquad \frac{\varrho' u_3 - u_3' \varrho}{\varrho^2 + u_3^2} = \frac{1}{\tau}.$$

Daraus folgt

$$(157) \qquad \operatorname{arctg}\frac{\varrho}{u_3} = \operatorname{arctg}\frac{u_2}{u_3} = \int\frac{ds}{\tau}.$$

Somit ist

$$(158) \qquad u_3 = \varrho\operatorname{ctg}\int\frac{ds}{\tau}.$$

Entsprechend der hier auftretenden Integrationskonstanten hängen die Evoluten

$$(159) \qquad \mathfrak{x}^* = \mathfrak{x} + \varrho\left\{\xi_2 + \xi_3\operatorname{ctg}\left(\int\frac{ds}{\tau} + c\right)\right\}$$

noch von einer Konstanten ab. *Der Winkel, unter den, man zwei verschiedene Evoluten von $\mathfrak{x}$ aus sieht, ist unveränderlich.* Insbesondere gilt für ebene Kurven

$$(160) \qquad \mathfrak{x}^* = \mathfrak{x} + \varrho\xi_2 + c\,\varrho\xi_3.$$

Es gibt also eine einzige ebene Evolute ($c = 0$) einer ebenen Kurve. Die übrigen sind Böschungslinien, deren Tangenten gegen die Ebene von $(\mathfrak{x})$ feste Neigung haben.

§ 22. Isotrope Kurven.

Es ist, selbst wenn man nur geometrisch anschauliche Ergebnisse herleiten will, doch zweckmäßig, gelegentlich auch imaginäre Kurven zu betrachten, also die Funktionen $x_k(t)$ als komplexe analytische Funktionen der komplexen Veränderlichen $t = u + iv$ mit gemeinsamem Existenzgebiet vorauszusetzen. Für diese imaginären Kurven, die, wenn wir reelle „Dimensionen" zählen, Träger von zweifach unendlich vielen Punkten sind, da die Kurvenpunkte von zwei reellen Parametern u, v abhängen, ist die hier vorgetragene Theorie im großen und ganzen anwendbar; nur treten gewisse Ausnahmefälle auf. So ist besonders der Fall möglich, daß die Bogenlänge einer solchen Kurve Null ist, ohne daß sich die Kurve auf einen Punkt zusammenzieht. Aus

$$(161) \qquad \mathfrak{x}'^2 = x_1'^2 + x_2'^2 + x_3'^2 = 0$$

folgt nämlich jetzt nicht mehr $\mathfrak{x}' = 0$. Die durch $\mathfrak{x}'^2 = 0$, $\mathfrak{x}' \neq 0$ gekennzeichneten imaginären Kurven pflegt man *isotrope Kurven* zu nennen (oder auch „Minimalkurven"). Wir werden später sehen, daß diese unanschaulichen imaginären Kurven zur Herleitung einer sehr anschaulichen reellen Flächenklasse verwendbar sind, nämlich zur Herleitung der „Minimalflächen", in die sich ein Seifenhäutchen formt, das längs eines geschlossenen (irgendwie gewundenen) Drahtes ausgespannt ist.

Aus $\mathfrak{x}'^2 = 0$ folgt $\mathfrak{x}'\mathfrak{x}'' = 0$, $\mathfrak{x}'\mathfrak{x}''' = -\mathfrak{x}''^2$ und daher nach dem Multiplikationssatz § 2 (20)

$$(162) \qquad (\mathfrak{x}'\,\mathfrak{x}''\,\mathfrak{x}''')^2 = \begin{vmatrix} 0 & 0 & -\mathfrak{x}''^2 \\ 0 & \mathfrak{x}''^2 & * \\ -\mathfrak{x}''^2 & * & * \end{vmatrix} = -(\mathfrak{x}''^2)^3.$$

Ebenso gilt allgemeiner identisch für den beliebigen Vektor $\mathfrak{v}$

$$(163) \qquad (\mathfrak{x}'\,\mathfrak{x}''\,\mathfrak{v})^2 = -\mathfrak{x}''^2 \cdot (\mathfrak{x}'\,\mathfrak{v})^2.$$

Daraus folgt, daß $(\mathfrak{x}'\mathfrak{x}''\mathfrak{x}''')$ oder, was wegen (162) dasselbe ist, $\mathfrak{x}''^2$ nur dann identisch verschwinden kann, wenn $\mathfrak{x}' \times \mathfrak{x}'' = 0$ ist. Dadurch waren aber nach § 6 die geraden Linien gekennzeichnet. Wir wollen im folgenden diese geradlinigen, isotropen Linien, also die isotropen Geraden ausschließen ($\mathfrak{x}''^2 \neq 0$). Bei Einführung eines neuen Parameters p auf unsrer Kurve ergibt sich

$$(164) \qquad \frac{(\mathfrak{x}'\,\mathfrak{x}''\,\mathfrak{v})_p}{(\mathfrak{x}'\,\mathfrak{v})_p} \left(\frac{dp}{dt}\right)^2 = \frac{(\mathfrak{x}'\,\mathfrak{x}''\,\mathfrak{v})_t}{(\mathfrak{x}'\,\mathfrak{v})_t}.$$

Wollen wir also den neuen Parameter p so wählen, daß

$$(165) \qquad (\mathfrak{x}'\,\mathfrak{x}''\,\mathfrak{v})_p = -(\mathfrak{x}'\,\mathfrak{v})_p$$

wird, so brauchen wir nur

$$(166) \qquad p = \int \sqrt{-\frac{(\mathfrak{x}'\,\mathfrak{x}''\,\mathfrak{v})_t}{(\mathfrak{x}'\,\mathfrak{v})_t}}\, dt$$

zu setzen, wo $\mathfrak{v}$ einen beliebigen konstanten Vektor bedeutet. Dadurch ist dieser natürliche Parameter p, der zuerst von E. VESSIOT und dann insbesondere von E. STUDY eingeführt worden ist[1], ähnlich wie früher die Bogenlänge durch eine (zweiwertige) Quadratwurzel erklärt.

---

[1] E. VESSIOT: Comptes Rendus Bd. 140, S. 1381—1384. 1905; E. STUDY: Zur Differentialgeometrie der analytischen Kurven. Trans. Amer. Math. Soc. Bd. 10, S. 1—49. 1909. In dieser Arbeit werden die imaginären Kurven systematisch studiert.

Für $t = p$ wird nach (165)

$$(167) \qquad \mathfrak{x}' \times \mathfrak{x}'' = - \mathfrak{x}'$$

und nach (163)

$$(168) \qquad \mathfrak{x}''^2 = - 1 \, .$$

Ferner ist nach (167)

$$(169) \qquad (\mathfrak{x}' \mathfrak{x}'' \mathfrak{x}''') = - \mathfrak{x}' \mathfrak{x}''' = \mathfrak{x}''^2 = - 1 \, .$$

Wir wollen zeigen, daß sich die Krümmung des Normalrisses unsrer isotropen Kurve auf eine Ebene berechnen läßt, wenn der Einheitsvektor $\mathfrak{e}$ der Normalen auf diese Ebene gegeben ist. Geht die Ebene etwa durch den Ursprung, so gilt für den Normalriß $\mathfrak{y}$ eines Kurvenpunktes $\mathfrak{x}$

$$(170) \qquad \begin{cases} \mathfrak{y} = \mathfrak{x} - (\mathfrak{e}\,\mathfrak{x})\,\mathfrak{e}, \\ \mathfrak{y}' = \mathfrak{x}' - (\mathfrak{e}\,\mathfrak{x}')\,\mathfrak{e}, \\ \mathfrak{y}'' = \mathfrak{x}'' - (\mathfrak{e}\,\mathfrak{x}'')\,\mathfrak{e}. \end{cases}$$

Daraus folgt unter Verwendung der Formeln (161), (168)

$$(171) \qquad \begin{cases} \mathfrak{y}'^2 = - (\mathfrak{e}\,\mathfrak{x}')^2, \\ \mathfrak{y}'\,\mathfrak{y}'' = - (\mathfrak{e}\,\mathfrak{x}')\,(\mathfrak{e}\,\mathfrak{x}''), \\ \mathfrak{y}''^2 = - 1 - (\mathfrak{e}\,\mathfrak{x}'')^2. \end{cases}$$

Nach (80) in § 10 ergibt sich somit für die Krümmung von $(\mathfrak{y})$

$$(172) \qquad \frac{1}{\varrho^2} = \frac{\mathfrak{y}'^2\,\mathfrak{y}''^2 - (\mathfrak{y}'\,\mathfrak{y}'')^2}{(\mathfrak{y}'^2)^3} = - \frac{1}{(\mathfrak{e}\,\mathfrak{x}')^4}$$

oder nach willkürlicher Entscheidung über ein Vorzeichen

$$(173) \qquad \sqrt{i\,\varrho} = \mathfrak{e}\,\mathfrak{x}', \qquad (i^2 = - 1)$$

eine Formel, die eine geometrische Deutung des Vektors $\mathfrak{x}'$ enthält. Z. B. bekommen wir daraus für die Krümmungsradien der Normalrisse auf die Koordinatenebenen

$$(174) \qquad \sqrt{i\,\varrho_k} = x'_k$$

und somit

$$(175) \qquad \varrho_1 + \varrho_2 + \varrho_3 = 0 \, .$$

In Worten: *Die Krümmungshalbmesser der Normalrisse einer isotropen Kurve auf drei paarweise senkrechte Ebenen in zugehörigen Punkten haben bei geeigneter Vorzeichenwahl verschwindende Summe*[1].

§ 23. Integrallose Darstellung der isotropen Kurven.

Man kann alle krummen isotropen Linien, also die Lösungen der Differentialgleichung $\mathfrak{x}'^2 = 0$ mittels einer willkürlichen analytischen

---

[1] W. Blaschke: Arch. Math. Phys. Bd. 14, S. 355. 1909. Aufgabe 256.

Funktion und deren Ableitungen darstellen. In der Tat! Für die Schmiegebene einer nicht geradlinigen isotropen Linie ist nach (167)

$$(176) \qquad (\mathfrak{y} - \mathfrak{x}, \mathfrak{x}', \mathfrak{x}'') = - (\mathfrak{y} - \mathfrak{x}, \mathfrak{x}') = 0.$$

Der Vektor $\mathfrak{x}'$, der die Stellung der Ebene festlegt, genügt aber der Gleichung $\mathfrak{x}'^2 = 0$. Gehen wir umgekehrt von einer Schar solcher „isotroper" Ebenen aus, die nicht parallel laufen, so können wir sie mittels eines Parameters t so ansetzen:

$$(177) \qquad \boxed{(1 - t^2)\, y_1 + i\, (1 + t^2)\, y_2 - 2\, t\, y_3 = 2\, i\, f\, (t)}\,,$$

wo $i^2 = - 1$ und f eine analytische Funktion bedeutet. Leitet man die Gleichung bei festem $\mathfrak{y}$ zweimal nach t ab, so findet man durch Auflösung für die umhüllte Linie die gewünschte Darstellung

$$(178) \qquad \boxed{\begin{aligned} x_1 &= i\left(f - t\,f' - \frac{1 - t^2}{2}\, f''\right), \\ x_2 &= \left(f - t\,f' + \frac{1 + t^2}{2}\, f''\right), \\ x_3 &= - i\, (f' - t\,f'')\,. \end{aligned}}$$

Es folgt daraus:

$$(179) \qquad \frac{d\,x_1}{d\,t} = - i\,\frac{1 - t^2}{2}\, f''', \qquad \frac{d\,x_2}{d\,t} = \frac{1 + t^2}{2}\, f''', \qquad \frac{d\,x_3}{d\,t} = i\, t\, f''',$$

also ist wegen $\mathfrak{x}'^2 = 0$ die Kurve (178) wirklich isotrop. Man hat nur vorauszusetzen, daß f''' nicht identisch verschwindet. Für den „natürlichen" Parameter p von VESSIOT und STUDY ergibt sich

$$(180) \qquad p = \int \sqrt{f'''(t)}\, d\,t.$$

Auch kann man leicht aus der Parameterdarstellung (178) die Ergebnisse vom Schluß des vorigen Abschnitts bestätigen.

§ 24. Aufgaben und Lehrsätze.

Zunächst eine Aufgabe zu dem in der Einleitung erläuterten Rechnen mit Vektoren:

1. Man weise die Identität nach:

$$(\mathfrak{a} \times \mathfrak{b},\ \mathfrak{c} \times \mathfrak{d},\ \mathfrak{e} \times \mathfrak{f}) = (\mathfrak{a},\ \mathfrak{b},\ \mathfrak{d})\, (\mathfrak{c},\ \mathfrak{e},\ \mathfrak{f}) - (\mathfrak{a},\ \mathfrak{b},\ \mathfrak{c})\, (\mathfrak{d},\ \mathfrak{e},\ \mathfrak{f}).$$

Weiter bringen wir einige Mitteilungen *über gewundene Linien.*

2. Die Schmiegebene. In einem Kurvenpunkte $\mathfrak{x}$ mit $1 : \varrho \neq 0$ und $1 : \tau \neq 0$ ist die Schmiegebene jene Ebene durch die Tangente in $\mathfrak{x}$, die die Kurve in $\mathfrak{x}$ zerschneidet.

3. Ein Satz von BELTRAMI. Die Tangentenfläche einer Raumkurve schneidet die Schmiegebene in einem Punkte $\mathfrak{x}$ der Kurve in einer ebenen Kurve, deren Krümmungshalbmesser in $\mathfrak{x}$ gleich $4 : 3$ des Krümmungshalbmessers der Raumkurve in $\mathfrak{x}$ ist. E. BELTRAMI: Opere I, S. 261. 1865.

4. Man weise mit Hilfe des Mittelwertsatzes der Differentialrechnung die Existenz der Schmiegebene auch für den Fall nach, daß für die Funktionen $x_i\,(t)$ der Raumkurve nur vorausgesetzt wird, daß sie in einem Intervall $a < t < b$ mit ihren Ableitungen bis zur zweiten Ordnung stetig sind, und daß in diesem Intervall $\mathfrak{x}' \times \mathfrak{x}'' \neq 0$ ist.

5. Rektifizierende Ebene. Die Ebene durch einen Kurvenpunkt senkrecht zu ξ_2 pflegt man rektifizierende Ebene zu nennen. Die rektifizierenden Ebenen einer Kurve $(\mathfrak{x})$ umhüllen im allgemeinen die Tangentenfläche einer Kurve $(\bar{\mathfrak{x}})$. Man findet

$$\bar{\mathfrak{x}} = \mathfrak{x} - \frac{1}{\lambda'}\,(\lambda\,\xi_1 + \xi_3), \qquad \lambda = \frac{\varrho}{\tau}$$

(181)

$$\bar{\mathfrak{x}}' = - \left(\frac{1}{\lambda'}\right)'(\lambda\,\xi_1 + \xi_3)\,.$$

Somit gehen die rektifizierenden Ebenen alle durch einen festen Punkt, wenn $\lambda'' = 0$ oder

(182)
$$\frac{\varrho}{\tau} = a\,s + b$$

ist (A. ENNEPER). Man kann diesen Sachverhalt durch eine später (§ 69) einzuführende Ausdrucksweise auch so kennzeichnen, daß man sagt: Die Kurven mit $\lambda'' = 0$ sind geodätische Linien auf Kegelflächen. Insbesondere kommen wir für $a = 0$ auf die Böschungslinien zurück.

6. Die RICCATIsche Gleichung der **Kurventheorie.** Die Bestimmung der Kurven, die zu gegebenen natürlichen Gleichungen $\varrho\,(s)$, $\tau\,(s)$ gehören, hängt von der Integration einer einzigen RICCATIschen Differentialgleichung ab. (Vgl. etwa G. SCHEFFERS: Einführung in die Theorie der Kurven, S. 215. Leipzig: Veit u. Co. 1901.)

7. Eine kennzeichnende Eigenschaft der Böschungslinien. Das Verschwinden der Determinante $(\mathfrak{x}''\,\mathfrak{x}'''\,\mathfrak{x}^{IV})$, wobei die Ableitungen nach der Bogenlänge zu nehmen sind, ist für die Böschungslinien kennzeichnend. A. R. FORSYTH: Differential Geometry, S. 28. Cambridge 1912.

8. Böschungslinien eines parabolischen Zylinders. Die Böschungslinien eines parabolischen Zylinders, die mit der durch eine Erzeugende gehenden Symmetrieebene des Zylinders feste Winkel bilden, haben als Normalriß auf die Symmetrieebene gemeine Radlinien, die von einem Umfangspunkt eines auf einer Geraden rollenden Kreises beschrieben werden.

9. Über Böschungslinien auf Drehflächen zweiter Ordnung. Betrachten wir auf einer Drehfläche zweiter Ordnung eine Böschungslinie, die mit der Drehachse einen festen Winkel bildet! Die Kurve ihrer Krümmungsmittelpunkte liegt auf einer koaxialen Drehfläche zweiter Ordnung und hat als Normalriß auf eine zur Drehachse senkrechte Ebene eine Radlinie, die beim Abrollen zweier — nicht notwendig reeller — Kreise entsteht. W. BLASCHKE: Monatsh. Math. Phys. Bd. 19, S. 201. 1908.

10. Kurven fester Windung. Jede Kurve mit der festen Windung $1 : \tau$ läßt sich in der Form darstellen:

(183)
$$\mathfrak{x} = \tau \int\limits_0^t \xi \times d\xi\,,$$

wo $\xi = \xi\,(t)$ einen Einheitsvektor bedeutet.

11. Konstruktion des Berührungspunktes. Zwei Punkte $\mathfrak{p}$, $\mathfrak{q}$ durchlaufen zwei räumliche Kurven $\mathfrak{P}$ und $\mathfrak{Q}$ unabhängig voneinander; die Symmetrieebene $\mathfrak{E}$

von $\mathfrak{p}$ und $\mathfrak{q}$ umhüllt dann im allgemeinen eine Fläche $\mathfrak{F}$. Die Ebene in $\mathfrak{p}$ senkrecht zu $\mathfrak{P}$, die Ebene in $\mathfrak{q}$ senkrecht zu $\mathfrak{Q}$ schneiden sich mit $\mathfrak{E}$ in der Regel im Berührungspunkt von $\mathfrak{E}$ mit $\mathfrak{F}$. Vgl. G. Darboux: Surfaces Bd. 1, S. 123—126. 1887.

12. Ein Satz von Halphen über räumliche Kraftfelder. Sind alle Bahnkurven, die unter Einwirkung eines unveränderlichen Kraftfeldes bei beliebigen Anfangsbedingungen zustande kommen, eben, so gehen alle Kräfte des Feldes durch denselben festen Punkt. G. H. Halphen: Comptes Rendus, Paris 1877, S. 939 und G. Darboux in Despeyrous: Cours de Mécanique I, S. 433. Paris 1884.

Es folgen einige Sätze über *imaginäre Kurven*.

13. Die Parabel als logarithmische Spirale. Die beiden uneigentlichen Punkte einer Ebene, in denen sich alle Kreise der Ebene durchschneiden, werden als „absolute Punkte" der Ebene bezeichnet. Eine (notwendig imaginäre) Parabel der Ebene, die einen der absoluten Punkte enthält, hat die Eigenschaft: alle Geraden durch den eigentlichen Punkt der Parabel, dessen Tangente durch den andern absoluten Punkt geht, schneiden die Parabel unter demselben Winkel.

14. Kurven von Study. Neben den isotropen Kurven entziehen sich auch noch die Linien in isotropen Ebenen der vorgetragenen Kurventheorie. Diese Kurven hat zuerst E. Study untersucht: Am. Trans. Bd. 10, S. 25—32. 1909.

15. Zusammenhang zwischen isotropen Kurven und Kurven fester Windung. Trägt man auf den Binormalen einer Kurve der festen Windung Eins die Strecke i $(i^2 = -1)$ ab, so beschreibt ihr Endpunkt eine isotrope Kurve. Die Bogenlänge der ursprünglichen Kurve kann gleich dem entsprechenden Wert des natürlichen Parameters p der isotropen Kurve gesetzt werden. E. Study: Am. J. Math. Bd. 32, S. 264—278. 1910.

16. Isotrope Kurven als Orte von Krümmungsmittelpunkten. Die Krümmungsmittelpunkte einer gewundenen Linie auf einem isotropen Kegel liegen auf einer isotropen Kurve. Man kann umgekehrt eine krumme isotrope Linie vorschreiben und dazu auf einem gegebenen isotropen Kegel eine Linie finden, die die erste als Ort der Krümmungsmittelpunkte hat. E. Study: Am. J. Bd. 32, S. 257—263. 1910.

17. Eine Invariante isotroper Kurven. Unter Verwendung des natürlichen Parameters p von § 22 tritt an Stelle der Formeln von Frenet bei isotropen Kurven die folgende:

$$(184) \qquad \mathfrak{x}^{IV} = \tfrac{1}{2} F' \mathfrak{x}' + F \mathfrak{x}''.$$

Darin bedeutet $F(p)$ die Differentialinvariante niedrigster Ordnung unsrer Kurve, nämlich

$$(185) \qquad F = \mathfrak{x}'''^2 = \frac{4 f_3 f_5 - 5 f_4^2}{4 f_3^3},$$

wo rechts die Ableitungen der in § 23 verwendeten Funktion f einzusetzen sind. Vgl. E. Study: Am. Trans. Bd. 10, S. 1—49. 1909.

Dann einige Ergebnisse über *Kurven im großen*.

18. Kurven konstanter Breite. Haben je zwei parallele Tangenten einer Eilinie den festen Abstand b, so hat die Eilinie den Umfang πb. E. Barbier: Liouvilles J. (2) Bd. 5, S. 273—286. 1860.

19. Ein Satz von L. Berwald über Eilinien. Die Mindestzahl der Punkte mit fünfpunktig berührender logarithmischer Schmiegspirale auf einer Eilinie ist vier. Bei einer Ellipse sind es die Endpunkte der zu den Achsen symmetrischen, konjugierten Durchmesser.

20. Über die Scheitel einer Eilinie. Hat eine Eilinie mit einem Kreise $2\,n$ Punkte gemein, so hat sie mindestens $2\,n$ Scheitel. W. BLASCHKE: Kreis und Kugel, S. 161. Leipzig 1916.

21. Die Eilinien mit genau vier Scheiteln haben die kennzeichnende Eigenschaft, von jedem Kreis in höchstens vier Punkten getroffen zu werden.

22. Formeln von CROFTON über Eilinien. Es sei $\mathfrak{E}$ eine Eilinie; (x_1, x_2) ein äußerer Punkt; L ihr Umfang; t_1, t_2 die Längen der Tangentenstrecken von (x_1, x_2) aus an $\mathfrak{E}$; ϱ_1, ϱ_2 die Krümmungshalbmesser von $\mathfrak{E}$ in den zugehörigen Berührungspunkten und α der Winkel der beiden Tangenten. Dann ist

$$(186) \qquad 2\,\pi^2 = \iint \frac{\sin \alpha}{t_1\,t_2}\,d\,x_1\,d\,x_2, \qquad L^2 = 2 \iint \sin \alpha\, \frac{\varrho_1\,\varrho_2}{t_1\,t_2}\,d\,x_1\,d\,x_2,$$

wenn die Integration über das Äußere von $\mathfrak{E}$ erstreckt wird. M. W. CROFTON: Phil. Trans. Bd. 158. 1868; H. LEBESGUE: Nouv. Ann. (4) Bd. 12, S. 495. 1912.

23. Ein Satz von JACOBI. Das Hauptnormalenbild einer geschlossenen Kurve begrenzt auf der Einheitskugel zwei flächengleiche Teile. C. G. J. JACOBI: Werke Bd. 7, S. 39. 1842.

24. Über geschlossene Kurven. Eine geschlossene reguläre räumliche Kurve ohne mehrfache Punkte habe die Eigenschaft, daß durch jeden ihrer Punkte eine Ebene geht, die die Kurve sonst nirgends trifft. Dann hat die Kurve mindestens vier Punkte mit stationären Schmiegebenen. (C. CARATHÉODORY).

25. Über geschlossene Kurven auf der Kugel. Auf einer Kugel liege eine geschlossene, durchweg reguläre Kurve ohne mehrfache Punkte, die höchstens zwei Schmiegebenen durch den Kugelmittelpunkt schickt. Diese Kurve liegt dann ganz auf einer Halbkugel.

Es sei schließlich noch darauf hingewiesen, daß wir im 3. Kapitel in der Theorie der Streifen und ferner im 9. Kapitel, §§ 121, 122 neuerdings auf die Theorie der Raumkurven unter einem allgemeineren Gesichtspunkt zurückkommen werden.

2. Kapitel.

Extreme bei Kurven.

§ 25. Die erste Variation der Bogenlänge.

Wir wollen jetzt weitere Fragen der Kurventheorie behandeln, indem wir die Methoden der Variationsrechnung heranziehen. Diese Methoden werden für spätere Entwicklungen (§§ 37 und 69) wichtig werden. Es sei $\mathfrak{x}(s)$ eine ebene oder räumliche Kurve. Wir leiten daraus eine zweite $(\bar{\mathfrak{x}})$ her durch den Ansatz:

$$(1) \qquad \bar{\mathfrak{x}} = \mathfrak{x} + u\,\xi_1 + v\,\xi_2 + w\,\xi_3 = \mathfrak{x} + \mathfrak{y},$$

wobei die $\xi_i(s)$ die Einheitsvektoren des begleitenden Dreibeins von $(\mathfrak{x})$ und u, v, w Funktionen von s bedeuten, die noch einen Parameter ε enthalten:

$$(2) \qquad u = \varepsilon\,\bar{u}(s), \qquad v = \varepsilon\,\ddot{v}(s), \qquad w = \varepsilon\,\bar{w}(s), \qquad \mathfrak{y} = \varepsilon\,\bar{\mathfrak{y}}(s).$$

Rückt $\varepsilon \to 0$, so rückt die Nachbarkurve $(\bar{\mathfrak{x}})$ gegen $(\mathfrak{x})$. Wir wollen die Länge der Nachbarkurve

$$(3) \qquad \bar{s} = \int\limits_{s_1}^{s_2} \sqrt{\bar{\mathfrak{x}}'^2}\, ds$$

nach Potenzen von ε entwickeln. Diese Entwicklung wird die Form haben

$$(4) \qquad \bar{s} = s + \delta s + \cdots,$$

wenn mit δs das in ε lineare Glied bezeichnet wird:

$$(5) \qquad \delta s = \varepsilon \lim_{\varepsilon \to 0} \frac{\bar{s} - s}{\varepsilon}.$$

Man nennt δs die *„erste Variation"* der Bogenlänge. Dieses δs soll zunächst berechnet werden.

Zur Abkürzung für Krümmung und Windung von $(\mathfrak{x})$ führen wir die Bezeichnungen ein

$$(6) \qquad \varkappa = \frac{1}{\varrho}, \qquad \sigma = \frac{1}{\tau},$$

wodurch die FRENET-Formeln (§ 9) die Gestalt annehmen

$$(7) \qquad \xi_1' = \varkappa\,\xi_2, \qquad \xi_2' = -\varkappa\,\xi_1 + \sigma\,\xi_3, \qquad \xi_3' = -\sigma\,\xi_2.$$

Aus (1), (2) und (7) folgt:

$$(7\,\text{a}) \qquad \mathfrak{y}' = \varepsilon\,\bar{\mathfrak{y}}' = (u' - \varkappa v)\,\xi_1 + (v' + \varkappa u - \sigma w)\,\xi_2 + (w' + \sigma v)\,\xi_3.$$

Aus (1) folgt nun durch Ableitung nach der Bogenlänge s von $(\mathfrak{x})$

$$(8) \qquad \bar{\mathfrak{x}}' = \mathfrak{x}' + \mathfrak{y}'.$$

Daraus ist das innere Quadrat

$$(9) \qquad \bar{\mathfrak{x}}'^2 = \mathfrak{x}'^2 + 2\mathfrak{x}'\mathfrak{y}' + \cdots,$$

wobei die weggelassenen Glieder in ε von zweiter Ordnung sind. Weiter folgt

$$(10) \qquad \frac{d\bar{s}}{ds} = 1 + \mathfrak{x}'\mathfrak{y}' + \cdots$$

und durch Integration und Integration nach Teilen mittels (7a) und $\mathfrak{x}' = \xi_1$:

$$(11) \qquad \bar{s} = s + \int_{s_1}^{s_2} \mathfrak{x}'\mathfrak{y}'\,ds + \cdots = s + [u]_{s_1}^{s_2} - \int_{s_1}^{s_2} \varkappa v\,ds + \cdots.$$

Somit ist endlich

$$(12) \qquad \boxed{\delta s = [u]_{s_1}^{s_2} - \int_{s_1}^{s_2} \varkappa v\,ds.}$$

Hieraus kann man eine Reihe von Folgerungen ziehen. Da in δs zwar $\bar{u}$, $\bar{v}$, aber nicht $\bar{w}$ vorkommt, so sieht man: *Die Binormalen einer Raumkurve sind dadurch gekennzeichnet, daß bei beliebiger unendlich kleiner Verrückung der Kurve in Richtung der Binormalen die Bogenlänge stationär bleibt.* Ferner: haben $(\mathfrak{x})$ und $(\bar{\mathfrak{x}})$ die Randpunkte gemein $[u(s_1) = 0, \; u(s_2) = 0]$, so wird

$$(13) \qquad \delta s = - \int_{s_1}^{s_2} \varkappa v\,ds.$$

$v = \varepsilon\bar{v}$ sind die unendlich kleinen auf der Hauptnormalen von $(\mathfrak{x})$ abgetragenen Komponenten von $\bar{\mathfrak{x}} - \mathfrak{x} = \delta\mathfrak{x}$. Wir wollen für v auch δn schreiben, also

$$(14) \qquad \delta s = - \int_{s_1}^{s_2} \varkappa \cdot \delta n \cdot ds.$$

Diese Formel werden wir später (6. Kapitel) verwerten.

§ 26. Variationsprobleme von J. Radon.

Jetzt soll ermittelt werden, wie sich die Krümmung $\varkappa$ beim Übergang von $(\mathfrak{x})$ zur Nachbarkurve $(\bar{\mathfrak{x}})$ ändert.

Aus $\bar{\mathfrak{x}} = \mathfrak{x} + \varepsilon\bar{\mathfrak{y}}$ folgt:

$$(15) \qquad \begin{aligned} \bar{\mathfrak{x}}' &= \xi_1 + \varepsilon\bar{\mathfrak{y}}', \\ \bar{\mathfrak{x}}'' &= \varkappa\xi_2 + \varepsilon\bar{\mathfrak{y}}''. \end{aligned}$$

Nach § 10 (80) ist die Krümmung $\bar{\varkappa} = 1 : \bar{\varrho}$ von $(\bar{\mathfrak{x}})$

$$\bar{\varkappa} = \frac{\sqrt{\bar{\mathfrak{x}}'^2\,\bar{\mathfrak{x}}''^2 - (\bar{\mathfrak{x}}'\,\bar{\mathfrak{x}}'')^2}}{(\sqrt{\bar{\mathfrak{x}}'^2})^3}.$$

Nach (15) beginnt die Entwicklung von $(\bar{\mathfrak{x}}'\bar{\mathfrak{x}}'')$ mit Gliedern in ε. Läßt man die in ε quadratischen Glieder weg, so wird also

$$(16) \qquad \bar{\varkappa} = \frac{\sqrt{\bar{\mathfrak{x}}''^2}}{\bar{\mathfrak{x}}'^2} + \cdots.$$

Somit hat man nach (15)

$$\bar{\varkappa} = \varkappa + \varepsilon\,[(\xi_2\,\bar{\mathfrak{y}}'') - 2\varkappa\,(\xi_1\,\bar{\mathfrak{y}}')] + \cdots.$$

Es ist also für die Variation

$$\delta\varkappa = \varepsilon\cdot\lim_{\varepsilon\to 0}\frac{\bar{\varkappa}-\varkappa}{\varepsilon}$$

anzusetzen:

$$(17) \qquad \delta\varkappa = \varepsilon\,[(\xi_2\,\bar{\mathfrak{y}}'') - 2\varkappa\,(\xi_1\,\bar{\mathfrak{y}}')].\,^{[1]}$$

Nach (1), (2), (7a) und der sich mittels (7a) leicht ergebenden Linearkombination von $\bar{\mathfrak{y}}''$ aus den Grundvektoren erhält man daraus:

$$(18) \qquad \delta\varkappa = \varkappa^2 v - \varkappa u' + \frac{d}{ds}\,(v' + \varkappa u - \sigma w) - (w' + \sigma v)\,\sigma.$$

Es sei nun nach J. RADON ein „Variationsproblem" von folgender Art vorgelegt. Man soll zwei gegebene Punkte des Raumes durch eine Kurve $\mathfrak{x}$ miteinander verbinden, längs derer das Integral

$$(19) \qquad J = \int \varphi\,(\varkappa)\cdot ds$$

einen extremen Wert bekommt. Dabei sei φ eine vorgegebene Funktion. Gehen wir dann zu einer Nachbarkurve $(\bar{\mathfrak{x}})$ mit denselben Randpunkten über, so muß jedenfalls die „erste Variation" von J, das sind wieder die in ε linearen Glieder der Reihenentwicklung von J nach Potenzen von ε, verschwinden.

Wir wollen der Einfachheit halber die Variation (1) so vornehmen, daß $u = 0$ ist. Wir gehen also von den einzelnen Punkten der ursprünglichen Kurve zu den entsprechenden Punkten der variierten Kurve immer durch Antragen von solchen Vektoren $\mathfrak{y}$ über, die zur Kurventangente senkrecht sind. Diese Einschränkung ist offenbar deshalb ganz unwesentlich, weil man, wenigstens wenn die Enden unserer Kurve festbleiben, zu jeder variierten Kurve durch eine solche „zur Kurve senkrechte" Variation gelangen kann. Wegen (10) haben wir jetzt $d\bar{s} = (1 - \varkappa v)\,ds$. Es wird

$$(20) \qquad \bar{J} = \int \varphi\,(\bar{\varkappa})\,d\bar{s} = \int \varphi\,(\varkappa + \delta\varkappa)\cdot(1 - \varkappa v)\,ds + \cdots.$$

Also ist

$$(21) \qquad \delta J = \int \varphi'\,\delta\varkappa\,ds - \int \varphi\varkappa v\,ds.$$

Für $\delta\varkappa$ setze man aus (18) mit $u = 0$ den Wert ein und forme den Ausdruck durch Integration nach Teilen um unter Beachtung der

---

[1] Vgl. zu dieser Formel auch die Arbeit von G. HAMEL: Sitzgsber. Berl. Math. Ges. Bd. 16, S. 5. 1917.

festen Randpunkte. Dabei wollen wir annehmen, daß am Rand nicht nur v und w, sondern auch noch v' verschwinden soll. So erhält man

$$(22) \qquad \delta J = \int ds \left[\left\{ (\varkappa^2 - \sigma^2)\, \varphi' + \frac{d^2\varphi'}{ds^2} - \varkappa\,\varphi \right\} v + \left\{ \sigma\,\frac{d\varphi'}{ds} + \frac{d}{ds}(\sigma\,\varphi') \right\} w \right].$$

Soll nun δJ bei beliebiger Wahl der Verrückungen $v(s)$, $w(s)$, die nur verschwindende Randwerte zu haben brauchen, gleich Null sein, so müssen die Bedingungen erfüllt sein:

$$(25) \qquad \begin{aligned} (\varkappa^2 - \sigma^2)\,\varphi' + \frac{d^2\varphi'}{ds^2} - \varkappa\,\varphi &= 0\,, \\[2mm] \sigma\,\frac{d\varphi'}{ds} + \frac{d}{ds}(\sigma\,\varphi') &= 0\,. \end{aligned}$$

Die zweite Differentialgleichung, die für ebene Kurven $(\sigma = 0)$ von selbst erfüllt ist, läßt sich integrieren. Es ist

$$2\sigma\,\frac{d\varphi'}{ds} + \varphi'\,\frac{d\sigma}{ds} = 0\,,$$

$$\frac{d\sigma}{\sigma} + 2\,\frac{d\varphi'}{\varphi'} = 0\,,$$

$$(26) \qquad \sigma = \frac{c}{\varphi'^2}\,.$$

Damit ist die Windung der „*Extremalen*" unseres Variationsproblems bestimmt. Als Extremalen bezeichnet man die Kurven, für die $\delta J = 0$ ist, für die also die Differentialgleichungen (25) gelten.

§ 27. Bestimmung der Extremalen unserer Variationsprobleme.

RADON hat bemerkt, daß man die gefundenen Differentialgleichungen zusammen mit $\frac{d}{ds}\varphi = \varphi'\frac{d\varkappa}{ds}$ so schreiben kann:

$$(27) \qquad \begin{aligned} \frac{d}{ds}(\varkappa\,\varphi' - \varphi) &= +\,\varkappa \cdot \frac{d\varphi'}{ds}\,, \\[2mm] \frac{d}{ds}\left(\frac{d\varphi'}{ds}\right) &= -\,\varkappa\,(\varkappa\,\varphi' - \varphi) + \sigma\,\frac{c}{\varphi'}\,, \\[2mm] \frac{d}{ds}\left(\frac{c}{\varphi'}\right) &= -\,\sigma \cdot \frac{d\varphi'}{ds}\,. \end{aligned}$$

Diese drei linearen, homogenen Differentialgleichungen haben wie die FRENET-Formeln (§ 16) eine schiefsymmetrische Matrix. Also gilt

$$\frac{d}{ds}\left\{ (\varkappa\,\varphi' - \varphi)^2 + \left(\frac{d\varphi'}{ds}\right)^2 + \left(\frac{c}{\varphi'}\right)^2 \right\} = 0$$

und

$$(28) \qquad (\varkappa\,\varphi' - \varphi)^2 + \left(\frac{d\varphi'}{ds}\right)^2 + \left(\frac{c}{\varphi'}\right)^2 = a^2\,.$$

Hier kann man $\varkappa$ als unabhängige Veränderliche nehmen und $ds : d\varkappa$ als Funktion von $\varkappa$ berechnen. Somit ist die Differentialgleichung (28) durch eine einzige Integration („Quadratur“) lösbar, also auch umgekehrt $\varkappa$ als Funktion von s zu bestimmen. Da nach (26) $\sigma(s)$ bekannt ist, so sind damit die natürlichen Gleichungen der Extremalen ermittelt.

Aber noch mehr: Die Formeln (27) haben nicht nur die schiefsymmetrische Gestalt der FRENET-Formeln, sie sind sogar, wenn man für $\varkappa$, σ wieder $1 : \varrho$, $1 : \tau$ schreibt, mit den FRENET-Formeln identisch. Deshalb und wegen (28) kann man das Achsenkreuz so wählen, daß

$$(29) \qquad \xi_{13} = \frac{\varkappa\,\varphi' - \varphi}{a}, \qquad \xi_{23} = \frac{1}{a} \cdot \frac{d\varphi'}{ds}, \qquad \xi_{33} = \frac{c}{a}\,\frac{1}{\varphi'}$$

wird. Daraus ergibt sich dann

$$(30) \qquad \frac{d\varkappa_3}{ds} = \frac{\varkappa\,\varphi' - \varphi}{a}.$$

Ferner ist

$$(31) \qquad \left(\frac{d\varkappa_1}{ds}\right)^2 + \left(\frac{d\varkappa_2}{ds}\right)^2 = 1 - \left(\frac{d\varkappa_3}{ds}\right)^2.$$

Nach (30) und (28) kann man dafür auch schreiben:

$$(32) \qquad \left(\frac{d\varkappa_1}{ds}\right)^2 + \left(\frac{d\varkappa_2}{ds}\right)^2 = \frac{1}{a^2}\left\{\left(\frac{d\varphi'}{ds}\right)^2 + \left(\frac{c}{\varphi'}\right)^2\right\}.$$

Aus

$$\xi_1 \times \xi_2 = \xi_3$$

oder

$$\frac{d\mathfrak{x}}{ds} \times \frac{d^2\mathfrak{x}}{ds^2} = \varkappa\,\xi_3$$

folgt nach (29)

$$\frac{d\varkappa_1}{ds} \cdot \frac{d^2\varkappa_2}{ds^2} - \frac{d\varkappa_2}{ds} \cdot \frac{d^2\varkappa_1}{ds^2} = \varkappa\,\xi_{33} = \frac{c}{a}\,\frac{\varkappa}{\varphi'}.$$

Nach (32) ist daraus

$$\frac{\dfrac{d\varkappa_1}{ds} \cdot \dfrac{d^2\varkappa_2}{ds^2} - \dfrac{d\varkappa_2}{ds} \cdot \dfrac{d^2\varkappa_1}{ds^2}}{\left(\dfrac{d\varkappa_1}{ds}\right)^2 + \left(\dfrac{d\varkappa_2}{ds}\right)^2} = a\,c\,\frac{\varkappa}{\varphi'\left\{\left(\dfrac{d\varphi'}{ds}\right)^2 + \left(\dfrac{c}{\varphi'}\right)^2\right\}}$$

und durch Integration

$$(33) \qquad \operatorname{arc\,tg}\left\{\left(\frac{d\varkappa_2}{ds}\right) : \left(\frac{d\varkappa_1}{ds}\right)\right\} = a\,c \int \frac{\varkappa\,ds}{\varphi'\left\{\left(\dfrac{d\varphi'}{ds}\right)^2 + \left(\dfrac{c}{\varphi'}\right)^2\right\}}.$$

Jetzt sind die Ableitungen von $\varkappa_1(s)$ und $\varkappa_2(s)$ aus den Gleichungen (32) und (33) zu ermitteln und daraus diese Funktionen selbst durch Integration.

Damit ist das Ergebnis von RADON gefunden:

Die Extremalen der Variationsprobleme

$$(34) \qquad \delta \int \varphi(\varkappa) \cdot ds = 0$$

sind durch Quadraturen auffindbar.

Betrachten wir den besonderen Fall

$$(35) \qquad \varphi(\varkappa) = \sqrt{\varkappa},$$

so wird nach (26)

$$(36) \qquad \sigma = 4c\varkappa.$$

Das heißt nach § 18: die Extremalen sind Böschungslinien. Umgekehrt folgt aus (26), daß das Variationsproblem (35) unter denen von der Gestalt (34) im wesentlichen das einzige ist, dessen Extremalen Böschungslinien sind.

Aus (28) erhält man für $\varkappa$

$$(37) \qquad \varkappa = \frac{1}{4 a^2 s^2 + \dfrac{1 + 16 c^2}{4 a^2}} .$$

Die Tangenten der Böschungslinien schließen nach § 18 mit einer festen Richtung e einen festen Winkel ϑ ein, und zwar ist nach (36) und nach § 18 (132)

$$(38) \qquad 4c = \operatorname{ctg} \vartheta .$$

Für Bogenlänge und Krümmung des Normalrisses unserer Böschungslinie auf eine zu e senkrechte Ebene haben wir nach § 18 (139), (141)

$$\bar{s} = s \sin \vartheta , \qquad \varkappa = \bar{\varkappa} \sin^2 \vartheta .$$

Somit ergibt sich für diesen Normalriß die natürliche Gleichung

$$(39) \qquad \bar{\varkappa} = \frac{1}{4 a^2 \bar{s}^2 + \sin^2 \vartheta \cdot \dfrac{1 + 16 c^2}{4 a^2}} .$$

Diese Kurven bezeichnet man als „Kettenlinien".

§ 28. Die Isoperimetrie des Kreises.

Unter allen geschlossenen Kurven desselben Umfangs in der Ebene soll die ermittelt werden, die den größten Flächeninhalt umschließt. Das ist die klassische „*isoperimetrische*" Aufgabe. Beim Übergang von einer geschlossenen zur benachbarten Kurve findet man für die Änderung des Umfangs L wegen der Periodizität der Verrückung v nach (12)

$$(40) \qquad \delta L = - \oint \varkappa v \, ds .$$

Die Änderung des Flächeninhalts ist offenbar der Streifen, der von den benachbarten Kurven begrenzt wird.

$$(41) \qquad \delta F = - \oint v \, ds ,$$

vorausgesetzt, daß man über das Vorzeichen von F geeignete Festsetzungen trifft. Soll nun die geschlossene Kurve, längs der integriert
wird, unsere Aufgabe lösen, so muß für jede Funktion $v\,(s)$ mit der
Periode L, für die $\delta L = 0$ ist, von selbst auch $\delta F = 0$ sein. Dafür ist
$\varkappa = $ konst. hinreichend.

Daß diese Bedingung auch notwendig ist, erkennt man etwa so.
Hätte die Funktion $\varkappa\,(s)$, die wir als stetig annehmen wollen, auf der
Strecke $0 \leqq s < L$ an zwei Stellen s_1, s_2 zwei verschiedene Werte $\varkappa_1$, $\varkappa_2$,
so könnte man die Funktion $v\,(s)$ in der in der Fig. 6 gezeichneten Art
wählen, so daß

$$\oint v\,ds \quad \text{nahezu} \ = \delta\,(h_1 + h_2),$$
$$\oint \varkappa v\,ds \quad \text{nahezu} \ = \delta\,(h_1\,\varkappa_1 + h_2\,\varkappa_2)$$

wird. Ist also $\varkappa_1 \neq \varkappa_2$, so kann man h_1, h_2 so wählen, daß $\delta L = 0$ und
$\delta F \neq 0$ wird, entgegen der Vor-
aussetzung.

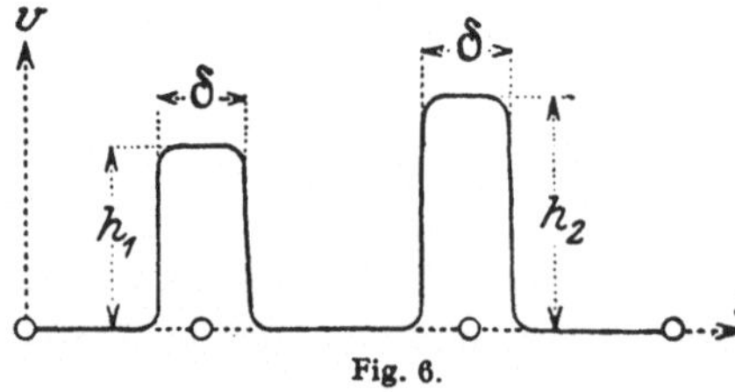

Fig. 6.

Wer wegen der nicht analytischen Wahl von $v\,(s)$ in Fig. 6
Bedenken hat, kann sich leicht
eine analytische, etwas verwickeltere Funktion herstellen, die dasselbe leistet.

Gibt es also unter „allen" geschlossenen Kurven der Ebene mit
vorgegebenem Umfang eine mit größtem Flächeninhalt, so muß für
sie $\varkappa = $ konst., d. h. die Kurve muß ein Kreis sein[1]. Hier bleibt also
eine Existenzfrage offen. Ferner kann man den isoperimetrischen
Satz noch in sehr verschiedenem Umfang beweisen, je nach den Voraussetzungen, die man über die zur Auswahl zugelassenen Kurven
macht[2].

§ 29. Beweis von CRONE und FROBENIUS[3].

Wenn die Kreislinie wirklich die isoperimetrische Eigenschaft hat,
so kann man diese Tatsache folgendermaßen fassen. *Zwischen Flächeninhalt F und Umfang L eines Kreises besteht die Beziehung*

$$(42a) \qquad\qquad L^2 - 4\,\pi F = 0$$

und für jede andere geschlossene ebene Kurve ist

$$(42b) \qquad\qquad L^2 - 4\,\pi F > 0 .$$

---

[1] Es ist nämlich der Krümmungsmittelpunkt in diesem Falle ein fester Punkt:
$\dfrac{d}{d\,s}\,(\varkappa_1 - \varrho\,\varkappa_2') = 0\,, \qquad \dfrac{d}{d\,s}\,(\varkappa_2 + \varrho\,\varkappa_1') = 0$ nach § 12 (89).

[2] Unter recht allgemeinen Voraussetzungen findet man den Beweis in dem
Büchlein des Verfassers „Kreis und Kugel" (Leipzig 1916) geführt. Dort finden
sich auch Literaturangaben.

[3] CRONE, C.: Nyt Tidskrift f. Math. Bd. 4 XV, S. 73—75. 1904; FROBENIUS, G.:
Über den gemischten Flächeninhalt zweier Ovale. Sitzgsber. preuß. Akad. Wiss.,
Physik. math. Kl. (1), S. 387—404. Berlin 1915.

Für diesen Satz soll hier ein sehr einfacher Beweis vorgetragen werden, den man Crone und Frobenius verdankt, bei dem aber zur Auswahl nur Eilinien zugelassen werden.

Es sei $\mathfrak{E}$ eine nach links herum umlaufene Eilinie, $\mathfrak{E}_p$ die äußere Parallelkurve im Abstand p, deren Tangenten also von den gleichsinnig parallelen Tangenten an $\mathfrak{E}$ den festen Abstand p haben. Offen-

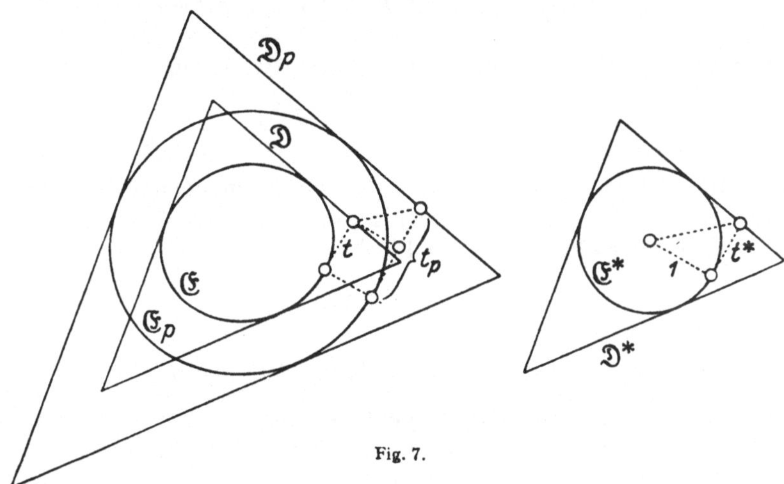

Fig. 7.

bar ist $\mathfrak{E}_p$ wieder eine Eilinie[1]. Es sei ferner $\mathfrak{E}^*$ der nach links umfahrene Einheitskreis; $\mathfrak{D}$ ein Dreieck von Tangenten an $\mathfrak{E}$, dessen Fläche $\mathfrak{E}$ enthält, $\mathfrak{D}_p$ und $\mathfrak{D}^*$ die gleichsinnig parallelen Tangentendreiecke an $\mathfrak{E}_p$ und $\mathfrak{E}^*$. Ferner sei t die Länge der Strecke auf einer Tangente an $\mathfrak{E}$ gemessen vom Berührungspunkt im positiven Sinn der Tangente bis zum Austrittspunkt aus $\mathfrak{D}$; t_p und t^* die entsprechenden Strecken auf den gleichsinnig parallelen Tangenten; φ ihr Winkel mit einer festen Richtung; D, D_p, D^* die Flächeninhalte von $\mathfrak{D}$, $\mathfrak{D}_p$, $\mathfrak{D}^*$ und F, F_p, $F^* = \pi$ die Flächeninhalte von $\mathfrak{E}$, $\mathfrak{E}_p$, $\mathfrak{E}^*$; endlich r der Halbmesser des dem Dreieck $\mathfrak{D}$ einbeschriebenen Kreises (vgl. die Fig. 7).

---

[1] Die Beziehungen zwischen der Eilinie $\mathfrak{E}$ und der Parallelkurve $\mathfrak{E}_p$ kann man sich etwa so deutlich machen. Es sei in der Bezeichnung von § 12 (88a)

$$x_1 \sin \lambda - x_2 \cos \lambda = h(\lambda)$$

die Gleichung der Tangente an $\mathfrak{E}$ mit der Richtung λ. Dann findet man für den Krümmungshalbmesser ϱ von $\mathfrak{E}$

$$\varrho = h(\lambda) + h''(\lambda),$$

so daß sich die Konvexität von $\mathfrak{E}$ dadurch ausdrückt, daß $h(\lambda)$ die Periode 2π hat und $h + h'' > 0$ ist. Dann gilt aber für eine Parallelkurve $\mathfrak{E}_p$

$$\varrho_p = p + h + h'',$$

und somit folgt aus $\varrho > 0$, $p > 0$ auch $\varrho_p = p + \varrho > 0$. Darin ist wegen der Periodizität von $p + h(\lambda)$ die Konvexität von $\mathfrak{E}_p$ enthalten.

Dann ist

$$t_p(\varphi) = t(\varphi) + p\, t^*(\varphi),$$

$$F_p = D_p - \tfrac{1}{2} \int\limits_{-\pi}^{+\pi} t_p^2\, d\varphi,$$

$$(43) \qquad F_p = (p+r)^2 D^* - \tfrac{1}{2} \int\limits_{-\pi}^{+\pi} (t + p\, t^*)^2\, d\varphi.$$

Andrerseits gilt für den Flächeninhalt der Parallelkurve

$$(44) \qquad F_p = F + p\, L + p^2 F^*,$$

wo L den Umfang von $\mathfrak{E}$ bedeutet. Das kann man etwa so einsehen. Setzt man auf jedes Bogenelement ds von $\mathfrak{E}$ ein unendlich schmales Trapez auf, von dem zwei Seiten in die Normalen an $\mathfrak{E}$ fallen und die Länge p haben, so hat dieses die Fläche

$$p\,(ds + \tfrac{1}{2} p\, d\varphi)$$

und daher ist wirklich

$$F_p - F = \oint p\,(ds + \tfrac{1}{2} p\, d\varphi) = p\, L + p^2 \pi.$$

Da das in p quadratische Polynom F_p für $p = 0$ positiv und für $p + r = 0$ nach (43) $\leqq 0$ ist, so sind die Wurzeln der Gleichung $F_p = 0$ in p sicher reell, also ist nach (44)

$$(45) \qquad L^2 - 4\pi F \geqq 0,$$

was zu beweisen war.

Es bleibt nur noch der *Einzigkeitsbeweis* zu führen, das heißt zu zeigen, daß in (45) das Gleichheitszeichen nur für den Kreis gilt.

Soll für das quadratische Polynom F_p die „Diskriminante" $L^2 - 4\pi F = 0$ sein, so darf F_p sein Vorzeichen nicht wechseln. Da F_p für $p = 0$ positiv ist, darf F_p für $p = -r$ nicht < 0 sein. Somit muß in (43) für $p = -r$ das Integral verschwinden, also $t : t^* = r$ = konst. sein. Ändert man eine Seite des Dreiecks $\mathfrak{D}$ ab, so bleibt für gewisse Richtungen (nämlich für solche Tangenten, deren Endpunkte auf einer anderen Dreieckseite liegen) das Verhältnis $t : t^*$ und damit r ungeändert. Somit haben alle unserer Eilinie $\mathfrak{E}$ umschriebenen Dreiecke denselben Inkreishalbmesser. Daraus folgt aber sofort, daß $\mathfrak{E}$ ein Kreis ist. Hält man nämlich zwei Tangenten fest, so bleibt der Inkreis fest; die dritte umhüllt also diesen Kreis.

Der Beweis in der vorgetragenen Form ist dann ohne weiteres richtig, wenn die zur Auswahl zugelassenen Eilinien $\mathfrak{E}$ keine Ecken und keine geradlinigen Strecken enthalten. Er läßt sich aber auch leicht auf beliebige Eilinien ausdehnen[1].

---

[1] Eine ähnliche Beweisführung bei H. LIEBMANN: Math. Z. Bd. **4**, S. 288—294. 1919.

§ 30. Ein Beweis von A. Hurwitz.

Wir werden später den isoperimetrischen Satz unter ziemlich allgemeinen Voraussetzungen über die zulässigen Vergleichskurven anzuwenden haben. Wir wollen deshalb hier noch einen zweiten rechnerischen Beweis andeuten, der sich einiger Sätze über trigonometrische Reihen bedient, und der die erstrebte Allgemeingültigkeit hat. Es sei

$$x_1 = x_1(s), \qquad x_2 = x_2(s); \qquad 0 \leqq s \leqq L$$

eine stetige geschlossene Kurve, von der wir nur noch anzunehmen brauchen, daß sie eine Bogenlänge s besitzt, d. h. daß sie „*streckbar*" oder „*rektifizierbar*" ist. Wir führen an Stelle von s den proportionalen Parameter u ein durch die Formel

$$u = \frac{2\pi}{L}\, s$$

und entwickeln x_1 und x_2 in trigonometrische Reihen nach u:

$$
(46) \qquad
\begin{aligned}
x_1 &= \tfrac{1}{2} a_0 + \sum_{1}^{\infty} (a_k \cos k u + a_k' \sin k u), \\
x_2 &= \tfrac{1}{2} b_0 + \sum_{1}^{\infty} (b_k \cos k u + b_k' \sin k u).
\end{aligned}
$$

Wenn die Kurve streckbar ist, sind nach H. Lebesgue die Funktionen $x_1(s)$, $x_2(s)$ im wesentlichen differenzierbar und die Fourier-Reihen der Ableitungen lauten:

$$
(47) \qquad
\begin{aligned}
\frac{d x_1}{d u} &\sim \sum_{1}^{\infty} k\,(a_k' \cos k u - a_k \sin k u), \\
\frac{d x_2}{d u} &\sim \sum_{1}^{\infty} k\,(b_k' \cos k u - b_k \sin k u).
\end{aligned}
$$

Während die Reihen (46) wegen der Voraussetzungen über unsere Kurve stets konvergieren und die Funktionen darstellen, braucht dasselbe für die Reihen (47) nicht mehr zuzutreffen.

Nun ist

$$\left(\frac{d x_1}{d s}\right)^2 + \left(\frac{d x_2}{d s}\right)^2 = 1.$$

Daraus folgt für die Differentiation nach dem Parameter u

$$\left(\frac{d x_1}{d u}\right)^2 + \left(\frac{d x_2}{d u}\right)^2 = \left(\frac{L}{2\pi}\right)^2$$

und somit

$$
(48) \qquad
\int_{-\pi}^{+\pi} \left\{ \left(\frac{d x_1}{d u}\right)^2 + \left(\frac{d x_2}{d u}\right)^2 \right\} du = 2\pi \left(\frac{L}{2\pi}\right)^2.
$$

Ist nun

$$f(u) \sim \frac{\alpha_0}{2} + \sum_1^\infty (\alpha_k \cos k u + \alpha_k' \sin k u)$$

die FOURIER-Reihe einer Funktion, deren Quadrat $[f(u)]^2$ im Sinne von LEBESGUE integrierbar ist, so gilt die „*Vollständigkeitsbeziehung*" für das FOURIER-Orthogonalsystem

$$(49) \qquad \frac{1}{\pi} \int\limits_{-\pi}^{+\pi} f(u)^2 \, du = \tfrac{1}{2}\alpha_0^2 + \sum_1^\infty (\alpha_k^2 + \alpha_k'^2).$$

Ein wenig allgemeiner: Aus

$$f(u) \sim \tfrac{1}{2}\alpha_0 + \sum_1^\infty (\alpha_k \cos k u + \alpha_k' \sin k u),$$

$$g(u) \sim \tfrac{1}{2}\beta_0 + \sum_1^\infty (\beta_k \cos k u + \beta_k' \sin k u)$$

folgt

$$(50) \qquad \frac{1}{\pi} \int\limits_{-\pi}^{+\pi} f(u)\,g(u) \, du = \tfrac{1}{2}\alpha_0 \beta_0 + \sum_1^\infty (\alpha_k \beta_k + \alpha_k' \beta_k').$$

Somit ergibt sich aus (48), wenn man die Reihenentwicklungen (47) einsetzt, nach (49)

$$(51) \qquad \pi \sum_1^\infty k^2 (a_k^2 + a_k'^2 + b_k^2 + b_k'^2) = 2\pi \left(\frac{L}{2\pi}\right)^2.$$

Erklärt man anderseits den Flächeninhalt unserer Kurve durch das Randintegral

$$(52) \qquad F = \int\limits_{-\pi}^{+\pi} x_1 \frac{d x_2}{d u} \, du,$$

so erhält man durch Einsetzen der Reihen (46), (47) wegen (50)

$$(53) \qquad \pi \sum_1^\infty k (a_k b_k' - a_k' b_k) = F.$$

Aus den gefundenen Formeln (51), (53) folgt aber

$$\frac{L^2}{2\pi} - 2F = \pi \sum_1^\infty \{(k a_k - b_k')^2 + (k a_k' + b_k)^2 + (k^2 - 1)(b_k^2 + b_k'^2)\}.$$

Darin ist aber offenbar die isoperimetrische Ungleichheit

$$L^2 - 4\pi F \geqq 0$$

enthalten. Man erkennt, daß das Gleichheitszeichen nur dann gilt, wenn

$$\begin{aligned} &a_1' + b_1 = 0, \quad a_1 - b_1' = 0, \\ &a_k = a_k' = b_k = b_k' = 0; \end{aligned} \qquad k = 2, 3, \ldots$$

Dann haben die Entwicklungen (46) die Form

$$x_1 = \tfrac{1}{2} a_0 + a_1 \cos u + a_1' \sin u,$$
$$x_2 = \tfrac{1}{2} b_0 - a_1' \cos u + a_1 \sin u$$

und stellen einen Kreis dar. Damit ist ganz allgemein gezeigt:

Bei allen geschlossenen, streckbaren ebenen Kurven gilt zwischen Umfang L und dem durch (52) erklärten Flächeninhalt F die Beziehung $L^2 - 4\pi F \geq 0$. Es ist nur dann $L^2 - 4\pi F = 0$, wenn die Kurve ein Kreis ist.

Der vorgetragene Beweis stammt von A. Hurwitz aus dem Jahre 1902[1]. Wegen der benutzten Hilfsmittel aus der Theorie der trigonometrischen Reihen vergleiche man ein neueres Lehrbuch über diesen Gegenstand[2].

§ 31. Sätze über Raumkurven fester Krümmung[3].

Wir wollen den folgenden Satz beweisen:

Satz I a: *Ein ebener Kurvenbogen bilde mit seiner Sehne die Begrenzung eines konvexen Bereiches. Dann wird bei jeder Verwindung, d. h. bei jeder Transformation der Kurve unter Erhaltung der Bogenlängen und Krümmungen die Sehne länger.* Mit anderen Worten: Bezeichnet l die Länge der ebenen Kurve, $\bar{d}$ die Länge ihrer Sehne und $1 : \bar{\varrho}(s)$ die Krümmung als Funktion der vom Anfangspunkt gemessenen Bogenlänge und bezeichnen l, d und $1 : \varrho(s)$ die entsprechenden Größen für die transformierte Raumkurve, so folgt aus

$$(53) \qquad l = \bar{l}, \qquad \frac{1}{\varrho(s)} = \frac{1}{\bar{\varrho}(s)}$$

die Gültigkeit der Ungleichung:

$$(54) \qquad d \geq \bar{d}$$

Wir wollen gleich einen etwas allgemeineren Satz I b beweisen, der den soeben ausgesprochenen als Spezialfall enthält. Wir zeigen nämlich, daß schon aus den Annahmen

$$(55) \qquad l = \bar{l}, \qquad \frac{1}{\varrho(s)} \leq \frac{1}{\bar{\varrho}(s)}$$

die Ungleichung (54) folgt.

Um die Aufmerksamkeit nicht abzulenken, setzen wir zunächst voraus, daß die Krümmung stetig und $\bar{d} > 0$ sei.

---

[1] A. Hurwitz: Quelques applications géométriques des séries de Fourier. Ann. de l'école normale (3), Bd. 19, S. 357—408, bes. S. 392—394. 1902.

[2] Etwa Ch.-J. de la Vallée-Poussin: Cours d'Analyse, tome II, S. 165. Paris 1926/28.

[3] Der Beweis der Sätze dieses Abschnitts ist der Arbeit von Erhard Schmidt, Sitzgsber. Ak. Berl. 1925, S. 485ff. entnommen.

Es mögen der Punkt $\bar{\mathfrak{x}}$, die ebene Kurve $\bar{C}$ und der Punkt $\mathfrak{x}$ die Raumkurve C — gleichzeitig von den Anfangspunkten ausgehend — mit der Geschwindigkeit 1 durchlaufen. Dann durchlaufen die Richtungspunkte $\bar{\xi}$ und ξ ihrer Geschwindigkeiten auf der Einheitskugel ihre Bahnen mit den Geschwindigkeiten $1 : \bar{\varrho}\,(s)$ und $1 : \varrho\,(s)$.

Wegen (55) ist mithin, wenn $\bar{\xi}$ und $\bar{\xi}'$ zwei beliebige Lagen der von $\bar{\xi}$ beschriebenen Bahn bezeichnen und ξ und ξ' die entsprechenden Punkte der von ξ beschriebenen Bahn sind,

$$(56) \qquad \text{Bogenlänge } \{\xi,\ \xi'\} \leqq \text{Bogenlänge}\,\{\bar{\xi},\ \bar{\xi}'\}.$$

Es möge nun $[\bar{\xi}\,\bar{\xi}']$ den zwischen 0 und π liegenden Winkel zwischen den Richtungen bezeichnen, die den Punkten $\bar{\xi}$ und $\bar{\xi}'$ entsprechen; in gleicher Weise erkläre man $[\xi\,\xi']$.

Da $\bar{C}$ eben und konvex ist, läuft $\bar{\xi}$ auf einem größten Kreise in einem Sinne. Wenn also

$$(57) \qquad \text{Bogenlänge } \{\bar{\xi}\,\bar{\xi}'\} \leqq \pi$$

ist, so ist

$$(58) \qquad \text{Bogenlänge } \{\bar{\xi}\,\bar{\xi}'\} = [\bar{\xi}\,\bar{\xi}'].$$

Wegen der geodätischen Eigenschaft der Großkreisbogen folgt ferner

$$(59) \qquad [\xi\,\xi'] \leqq \text{Bogenlänge}\,\{\xi\,\xi'\}.$$

Aus (56), (57), (58), (59) folgt also, daß unter der Voraussetzung (55)

$$(60) \qquad 0 \leqq [\xi\,\xi'] \leqq [\bar{\xi}\,\bar{\xi}'] \leqq \pi$$

gilt.

Es bezeichne nun $\bar{\mathfrak{x}}'$ denjenigen Punkt der ebenen Kurve $\bar{C}$, in welchem die Tangente der Sehne parallel ist. Der Durchlaufungssinn der Tangente in $\bar{\mathfrak{x}}'$ stimmt dann mit der Richtung der vom Anfangspunkt zum Endpunkt gerichteten Sehne überein. Die dem Punkte $\bar{\mathfrak{x}}'$ auf der Raumkurve C und den Bahnen der Punkte $\bar{\xi}$ und ξ entsprechenden Punkte seien $\mathfrak{x}'$, $\bar{\xi}'$ und ξ'. Wegen der Voraussetzung der Konvexität des von der ebenen Kurve $\bar{C}$ und ihrer Sehne begrenzten Bereiches ist bei dieser Wahl von $\bar{\mathfrak{x}}'$ für alle Punkte $\bar{\xi}$ die Voraussetzung (57) gesichert. Mithin gilt die Ungleichung (60).

Nun ist $\bar{d}$ gleich der Projektion von $\bar{C}$ auf die $\bar{\xi}'$ entsprechende Richtung. Es ist also bei Berücksichtigung von $(55)_1$:

$$(61) \qquad \bar{d} = \int_0^l \cos[\bar{\xi}\,\bar{\xi}']\,ds.$$

Ferner ist die Projektion von d auf die ξ' entsprechende Richtung gleich der Projektion von C auf diese Richtung. Da d nicht kleiner sein kann als eine Projektion von d, so ist mithin:

$$(62) \qquad d \geqq \int_0^l \cos[\xi\,\xi']\,ds.$$

Aus (60), (61), (62) folgt die zu beweisende Behauptung.

Ist $\bar{d} = 0$, d. h. fallen Anfangs- und Endpunkt des einen konvexen Bereich begrenzenden ebenen Kurvenbogens $\bar{C}$ — etwa im Punkte $\bar{a}$ — zusammen, so wähle man als Punkt $\bar{\xi}'$ einen Punkt des Bogens, in welchem die Tangente einer Stützgeraden in $\bar{a}$ parallel wird; im übrigen verläuft der Beweis unverändert.

Besteht die Kurve $\bar{C}$ etwa aus einer endlichen Anzahl von stetig gekrümmten Kurvenstücken, die miteinander Ecken bilden dürfen, so darf die Kurve C an den diesen Ecken entsprechenden Punkten ebenfalls Ecken aufweisen; doch darf der absolute Betrag des Richtungssprunges in den Ecken von C denjenigen des Richtungssprunges in den entsprechenden Ecken von $\bar{C}$ nicht überschreiten. Den Ecken entsprechen dann in den Bahnen von ξ und $\bar{\xi}$ Lücken. Diese fülle man durch Großkreisbogen $< \pi$ aus. Sind dann $\bar{e}$ und e zwei einander entsprechende Ecken von $\bar{C}$ und C, so ist der $\bar{e}$ entsprechende Großkreisbogen jedenfalls nicht kürzer als der e entsprechende. Man ordne die Bogen punktweise einander so zu, daß, wenn der eine mit konstanter Geschwindigkeit durchlaufen wird, das auch für den anderen gilt. Nunmehr durchlaufen wieder $\bar{\xi}$ und ξ stetige Kurven dergestalt, daß die Ungleichung (56) bestehen bleibt. Wählt man nun als $\bar{\xi}'$ den Richtungspunkt derjenigen Tangente oder Stützgeraden von $\bar{C}$, die mit der vom Anfangspunkt zum Endpunkt führenden Sehne $\bar{d}$ gleichgerichtet ist, so fällt $\bar{\xi}'$ gewiß auf die ergänzte Bahn von $\bar{\xi}$, und der Beweis verläuft wie oben.

Aus dem Beweise ergibt sich endlich unmittelbar, daß das Gleichheitszeichen nur gilt, wenn $\bar{C}$ und C kongruent sind.

Aus unserem somit bewiesenen allgemeinen Satz I b können wir unmittelbar den folgenden Satz II a gewinnen.

Satz II a: *Jeder von einem Kreisbogen verschiedene Raumkurvenbogen mit der konstanten Krümmung $1 : R$, welcher zwei Punkte von der Entfernung $d < 2\,R$ verbindet, ist entweder länger als der längere oder kürzer als der kürzere der beiden Kreisbogen, welche im Kreise vom Radius R zur Sehne d gehören.*

Wir können voraussetzen, daß die Länge l des Raumkurvenbogens $< 2\,\pi\,R$ ist, da sonst die Aussage des Satzes II a von vornherein erfüllt ist. Vergleicht man nun die Raumkurve mit einem Bogen von gleicher Länge auf dem Kreise mit dem Radius R, so sind die Voraussetzungen unseres Satzes I b erfüllt. Die Sehne dieses Kreisbogens $\bar{d}$ ist also $< d$, der Bogen mithin entweder größer als der größere oder kleiner als der kleinere der beiden zur Sehne d gehörigen Kreisbogen.

Man kann den Satz II a auch leicht mit der Erweiterung II b ableiten, daß die Voraussetzung der konstanten Krümmung durch die Voraussetzung einer $1 : R$ nirgends überschreitenden Krümmung ersetzt wird.

64

Weiter beweisen wir den Satz III:

Eine geschlossene Raumkurve mit höchstens einer Ecke und einer die Schranke 1 : R nirgends überschreitenden Krümmung hat mindestens den Umfang 2 π R.

Wählt man nämlich im Falle des Vorhandenseins eines Eckpunktes diesen, sonst einen beliebigen Punkt als Anfangs- und Endpunkt des Raumkurvenbogens, so ist $d = 0$. Wäre nun die Länge des geschlossenen Raumkurvenbogens $< 2 \pi R$, so wären beim Vergleich mit dem Bogen von gleicher Länge auf dem Kreise mit dem Radius R die Voraussetzungen des Satzes I b erfüllt, während sich im Widerspruch zur Aussage des Satzes $d < \bar{d}$ ergäbe. Aber auch gleich $2 \pi R$ kann die Länge der geschlossenen Raumkurve nur dann sein, wenn die Kurve ein Kreis mit dem Radius R ist. Denn der Satz I b bleibt auch gültig, wenn $\bar{d} = 0$, d. h. wenn Anfangs- und Endpunkt des ebenen Kurvenbogens zusammenfallen.

Die Sätze II a und III sind von H. A. Schwarz in den achtziger Jahren gefunden worden[1], den Satz I a hat A. Schur 1921[2] bewiesen. Der Satz I b sowie der hier gegebene Beweis wurde 1925 von Erhard Schmidt[3] angegeben, desgleichen der Satz II b.

§ 32. Bemerkungen und Aufgaben.

1. Man leite die der Formel (17) für die Variation der Krümmung entsprechende Formel für die Variation der Torsion

$$(63) \qquad \delta\sigma = \varepsilon\left\{(\varkappa\,\xi_3 - \sigma\,\xi_1;\ \bar{\eta}') + \frac{d}{d\,s}\left[\frac{1}{\varkappa}\,(\xi_3\,\bar{\eta}'')\right]\right\}$$

ab. G. Hamel: Sitzgsber. Ak. Berl. 1925, S. 5.

2. Die „Gesamtkrümmung"

$$(64) \qquad \int_0^l \varkappa\,d s$$

einer geschlossenen Raumkurve ist $\geq 2 \pi$. Das Gleichheitszeichen steht nur für ebene konvexe Kurven. W. Fenchel: Diss. Math. Ann. 101 (1929), S. 238—252.

3. Über die Notwendigkeit von Existenzbeweisen in der Variationsrechnung. R. v. Mises hat die Aufgabe gestellt: Zwei gerichtete Linienelemente in der Ebene sollen durch eine immer im gleichen Sinn gekrümmte gerichtete Kurve der Ebene so verbunden werden, daß die größte Krümmung der Kurve möglichst klein wird. Man zeige, daß die Aufgabe keine Lösung hat. Dagegen wird die Aufgabe lösbar, wenn man die Gesamtkrümmung oder die Gesamtlänge der zulässigen Kurven einschränkt. W. Blaschke: Jahresbericht der deutschen Mathematiker-Vereinigung Bd. 27, S. 234—236. 1918; R. v. Mises: Ebenda Bd. 28, S. 92—102. 1919. Wegen der Existenzfragen vgl. man im folgenden §§ 101, 115.

---

[1] Die Kenntnis der Schwarzschen Sätze verdankt der Verfasser einer Mitteilung von C. Carathéodory.

[2] Math. Ann. Bd. 83, S. 143—148. 1921.

[3] Vgl. das Zitat zu Beginn dieses Abschnitts.

4. Variationsproblem von CH. E. DELAUNAY. Die in den letzten Paragraphen behandelten Gegenstände hängen mit folgendem Variationsproblem zusammen:

Zwei Punkte a *und* b *sollen durch eine Kurve* (𝔵) *der festen Krümmung Eins verbunden werden, deren Richtung in* a *und* b *durch die Einheitsvektoren* α *und* β *gegeben sei, und deren Bogenlänge ein Extrem ist.*

Wir bekommen für den Vektor $\xi = d\mathfrak{x} : ds$ folgende Bedingungen:

$$\xi^2 = 1,$$

$$(65) \qquad \int_\alpha^\beta \xi \sqrt{\xi'^2}\, dt = \int \xi\, ds = [\mathfrak{x}\,(s)] = b - a,$$

$$\int_\alpha^\beta \sqrt{\xi'^2}\, dt = \int ds = \text{Extrem}.$$

Die Extremalen dieser Variationsaufgabe lassen sich, wie K. WEIERSTRASZ 1884 gezeigt hat, mittels elliptischer Funktionen aufstellen. K. WEIERSTRASZ: Über eine die Raumkurven konstanter Krümmung betreffende von DELAUNAY herrührende Aufgabe der Variationsrechnung. Werke III, S. 183—217. Dort findet man auch die Vorgeschichte des Variationsproblemes angegeben.

5. Über Kurven mit fester Krümmung. Man zeige, daß alle Kurven der Krümmung Eins, die vom Punkt a mit der Richtung α ausgehen und deren Länge $\leq \pi$ ist, einen Körper erfüllen, der durch Umdrehung des in der Fig. 8 schraffierten Flächenstücks um seine Symmetrieachse beschrieben wird. Das Flächenstück ist durch zwei Halbkreisbogen mit dem Halbmesser Eins und durch zwei Bogen von Evolventen dieser Halbkreise begrenzt.

Bei der Besprechung der geodätischen Krümmung einer auf einer Fläche gezogenen Kurve werden wir auf die im § 31 behandelten Fragen zurückkommen (vgl. § 39).

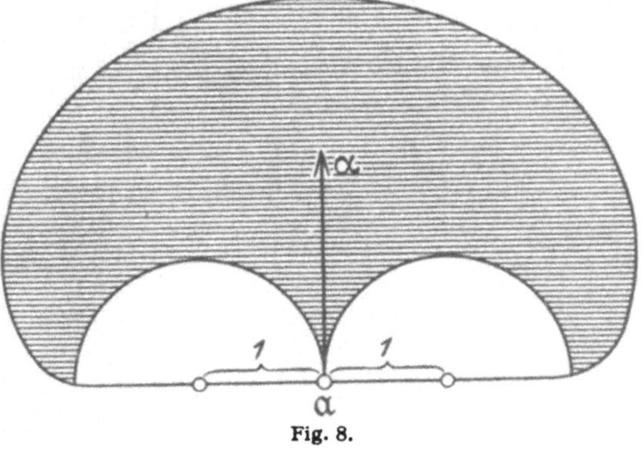

Fig. 8.

6. Variation von Kurven mit fester Windung. Von den Punkten einer Kurve mit fester Windung werden in den Schmiegebenen feste unendlich kleine Strecken derart abgetragen, daß die Änderung der Bogenlänge zwischen irgend zwei Punkten verschwindet. Dann hat auch die variierte Kurve feste Windung. Vgl. L. BIANCHI: Memorie della società italiana delle scienze (3), Bd. 18, S. 7—10. 1913.

7. Die Isoperimetrie auf der Kugel nach F. BERNSTEIN. Es sei 𝔈 eine Eilinie auf einer Einheitskugel 𝔎, eine geschlossene Kurve also, die von jedem Großkreis von 𝔎 in höchstens zwei Punkten geschnitten wird. Es sei F der Flächeninhalt des „Inneren" von 𝔈, d. h. des kleineren der von 𝔈 begrenzten zwei Oberflächenteile von 𝔎, und L der Umfang von 𝔈. Dann drückt sich die isoperimetrische Eigenschaft des Kreises in der sphärischen Geometrie so aus: Es ist für jede Eilinie 𝔈

$$(66) \qquad (2\pi - F)^2 + L^2 \geq (2\pi)^2$$

und das Gleichheitszeichen gilt nur dann, wenn 𝔈 ein Kreis ist. Zum Beweis betrachte man die äußere Parallelkurve $\mathfrak{E}_\varepsilon$ im sphärischen Abstand ε von 𝔈, die für $0 \leq \varepsilon < \dfrac{\pi}{2}$ keinen Doppelpunkt hat. Man findet für ihren Inhalt F_ε und ihre Länge L_ε

$$(2\,\pi - F_\varepsilon) = (2\,\pi - F)\cos\varepsilon - L\sin\varepsilon,$$
$$(67) \qquad L_\varepsilon = (2\,\pi - F)\sin\varepsilon + L\cos\varepsilon;$$
$$(2\,\pi - F)^2 + L^2 = (2\,\pi - F_\varepsilon)^2 + L_\varepsilon^2 .$$

Somit genügt es, zu zeigen, daß für $F_\varepsilon = 2\,\pi$ die Beziehung $L_\varepsilon \geq 2\,\pi$ besteht. Dazu braucht man nur nachzuweisen, daß jede geschlossene und doppelpunktfreie sphärische Kurve, die die Kugelfläche hälftet, mindestens zwei Gegenpunkte enthält. F. BERNSTEIN: Math. Ann. Bd. 60, S. 117—136. 1905.

    8. Variation isotroper Kurven. Ist $\mathfrak{x}\,(p)$ eine auf ihren natürlichen Parameter bezogene isotrope Kurve (§ 22), so kann man jede benachbarte, ebenfalls isotrope Kurve in der Form darstellen $\mathfrak{x} + \delta\mathfrak{x}$, wobei

$$(68) \qquad \delta\mathfrak{x} = g\,(p)\,\mathfrak{x}' - h'(p)\,\mathfrak{x}'' + h\,(p)\,\mathfrak{x}'''$$

ist und g und h zwei unendlich kleine Funktionen ($g = \varepsilon\bar{g}$, $h = \varepsilon\bar{h}$, $\varepsilon \to 0$) bedeuten. Man findet dann bei festgehaltenen Endelementen für *die erste Variation* von p den einfachen Ausdruck

$$(69) \qquad \delta p = \frac{1}{4}\int \frac{dF}{dp}\,h \cdot dp,$$

wo F in § 24 (185) erklärt wurde. Die Extremalen von $\delta p = 0$ sind also die isotropen Schrauben $F = $ konst.

3. Kapitel.

Flächenstreifen.

§ 33. Das begleitende Dreibein eines Streifens.

Die aus einem Punkte χ und einer hindurchgehenden Ebene ε bestehende geometrische Figur wollen wir als ein *Flächenelement* bezeichnen. Für die Anschauung ist es zweckmäßig, sich bei einem Flächenelement von der Ebene ε immer nur ein kleines Stück in der Umgebung des Punktes χ vorzustellen. Zu der Ebene ε gehören zwei entgegengesetzt gerichtete, zu ihr senkrechte Einheitsvektoren, die Einheitsvektoren der *Normalen des Flächenelements.* Zeichnen wir einen der beiden Vektoren aus, so wird dadurch eine positive Seite des Flächenelements festgelegt, nämlich die Seite, nach welcher der Vektor hinzeigt. Das Flächenelement wird, wie wir sagen wollen, *gerichtet.* Durch Angabe des Punktes χ und des Normalenvektors ξ in ihm ist dann das gerichtete Flächenelement eindeutig festgelegt. Zu jedem regulären Punkt einer Fläche gehört ein Flächenelement, das durch den Flächenpunkt und die durch ihn hindurchgehende *Tangentenebene* (§ 41) der Fläche gebildet wird. Als Tangentenebene eines Flächenpunktes bezeichnen wir dabei die Ebene, die durch alle Tangenten an die von ihm auslaufenden Flächenkurven aufgespannt wird. Geben wir allgemein χ und ξ als Funktionen eines Parameters t, so erhalten wir eine Schar von Flächenelementen. Diese werden sich aber im allgemeinen nicht glatt aneinanderschließen, wie die Flächenelemente eines *Flächenstreifens*, die durch die Punkte einer auf einer Fläche gezogenen Kurve und die zugehörigen *Tangentenebenen* gebildet werden. Im allgemeinen, z. B. bei der Schar der auf einer festen Geraden senkrecht aufsitzenden Flächenelemente, werden sie sich nicht glatt aneinanderreihen. Sollen sich die Flächenelemente $\{\chi(t),\ \xi(t)\}$ zu einem Streifen zusammenschließen, so muß die Ebene des Flächenelements immer durch die Tangente der Kurve $\chi(t)$ hindurchgehen, d. h. es muß der Tangentenvektor χ' der Kurve auf dem Vektor ξ senkrecht stehen:

$$(1) \qquad\qquad \chi'\xi = 0.$$

Wir werden uns in diesem Kapitel mit der *Theorie der Flächenstreifen* oder, wie wir kürzer sagen wollen, „Streifen" beschäftigen, die uns vorbereiten soll auf die Fragen der allgemeinen Lehre von den Flächen, die wir im 4. Kapitel zu entwickeln beginnen werden. Wir werden unsere Betrachtungen wieder aufs Reelle beschränken.

Wählen wir jetzt noch als Parameter $t = s$ des Streifens $\{\mathfrak{x}\,(s),\ \xi\,(s)\}$ die Bogenlänge seiner Kurve $\mathfrak{x}\,(s)$, so gilt nach § 5 (13) außer der eben angeführten Beziehung (1) noch

$$(2) \qquad \mathfrak{x}'^2 = \mathfrak{x}'\mathfrak{x}' = 1$$

identisch in s.[1] Dabei schließen wir den Fall $(\mathfrak{x}'\mathfrak{x}') = 0$ oder nach § 5 (13) $\mathfrak{x}' = 0$ aus, in dem wir es mit Flächenelementen durch einen festen Punkt zu tun haben. Wir führen jetzt zu $\mathfrak{x}'$ und ξ noch den dritten Einheitsvektor

$$(3) \qquad \eta = \xi \times \mathfrak{x}'$$

ein, der in $\mathfrak{x}$ zur Kurventangente $\mathfrak{x}'$ senkrecht ist und in dem Flächenelement des Streifens enthalten ist. Nach (3) gilt dann für $\mathfrak{x}'$, ξ, η die folgende *Tabelle skalarer Produkte*:

$$(4) \qquad \begin{aligned} \mathfrak{x}'^2 &= \xi^2 = \eta^2 = 1, \\ \mathfrak{x}'\xi &= \xi\eta = \eta\mathfrak{x}' = 0. \end{aligned}$$

Nach (3) gilt dann noch

$$(5) \qquad \eta \times \xi = \mathfrak{x}', \qquad \mathfrak{x}' \times \eta = \xi.$$

Ferner gilt nach (3), (4)

$$(6) \qquad (\mathfrak{x}'\,\eta\,\xi) = 1.$$

Wir wollen jetzt für die Vektoren des unseren Streifen begleitenden Dreibeins die *Ableitungsgleichungen* aufstellen, indem wir die Ableitungen $\mathfrak{x}''$, ξ' und η' unserer Vektoren aus diesen selbst linear kombinieren. Wir gelangen dann zu Formeln, die den FRENETschen Formeln der Kurventheorie (§ 9) ganz entsprechen.

Wir erhalten *Ableitungsgleichungen* der folgenden Gestalt:

$$
\begin{aligned}
(7)_1 \qquad & \mathfrak{x}'' = &&* && + c\,\eta && - b\,\xi, \\
(7)_2 \qquad & \eta' = && -c\,\mathfrak{x}' && * && + a\,\xi, \\
(7)_3 \qquad & \xi' = && +b\,\mathfrak{x}' && - a\,\eta && * \ ,
\end{aligned}
$$

wo zur Abkürzung gesetzt ist:

$$(8) \qquad \eta\,\xi' = -a, \qquad \mathfrak{x}'\xi' = +b, \qquad \eta\,\mathfrak{x}'' = +c.$$

In der Tat: Wenn wir etwa η' linear kombiniert denken:

$$(9) \qquad \eta' = \alpha\,\mathfrak{x}' + \beta\,\xi + \gamma\,\eta$$

und bedenken, daß aus (8) und (4) folgt:

$$(10) \qquad \eta\,\eta' = 0, \qquad \mathfrak{x}'\eta' = -\eta\,\mathfrak{x}'' = -c, \qquad \xi\,\eta' = -\xi'\eta = +a,$$

so erhalten wir durch skalare Multiplikation von (9) mit η, daß $\gamma = 0$ sein muß, ebenso führt die Multiplikation mit $\mathfrak{x}'$ und ξ nach (10) auf

---

[1] Diese Beschränkung in der Freiheit der Parameterwahl ist völlig unwesentlich. Vgl. im folgenden § 40, 9.

$\alpha = -c$ und $\beta = +a$, womit die zweite der Gleichungen (7) bewiesen ist. Entsprechend leitet man die andern beiden Gleichungen ab. Ähnlich wie die in den FRENETschen Formeln § 9 (72) auftretenden Koeffizienten $1:\varrho$, $1:\tau$ *erweisen sich hier die Größen a, b und c als Invarianten unseres Streifens.*

Dabei handelt es sich immer um den mit einer positiven Flächenseite versehenen gerichteten Streifen. a ist genau genommen nur bis auf ein Vorzeichen eine Invariante, da der Parameter s nur bis auf ein Vorzeichen festgelegt ist und a nach (8) im Gegensatz zu b und c bei der Substitution $s = -s^*$ sein Vorzeichen wechselt. Auch a läßt sich aber als absolute Invariante auffassen, wenn ein Durchlaufssinn für die positiv zu zählende Bogenlänge auf der Kurve des Streifens festgelegt wird. a und b hängen in den Funktionen $\{\mathfrak{x}(t), \xi(t)\}$ des auf einen beliebigen Parameter bezogenen Streifens von Ableitungen erster Ordnung ab, c aber von solchen zweiter Ordnung.

Entsprechend dem Beweis des § 16 kann man auch hier zeigen, daß durch Angabe der Funktionen $a(s)$, $b(s)$ und $c(s)$ ein Streifen bis auf Bewegungen eindeutig bestimmt ist. (Vgl. Aufg. 1 des § 40.)

§ 34. Geometrische Deutung der Invarianten eines Flächenstreifens.

Nach § 7 (33) und Formel $(7)_1$ dieses Abschnitts gilt für die *Krümmung unserer Streifenkurve*

$$(11) \qquad \frac{1}{\varrho^2} = \mathfrak{x}''^2 = b^2 + c^2.$$

Die *Hauptnormale der Streifenkurve* ist ferner nach § 7 (35) durch den Vektor

$$(12) \qquad \xi_2 = \frac{c\,\eta - b\,\xi}{\sqrt{b^2 + c^2}}$$

gegeben. Berechnen wir uns noch den *Binormalenvektor* $\xi_3 = \mathfrak{x}' \times \xi_2$ der Streifenkurve, so haben wir insgesamt für das im § 7 eingeführte begleitende Dreibein der Kurve $\mathfrak{x}(s)$:

$$(13) \qquad \xi_1 = \mathfrak{x}', \qquad \xi_2 = \frac{c\,\eta - b\,\xi}{\sqrt{b^2 + c^2}}, \qquad \xi_3 = -\frac{b\,\eta + c\,\xi}{\sqrt{b^2 + c^2}}$$

Aus (12) erhalten wir für die *Winkel* φ_1 und φ_2 *des Hauptnormalenvektors mit ξ und η*:

$$(14) \qquad \cos\varphi_1 = \frac{-b}{\sqrt{b^2 + c^2}}, \qquad \cos\varphi_2 = \frac{c}{\sqrt{b^2 + c^2}}.$$

Nach (11) gilt dann

$$(15) \qquad \frac{1}{\varrho}\cos\varphi_1 = -b, \qquad \frac{1}{\varrho}\cos\varphi_2 = c.$$

Daraus entnimmt man: *c und b sind die Krümmungen der Kurven, die durch senkrechte Projektion der Streifenkurve auf die Tangentenebene bzw. auf die Normalebene des Streifens entstehen*, wobei wir als die Normalebene die durch χ' und ξ im Kurvenpunkt aufgespannte Ebene bezeichnen. Man nennt daher auch c die *Tangentenkrümmung* und b die *Normalkrümmung des Streifens*. Für c werden wir im § 37 auch noch die zweite Bezeichnung *geodätische Krümmung* verwenden.

Wir geben noch eine weitere geometrische Deutung von b und c. Nach § 13 gelten für Mittelpunkt $\mathfrak{y}$ und Radius a der allgemeinsten Kugel, die durch den Krümmungskreis der Kurve $\chi(s)$ hindurch geht, die Gleichungen § 13 (90). Um Verwechslungen zu vermeiden, schreiben wir hier für den Radius R_1 statt a. Wählen wir nun unter diesen Kugeln diejenige aus, die das Flächenelement (χ, ξ) unseres Streifens berührt, so muß $\chi - \mathfrak{y} = R_1 \xi$ gelten. Die Gleichungen § 13 (90a) und (90b) sind dann identisch erfüllt, (90c) liefert aber nach (13) die Bedingung $b = 1 : R_1$. Nehmen wir aber unter den Kugeln § 13 (90) durch den Krümmungskreis unsrer Kurve diejenige, die im Punkt χ zum Streifen senkrecht steht, so müssen wir $\chi - \mathfrak{y} = R_2 \eta$ setzen, wo jetzt R_2 der Radius der neuen Kugel ist. Aus (90c) ergibt sich dann $c = -1 : R_2$. Wir haben also: *b und c sind die reziproken Werte der Radien der beiden Kugeln, die durch den Krümmungskreis der Streifenkurve hindurchgehen und von denen die erste das Flächenelement des Streifens berührt, die zweite aber zu diesem senkrecht ist*. Die erste Kugel nennen wir auch die Tangentenkugel und die zweite die Normalkugel des Streifens.

Wir wollen uns jetzt weiter auf der Normalen unseres Streifens den sogenannten *Kehlpunkt* bestimmen, in dem sie von der Nachbarnormalen den kürzesten Abstand besitzt. Die Normale unseres Streifens können wir mittels eines Parameters λ in Punktkoordinaten $\mathfrak{a}$ in der Form

$$(16) \qquad \mathfrak{a}(\lambda) = \chi + \lambda \xi$$

darstellen, die Nachbarnormale $\mathfrak{b}(\mu)$ mittels eines anderen Parameters μ in der Form

$$(17) \qquad \mathfrak{b}(\mu) = \chi + \chi' ds + \mu(\xi + \xi' ds) = \chi + (1 + b\mu) ds \cdot \chi'$$
$$+ \mu \xi - a\mu ds \cdot \eta.$$

Die Entfernung $l(\lambda, \mu)$ zweier Punkte $\mathfrak{a}(\lambda)$ und $\mathfrak{b}(\mu)$ ist nun durch

$$(18) \qquad l^2 = (\mathfrak{a} - \mathfrak{b})^2 = (\lambda - \mu)^2 + (1 + b\mu)^2 ds^2 + a^2 \mu^2 ds^2$$

gegeben.

Ein Minimum tritt ein für

$$(19) \qquad \begin{aligned} \frac{\partial l^2}{\partial \lambda} &= 2(\lambda - \mu) = 0, \\ \frac{\partial l^2}{\partial \mu} &= -2(\lambda - \mu) + 2(1 + b\mu) b\, ds^2 + 2 a^2 \mu\, ds^2 = 0. \end{aligned}$$

(19) ergibt für λ und μ die Lösung

$$(20) \qquad \lambda = \mu = \frac{-b}{a^2 + b^2}.$$

Der gesuchte Punkt $\mathfrak{k}$ auf der Normalen ist also durch

$$(21) \qquad \mathfrak{k} = \mathfrak{x} - \frac{b}{a^2 + b^2}\,\xi.$$

gegeben. *Das gemeinsame Lot der beiden benachbarten Normalen* ist jetzt weiter die Gerade, die von diesem Punkt in der Richtung t des zu ξ und $\xi + \xi' ds$ senkrechten Vektors ausläuft. Es muß dann t zu $\xi \times \xi'$ oder nach (7), (3), (5) zu $a\mathfrak{x}' + b\eta$ proportional sein. Normen wir t als Einheitsvektor, so daß seine Richtung erhalten bleibt, so bekommen wir

$$(22) \qquad t = \frac{a\,\mathfrak{x}' + b\,\eta}{|\,\sqrt{a^2 + b^2}\,|}.$$

Die Tangente unseres Streifens, die in Richtung dieses Vektors von $\mathfrak{x}$ ausläuft, nennen wir die zur Kurventangente $\mathfrak{x}'$ *konjugierte Tangente* unseres Streifens. Offenbar entsteht sie auch als Grenzlage des Schnitts benachbarter Tangentenebenen unseres Streifens. Für die Winkel ψ_1 und ψ_2, die der Vektor t mit $\mathfrak{x}'$ und η bildet, erhalten wir

$$(23) \qquad \cos\psi_1 = \frac{a}{|\,\sqrt{a^2 + b^2}\,|}, \qquad \cos\psi_2 = \frac{b}{|\,\sqrt{a^2 + b^2}\,|}.$$

Da sich $\cos\psi_1 : \cos\psi_2 = a : b$ ergibt, und da b bereits geometrisch gedeutet wurde, so ist jetzt auch die Bedeutung von a bekannt. Man bezeichnet a auch als *geodätische Windung* des Streifens.

Berechnen wir uns zum Schluß noch mittels der Formel § 10 (78) die *Windung* $1 : \tau$ unserer Kurve $\mathfrak{x}(s)$, indem wir $\mathfrak{x}''$ und $\mathfrak{x}'''$ nach (7) durch $\mathfrak{x}'$, ξ und η linear ausdrücken, so finden wir

$$\frac{1}{\tau} = \frac{(\mathfrak{x}',\, -b\,\xi + c\,\eta,\, (-b' + a\,c)\,\xi + (c' + a\,b)\,\eta)}{b^2 + c^2}$$

oder nach dem Multiplikationsgesetz für Determinanten

$$\frac{1}{\tau} = \frac{\begin{vmatrix} -b & -b' + a\,c \\ c & c' + a\,b \end{vmatrix}}{b^2 + c^2} \cdot (\mathfrak{x}',\, \xi,\, \eta).$$

Nach (6) ergibt das aber

$$(24) \qquad \frac{1}{\tau} = -a + \frac{b'c - b\,c'}{b^2 + c^2}.$$

Die Streifen längs ebener Kurven $1 : \tau = 0$ sind hier von den ebenen Flächenstreifen $a = b = 0$ zu unterscheiden, bei denen der Vektor ξ konstant ist.

§ 35. Schmiegstreifen, Krümmungsstreifen und geodätische Streifen.

Wir wollen jetzt einige bemerkenswerte besondere Arten von Flächenstreifen untersuchen.

1. $a = 0$. Nach (6), (7) ist $a = -(\mathfrak{x}' \, \xi \, \xi')$, und $a = 0$ besagt dann nach § 2 (26), daß die drei Vektoren $\mathfrak{x}'$, ξ und ξ' oder, was auf dasselbe herauskommt, die drei Vektoren $\mathfrak{x}'$, ξ und $\xi + d\xi$ in einer Ebene liegen. Da nun die beiden benachbarten Normalenvektoren ξ und $\xi + d\xi$ durch Anfangs- und Endpunkt des von $\mathfrak{x}$ nach $\mathfrak{x} + d\mathfrak{x}$ laufenden Linienelementes unserer Kurve $\mathfrak{x}(s)$ hindurchlaufen und $\mathfrak{x}'$ die Richtung dieses Linienelements anzeigt, kommt unsere Bedingung darauf hinaus, daß die „benachbarten Normalen sich schneiden" (vgl. die gleich folgende nähere Erklärung) und nicht wie im allgemeinen Fall windschief sind. Wir nennen allgemein eine Fläche, die als Ort einer einparametrigen Geradenschar angesehen werden kann, eine *geradlinige Fläche* oder auch eine *Regelfläche* in unglücklicher Übersetzung des französischen „surfaces réglées". Insbesondere sollen die besonderen geradlinigen Flächen, die Tangentenflächen von Kurven sind (und dann noch die Kegel- und Zylinderflächen) als *Torsen* bezeichnet werden. Offenbar sind die Torsen identisch mit denjenigen geradlinigen Flächen, bei denen benachbarte Gerade sich schneiden. Darunter ist zu verstehen: Der Grenzwert des Quotienten aus dem Abstande benachbarter Geraden durch den entsprechenden Zuwuchs eines regulären Parameters für die Erzeugenden der geradlinigen Fläche verschwindet. Wir können jetzt sagen: *Die Streifen mit $a = 0$ sind dadurch gekennzeichnet, daß ihre Normalen eine Torse bilden.* Diese Streifen wollen wir in später noch zu erläuternder Ausdrucksweise als *Krümmungsstreifen* bezeichnen.

2. Wir betrachten jetzt die Streifen mit $b = 0$. Nach (14) ist in diesem und nur in diesem Falle der Vektor ξ der Flächennormalen unseres Streifens zu dem Hauptnormalenvektor ξ_2 der Kurve $\mathfrak{x}(s)$ senkrecht, das heißt aber, ξ steht senkrecht auf der durch $\xi_1 = \mathfrak{x}'$ und ξ_2 aufgespannten Schmiegebene der Kurve $\mathfrak{x}(s)$, oder noch anders ausgedrückt:

Die Streifen mit $b = 0$ sind dadurch gekennzeichnet, daß die Schmiegebene der Streifenkurve mit der Tangentenebene des Streifens zusammenfällt. Diese Streifen wollen wir als *Schmiegstreifen* oder *asymptotische Streifen* bezeichnen. Aus (22) ersehen wir, daß bei einem Schmiegstreifen die Kurventangente mit der konjugierten Tangente zusammenfällt, daß dagegen bei einem Krümmungsstreifen Tangente und konjugierte Tangente zueinander senkrecht sind.

3. Bei den Streifen mit $c = 0$ fällt die Hauptnormale ξ_2 mit der Flächennormale ξ zusammen und wir haben: *Bei den Streifen mit $c = 0$ geht die Schmiegebene der Streifenkurve durch die Flächennormale hin-*

durch. Wir wollen diese Streifen als *geodätische Streifen* bezeichnen, eine Benennung, die erst später (im § 37) ihre Rechtfertigung finden wird.

Ist die Kurve $\mathfrak{x}\,(s)$ unseres Streifens eine Gerade, so muß nach § 6 $\mathfrak{x}'' = 0$ gelten. Das ergibt nach (7) $b = c = 0$. Darin steckt das Ergebnis: *Liegt auf einer Fläche eine Gerade, so ist der Flächenstreifen längs dieser Geraden zugleich ein Schmiegstreifen und ein geodätischer Streifen.*

Da nach (7) gilt $- a = (\mathfrak{x}'\,\xi\,\xi')$, $b = (\mathfrak{x}'\,\xi')$ und $- c = (\xi\,\mathfrak{x}'\,\mathfrak{x}'')$, so können wir die drei Bedingungen zusammenstellen:

$$
\begin{aligned}
- a &= (\mathfrak{x}'\,\xi\,\xi') = 0 \quad &&\textit{für Krümmungsstreifen}, \\
+ b &= (\mathfrak{x}'\,\xi') = 0 \quad &&\textit{für Schmiegstreifen}, \\
- c &= (\xi\,\mathfrak{x}'\,\mathfrak{x}'') = 0 \quad &&\textit{für geodätische Streifen}.
\end{aligned}
$$

(25)

Wenn wir nach den Formeln § 10 (79) von dem Parameter s der Bogenlänge unserer Streifenkurve zu einem beliebigen Parameter t übergehen, und wenn wir die Differentiale

$$
(26) \qquad d\mathfrak{x} = \dot{\mathfrak{x}}\,dt, \qquad d^2\mathfrak{x} = \ddot{\mathfrak{x}} \cdot dt^2 + \dot{\mathfrak{x}} \cdot d^2 t
$$

einführen, so erhalten wir aus den Formeln § 10 (79):

$$
(27) \qquad \mathfrak{x}' = \frac{d\mathfrak{x}}{\sqrt{\dot{\mathfrak{x}}^2}\,dt}, \qquad \mathfrak{x}'' = \frac{d^2\mathfrak{x}}{\dot{\mathfrak{x}}^2 \cdot dt^2} - \frac{d\mathfrak{x}\,[(\dot{\mathfrak{x}}^2) \cdot d^2 t + (\dot{\mathfrak{x}}\,\ddot{\mathfrak{x}})\,dt^2]}{(\dot{\mathfrak{x}}^2)^2\,dt^3}.
$$

Wir können daher unsere Bedingung (25), wie sie sich durch Einsetzen ergibt, auch in der Form schreiben:

$$
\begin{aligned}
(\xi\ d\mathfrak{x}\ d\xi) &= 0 \quad &&\textit{Krümmungsstreifen}, \\
(d\mathfrak{x}\ d\xi) &= 0 \quad &&\textit{Schmiegstreifen}, \\
(\xi\ d\mathfrak{x}\ d^2\mathfrak{x}) &= 0 \quad &&\textit{geodätische Streifen}.
\end{aligned}
$$

(28)

Nach (11) und (24) fallen bei einem Schmiegstreifen geodätische Krümmung und geodätische Windung mit der gewöhnlichen Krümmung und der gewöhnlichen Windung zusammen.

§ 36. Drehung eines Streifens um seine Kurve.

Eine Abänderung eines Streifens, die die Kurve $\mathfrak{x}\,(s)$ fest läßt und nur die Normalen $\xi\,(s)$ verändert, bezeichnen wir als eine Drehung eines Streifens um seine Kurve. Für den neuen Streifen $\{\bar{\mathfrak{x}}\,(s),\ \bar{\xi}\,(s)\}$ muß dann offenbar gelten:

$$
(29) \qquad \begin{cases} \bar{\mathfrak{x}}' = \mathfrak{x}', \\ \bar{\xi} = \alpha\,\xi + \beta\,\eta, \end{cases}
$$

denn es muß ja der Vektor $\bar{\xi}$ zu $\bar{\mathfrak{x}}' = \mathfrak{x}'$ senkrecht sein. Aus $\bar{\xi}^2 = 1$ folgt: $\alpha^2 + \beta^2 = 1$. Wir können dann $\alpha = \cos\varphi$; $\beta = \sin\varphi$ setzen und φ ist einfach der Winkel der Vektoren ξ und $\bar{\xi}$, also der Winkel, um den wir die Tangentenebene beim Übergang zum neuen Streifen gedreht haben. Aus $\bar{\eta} = \bar{\mathfrak{x}}' \times \bar{\xi}$ folgt $\bar{\eta} = -\sin\varphi\,\xi + \cos\varphi\,\eta$. Wir haben also insgesamt:

$$\begin{aligned}
\bar{\mathfrak{x}}' &= \mathfrak{x}', \\
\bar{\xi} &= \cos\varphi\,\xi + \sin\varphi\,\eta, \\
\bar{\eta} &= -\sin\varphi\,\xi + \cos\varphi\,\eta.
\end{aligned} \tag{30}$$

Nehmen wir den Drehwinkel φ längs der Kurve als Funktion der Bogenlänge s an, so haben wir die allgemeinste Drehung unseres Streifens. Durch Ableitung nach s folgt aus (30)

$$\bar{\mathfrak{x}}'' = \mathfrak{x}'', \tag{31}$$

$$\bar{\xi}' = (b\cos\varphi - c\sin\varphi)\,\mathfrak{x}' + (a - \varphi')\sin\varphi\,\xi - (a - \varphi')\cos\varphi\,\eta. \tag{32}$$

Setzen wir gemäß (8) die Invarianten des neuen Streifens in der Form an:

$$-\bar{a} = \bar{\eta}\,\bar{\xi}', \quad \bar{b} = \bar{\mathfrak{x}}'\,\bar{\xi}', \quad \bar{c} = \bar{\eta}\,\bar{\mathfrak{x}}'',$$

so erhalten wir aus (30), (31), (32) durch Einsetzen unter Benutzung von (8) für den Zusammenhang der alten mit den neuen Invarianten:

$$\bar{a} = a - \varphi', \tag{33}$$

$$\bar{b} = b\cos\varphi - c\sin\varphi, \tag{34}$$

$$\bar{c} = b\sin\varphi + c\cos\varphi. \tag{35}$$

Aus den Formeln (34), (35) ersehen wir, daß es durch eine Kurve genau einen Schmiegstreifen und genau einen geodätischen Streifen gibt. Denn um $\bar{b} = 0$ zu erreichen, hat man nur tg $\varphi = b:c$ und um $\bar{c} = 0$ zu erreichen, hat man nur tg $\varphi = -c:b$ zu setzen. Durch den Wert von tg φ ist aber ein Wert von φ zwischen 0 und π eindeutig bestimmt[1]. Aus den Formeln (34), (35) folgt noch der Satz: Aus einem Schmiegstreifen entsteht durch Drehung um $\pi:2$ ein geodätischer Streifen und umgekehrt.

Anders wie mit den geodätischen und den Schmiegstreifen durch eine gegebene Kurve verhält es sich mit den Krümmungsstreifen. Deren gibt es durch eine gegebene Kurve immer eine einparametrige Schar. Denn um $a = 0$ zu machen, haben wir $\varphi' = a$ oder

$$\varphi(s) = \int a\,ds \tag{36}$$

zu setzen. Die Funktion $\varphi(s)$ ist dann aber nur bis auf eine additive Integrationskonstante bestimmt. Wir können somit das Flächenelement an einer Stelle s_0 noch willkürlich durch unsre Kurve hindurchlegen, dann gibt es immer genau einen Krümmungsstreifen durch unsere Kurve, der dieses Flächenelement an der Stelle s_0 enthält. Zugleich ist auch eine Deutung der Inetgralinvariante (36) unseres allgemeinen

---

[1] Hiermit ist zugleich eine neue geometrische Deutung der Invariante $b:c$ gefunden.

Ausgangsstreifens (wo das Integral über das Streifenstück zwischen den Punkten $\mathfrak{x}(s_1)$ und $\mathfrak{x}(s_2)$ erstreckt wird) gefunden: *Wir legen durch die Kurve unsres Ausgangsstreifens einen der möglichen Krümmungsstreifen. Bilden dann die Flächenelemente unseres Ausgangsstreifens mit den Flächenelementen des Krümmungsstreifens an den Stellen s_1 und s_2 die Winkel φ_1 bzw. φ_2, so ist unser Integral gleich der Differenz $\varphi_2 - \varphi_1$.*

Betrachten wir zwei Krümmungsstreifen $\{\mathfrak{x}(s), \xi(s)\}$ und $\{\mathfrak{x}(s), \bar{\xi}(s)\}$ durch dieselbe Kurve $\mathfrak{x}(s)$, so folgt aus $a = \bar{a} = 0$ nach (33) $\varphi =$ konst. Darin steckt der Satz von JOACHIMSTHAL[2]: *Zwei Krümmungsstreifen durch dieselbe Kurve schließen einen festen Winkel ein.* Es gilt von diesem Satz *auch die Umkehrung: Dreht man alle Flächenelemente eines Krümmungsstreifens um einen und denselben festen Winkel, so entsteht wieder ein Krümmungsstreifen.*

Allgemeiner können wir auf Grund von (33) auch den Satz aussprechen: Bilden zwei Streifen durch dieselbe Kurve dauernd denselben Winkel miteinander, so haben sie überall gleiche geodätische Windungen a.

§ 37. Verbiegung eines Streifens.

Wir können uns einen jeden Flächenstreifen wenigstens näherungsweise mechanisch verwirklicht denken durch einen dünnen Streifen irgendeines biegsamen und nicht dehnbaren Materials (etwa aus Papier). Gewisse Streifen stehen nun in einer ganz besonders ausgezeichneten Beziehung zu einander, sie gehen nämlich durch *Verbiegung* auseinander hervor. Z. B. können wir auf ein ebenes Blatt Papier eine Kurve zeichnen und längs der Kurve dann einen dünnen Papierstreifen herausschneiden. Wir erhalten dann offenbar einen ebenen Flächenstreifen. Diesen Streifen können wir nun in die mannigfachsten Gestalten verbiegen, ohne das Papier zu knicken und zu zerreißen. Dabei nimmt auch die auf den Streifen gezeichnete Kurve die Gestalt der verschiedensten Raumkurven an. Was dieser Verbiegung ohne Knickung und Dehnung als idealisierter mechanischer Vorgang entspricht, ist offenbar eine solche Abänderung des Streifens, bei der nicht nur die Bogenlängen der einzelnen auf der Streifenkurve $\mathfrak{x}(s)$ gemessenen Entfernungen erhalten bleiben, sondern auch die Bogenlängen aller Kurvenstücke, die auf dem Streifen in genügender Nachbarschaft zu der Kurve $\mathfrak{x}(s)$ gezogen sind, oder kurz gesagt, wir haben es mit einer solchen Abänderung zu tun, bei der die inneren Maßverhältnisse auf dem Streifen nicht geändert werden.

Wir wollen jetzt untersuchen, wann zwei gegebene Streifen ineinander verbiegbar sind. Dabei nehmen wir vorläufig an beiden Seiten offene Stücke von Streifen an. Wir schließen also zunächst geschlossene Streifen aus.

---

[2] F. JOACHIMSTHAL: Crelles Journal Bd. 30, (1846). S. 347.

Wir brauchen zur Entscheidung unserer Frage eine Formel, die uns für einen gegebenen Streifen $\{\mathfrak{x}\,(s),\ \xi\,(s)\}$ die Bogenlängen der zu $\mathfrak{x}\,(s)$ benachbarten, gleichfalls auf den Streifen gelegenen Kurven liefert. Benachbart verstehen wir dabei in dem Sinne, daß die kürzesten Entfernungen der Punkte einer solchen Kurve C von der Kurve $\mathfrak{x}\,(s)$ klein sind. Wir können durch $\mathfrak{x}\,(s)$ also eine beliebige den Streifen berührende Fläche hindurchlegen, und auf dieser die Kurven betrachten, die auf der Fläche in der Umgebung der Kurve $\mathfrak{x}\,(s)$ liegen. Wie wir eine Kurve mit Hilfe eines Parameters darstellen, so können wir eine Fläche festlegen, indem wir den Flächenpunkt $\bar{\mathfrak{x}}$ als Funktion $\bar{\mathfrak{x}}\,(s,v)$ zweier Parameter s und v vorgeben. s hat hier zunächst noch nichts mit einer Bogenlänge zu tun. Geben wir in den Funktionen $\bar{\mathfrak{x}} = \bar{\mathfrak{x}}\,(s,v)$ dem Parameter s einen festen Wert und lassen nur v variieren, so bekommen wir jedesmal eine bestimmte, der Fläche angehörige Kurve, und ebenso bekommen wir für die festen Werte von v bei veränderlichem s eine Kurvenschar auf der Fläche. Das „Netz" der zwei Scharen der Kurven $s =$ konst. und $v =$ konst. bezeichnen wir auch als das *Netz der Parameterkurven* auf der Fläche. Geben wir v als Funktion $v = f\,(s)$ von s, so entspricht ihr in der Darstellung $\bar{\mathfrak{x}} = \bar{\mathfrak{x}}\,(s, f\,(s))$ eine Kurve auf unserer Fläche. In einem zu einem festen Wertsystem s, v gehörigen Flächenpunkt der Fläche $\bar{\mathfrak{x}}\,(s, v)$ sind die partiellen Ableitungen $\bar{\mathfrak{x}}_s$ und $\bar{\mathfrak{x}}_v$ zwei Vektoren, die in die beiden Richtungen der von dem Punkt auslaufenden Parameterkurven weisen.

Geben wir uns nun insbesondere eine Fläche $\bar{\mathfrak{x}}\,(s, v)$, für die

$$(36\,\mathrm{a}) \qquad\qquad \bar{\mathfrak{x}}\,(s, 0) = \mathfrak{x}\,(s)$$

ist, wo rechts die Vektorfunktion unserer Streifenkurve steht, so geht diese durch unsere Streifenkurve hindurch. Ist ferner $\bar{\mathfrak{x}}_v$ längs der Kurve (36a) eine Linearkombination der zu unserm Streifen $\mathfrak{x}\,(s)$, $\xi\,(s)$ gehörigen Vektoren $\mathfrak{x}'$ und η:

$$(37) \qquad\qquad \bar{\mathfrak{x}}_v\,(s, 0) = P\,(s)\cdot\mathfrak{x}'\,(s) + Q\,(s)\cdot\eta\,(s),$$

so liegt der Tangentenvektor $\bar{\mathfrak{x}}_v\,(s, 0)$ der Fläche in der Tangentenebene des Streifens, es berührt die Fläche also unsere Kurve $\mathfrak{x}\,(s)$ längs des Streifens.

Entwickeln wir die Funktion $\bar{\mathfrak{x}}\,(s, v)$ bei festgehaltenem s längs der Kurve $\mathfrak{x}\,(s)$, also für $v = 0$ nach Potenzen von v, so ergibt sich

$$\bar{\mathfrak{x}}\,(s, v) = \mathfrak{x}\,(s) + v\cdot\bar{\mathfrak{x}}_v\,(s, 0) + \cdots$$

oder nach (37)

$$(37\,\mathrm{a}) \qquad\qquad \bar{\mathfrak{x}}\,(s, v) = \mathfrak{x}\,(s) + v\cdot[P\,\mathfrak{x}' + Q\eta] + \cdots.$$

Ferner erhält man nach (37a) und (7)

$$\bar{\mathfrak{x}}_s = \mathfrak{x}' + v\,[(P' - c\,Q)\,\mathfrak{x}' - (P\,b - Q\,a)\,\xi + (Q' + P\,c)\,\eta] + \cdots.$$

Daraus ergibt sich

$$(38) \qquad \bar{\mathfrak{x}}_s^2 = 1 + 2\,v\,(P' - c\,Q) + \cdots$$

und nach (37)

$$(38\mathrm{a}) \qquad \bar{\mathfrak{x}}_s\,\bar{\mathfrak{x}}_v = P + v\,[\ldots] + \cdots,$$

wo wir nur das konstante Glied in der Potenzentwicklung nach v brauchen werden. Wir wollen uns nun die Bogenlänge einer zu $\mathfrak{x}\,(s)$ benachbarten Flächenkurve berechnen. Zunächst gilt für eine durch die Funktion $v = f\,(s)$ festgelegte Flächenkurve $\bar{\mathfrak{x}}\,(s,\,f\,(s)) = \tilde{\mathfrak{x}}\,(s)$:

$$\frac{d\tilde{\mathfrak{x}}}{d} = \bar{\mathfrak{x}}_s + \bar{\mathfrak{x}}_v\,f'$$

und für ihre Bogenlänge S nach § 5 (2):

$$(39) \qquad S = \int_{s_1}^{s_2} \sqrt{\bar{\mathfrak{x}}_s^2 + 2\,(\bar{\mathfrak{x}}_s\,\bar{\mathfrak{x}}_v)\,f' + (\bar{\mathfrak{x}}_v^2)\,f'^2}\,ds\,.$$

Um nun diese Kurve $\tilde{\mathfrak{x}}\,(s)$ in $\mathfrak{x}\,(s)$ hineinrücken zu lassen, setzen wir

$$(39\mathrm{a}) \qquad v = f\,(s) = \varepsilon \cdot \varphi\,(s)\,,$$

wo die Konstante ε gegen Null gehen soll. Ersetzen wir unter dieser Annahme in (38) und (38a) das v durch $\varepsilon \cdot \varphi$ und in (39) das f' durch $\varepsilon \cdot \varphi'$, so erhalten wir

$$S = \int_{s_1}^{s_2} \sqrt{1 + 2\,\varepsilon\,(\varphi\,P' - \varphi\,c\,Q + \varphi'\,P)}\,ds + \cdots$$

oder

$$S = \int_{s_1}^{s_2} (1 + \varepsilon\,(\varphi\,P)' - \varepsilon\,\varphi\,c\,Q)\,ds + \cdots$$

oder nach Zerlegung des Integranden in seine drei Glieder

$$(40) \qquad S\,(\varepsilon) = S\,(0) + \varepsilon\,\Big\{[\varphi\,P]_{s_1}^{s_2} - \varepsilon \int_{s_1}^{s_2} \varphi\,c\,Q\,ds\Big\} + \cdots.$$

Hier bedeutet das Glied in der eckigen Klammer die Differenz der Werte der Funktion $\varphi\,P$ an den beiden Enden s_2 und s_1 des Integrationsintervalls. Setzen wir

$$\delta\,\mathfrak{x}\,(s) = \Big[\frac{\partial}{\partial \varepsilon}\,\bar{\mathfrak{x}}\,(s,\,\varepsilon\,v)\Big]_{\varepsilon=0},$$

so haben wir nach (37a), (39a)

$$\delta\mathfrak{x} = (\varphi\,P)\,\mathfrak{x}' + (\varphi\,Q)\,\eta.$$

Wir setzen

$$\delta n = \eta\,\delta\mathfrak{x} = \varphi\,Q\,, \qquad \delta t = \mathfrak{x}'\,\delta\mathfrak{x} = \varphi\,P$$

und nennen δn die *Komponente der normalen Verrückung* oder die *normale Variation*, δt aber die *tangentiale Verrückung* oder die *tangentiale Variation* unserer Kurve $\mathfrak{x}\,(s)$. Die Formel (40) schreibt sich jetzt in der Form

$$(41) \qquad \delta s = \left[\frac{d\,S(\varepsilon)}{d\,\varepsilon}\right]_{\varepsilon\,=\,0} = [\delta t]_{s_1}^{s_2} - \int\limits_{s_1}^{s_2} c \cdot \delta n \cdot d\,s + \cdots .$$

Man nennt δs die *erste Variation der Bogenlänge* unserer Streifenkurve.

Aus der Formel sieht man, daß für die Maßverhältnisse der Umgebung der Kurve $\mathfrak{x}\,(s)$ auf unserer Fläche die Funktion $c\,(s)$ ausschlaggebend ist, nicht aber die Funktionen $a\,(s)$ und $b\,(s)$ des Streifens. Wir werden daher zwei Streifen *aufeinander verbiegbar nennen, wenn* bei geeigneter Wahl der Parameter der Bogenlängen ihrer Kurven (man kann ja noch $s^* = \pm\,s + $ konst. setzen) *die Funktionen* $c\,(s)$ *übereinstimmen.*

Nach (7) folgt für einen ebenen Streifen, das heißt für einen Streifen, dessen Tangentenebene längs der Kurve $\mathfrak{x}\,(s)$ konstant ist, wegen $\xi' = 0$, daß $a = b = 0$ sein muß. Nach (24) ist dann notwendig auch die Kurve $\mathfrak{x}\,(s)$ eben. Bei gegebener Funktion $c\,(s)$ gibt es nach § 33 Schluß nun bis auf Bewegungen genau einen ebenen Flächenstreifen mit $a = b = 0$, $c = c\,(s)$. Es ist daher jeder gegebene Streifen in genau einen bis auf Bewegungen bestimmten ebenen Streifen verbiegbar oder, wie wir sagen wollen, abwickelbar. Für den ebenen Streifen $a = b = 0$ ist dann aber $c\,(s)$ einfach die Krümmung der bei der Abwicklung entstandenen ebenen Kurve des Streifens. Damit ist dann eine neue Deutung der Biegungsinvariante c gefunden. Wir wollen $-\,c$ auch als *Abwickelkrümmung* oder geodätische Krümmung des Streifens bezeichnen.

Das Bisherige gilt nur für offene Stücke von Streifen, sozusagen im kleinen. Nehmen wir einen geschlossenen Streifen, so läßt sich dieser in seiner ganzen Erstreckung nicht immer auf die Ebene abwickeln. Das ist schon an dem Beispiel des Flächenstreifens ersichtlich, der zu einem Breitenkreis eines geraden Kreiszylinders gehört. Hier treten eben Schwierigkeiten hinzu, die mit den Verhältnissen der Differentialgeometrie im großen zusammenhängen. (Vgl. Aufg. 4 des § 40.)

Für die geodätischen Streifen finden wir als neue kennzeichnende Eigenschaft, daß die Abwickelkrümmung Null ist, daß ihre Kurven also bei der Abwicklung in Geraden der Ebene übergehen.

Aus der Formel (35) erhält man eine neue Deutung der Invariante b, wenn man $\varphi = \pi : 2$ setzt. Für diesen Fall wird dann $\bar{c} = b$ und man hat: Die Invariante $-\,b$ eines Streifens ist einfach gleich der geodätischen Krümmung des Streifens durch dieselbe Kurve, der durch Drehung um $\pi : 2$ aus dem ursprünglichen entsteht.

§ 38. Der Parallelismus von Levi-Civita.

Ein Vektor $\mathfrak{k}$, der von dem zum Parameterwert s gehörigen Punkt $\mathfrak{x}$ unseres Streifens ausläuft und in der Tangentenebene des Streifens gelegen ist, läßt sich immer als Linearkombination

$$(42) \qquad \mathfrak{k} = \alpha\,\mathfrak{x}' + \beta\,\eta$$

der Vektoren $\mathfrak{x}'$ und η darstellen. Wir denken uns nun in jedem Punkt der Streifenkurve einen solchen Vektor $\mathfrak{k}$ aufgetragen. Dann haben wir eine Schar von Vektoren $\mathfrak{k}\,(s)$, die durch (42) mit Funktionen $\alpha\,(s)$ und $\beta\,(s)$ von s dargestellt sind. Wir wollen nun unsern Streifen stetig verbiegen und die Vektoren $\mathfrak{k}$ dabei so mitnehmen, daß jeweils ihre Länge $\sqrt{\alpha^2 + \beta^2}$ und der Winkel, den sie mit der Kurve bilden, also auch $\alpha : \sqrt{\alpha^2 + \beta^2}$, unverändert bleibt. Das ist gleichbedeutend mit der Annahme, daß die Komponenten α und β in der Darstellung (42), die der Vektor in jedem Augenblick in seiner Zerlegung nach den jedesmaligen Vektoren $\mathfrak{x}'$ und η besitzt, dieselben Werte haben sollen. Wir wollen sagen: Wir führen die Vektoren mit dem Streifen biegungsinvariant verbunden mit.

Wenn wir einen an einer bestimmten Stelle in einem Streifen gegebenen Vektor $\mathfrak{k}$ parallel mit sich längs der Streifenkurve verschieben, so wird er im allgemeinen nicht mehr in dem Streifen bleiben, sondern aus dem Streifen in den Raum heraustreten. Ein Vektor läßt sich also im allgemeinen in einem Streifen nicht im gewöhnlichen Sinne parallel mit sich verschieben. Wir wollen nun statt dieses Parallelismus ein anderes Verschiebungsgesetz für Vektoren in unserem Streifen kennenlernen, das von Wichtigkeit für die Fragen der Flächentheorie sein wird, nämlich den *Parallelismus von* Levi-Civita. Wir erklären nämlich zwei Vektoren an zwei Stellen unseres Streifens als parallel, wenn sie, bei der Abwicklung des Streifens auf die Ebene biegungsinvariant mitgeführt, in der Ebene als parallele Vektoren erscheinen.

Um nun das Verschiebungsgesetz von Levi-Civita allgemein analytisch darzustellen, nehmen wir zuerst einen ebenen Streifen $a = b = 0$ an. Sollen für den ebenen Streifen die in der festen Ebene gelegenen Vektoren $\mathfrak{k}\,(s)$ im gewöhnlichen Sinne parallel sein, so muß $\mathfrak{k} = \mathrm{konst.}$ gelten, oder $\mathfrak{k}' \equiv 0$. Das ergibt nach (7) und (42) unter Beachtung von $a = b = 0$ für die Funktionen α und β:

$$(43) \qquad \alpha' = c\,\beta, \qquad \beta' = -\,c\,\alpha.$$

Dies Gesetz ist aber jetzt schon das Verschiebungsgesetz für den allgemeinen Fall, denn wir wissen ja, daß die Funktionen α, β, c bei biegungsinvarianter Mitführung dieselben bleiben, und außerdem ist das Verschiebungsgesetz von Levi-Civita in biegungsinvarianter Weise erklärt.

Die Parallelverschiebung von LEVI-CIVITA hat die folgenden Eigenschaften: 1. Jeder Vektor behält bei der Verschiebung längs des Streifens seine Länge. 2. Der Winkel zweier Vektoren $\mathfrak{t}^1 = \alpha^1 \mathfrak{x}' + \beta^1 \eta$ und $\mathfrak{t}^2 = \alpha^2 \mathfrak{x}' + \beta^2 \eta$ bleibt bei der Verschiebung erhalten. Das folgt aus der Definition, läßt sich aber auch mittels der Identitäten, die für die nach dem Gesetz (43) verschobenen Vektoren eines allgemeinen Streifens gelten:

$$\frac{d}{ds} (\mathfrak{t}\,\mathfrak{t}) = \frac{d}{ds} (\alpha^2 + \beta^2) = 0,$$

$$\frac{d}{ds} (\mathfrak{t}^1\,\mathfrak{t}^2) = \frac{d}{ds} (\alpha^1 \alpha^2 + \beta^1 \beta^2) = 0$$

nachweisen.

Nehmen wir $\mathfrak{t}$ als Einheitsvektor, so können wir ihn in der Form

$$\mathfrak{t} = \cos \tau\, \mathfrak{x}' + \sin \tau\, \eta$$

ansetzen, und τ ist der Winkel, den $\mathfrak{t}$ mit der Kurvenrichtung bildet. Die Gleichungen (43) nehmen jetzt die Form an:

$$-\sin \tau \cdot \tau' = c \sin \tau, \qquad \cos \tau \cdot \tau' = -c \cos \tau.$$

Das führt auf die eine Bedingung

$$(44) \qquad\qquad \tau' = -c.$$

Aus dieser Gleichung sehen wir also, wie sich der Winkel τ bei Parallelverschiebung des Vektors $\mathfrak{t}$ längs des Streifens ändert. Er ist nur für geodätische Streifen konstant. Bezeichnen wir die Winkelwerte τ der durch Parallelverschiebung auseinander hervorgehenden zu den Stellen $s = s_1$ und $s = s_2$ gehörigen Vektoren mit τ_1, bzw. mit τ_2, so gilt nach (44)

$$(45) \qquad\qquad \tau_2 - \tau_1 = -\int\limits_{s_1}^{s_2} c\, ds.$$

Das Integral rechts bezeichnen wir auch als die Gesamtkrümmung unseres Streifenstücks. Nach der Bemerkung des vorigen Abschnitts kann das Integral

$$(46) \qquad\qquad -\int\limits_{s_1}^{s_2} b\, ds$$

als Gesamtkrümmung des um $\pi : 2$ gedrehten Streifens gedeutet werden.

§ 39. Beweis von RADON für einen Satz von SCHWARZ.

J. RADON hat bemerkt, daß man einige der Sätze aus § 31 durch den Begriff der geodätischen Krümmung sehr einfach bestätigen kann. Beweisen wir z. B. folgendes:

Eine geschlossene Kurve des Raumes, deren Krümmung $\leq$ Eins ist, und die höchstens eine Ecke besitzt, hat mindestens den Umfang des Einheitskreises.

Man lege durch die Ecke $\mathfrak{p}$ der Kurve oder, wenn die Kurve glatt verläuft, durch irgendeinen ihrer Punkte als Spitze den durch die Kurve $\mathfrak{C}$ hindurchgehenden Kegel. Durch die Tangentenebenen des Kegels wird längs unserer Kurve ein Streifen bestimmt. Durch Abwicklung dieses Streifens in die Ebene geht $\mathfrak{C}$ in eine geschlossene ebene Kurve $\mathfrak{C}^*$ über. Nach den Ergebnissen des vorigen Abschnitts ist die Krümmung $1 : \varrho^*$ von $\mathfrak{C}^*$ gleich der geodätischen Krümmung c unseres Streifens. Nach (11) und (13) gilt weiter

$$\frac{1}{\varrho^*} = c = -\frac{1}{\varrho} \cdot \cos \varphi_1 \, ,$$

wo ϱ die Krümmung von $\mathfrak{C}$ und φ_1 der Winkel zwischen der Streifennormalen und der Binormalen von $\mathfrak{C}$ ist. Aus der Annahme $1 : \varrho \leqq 1$ und aus $\cdot |\cos \varphi_1| \leqq 1$ folgt dann

$$(47) \qquad\qquad \left|\frac{1}{\varrho^*}\right| \leqq 1 .$$

Damit ist die Aufgabe auf ein Problem der ebenen Geometrie zurückgeführt, denn es genügt jetzt, unsern Satz über den Umfang für $\mathfrak{C}^*$ nachzuweisen.

Ferner kann man leicht einsehen, daß es genügt, den Satz für Eilinien zu beweisen. Ist nämlich $\mathfrak{C}^*$ eine nicht konvexe Linie, die den Voraussetzungen genügt, dann genügt der Rand $\overline{\mathfrak{C}}$ der (in Fig. 9 schraffierten) „*konvexen Hülle*" von $\mathfrak{C}^*$ ebenfalls den Voraussetzungen, daß $|1:\varrho| \leqq 1$ sein und höchstens eine Ecke vorhanden sein soll. Denn $\overline{\mathfrak{C}}$ fällt zum Teil mit $\mathfrak{C}^*$ zusammen, und wo $\overline{\mathfrak{C}}$ sich von $\mathfrak{C}^*$ abhebt, ist $\overline{\mathfrak{C}}$ geradlinig. Da aber die geradlinige Verbindung die kür-

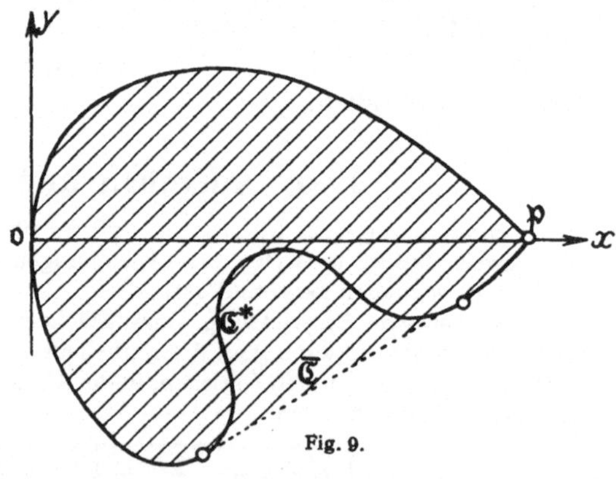

Fig. 9.

zeste ist, ist der Umfang von $\overline{\mathfrak{C}}$ höchstens gleich dem von $\mathfrak{C}^*$.

Zum Beweis für den Fall einer Eilinie $\overline{\mathfrak{C}}$ verfahren wir so. Hat $\overline{\mathfrak{C}}$ eine Ecke $\mathfrak{p}$, so sei $\mathfrak{o}$ der von $\mathfrak{p}$ am weitesten entfernte Punkt von $\mathfrak{C}$. (Falls $\overline{\mathfrak{C}}$ glatt verläuft, wählen wir $\mathfrak{p}$ beliebig auf $\overline{\mathfrak{C}}$.)

Die Normale an $\overline{\mathfrak{C}}$ in $\mathfrak{o}$, die durch $\mathfrak{p}$ geht, wählen wir zur x-Achse eines rechtwinkligen Achsenkreuzes, das $\mathfrak{p}$ zum Ursprung hat. τ sei der Winkel der y-Achse mit der Kurventangente, s die Bogenlänge

auf $\bar{\mathfrak{C}}$ von $\mathfrak{o}$ aus gezählt. Dann ist etwa für den Bogen in der Halbebene $y \geqq 0$

$$(48) \qquad \left|\frac{d\tau}{ds}\right| \leqq 1, \qquad \tau = \int_0^s \frac{d\tau}{ds}\, ds,$$

also

$$(49) \qquad |\tau| \leqq s.$$

Ferner

$$(50) \qquad y = \int_0^s \cos\tau \cdot ds \geqq \int_0^s \cos s\, ds = \sin s.$$

Da für $\mathfrak{p}$ die Beziehung $y = 0$ besteht, muß die Bogenlänge von $\mathfrak{o}$ bis $\mathfrak{p}$ somit mindestens $= \pi$ sein. Dasselbe gilt für den Teilbogen von $\mathfrak{C}$ in $y \leqq 0$ und daher ist wirklich

$$(51) \qquad L \geqq 2\pi.$$

Man erkennt aus unserer Schlußweise auch, daß

$$(52) \qquad L = 2\pi$$

nur für

$$\frac{d\tau}{ds} = 1,$$

also nur für den Kreis eintreten kann.

Auch weitere Sätze aus § 31 sind dem hier vorgetragenen Verfahren RADONS zugänglich.

§ 40. Aufgaben und Lehrsätze.

1. Bestimmung eines Streifens aus seinen natürlichen Gleichungen. Man führe den Beweis, daß zu den natürlichen Gleichungen $a\,(s)$, $b\,(s)$, $c\,(s)$ genau ein Streifen bis auf Bewegungen bestimmt ist.

2. Kanonische Entwicklung eines Flächenstreifens. Bei günstiger Wahl des Koordinatensystems kann man die Reihenentwicklungen für die sechs Funktionen $\mathfrak{x}\,(s)$, $\xi\,(s)$, die den Streifen festlegen, in der Umgebung einer Stelle auf die folgende kanonische Form bringen:

$$(53)\qquad
\begin{array}{l}
x_1 = s + \quad * \quad - \tfrac{1}{6}(b_0^2 + c_0^2)\, s^3 \quad + (4) \\[4pt]
x_2 = * - \tfrac{1}{2} b_0\, s^2 - \tfrac{1}{6}(b_0' - a_0 c_0)\, s^3 + (4) \\[4pt]
x_3 = * + \tfrac{1}{2} c_0\, s^2 + \tfrac{1}{6}(c_0' - a_0 b_0)\, s^3 + (4) \\[6pt]
\hline \\[-6pt]
\xi_1 = * + \quad b_0\, s + \tfrac{1}{2}(b_0' + a_0 c_0)\, s^2 + (3) \\[4pt]
\xi_2 = 1 + \quad * \quad - \tfrac{1}{2}(a_0^2 + b_0^2)\, s^2 \quad + (3) \\[4pt]
\xi_3 = * - \quad a_0\, s - \tfrac{1}{2}(a_0' - b_0 c_0)\, s^2 + (3)
\end{array}$$

Hier bezeichnen die Indizes 0 bei a_0, b_0, a_0' usw., daß die Werte der Invarianten im Ursprung zu nehmen sind, die Klammern (3) bzw. (4) stehen für die vernachlässigten Glieder dritter und vierter Ordnung, die Sterne geben Leerstellen an.

3. Die Schraubenachse eines Streifens. Denkt man sich das Dreibein der Vektoren ξ', η, ζ längs des Streifens so bewegt, daß die Bogenlänge s mit der Zeit zusammenfällt, so vollführen die Punkte $\xi + x\xi' + y\eta + z\zeta$, die mit dem Dreibein starr verbunden sind ($x, y, z = $ konst.) in jedem Augenblick eine Bewegung mit derselben räumlichen Geschwindigkeitsverteilung wie sie eine Schraubenbewegung um die Achse

$$(54) \qquad \frac{1 + bz - cy}{a} = \frac{cx - az}{b} = \frac{ay - bx}{c}$$

hervorruft. (54) hat die Richtung des Vektors mit den Komponenten a, b, c. Die *Drehgeschwindigkeit* der Schraubenbewegung ist $\sqrt{a^2 + b^2 + c^2}$, die *Schiebgeschwindigkeit* aber $a : \sqrt{a^2 + b^2 + c^2}$.

4. Verdrillungszahl eines geschlossenen geodätischen Streifens. Jeder geschlossene geodätische Streifen läßt sich verwirklichen, indem man einen ebenen geradlinigen Papierstreifen verbiegt und die Enden dann ohne Knick zusammenheftet. Man zeige: Abgesehen von seiner Gesamtlänge hat ein geschlossener geodätischer Streifen nur eine Biegungsinvariante, die *Verdrillungszahl* d. h. die ganze Zahl n der Verdrillungen (Winkel $= n \cdot \pi$), die man mit dem Streifen vor dem Zusammenheften der Enden vornimmt. Dabei muß erlaubt werden, daß man eine Stelle des Streifens durch eine andere hindurchziehen darf, damit Verknotungen lösbar werden. Einen Streifen mit der Verdrillungszahl $n = 1$ pflegt man als MÖBIUSsches Band zu bezeichnen, seinen Rand als *Kleeblattschlinge*.

Jeder zweiseitige Streifen (n gerade $= 2m$) kann auf einen Zylinder verbogen werden, der als Basis einen $(m + 1)$ mal umlaufenen Kreis hat. Man zeige insbesondere experimentell, daß ein geschlossener geodätischer Streifen mit $n = 2$ erstens auf einen Zylinder aufgelegt werden kann, der als Basis eine Linie von der Gestalt einer 8 hat. und zweitens auf einen Zylinder, der als Basis einen zweimal durchlaufenen Kreis besitzt.

5. Die Torse durch einen gegebenen Streifen. Man zeige, daß sich drei benachbarte Tangentenebenen unseres Streifens in dem Punkt $\mathfrak{p}$ schneiden, der durch

$$(55) \qquad \mathfrak{p} = \xi + \frac{b \, (a\,\xi' + b\,\eta)}{b'a - a'b + c \, (a^2 + b^2)}$$

gegeben ist. Der Streifen liegt dann auf der Tangentenfläche der durch $\mathfrak{p}$ (s) gegebenen Kurve.

6. Verbiegung eines Streifens in einen neuen mit vorgegebener Kurve. Zwei Kurven, die punktweise so aufeinander bezogen sind, daß sich gleiche Bogenlängen entsprechen, wollen wir *isometrisch aufeinander bezogene Kurven* nennen. Es gilt dann der Satz: Es ist (auf zwei verschiedene Arten) möglich, einen Streifen so zu verbiegen, daß die Punkte seiner Kurve ξ (s) in die entsprechenden Punkte einer beliebig vorgegebenen isometrischen Kurve $\overline{\xi}$ (s) übergehen, wenn nur in jedem Punkte von $\overline{\xi}$ (s) der Absolutwert der Krümmung größer ist als der Absolutwert der geodätischen Krümmung in dem entsprechenden Punkte von ξ (s). Besteht die entgegengesetzte Ungleichung zwischen den Krümmungen, so ist eine Biegung der angegebenen Art nicht möglich. Sind die Krümmungen gleich, so läßt sich die Biegung nur auf eine Art herstellen [1].

7. Verbiegung eines Streifens in einen Schmiegstreifen oder Krümmungsstreifen. Es ist auf unendlich viele Weisen möglich, einen Streifen so zu verbiegen, daß er ein Schmiegstreifen wird, und ebenso läßt sich ein Streifen auf unendlich viele Weisen so verbiegen, daß er ein Krümmungsstreifen wird. (Vgl. das unter Aufg. 6 genannte Lehrbuch S. 211.)

---

[1] Vgl. L. BIANCHI: Vorlesungen über Differentialgeometrie. Leipzig 1910. S. 210.

8. Streifen rechtwinklig zu einer Kugel. Man zeige, daß die Streifen, die rechtwinklig auf einer festen Kugel aufsitzen (d. h. bei denen die Kurve des Streifens immer auf einer festen Kugel liegt, und die Flächenelemente des Streifens zur Kugel rechtwinklig sind), identisch sind mit den Krümmungsstreifen mit konstanter geodätischer Krümmung.

9. Allgemeinere Form der Ableitungsgleichungen. Die Formeln (7) kann man auch so schreiben:

$$(56) \qquad \boxed{\begin{aligned} d\mathfrak{x}' &= \eta\, d\gamma - \xi\, d\beta \\ d\eta &= \xi\, d\alpha - \mathfrak{x}'\, d\gamma \\ d\xi &= \mathfrak{x}'\, d\beta - \eta\, d\alpha \end{aligned}}$$

wenn wir die Integralinvarianten

$$\alpha = -\int \eta\, d\xi, \qquad \beta = +\int \mathfrak{x}'\, d\xi, \qquad \gamma = -\int \mathfrak{x}'\, d\eta$$

benutzen. In dieser Gestalt bleiben die Ableitungsgleichungen auch dann brauchbar, wenn die Kurve des Streifens auf einen Punkt zusammenschrumpft.

4. Kapitel.

Anfangsgründe der Flächentheorie.

Im ersten Kapitel waren die bekanntesten Lehren aus der Krümmungstheorie der Kurven zusammengestellt worden. Im dritten Kapitel hatten wir uns zur Vorbereitung auf die Fragen der Flächentheorie mit den Flächenstreifen beschäftigt. Jetzt wollen wir mit der Lehre von der Krümmung der Flächen beginnen, wie sie nach den ersten Untersuchungen von L. EULER (1707—1783), dann insbesondere von G. MONGE (1746—1818) in seinem klassischen Werk „L'application de l'analyse à la géométrie" begründet worden ist, das 1795 zu erscheinen begonnen hat. Die tiefergehenden Gedanken von GAUSZ' „Disquisitiones circa superficies curvas" (1827) werden in dem vorliegenden Kapitel nur zum geringen Teil verwertet und bilden die Grundlage des 6. Kapitels. Die Flächentheorie ist ungleich vielgestaltiger und anziehender als die Theorie der Kurven, bei der alles Wesentliche schon in den Formeln von FRENET steckt.

§ 41. Die erste Grundform.

Für die meisten Untersuchungen ist die zweckmäßigste analytische Darstellung krummer Flächen die Parameterform. Wir setzen

$$(1) \qquad x_k = x_k(u, v); \quad k = 1, 2, 3$$

oder vektoriell abgekürzt

$$(2) \qquad \mathfrak{x} = \mathfrak{x}(u, v).$$

Man spricht von der GAUSZschen Parameterdarstellung. Die Funktionen $x_k(u, v)$ setzen wir als analytisch voraus, also als entwickelbar in Potenzreihen in $(u - u_0)$, $(v - v_0)$, die für genügend kleine $|u - u_0|$, $|v - v_0|$ konvergieren. Dabei sollen in der Regel nur reelle Parameterwerte u, v und reelle Funktionen x_k zugelassen werden.

Betrachtet man auf der Fläche die „Parameterlinien" $v =$ konst., $u =$ konst., die man entsprechend auch u-Linien und v-Linien nennen kann, so wollen wir die Tangentenvektoren an diese beiden Kurven, nämlich den Vektor

$$\mathfrak{x}_u \text{ mit den Koordinaten } \frac{\partial x_k}{\partial u}$$

und

$$\mathfrak{x}_v \text{ mit den Koordinaten } \frac{\partial x_k}{\partial v}$$

an den betrachteten Stellen der Fläche als linear unabhängig voraussetzen:

$$(3) \qquad \mathfrak{x}_u \times \mathfrak{x}_v \neq 0.$$

Setzen wir $u = u(t)$, $v = v(t)$, so wird auf unsrer Fläche eine Kurve festgelegt, die sich aus

$$(4) \qquad \mathfrak{x}(u(t), v(t)) = \mathfrak{x}(t)$$

bestimmt und die den Tangentenvektor hat:

$$(5) \qquad \frac{d\mathfrak{x}}{dt} = \mathfrak{x}_u \frac{du}{dt} + \mathfrak{x}_v \frac{dv}{dt},$$

der nach den Rechenregeln der Einleitung ($\S\,2\,(27)$) auf dem Vektorprodukt $\mathfrak{x}_u \times \mathfrak{x}_v$ senkrecht steht. Aus $\mathfrak{x}_u \times \mathfrak{x}_v \neq 0$ folgt also, daß die Tangenten an alle Flächenkurven durch die betreffende Stelle u, v alle zu demselben Vektor (3) senkrecht sind und daher in einer Ebene liegen, der *Tangentenebene* der Fläche an dieser Stelle. Diese Tangentenebene steht senkrecht zum Einheitsvektor der Flächennormalen

$$(6) \qquad \xi = \frac{\mathfrak{x}_u \times \mathfrak{x}_v}{\sqrt{(\mathfrak{x}_u \times \mathfrak{x}_v)^2}}.$$

Für die *Bogenlänge s unserer durch (4) gegebenen Kurve* erhalten wir nach $\S\,5\,(12)$ die Formel

$$s = \int \sqrt{\left(\frac{d\mathfrak{x}}{dt}\right)^2}\,dt = \int \sqrt{\mathfrak{x}_u^2 \left(\frac{du}{dt}\right)^2 + 2(\mathfrak{x}_u \mathfrak{x}_v)\frac{du}{dt}\frac{dv}{dt} + \mathfrak{x}_v^2 \left(\frac{dv}{dt}\right)^2}\,dt.$$

Führen wir die von GAUSZ herrührenden Abkürzungen ein:

$$(7) \qquad \boxed{E = \mathfrak{x}_u^2 \qquad F = \mathfrak{x}_u \mathfrak{x}_v, \qquad G = \mathfrak{x}_v^2,}$$

so erhalten wir

$$s = \int \sqrt{E\left(\frac{du}{dt}\right)^2 + 2F\frac{du}{dt}\frac{dv}{dt} + G\left(\frac{dv}{dt}\right)^2}\,dt.$$

Für das quadrierte Differential ds können wir dann schreiben:

$$(7\,\mathrm{a}) \qquad ds^2 = \left[E\left(\frac{du}{dt}\right)^2 + 2F\frac{du}{dt}\frac{dv}{dt} + G\left(\frac{dv}{dt}\right)^2\right]dt^2,$$

ds ist dabei etwa als „die unendlich kleine Entfernung" oder das „*Bogenelement*" zweier benachbarter durch die Parameterwerte t und $t + dt$ gegebener Punkte unsrer Kurve anzusprechen. Man pflegt (7a) auch in der Form

$$(8) \qquad ds^2 = E\,du^2 + 2F\,du\,dv + G\,dv^2$$

zu schreiben. Hieraus wird deutlich, daß der Ausdruck für ds^2 nicht von der Wahl des Parameters t abhängt, mittels dessen die Kurve $\mathfrak{x}(t)$ in den Funktionen $u(t)$, $v(t)$ dargestellt wurde. Er behält seine Form, wenn man für t einen neuen Parameter $t = f(t^*)$ auf dieser Kurve einführt, und hängt nur ab von den Werten der Flächenparameter u und v in den zwei benachbarten Punkten u, v und $u + du$, $v + dv$ unsrer Kurve: ds^2 ist eine Funktion der u, v (die in den E, F, G stecken) und der du, dv. Nennen wir die aus zwei unendlich benach-

barten Punkten u, v und $u + du$, $v + dv$ unsrer Fläche bestimmte
Figur ein *Linienelement* unsrer Fläche, so ist ds^2 auf Grund seiner geometrischen Bedeutung eine Invariante unsres auf der Fläche gezogenen
Linienelements. Da ds^2 nach (8) eine quadratische Form in den Diffe-
rentialen du und dv ist, bezeichnen wir ds^2 auch als eine *invariante
quadratische Differentialform* unsrer Fläche. Natürlich kommt es uns
in unsrer Flächentheorie vor allem auf die Bestimmung von Invarianten
unsrer Fläche an, die nicht erst von der Wahl eines speziellen Linienelements (oder einer speziellen „Fortschreitungsrichtung" auf der
Fläche) abhängen, sondern die sich unmittelbar aus der Fläche ergeben.

Zu solchen Invarianten gelangen wir
später durch etwas verwickeltere Ausdrücke. Es zeigt sich dann, daß die
Auffindung von gewissen invarianten
Differentialformen, auf die man gleich
zu Anfang in der Flächentheorie mühe-
los geführt wird, ein vernunftgemäßes
Durchgangsstadium bildet zur Auffindung wirklicher Flächeninvarianten. (Im Kap. 5 wird das verständ-
lich werden.)

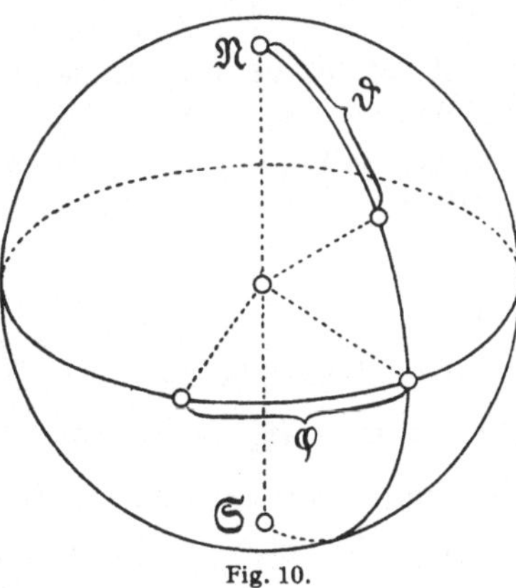
Fig. 10.

Außer (8) werden wir im nächsten
Abschnitt noch eine zweite Differentialform einführen.

Geht man mit der Abkürzung (7) in den Ausdruck (6) für die
Flächennormale hinein, so findet man nach der Identität von Lagrange
(§ 3 (42))

$$(9) \qquad \xi = \frac{\mathfrak{x}_u \times \mathfrak{x}_v}{\sqrt{EG - F^2}} .$$

Als Beispiel nehmen wir eine Gauszsche Parameterdarstellung der
Einheitskugel (Fig. 10), bei der wir statt u, v lieber ϑ, φ schreiben
wollen,

$$(10) \qquad \begin{aligned} x_1 &= \sin\vartheta \cos\varphi , \\ x_2 &= \sin\vartheta \sin\varphi , \\ x_3 &= \cos\vartheta . \end{aligned}$$

ϑ bedeutet die „Poldistanz" vom „Nordpol" N $(0, 0, 1)$ und φ die
„geographische Länge". $\vartheta =$ konst. sind die „Parallele" (Breitenkreise),
$\varphi =$ konst. die „Meridiane". Die Pole sind singuläre Stellen unsrer
Parameterdarstellung, da $\partial\mathfrak{x} : \partial\varphi$ für $\vartheta = 0, \pi$ verschwindet, also die
Bedingung (3) nicht mehr erfüllt ist. Diese Bedingung scheidet also
nicht nur singuläre Stellen der Fläche aus, wie etwa die Spitze eines

Drehkegels, sondern auch Singularitäten der Parameterdarstellung. Für das Bogenelement unsrer Kugel erhält man

$$(11) \qquad ds^2 = d\vartheta^2 + (\sin\vartheta\, d\varphi)^2,$$

für den Normalenvektor

$$(12) \qquad \xi = \pm\, \mathfrak{x}.$$

§ 42. Die zweite Grundform.

Betrachten wir längs unsrer Kurve (4) auch die Flächennormalen

$$\xi(t) = \xi(u(t),\, v(t)),$$

so ist durch die Funktionen $\mathfrak{x}(t)$, $\xi(t)$ ein *Flächenstreifen* bestimmt, auf den wir die Formeln unsres Kapitels 3 anwenden können. Denken wir uns als Parameter t insbesondere die Bogenlänge s der Kurve (4) $\mathfrak{x}(t)$ gewählt, so ist nach § 33 (8) die *Normalkrümmung* b unseres Streifens durch

$$(13) \qquad b = \frac{d\mathfrak{x}}{ds}\frac{d\xi}{ds} = \frac{1}{ds^2}(d\mathfrak{x},\, d\xi)$$

gegeben. Setzen wir

$$(14) \quad L = -(\mathfrak{x}_u\xi_u), \quad 2M = -(\mathfrak{x}_u\xi_v + \mathfrak{x}_v\xi_u), \quad N = -(\mathfrak{x}_v\xi_v),$$

so erhalten wir mittels (5) und

$$(14\text{a}) \qquad d\xi = \xi_u\, du + \xi_v\, dv,$$

$$(15) \qquad -(d\mathfrak{x},\, d\xi) = L\, du^2 + 2M\, du\, dv + N\, dv^2.$$

Wegen der Invarianz von b und dem in (8) schon ermittelten ds^2 ist nach (13) der Ausdruck (15) eine neue invariante quadratische Differentialform unsrer Fläche, die eine Invariante eines auf der Fläche gezogenen Linienelements darstellt. Wir haben jetzt die beiden Formen:

$$(16) \qquad \boxed{\begin{aligned} E\, du^2 + 2F\, du\, dv + G\, dv^2 &= I,\\ L\, du^2 + 2M\, du\, dv + N\, dv^2 &= II. \end{aligned}}$$

Die Formeln (14) kann man auch anders schreiben. Leitet man die Identitäten

$$\mathfrak{x}_u\xi = 0, \quad \mathfrak{x}_v\xi = 0$$

nach v und u ab, so folgt

$$(17) \qquad \mathfrak{x}_{uv}\xi + \mathfrak{x}_u\xi_v = 0, \quad \mathfrak{x}_{uv}\xi + \mathfrak{x}_v\xi_u = 0$$

und somit

$$(18) \qquad -\mathfrak{x}_u\xi_v = -\mathfrak{x}_v\xi_u = \mathfrak{x}_{uv}\xi = M.$$

Leitet man die gleichen Identitäten nach u und v ab, so wird

$$\mathfrak{x}_{uu}\xi + \mathfrak{x}_u\xi_u = 0, \quad \mathfrak{x}_{vv}\xi + \mathfrak{x}_v\xi_v = 0.$$

Man findet nach (14)

$$L = \mathfrak{x}_{uu}\xi, \qquad N = \mathfrak{x}_{vv}\xi.$$

Führt man aus (9) den Ausdruck für ξ ein, so erhält man schließlich

$$(19) \qquad
\begin{aligned}
L &= -\mathfrak{x}_u\xi_u = \frac{(\mathfrak{x}_{uu}\,\mathfrak{x}_u\,\mathfrak{x}_v)}{\sqrt{EG-F^2}}, \\[2mm]
M &= -\mathfrak{x}_u\xi_v = -\mathfrak{x}_v\xi_u = \frac{(\mathfrak{x}_{uv}\,\mathfrak{x}_u\,\mathfrak{x}_v)}{\sqrt{EG-F^2}}, \\[2mm]
N &= -\mathfrak{x}_v\xi_v = \frac{(\mathfrak{x}_{vv}\,\mathfrak{x}_u\,\mathfrak{x}_v)}{\sqrt{EG-F^2}}.
\end{aligned}$$

§ 43. Sätze von MEUSNIER und EULER.

Nach Formel (11) und (12) des § 34 ist die Normalkrümmung b unsres im vorigen Abschnitt betrachteten Streifens auf unsrer Fläche auch durch

$$(19\text{a}) \qquad -b = \frac{\xi_2\,\xi}{\varrho}$$

gegeben. Hierbei ist ξ_2 die Hauptnormale und $1:\varrho$ die Krümmung der Kurve unseres Streifens, die dabei noch mit einem geeigneten Vorzeichen zu nehmen ist. Nach (13), (15) und (16) haben wir auch $-b = \mathrm{II}:\mathrm{I}$, somit nach (19a):

$$\frac{\xi_2\xi}{\varrho} = \frac{\mathrm{II}}{\mathrm{I}} = \frac{L\,du^2 + 2M\,du\,dv + N\,dv^2}{E\,du^2 + 2F\,du\,dv + G\,dv^2}.$$

Diese Formel enthält eine Reihe geometrischer Sätze. Zunächst: Alle Flächenkurven, die durch denselben Flächenpunkt gehen und hier dieselbe Schmiegebene haben, besitzen dort auch gleiche Krümmung. Um die Verteilung der Krümmungen der Flächenkurven in einem Flächenpunkt kennenzulernen, genügt es also, die ebenen Schnitte der Fläche zu untersuchen.

Betrachten wir jetzt alle ebenen Schnitte durch unsern Flächenpunkt, die hier noch eine Flächentangente gemein haben. Ist Θ der Winkel der Schnittebene mit der Flächennormalen, also $\xi_2\xi = \cos\Theta$, so wird

$$(20) \qquad \frac{\cos\Theta}{\varrho} = \text{konst.}$$

Setzen wir $\Theta = 0$, bekommen wir die Krümmung $1:R$ des Normalschnitts. Also

$$(21) \qquad \frac{\cos\Theta}{\varrho} = \frac{1}{R}, \qquad \varrho = R\cos\Theta.$$

Darin steckt der „Satz von MEUSNIER" (1776):

Die Krümmungskreise aller ebenen Schnitte durch dasselbe Linienelement der Fläche liegen auf einer Kugel. Oder: Alle zugehörigen Krümmungsachsen bilden ein Büschel (liegen in einer Ebene und gehen durch einen Punkt). Eine Ausnahme tritt nur ein, wenn die Differentiale du und dv des Linienelements der Gleichung $II = 0$ genügen. Auf diesen Fall kommen wir am Ende des § 52 zurück.

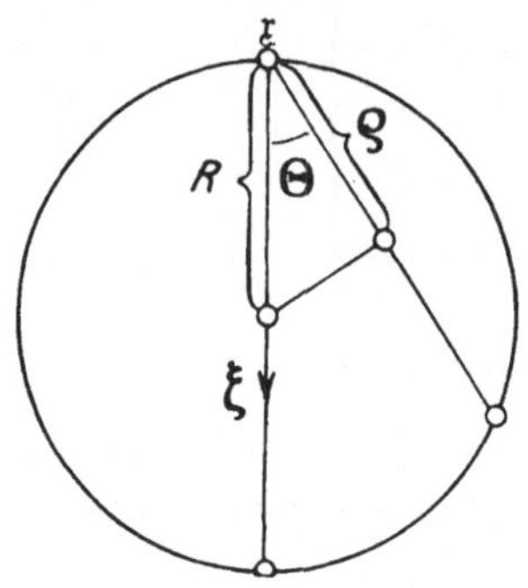

Fig. 11.

Legen wir alle Schnitte senkrecht zur Zeichenebene durch ein Linienelement, das in $\mathfrak{x}$ auf der Zeichenebene senkrecht steht, so gibt Fig. 11 ein Bild des Satzes von MEUSNIER.

Setzen wir in (16) jetzt ξ_2 und ξ gleichgerichtet und gleichsinnig voraus, so wird $\xi_2\xi = 1$, und wir bekommen für die Krümmungen der Normalschnitte

$$(22) \qquad \frac{1}{R} = \frac{II}{I}.$$

Dabei ist nach den in § 7 über das Vorzeichen der Krümmung getroffenen Festsetzungen $R > 0$, wenn der zugehörige Krümmungsmittelpunkt auf der Seite des Flächenpunktes liegt, nach der die (willkürlich gewählte) Normalenrichtung ξ hinweist. Im entgegengesetzten Fall ist $R < 0$.

Da $I = ds^2 > 0$ ist, hängt das Vorzeichen von R nur von dem von II ab. Wir haben zwei wesentlich verschiedene Fälle, je nachdem dieses Zeichen mit der Änderung von $du : dv$ fest bleibt oder wechselt. Ist $LN - M^2 > 0$, so hat II festes Zeichen: die Krümmungsmittelpunkte aller Normalschnitte durch den Flächenpunkt $\mathfrak{x}$ liegen auf derselben Seite von $\mathfrak{x}$. Man sagt, die Fläche ist im Punkt $\mathfrak{x}$ *elliptisch* gekrümmt. (Beispiel: alle Punkte eines Ellipsoids.) Ist $LN - M^2 = 0$, so haben wir zwar noch keinen Zeichenwechsel von $1 : R$, aber eine einzige reelle Nullrichtung ($1 : R = 0$). Man spricht von einem *parabolischen* Flächenpunkt. Endlich ist $LN - M^2 < 0$ kennzeichnend für *hyperbolische* Krümmung.

Deutlicher werden diese Verhältnisse, wenn wir eine besondere Parameterdarstellung benutzen: $x_1 = u$, $x_2 = v$, $x_3 = f(u, v)$. Legen wir unsern Flächenpunkt in den Ursprung, seine Tangentenebene in die x_1, x_2-Ebene, so sieht die Reihenentwicklung von f so aus:

$$(23) \qquad x_3 = \tfrac{1}{2}(r x_1^2 + 2 s x_1 x_2 + t x_2^2) + \cdots.$$

Ferner wird im Ursprung $E = G = 1$, $F = 0$; $L = r$, $M = s$, $N = t$; also ist nach (22)

$$(24) \qquad \frac{1}{R} = r \cos^2\varphi + 2 s \sin\varphi \cos\varphi + t \sin^2\varphi,$$

wenn φ den Winkel der Tangentenrichtung im Ursprung mit der x_1-Achse bedeutet. Setzt man

$$\sqrt{|R|}\,\cos\varphi = y_1, \qquad \sqrt{|R|}\,\sin\varphi = y_2,$$

so wird

$$(25) \qquad r\,y_1^2 + 2\,s\,y_1 y_2 + t\,y_2^2 = \pm 1$$

die Gleichung eines Kegelschnitts (oder eines Geradenpaares), den man als *Indikatrix* von DUPIN bezeichnet (Fig. 12). Dieser Kegelschnitt um den Ursprung als Mittelpunkt ist ein ähnliches Abbild der Näherungsschnittkurven unsrer Fläche mit Ebenen $x_3 = $ konst. für kleines $|x_3|$.

Aus unsrer Reihenentwicklung folgt, daß bei elliptischer Krümmung ($rt - s^2 > 0$) die Fläche in der Umgebung des Ursprungs eine Seite der Tangentenebene $x_3 = 0$ ganz freiläßt, während bei hyperbolischer Krümmung die Tangentenebene die Fläche in beliebiger Nähe des Ursprungs durchschneidet. Man kann sich über solche hyperbo-

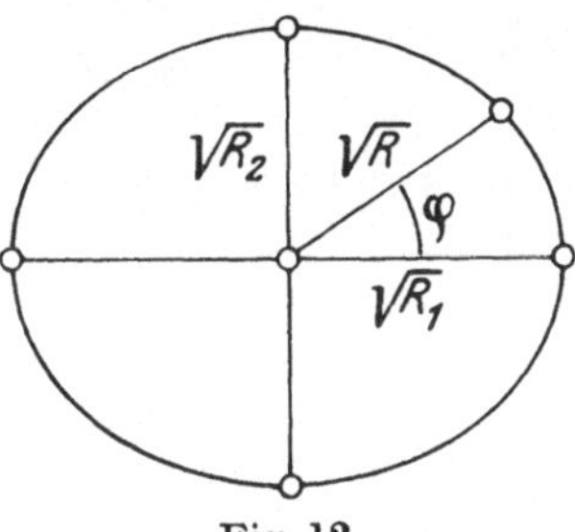

Fig. 12.

lische Flächenpunkte am besten an dem Beispiel $x_3 = x_1 x_2$ ein Bild machen. Weist die x_3-Achse nach oben, so liegen in den beiden Winkeln $x_1 x_2 > 0$ die Berge und in $x_1 x_2 < 0$ die Täler, die im Ursprung einen Sattel bilden.

Schließen wir den parabolischen Fall aus (nehmen also die Voraussetzung $rt - s^2 \neq 0$ als erfüllt an), so können wir die Achsen der Indikatrix als x_1, x_2-Achsen wählen. Dann wird $s = 0$ und (24) bekommt die Form

$$(26) \qquad \frac{1}{R} = \frac{\cos^2\varphi}{R_1} + \frac{\sin^2\varphi}{R_2}.$$

Das ist die Formel von EULER, die die Krümmung eines beliebigen Normalschnittes aus den „*Hauptkrümmungen*" $1 : R_1$ und $1 : R_2$ herzuleiten gestattet. Dabei sind die Hauptkrümmungen die Krümmungen der Normalschnitte durch die Achsen der Indikatrix von DUPIN. Als „*Schmiegtangenten*" oder „*Asymptoten*" *der Fläche* bezeichnet man die Asymptoten der Indikatrix.

§ 44. Die Hauptkrümmungen.

Es galt für die Krümmungen der Normalschnitte in einem Flächenpunkt die Gleichung (22)

$$(26\,\mathrm{a}) \qquad \frac{1}{R} = \frac{L\,du^2 + 2\,M\,du\,dv + N\,dv^2}{E\,du^2 + 2\,F\,du\,dv + G\,dv^2}.$$

Schreibt man $1 : R$ vor, so ist das eine quadratische Gleichung für die Richtung $du : dv$

$$(27) \qquad (RL - E)\,du^2 + 2\,(RM - F)\,du\,dv + (RN - G)\,dv^2 = 0.$$

Wir wollen die Werte von $1:R$, für die diese Gleichung in $du:dv$ eine Doppelwurzel hat, *die Hauptkrümmungen* der Fläche nennen in Übereinstimmung mit der im nichtparabolischen Fall mittels der Indikatrix gegebenen Erklärung. Soll (27) in $du:dv$ eine Doppelwurzel haben, so muß neben der Gleichung (27) in $du:dv$ noch die gelten, die man aus (27) durch Ableitung nach $du:dv$ erhält. Oder, was auf dasselbe hinauskommt, es müssen nebeneinander die Beziehungen bestehen

$$(28) \qquad \begin{aligned} (RL - E)\,du + (RM - F)\,dv &= 0, \\ (RM - F)\,du + (RN - G)\,dv &= 0. \end{aligned}$$

Daraus folgt für R die Gleichung

$$\begin{vmatrix} RL - E & RM - F \\ RM - F & RN - G \end{vmatrix} = 0.$$

Diese Gleichung hätte man auch unmittelbar aus (27) entnehmen können. Sie bedeutet das Verschwinden der Diskriminante von (27). Die Determinante gibt ausgerechnet

$$(29) \quad (EG - F^2)\frac{1}{R^2} - (EN - 2FM + GL)\frac{1}{R} + (LN - M^2) = 0.$$

Somit ergeben sich für die symmetrischen Grundfunktionen der Hauptkrümmungen die Werte

$$(30) \qquad \boxed{\begin{aligned} \frac{1}{R_1} \cdot \frac{1}{R_2} &= \frac{LN - M^2}{EG - F^2}, \\ \frac{1}{R_1} + \frac{1}{R_2} &= \frac{EN - 2FM + GL}{EG - F^2}. \end{aligned}}$$

Man setzt auch

$$(31) \qquad \frac{1}{R_1} \cdot \frac{1}{R_2} = K, \qquad \frac{1}{R_1} + \frac{1}{R_2} = 2H$$

und nennt K das Gauszsche *Krümmungsmaß* und H *die mittlere Krümmung der Fläche*. Diese beiden „Krümmungen" treten bei Flächen an Stelle der einzigen Krümmung bei Kurven. Es ist schon deshalb bequemer, an Stelle von $1:R_1$, $1:R_2$ die symmetrischen Verbindungen K, H einzuführen, weil diese aus den beiden Grundformen rational zu berechnen sind.

H wechselt das Zeichen, wenn man bei

$$(32) \qquad \sqrt{EG - F^2} = W$$

das Vorzeichen ändert, eine Irrationalität, die nach (19) in der Erklärung der zweiten Grundform steckt, während K vom Vorzeichen dieser Wurzel W nicht abhängt. Nach § 43 ist $K > 0$ für einen Flächenpunkt mit elliptischer, $= 0$ für einen Flächenpunkt parabolischer Krümmung und < 0 für hyperbolische Krümmung.

§ 45. Gauszens Theorema egregium.

Daß K von der Irrationalität W (32) nicht abhängt, sieht man am deutlichsten, wenn man in

$$K = \frac{LN - M^2}{W^2}$$

für L, N, M die Werte aus (19) einsetzt:

$$(33) \qquad K = \frac{1}{W^4} \left\{ (\mathfrak{x}_{uu}\,\mathfrak{x}_u\,\mathfrak{x}_v)(\mathfrak{x}_{vv}\,\mathfrak{x}_u\,\mathfrak{x}_v) - (\mathfrak{x}_{uv}\,\mathfrak{x}_u\,\mathfrak{x}_v)^2 \right\}.$$

Man kann nun, wenn man auf den Klammerausdruck zweimal den Multiklipationssatz für Determinanten anwendet, leicht das berühmte Ergebnis von Gausz herleiten, daß K allein aus E, F, G und den Ableitungen dieser Funktionen nach u, v bis zur zweiten Ordnung bestimmbar ist. Man findet

$$K = \frac{1}{W^4} \left\{ \begin{vmatrix} (\mathfrak{x}_{uu}\,\mathfrak{x}_{vv}) & (\mathfrak{x}_{uu}\,\mathfrak{x}_u) & (\mathfrak{x}_{uu}\,\mathfrak{x}_v) \\ (\mathfrak{x}_u\,\mathfrak{x}_{vv}) & E & F \\ (\mathfrak{x}_v\,\mathfrak{x}_{vv}) & F & G \end{vmatrix} - \begin{vmatrix} \mathfrak{x}_{uv}^2 & (\mathfrak{x}_{uv}\,\mathfrak{x}_u) & (\mathfrak{x}_{uv}\,\mathfrak{x}_v) \\ (\mathfrak{x}_{uv}\,\mathfrak{x}_u) & E & F \\ (\mathfrak{x}_{uv}\,\mathfrak{x}_v) & F & G \end{vmatrix} \right\}$$

oder

$$(34) \quad K = \frac{1}{W^4} \left\{ \begin{vmatrix} \{(\mathfrak{x}_{uu}\,\mathfrak{x}_{vv}) - \mathfrak{x}_{uv}^2\} & (\mathfrak{x}_{uu}\,\mathfrak{x}_u) & (\mathfrak{x}_{uu}\,\mathfrak{x}_v) \\ (\mathfrak{x}_u\,\mathfrak{x}_{vv}) & E & F \\ (\mathfrak{x}_v\,\mathfrak{x}_{vv}) & F & G \end{vmatrix} - \begin{vmatrix} 0 & (\mathfrak{x}_{uv}\,\mathfrak{x}_u) & (\mathfrak{x}_{uv}\,\mathfrak{x}_v) \\ (\mathfrak{x}_{uv}\,\mathfrak{x}_u) & E & F \\ (\mathfrak{x}_{uv}\,\mathfrak{x}_v) & F & G \end{vmatrix} \right\}$$

Aus der Erklärung

$$\mathfrak{x}_u^2 = E, \qquad \mathfrak{x}_u\,\mathfrak{x}_v = F, \qquad \mathfrak{x}_v^2 = G$$

folgt aber durch Ableitung

$$(35) \qquad \mathfrak{x}_{uu}\,\mathfrak{x}_u = \tfrac{1}{2} E_u,$$

$$(36) \qquad \mathfrak{x}_{uv}\,\mathfrak{x}_u = \tfrac{1}{2} E_v;$$

$$(37) \qquad \mathfrak{x}_{vv}\,\mathfrak{x}_v = \tfrac{1}{2} G_v,$$

$$(38) \qquad \mathfrak{x}_{uv}\,\mathfrak{x}_v = \tfrac{1}{2} G_u;$$

$$(39) \qquad \mathfrak{x}_{uu}\,\mathfrak{x}_v = F_u - \tfrac{1}{2} E_v,$$

$$(40) \qquad \mathfrak{x}_{vv}\,\mathfrak{x}_u = F_v - \tfrac{1}{2} G_u.$$

Leitet man (38) nach u und (39) nach v ab, so erhält man durch nachträgliches Abziehen

$$(41) \qquad \mathfrak{x}_{uu}\,\mathfrak{x}_{vv} - \mathfrak{x}_{uv}^2 = -\tfrac{1}{2} G_{uu} + F_{uv} - \tfrac{1}{2} E_{vv}.$$

Damit ist in (34) alles durch E, F, G ausgedrückt:

$$(42) \quad W^4 \cdot K = \begin{vmatrix} (-\tfrac{1}{2} G_{uu} + F_{uv} - \tfrac{1}{2} E_{vv}) & \tfrac{1}{2} E_u & (F_u - \tfrac{1}{2} E_v) \\ (F_v - \tfrac{1}{2} G_u) & E & F \\ \tfrac{1}{2} G_v & F & G \end{vmatrix} - \begin{vmatrix} 0 & \tfrac{1}{2} E_v & \tfrac{1}{2} G_u \\ \tfrac{1}{2} E_v & E & F \\ \tfrac{1}{2} G_u & F & G \end{vmatrix}$$

In dieser einfachen und naheliegenden Art ist das berühmte GAUSZ-sche Ergebnis von R. BALTZER hergeleitet worden[1]. GAUSZ selbst ist 1826 durch sehr langwierige Rechnungen zu einer gleichwertigen Formel gekommen[2]. Ihre geometrische Deutung soll erst später (§ 67) erörtert werden.

§ 46. Krümmungslinien.

Die Gleichungen (28) oder

$$(43) \qquad \begin{aligned} R\,(L\,du + M\,dv) - (E\,du + F\,dv) = 0\,, \\ R\,(M\,du + N\,dv) - (F\,du + G\,dv) = 0 \end{aligned}$$

ergeben, wenn man R herauswirft, für die „*Hauptrichtungen*" auf der Fläche, die den Achsen der Indikatrix entsprechen, in $du:dv$ die quadratische Gleichung

$$(44) \qquad \begin{vmatrix} L\,du + M\,dv & E\,du + F\,dv \\ M\,du + N\,dv & F\,du + G\,dv \end{vmatrix} = 0$$

oder

$$(45) \qquad (LF - ME)\,du^2 + (LG - NE)\,du\,dv + (MG - NF)\,dv^2 = 0$$

oder endlich

$$(46) \qquad \begin{vmatrix} dv^2 & -du\,dv & du^2 \\ E & F & G \\ L & M & N \end{vmatrix} = 0\,.$$

Eine Kurve auf einer Fläche, deren Richtung in jedem Flächenpunkt mit einer zugehörigen Hauptrichtung zusammenfällt, nennt man „*Krümmungslinie*". Da die Indikatrix im allgemeinen zwei reelle Achsen hat, so gehen durch einen Flächenpunkt im allgemeinen zwei reelle aufeinander senkrechte Krümmungslinien. (44), (45), (46) sind verschiedene Formen der Differentialgleichung dieses rechtwinkligen Kurvennetzes auf der Fläche.

Wir wollen jetzt zeigen, daß die Flächenstreifen längs der Krümmungslinien die einzigen auf einer Fläche vorhandenen *Krümmungsstreifen* im Sinne des § 35 sind. Dort war für einen Krümmungsstreifen die Bedingung

$$(47) \qquad (\xi,\, d\chi,\, d\xi) = 0$$

als kennzeichnend nachgewiesen. Wir müssen zeigen, daß die Bedingung (47) mit jeder der eben abgeleiteten Bedingungen (44) bis (46)

---

[1] R. BALTZER: Ableitung der GAUSZschen Formeln für die Flächenkrümmung. Leipziger Ber., math.-phys. Klasse Bd. 18, S. 1—6. 1866.

[2] Vgl. P. STÄCKEL: Materialien für eine wissenschaftliche Biographie von GAUSZ, V: GAUSZ als Geometer (1918), bes. S. 120—125. Ferner im folgenden § 73.

zusammenfällt. In der Tat! Nach § 2 (26) folgt aus (47) die lineare Abhängigkeit

$$(48) \qquad \alpha\,\xi + \beta\,d\mathfrak{x} + \gamma\,d\xi = 0$$

der in der Determinante stehenden Vektoren. Hier dürfen α, β und γ nicht gleichzeitig verschwinden. Da aus $\xi^2 = 1$ folgt $\xi\,d\xi = 0$ und da überdies nach § 41 (5) $\xi\,d\mathfrak{x} = 0$ gilt, so erhält man aus (48) durch skalare Multiplikation mit ξ, daß α verschwinden muß. Multipliziert man die übrigbleibende Gleichung

$$(49) \qquad \beta\,d\mathfrak{x} + \gamma\,d\xi = 0$$

einmal mit $\mathfrak{x}_u$ und zweitens mit $\mathfrak{x}_v$, so erhält man nach (5) und (14a) die beiden Gleichungen

$$\beta\,(E\,du + F\,dv) - \gamma\,(L\,du + M\,dv) = 0,$$
$$\beta\,(F\,du + G\,du) - \gamma\,(M\,du + N\,dv) = 0.$$

Da dies Gleichungssystem in nicht gleichzeitig verschwindenden β und γ lösbar sein soll, muß die Determinante verschwinden. Das führt aber gerade auf (44), w. z. b. w.

Auf Grund der in § 35 angegebenen Eigenschaft der Krümmungsstreifen haben wir den Satz: *Eine Flächenkurve ist Krümmungslinie der Fläche, wenn die Flächennormalen längs der Kurve eine Torse bilden.*

Führen wir das orthogonale Netz der Krümmungslinien als Parameterkurven u, $v = $ konst. ein, so muß zunächst $\mathfrak{x}_u\mathfrak{x}_v = F = 0$ sein und nach (45) $ME = 0$, $MG = 0$, also, da E, F, G nicht alle verschwinden können $(EG - F^2 > 0)$, muß $M = 0$ sein.

$$(50) \qquad F = M = 0$$

ist notwendig und hinreichend dafür, daß die Krümmungslinien Parameterkurven sind.

Aus (49) sehen wir, daß für die auf Krümmungslinien bezogene Fläche Gleichungen der Form

$$(51) \qquad \beta_1\,\mathfrak{x}_u + \gamma_1\,\xi_u = 0, \qquad \beta_2\,\mathfrak{x}_v + \gamma_2\,\xi_v = 0$$

gelten müssen. Da nach (3) $\mathfrak{x}_u$ und $\mathfrak{x}_v$ nicht verschwinden dürfen, sind dabei γ_1 und $\gamma_2 \neq 0$. Multipliziert man die erste Gleichung mit $\mathfrak{x}_u$ und die zweite mit $\mathfrak{x}_v$, so ergibt sich

$$\frac{\beta_1}{\gamma_1} = \frac{L}{E}, \qquad \frac{\beta_2}{\gamma_2} = \frac{N}{G}.$$

Nach (30) sind diese Quotienten für den Fall $M = F = 0$ aber nichts anderes als die Hauptkrümmungen $1 : R_1$ und $1 : R_2$ der Fläche. Wir können also nach (51) etwa

$$(52) \qquad \xi_u = -\frac{1}{R_1}\,\mathfrak{x}_u, \qquad \xi_v = -\frac{1}{R_2}\,\mathfrak{x}_v$$

setzen. Die Gleichungen (52) pflegt man nach OLINDE RODRIGUES (1816) zu benennen.

Auf einer Drehfläche kann man sofort die Krümmungslinien ermitteln. Es sind das nämlich die Parallelkreise und Meridiane der Fläche; denn die aus den Normalen längs dieser Kurven gebildeten geradlinigen Flächen sind Torsen. Von den beiden zu einem Punkt einer Drehfläche gehörigen „Hauptkrümmungsmittelpunkten" ist der eine Krümmungsmittelpunkt des zugehörigen Meridians, der zweite liegt auf der Drehachse (Fig. 13). Letzteres kann man einsehen, wenn man bedenkt, daß die Normalenfläche längs des Parallelkreises ein Drehkegel ist, oder auch mit Hilfe des Satzes von MEUSNIER.

Nehmen wir jetzt die Fläche wieder als gegeben in allgemeinen Parametern an, so können wir die Differentialgleichung der Krümmungslinien nach (47) wegen (5) und (14a) in der Form schreiben:

$$(53) \quad (\xi\, \mathfrak{x}_u\, \xi_u)\, du^2 + [(\xi\, \mathfrak{x}_u\, \xi_v) + (\xi\, \mathfrak{x}_v\, \xi_u)]\, du\, dv + (\xi\, \mathfrak{x}_v\, \xi_v)\, dv^2 = 0\,.$$

Da diese Gleichung zur Bestimmung von $du : dv$ mit (45) identisch sein

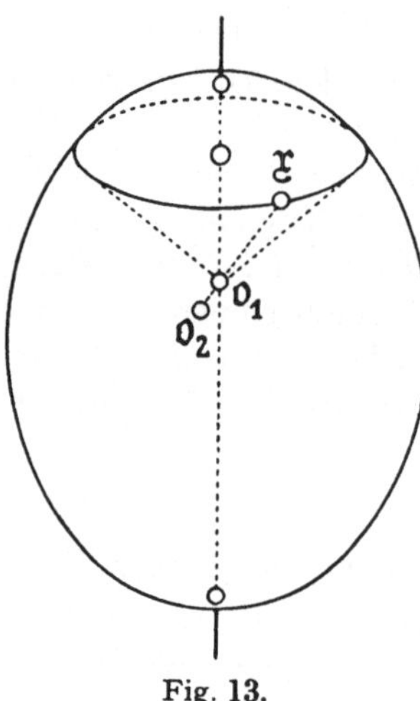

Fig. 13.

muß, muß ihre linke Seite bis auf einen Faktor λ mit der von (45) übereinstimmen. Die Faktoren von du^2, $du\, dv$ und dv^2 in (53) sind also bis auf einen gemeinsamen Faktor λ gleich den entsprechenden in (45). So haben wir z. B. für die Faktoren von du^2 und dv^2

$$(54) \quad \begin{aligned} (\xi\, \mathfrak{x}_u\, \xi_u) &= \lambda\,(LF - ME),\\ (\xi\, \mathfrak{x}_v\, \xi_v) &= \lambda\,(MG - NF)\,. \end{aligned}$$

Aus diesen Formeln können wir leicht den folgenden geometrischen Satz ableiten: *Betrachten wir in einem Flächenpunkt irgend zwei in senkrechten Richtungen auslaufende Kurven, so sind in ihm die geodätischen Windungen* (vgl. § 34) a_1 *und* a_2 *der zu den Kurven gehörigen Flächenstreifen entgegengesetzt gleich.*

Der Beweis ergibt sich unmittelbar, wenn wir die beiden Kurven als u- und v-Kurven eines senkrechten Parameternetzes annehmen. Dann können wir $F = 0$ ansetzen und erhalten aus (54):

$$(55) \qquad \frac{(\xi\, \mathfrak{x}_u\, \xi_u)}{E} = -\,\frac{(\xi\, \mathfrak{x}_v\, \xi_v)}{G}\,.$$

Die Ausdrücke der beiden Brüche sind nach § 35 $(25)_1$ aber gerade die geodätischen Windungen a_1 und a_2 unserer beiden Kurven, denn

$$\sqrt{E}\, du \quad \text{und} \quad \sqrt{G}\, dv$$

sind nach (8) die Bogenelemente ds_1 und ds_2 unserer beiden Kurven $dv = 0$ und $du = 0$. Bezeichnen wir dann mit

$$\frac{d\mathfrak{x}}{ds_1},\ \frac{d\xi}{ds_1} \left(\text{und entsprechend } \frac{d\mathfrak{x}}{ds_2},\ \frac{d\xi}{ds_2}\right)$$

die Ableitungen der Vektoren $\mathfrak{x}$ und ξ längs unserer u-Kurve, (bzw. v-Kurve) nach der Bogenlänge, so können wir wegen $d\mathfrak{x} : ds_1 = \mathfrak{x}_u : \sqrt{E}$ usw. die Gleichung (55) in der Form schreiben:

$$\left(\xi\, \frac{d\mathfrak{x}}{ds_1}\, \frac{d\xi}{ds_1}\right) = -\left(\xi\, \frac{d\mathfrak{x}}{ds_2}\, \frac{d\xi}{ds_2}\right).$$

woraus nach § 35 (25)$_1$ unsere Behauptung erwiesen ist.

§ 47. Nabelpunkte[1].

Nach (46) versagt die Differentialgleichung der Krümmungslinien immer dann, wenn die beiden Grundformen I, II sich nur um einen von $du : dv$ unabhängigen Faktor unterscheiden, wenn also nach (22) die Krümmungen aller Normalschnitte durch den Flächenpunkt übereinstimmen. Einen solchen Flächenpunkt nennt man *Nabel*. Eine Ebene und eine Kugel bestehen offenbar nur aus Nabelpunkten. Hier lassen sich alle Kurven als Krümmungslinien ansehen, was auch daraus hervorgeht, daß die Normalenflächen längs beliebiger Kurven auf diesen Flächen Zylinder oder Kegel, also Torsen sind.

Es fragt sich, ob die Kugeln (mit Einschluß der Ebenen) durch die Eigenschaft, nur Nabelpunkte zu enthalten, gekennzeichnet sind. Gibt es auf der Fläche Punkte mit endlichen Hauptkrümmungshalbmessern, so gilt, wenn alle Nabelpunkte sind, $R_1 = R_2 = R\,(u, v)$ und, da jede Kurve auf der Fläche Krümmungslinie ist, so folgt aus (52)

$$(56) \qquad \xi_u = -\frac{1}{R}\,\mathfrak{x}_u\,; \qquad \xi_v = -\frac{1}{R}\,\mathfrak{x}_v.$$

Leitet man die erste Formel nach v, die zweite nach u ab, so findet man durch Abziehen

$$(57) \qquad +\frac{R_v}{R^2}\,\mathfrak{x}_u - \frac{R_u}{R^2}\,\mathfrak{x}_v = 0\,.$$

Wegen der linearen Unabhängigkeit von $\mathfrak{x}_u$ und $\mathfrak{x}_v$ gibt (57) $R_u = R_v = 0$ oder $R = $ konst. und durch Integration von (56) erhält man das Ergebnis $\mathfrak{x} = -R\xi + \mathfrak{o}$. Das heißt aber, die Fläche $\mathfrak{x}\,(u, v)$ ist tatsächlich eine Kugel mit dem Mittelpunkt $\mathfrak{o}$ und dem Halbmesser R.

Ist hingegen $1 : R$ identisch Null, so folgt aus (56) $\xi_u = \xi_v = 0$ oder $\xi = $ konst. Also durch Integration von $\xi\,d\mathfrak{x} = 0$ die Gleichung einer Ebene $\xi\mathfrak{x} = $ konst.

Damit ist gezeigt:

Die Kugeln mit Einschluß der Ebenen sind die einzigen nur aus Nabeln bestehenden Flächen.

---

[1] Vgl. zu diesem Abschnitt die Aufgabe 3 des § 60.

§ 48. Satz von DUPIN über rechtwinklige Flächennetze.

Die Ermittlung der Krümmungslinien auf manchen Flächen (z. B. auf den Flächen zweiter Ordnung), also die Integration der Differentialgleichung (46) gelingt in besonderen Fällen mittels eines schönen Satzes von CH. DUPIN. Wir denken uns die Koordinaten x_k eines Punktes im Raum als Funktionen von drei Parametern dargestellt:

$$(58) \qquad x_k = x_k(u, v, w),$$

wofür wir zur Abkürzung wieder vektoriell

$$\mathfrak{x} = \mathfrak{x}(u, v, w)$$

schreiben werden. Dann nennt man u, v, w „krummlinige Koordinaten" im Raum, wenn die Gleichungen (58) nach den u, v, w lösbar sind, d. h. wenn die Funktionaldeterminante der x_1, x_2, x_3 nach u, v, w nicht identisch verschwindet. Wir wollen nun insbesondere annehmen, je zwei Flächen u, v, $w = $ konst. sollen sich längs ihrer Schnittlinie senkrecht durchschneiden. Dann bilden die drei Flächenscharen ein *rechtwinkliges Flächennetz* oder, wie man auch sagt, ein *dreifaches Orthogonalsystem.*

Nehmen wir z. B. Polarkoordinaten

$$x_1 = r \sin \vartheta \cos \varphi,$$
$$x_2 = r \sin \vartheta \sin \varphi,$$
$$x_3 = r \cos \vartheta,$$

so sind die Flächen $r = $ konst. konzentrische Kugeln, $\vartheta = $ konst. Drehkegel und $\varphi = $ konst. Ebenen. Diese drei Flächenscharen bilden ein rechtwinkliges Flächennetz. Als Bedingungen dafür bekommen wir

$$(59) \qquad \mathfrak{x}_v \mathfrak{x}_w = 0, \qquad \mathfrak{x}_w \mathfrak{x}_u = 0, \qquad \mathfrak{x}_v \mathfrak{x}_u = 0,$$

wo z. B. $\mathfrak{x}_u$ den Vektor mit den Koordinaten $\partial x_k : \partial u$ bedeutet. Das quadrierte Bogenelement $ds^2 = dx_1^2 + dx_2^2 + dx_3^2$ des Raumes nimmt bei einem dreifachen Orthogonalsystem die Gestalt an:

$$ds^2 = \mathfrak{x}_u^2 \, du^2 + \mathfrak{x}_v^2 \, dv^2 + \mathfrak{x}_w^2 \, dw^2.$$

Es gilt nun folgender Satz aus CH. DUPINs Hauptwerk: „Développements de géométrie" (Paris 1813):

Die Flächen eines rechtwinkligen Netzes durchschneiden sich paarweise in Krümmungslinien.

Zum Beweise leiten wir die Gleichungen (59) der Reihe nach nach u, v, w ab. Das gibt

$$\mathfrak{x}_{uv} \mathfrak{x}_w + \mathfrak{x}_{wu} \mathfrak{x}_v = 0,$$
$$\mathfrak{x}_{vw} \mathfrak{x}_u + \mathfrak{x}_{uv} \mathfrak{x}_w = 0,$$
$$\mathfrak{x}_{wu} \mathfrak{x}_v + \mathfrak{x}_{vw} \mathfrak{x}_u = 0$$

oder

$$\mathfrak{x}_{uv} \mathfrak{x}_w = 0, \qquad \mathfrak{x}_{vw} \mathfrak{x}_u = 0, \qquad \mathfrak{x}_{wu} \mathfrak{x}_v = 0.$$

Da alle drei Vektoren $\mathfrak{x}_u$, $\mathfrak{x}_v$ und $\mathfrak{x}_{uv}$ auf $\mathfrak{x}_w$ senkrecht stehen, liegen sie in einer Ebene:

$$(60) \qquad (\mathfrak{x}_{uv}\,\mathfrak{x}_u\,\mathfrak{x}_v) = 0\,.$$

Betrachten wir jetzt eine Fläche $w = $ konst., auf der die u, v GAUSZ-sche Parameter bilden. Es ist $\mathfrak{x}_u\mathfrak{x}_v = F = 0$, und nach der Erklärung (19) von M folgt aus (60) auch $M = 0$. $F = 0$, $M = 0$ war aber kennzeichnend für Krümmungslinien als Parameterlinien, w. z. b. w.

Wir können diesem Nachweis unseres Satzes auch ein geometrisches Mäntelchen umhängen. Von einem Punkt unseres dreifachen Orthogonalsystems laufen drei Kurven aus, in deren jeder sich zwei Flächen des Systems schneiden. Durch jede Kurve gehen dann zwei Streifen, die zu den beiden Flächen gehören, welche sich in der Kurve schneiden. Insgesamt laufen also von einem Punkt sechs zu unserem dreifachen Orthogonalsystem gehörige Streifen aus. Die beiden Streifen durch eine und dieselbe Kurve schneiden sich senkrecht, haben also nach dem am Schluß des § 36 bewiesenen Satze dieselbe geodätische Windung. Nennen wir die drei verschiedenen geodätischen Windungen, die an den Streifen der drei verschiedenen Kurven auftreten, a_1, a_2 und a_3, so liegen noch je zwei zu verschiedenen Kurven gehörige Streifen auf einer und derselben Fläche. Da sie zu senkrechten Kurven gehören, so sind nach dem Ende des § 46 ihre geodätischen Windungen entgegengesetzt gleich. Dreimal angewendet, liefert der Satz:

$$a_1 + a_2 = 0,\quad a_2 + a_3 = 0,\quad a_3 + a_1 = 0,$$

das heißt, alle a verschwinden, somit sind nach § 35 alle vorkommenden Streifen Krümmungsstreifen, was zu beweisen war.

Ein nicht triviales Beispiel eines rechtwinkligen Flächennetzes bilden die „konfokalen" Flächen zweiter Ordnung. Beschränken wir uns auf den Fall der Mittelpunktsflächen, so kann man die Flächen des Netzes mittels eines Parameters t in eine Gleichung zusammenfassen:

$$(61) \qquad f(t) = \frac{x_1^2}{t - a_1} + \frac{x_2^2}{t - a_2} + \frac{x_3^2}{t - a_3} = 1\,.$$

Es sei $a_1 > a_2 > a_3 > 0$ und $x_k \neq 0$. Gibt man die x_k, so erhält man für t eine kubische Gleichung, von der man einsehen kann, daß sie nur reelle Wurzeln hat. Denn linker Hand steht in (61) bei festen x_k eine Funktion $f(t)$, die an den Stellen a_k von $-\infty$ nach $+\infty$ springt und im übrigen stetig ist. Nach dem Satze von BOLZANO über stetige Funktionen muß es also tatsächlich drei reelle Nullstellen t_k von $f(t) - 1$ geben, und zwar auf den folgenden Teilstrecken:

$$t_1 > a_1 > t_2 > a_2 > t_3 > a_3\,.$$

Somit gehen durch jeden Raumpunkt $(x_k \neq 0)$ drei reelle Flächen unseres Systems (61): ein Ellipsoid t_1, ein einschaliges Hyperboloid t_2

und ein zweischaliges t_3. Die t_k sind an Stelle der u, v, w als krummlinige Koordinaten verwendbar. Die Orthogonalität sieht man so ein: Die Flächennormale an die Fläche $t_i =$ konst. hat die Richtung

$$\frac{x_1}{t_i - a_1}, \qquad \frac{x_2}{t_i - a_2}, \qquad \frac{x_3}{t_i - a_3}.$$

Bilden wir das innere Produkt mit dem Normalenvektor der Fläche t_k, so erhalten wir

$$(61\,\mathrm{a}) \qquad \frac{x_1^2}{(t_i - a_1)\,(t_k - a_1)} + \frac{x_2^2}{(t_i - a_2)\,(t_k - a_2)} + \frac{x_3^2}{(t_i - a_3)\,(t_k - a_3)}.$$

Dieser Ausdruck ist aber Null; denn aus $f(t_i) = 1$, $f(t_k) = 1$ folgt $f(t_i) - f(t_k) = 0$, was das Verschwinden von (61a) ausdrückt. Darin ist die behauptete Orthogonalität enthalten.

Die Krümmungslinien der Flächen zweiter Ordnung sind also im allgemeinen Raumkurven vierter Ordnung, in denen sich je zwei konfokale Flächen durchdringen.

§ 49. Die winkeltreuen Abbildungen des Raumes.

Setzt man

$$y_k = y_k(x_1, x_2, x_3),$$

wo die y_k analytische Funktionen der x_k mit nicht verschwindender Funktionaldeterminante sind, so erhält man, wenn man die x_k und y_k als rechtwinklige Koordinaten zweier Punkte $\mathfrak{x}$ und $\mathfrak{y}$ deutet, eine „Abbildung" oder „Punkttransformation" des Raumes. Bleiben bei dieser Abbildung die Winkel erhalten, so nennt man die Abbildung „winkeltreu" oder (nach GAUSZ) „konform". Triviale Beispiele solcher winkeltreuer Abbildungen sind die Ähnlichkeiten.

Ein nicht triviales Beispiel bildet die *„Inversion"*

$$(62) \qquad \mathfrak{y} = \frac{\mathfrak{x}}{\mathfrak{x}^2}.$$

Entsprechende Punkte liegen dabei auf demselben Halbstrahl durch den Ursprung. Das Produkt ihrer Entfernungen vom Ursprung ist Eins:

$$(63) \qquad \mathfrak{x}^2\,\mathfrak{y}^2 = 1.$$

Die Einheitskugel (Inversionskugel) bleibt bei dieser Abbildung punktweise fest ($\mathfrak{x} = \mathfrak{y}$). Der Ursprung wird ins Unendliche befördert. Die Abbildung ist „involutorisch", da die Beziehung der Punkte $\mathfrak{x}$, $\mathfrak{y}$ symmetrisch ist, also die Abbildung $\mathfrak{x} \to \mathfrak{y}$ mit der inversen $\mathfrak{y} \to \mathfrak{x}$ zusammenfällt. Man spricht daher auch von der „Spiegelung" an der Kugel $\mathfrak{x}^2 = 1$. Eine Gleichung von der Form

$$(64) \qquad A_0 + A_1 y_1 + A_2 y_2 + A_3 y_3 + A_4 \mathfrak{y}^2 = 0$$

behält diese Gestalt:

$$65) \qquad A_0 \mathfrak{x}^2 + A_1 x_1 + A_2 x_2 + A_3 x_3 + A_4 = 0,$$

d. h. die Gesamtheit der Kugeln und Ebenen geht bei der Inversion in dieselbe Gesamtheit über. Wir wollen im folgenden die Ebenen immer mit zu den Kugeln rechnen.

Die Winkeltreue der Inversion kann entweder geometrisch aus der Invarianz der Kugeln oder wie im folgenden durch Rechnung erwiesen werden. Aus (62) ergibt sich

$$(66) \qquad d\mathfrak{y} = \frac{\mathfrak{x}^2\, d\mathfrak{x} - 2\,(\mathfrak{x}\, d\mathfrak{x})\, \mathfrak{x}}{(\mathfrak{x}^2)^2},$$

$$(67) \qquad d\mathfrak{y}^2 = \frac{d\mathfrak{x}^2}{(\mathfrak{x}^2)^2}, \qquad ds_\mathfrak{y} = \frac{ds_\mathfrak{x}}{\mathfrak{x}^2}.$$

Sind ξ und η Einheitstangentenvektoren in entsprechenden Punkten entsprechender Kurven

$$(68) \qquad \xi = \frac{d\mathfrak{x}}{ds_\mathfrak{x}}, \qquad \eta = \frac{d\mathfrak{y}}{ds_\mathfrak{y}},$$

so folgt aus (66) und (67)

$$(69) \qquad \eta = \frac{\mathfrak{x}^2\, \xi - 2\,(\mathfrak{x}\,\xi)\, \mathfrak{x}}{\mathfrak{x}^2}.$$

Für ein zweites Paar entsprechender Kurven durch dasselbe Punktepaar $\mathfrak{x}$, $\mathfrak{y}$ ergibt sich ebenso

$$(70) \qquad \bar{\eta} = \frac{\mathfrak{x}^2\, \bar{\xi} - 2\,(\mathfrak{x}\,\bar{\xi})\, \mathfrak{x}}{\mathfrak{x}^2}$$

und daraus

$$(71) \qquad \eta\, \bar{\eta} = \xi\, \bar{\xi},$$

worin die Winkeltreue enthalten ist.

Wir werden nun umgekehrt zeigen, daß aus der Winkeltreue die Invarianz der Kugeln folgt:

Satz von Liouville. *Jede winkeltreue räumliche Abbildung führt die Kugeln wieder in Kugeln über*[1].

Zunächst folgt aus der Winkeltreue, daß ein rechtwinkliges Flächennetz bei konformer Abbildung wieder in ein solches übergeht. Daraus schließen wir:

Bei winkeltreuer Abbildung bleiben die Krümmungslinien erhalten.

Wir brauchen dazu nach Dupin nur zu zeigen, daß jede Fläche $\mathfrak{x}\,(u, v)$ in ein rechtwinkliges Flächennetz „eingebettet" werden kann. Wir nehmen die Krümmungslinien auf der Fläche als u, v-Kurven und setzen ($\xi =$ Einheitsvektor der Flächennormalen)

$$(72) \qquad \bar{\mathfrak{x}} = \mathfrak{x}\,(u, v) + w\,\xi\,(u, v),$$

dann bilden die geradlinigen Flächen (Torsen) u, $v =$ konst. und die „Parallelflächen" $w =$ konst. zur ursprünglichen Fläche ($w = 0$) ein solches Netz. Es ist nämlich

$$(73) \qquad \bar{\mathfrak{x}}_u = \mathfrak{x}_u + w\,\xi_u, \qquad \bar{\mathfrak{x}}_v = \mathfrak{x}_v + w\,\xi_v, \qquad \bar{\mathfrak{x}}_w = \xi$$

---

[1] J. Liouville: Note VI in Monges Application de l'Analyse, S. 609—616. Paris 1850.

oder nach OLINDE RODRIGUES (52)

$$(74) \qquad \bar{\mathfrak{r}}_u = \left(1 - \frac{w}{R_1}\right)\mathfrak{r}_u\,, \qquad \bar{\mathfrak{r}}_v = \left(1 - \frac{w}{R_2}\right)\mathfrak{r}_v\,, \qquad \bar{\mathfrak{r}}_w = \xi\,.$$

Die drei Vektoren sind parallel zu $\mathfrak{r}_u$, $\mathfrak{r}_v$, ξ, also tatsächlich paarweise senkrecht. Aus der Invarianz der Krümmungslinien folgt aber nach § 47 die behauptete Invarianz der Kugeln.

Der damit bewiesene Satz von LIOUVILLE läßt sich auch so fassen: *Jede winkeltreue Abbildung (die nicht ähnlich ist) läßt sich durch eine Aufeinanderfolge einer Inversion und einer Ähnlichkeit vermitteln.*

Man zeigt dies etwa auf folgende Weise. Es sei $\mathfrak{r} \to \mathfrak{y}$ eine vorgelegte winkeltreue Abbildung. Wir nehmen ein rechtwinkliges Flächennetz von Kugeln an, die durch einen Punkt $\mathfrak{r}_0$ hindurchgehen und hier drei paarweise zueinander rechtwinklige Ebenen berühren. Dieses Netz geht durch die vorgelegte Abbildung in ein ganz entsprechend wieder aus Kugeln aufgebautes Netz durch den entsprechenden Punkt $\mathfrak{y}_0$ über. Jetzt nehmen wir zwei Inversionen, von denen die eine $\mathfrak{r} \to \mathfrak{r}^*$ den Punkt $\mathfrak{r}_0$ ins Unendliche befördert ($\mathfrak{r}_0^* = \infty$), die andere $\mathfrak{y} \to \mathfrak{y}^*$ den Punkt $\mathfrak{y}_0$ ($\mathfrak{y}_0^* = \infty$). Von der so entstehenden Abbildung $\mathfrak{r}^* \to \mathfrak{y}^*$ läßt sich nun einsehen, daß sie eine Ähnlichkeit ist. Die beiden Kugelnetze sind durch die Inversion in Ebenennetze (etwa $x_k^* = $ konst., $y_k^* = $ konst.) übergeführt worden. Die Abbildung $\mathfrak{r}^* \to \mathfrak{y}^*$ hat also eine analytische Darstellung von der getrennten Form

$$y_k^* = y_k^*(x_k^*)\,.$$

Ferner ist die Abbildung $\mathfrak{r}^* \to \mathfrak{y}^*$, die durch Zusammenfassung winkeltreuer Abbildungen entstanden ist, selbst winkeltreu, führt also die Kugelschar $\mathfrak{r}^{*2} = $ konst. in die Kugeln $\mathfrak{y}^{*2} = $ konst. über. Daraus schließt man aber leicht auf die Ähnlichkeit $\mathfrak{y}^* = $ konst. $\cdot\, \mathfrak{r}^*$, womit die Behauptung erwiesen ist.

Die eine der hier zum Beweis verwandten Inversionen kann man auch sparen, wenn man etwa $\mathfrak{r}_0$ gleich im Unendlichen wählt.

§ 50. GAUSZ' sphärisches Abbild einer Fläche.

Denken wir uns, während ein Punkt $\mathfrak{r}(u, v)$ eine krumme Fläche beschreibt, den Einheitsvektor $\xi(u, v)$ der zugehörigen Flächennormalen vom Ursprung aus abgetragen, so ist der Endpunkt ξ dieses Vektors auf der Kugel $\xi^2 = 1$ beweglich. Die Fläche $(\mathfrak{r})$ ist so „durch parallele Normalen" auf die Einheitskugel (ξ) abgebildet. Man spricht vom sphärischen Abbild nach GAUSZ. Wir wollen nun ähnlich, wie wir beim Tangentenbild einer krummen Linie das Verhalten entsprechender Linienelemente festgestellt haben, jetzt beim „Normalenbild" ermitteln, wie sich entsprechende „Flächenelemente" von $(\mathfrak{r})$ und (ξ) verhalten.

Die *Oberfläche*[1] einer krummen Fläche erklärt man (zweiwertig) durch das Doppelintegral

$$(75) \qquad \iint (\mathfrak{x}_u\,du,\ \mathfrak{x}_v\,dv,\ \xi) = \iint W\,du\,dv.$$

Das „Flächenelement"

$$(76) \qquad do = (\mathfrak{x}_u\,du,\ \mathfrak{x}_v\,dv,\ \xi)$$

stellt man sich am einfachsten vor als „unendlich kleines Parallelogramm" zwischen den Vektoren $\mathfrak{x}_u du$, $\mathfrak{x}_v dv$. Man kann leicht einsehen, daß die Erklärung (76) von der Parameterwahl unabhängig ist. Sind nämlich $\bar u$, $\bar v$ neue Parameter, so wird

$$(77) \qquad \begin{aligned} \iint (\mathfrak{x}_{\bar u}\mathfrak{x}_{\bar v}\xi)\,d\bar u\,d\bar v &= \iint (\mathfrak{x}_u u_{\bar u} + \mathfrak{x}_v v_{\bar u},\ \mathfrak{x}_u u_{\bar v} + \mathfrak{x}_v v_{\bar v},\ \xi)\,d\bar u\,d\bar v \\ &= \iint (\mathfrak{x}_u \mathfrak{x}_v \xi)\,(u_{\bar u} v_{\bar v} - u_{\bar v} v_{\bar u})\,d\bar u\,d\bar v = \iint (\mathfrak{x}_u \mathfrak{x}_v \xi)\,du\,dv \end{aligned}$$

nach der bekannten Formel für die Einführung neuer Veränderlicher in ein Doppelintegral.

Das entsprechende Oberflächenelement der Einheitskugel ist

$$(78) \qquad d\omega = (\xi_u\,du,\ \xi_v\,dv,\ \xi).$$

Nehmen wir als Parameterlinien etwa die Krümmungslinien und setzen $\mathfrak{x}_u du = d_1\mathfrak{x}$, $\mathfrak{x}_v dv = d_2\mathfrak{x}$ und nach Olinde Rodrigues (§ 46 (52))

$$d_1\mathfrak{x} = -R_1\cdot d_1\xi, \qquad d_2\mathfrak{x} = -R_2\cdot d_2\xi,$$

so wird

$$(79) \qquad \begin{aligned} do &= R_1 R_2 (d_1\xi,\ d_2\xi,\ \xi) \\ &= R_1 R_2\,d\omega. \end{aligned}$$

Wir haben damit gefunden:

$$(80) \qquad \boxed{\ \dfrac{d\omega}{do} = \dfrac{1}{R_1 R_2} = K.\ }$$

Das Gauszsche Krümmungsmaß ist also gleich dem Quotienten entsprechender Flächenelemente von (ξ) und $(\mathfrak{x})$. Man kann hier wieder eine Bemerkung über das Vorzeichen machen. do und $d\omega$ haben einzeln willkürliches Zeichen, da wir aber in der Erklärung (76), (78) dieser Flächenelemente beidemal denselben Normalenvektor ξ verwendet haben, so sind diese Zeichen so aneinander gebunden, daß $d\omega : do > 0$ oder < 0 ist, je nachdem die Vektoren $\xi_u du$, $\xi_v dv$, ξ ebenso aufeinander folgen wie die Vektoren $\mathfrak{x}_u du$, $\mathfrak{x}_v dv$, ξ oder nicht, je nachdem also das sphärische Abbild „gleichsinnig" oder „gegensinnig" ist.

---

[1] Eine geometrische Erklärung der „Oberfläche" entsprechend der der Bogenlänge in § 1 findet man etwa bei H. Bohr und J. Mollerup, Mathematisk Analyse II, S. 366. Kopenhagen 1921.

Man führt

$$(81) \qquad \boxed{d\xi^2 = e\,du^2 + 2f\,du\,dv + g\,dv^2 = III}$$

$$(82) \qquad \boxed{e = \xi_u^2, \qquad f = \xi_u\xi_v, \qquad g = \xi_v^2}$$

gelegentlich als *dritte Grundform* ein. Die quadratischen Formen I, II, III sind aber linear abhängig. Aus den Fortschreitungen längs der Hauptrichtungen kann man jede andere Fortschreitungsrichtung auf unsere Fläche linear kombinieren:

$$(83) \qquad \begin{aligned} d\mathfrak{x} &= d_1\mathfrak{x} + d_2\mathfrak{x}, \\ d\xi &= d_1\xi + d_2\xi = -\left(\frac{d_1\mathfrak{x}}{R_1} + \frac{d_2\mathfrak{x}}{R_2}\right). \end{aligned}$$

Danach wird

$$(84) \qquad \begin{aligned} I &= +\,d\mathfrak{x}^2 \;= d_1\mathfrak{x}^2 + d_2\mathfrak{x}^2, \\ II &= -\,d\mathfrak{x}\,d\xi = \frac{d_1\mathfrak{x}^2}{R_1} + \frac{d_2\mathfrak{x}^2}{R_2}, \\ III &= +\,d\xi^2 \;= \frac{d_1\mathfrak{x}^2}{R_1^2} + \frac{d_2\mathfrak{x}^2}{R_2^2}. \end{aligned}$$

Wirft man aus den drei Gleichungen $d_1\mathfrak{x}^2$, $d_2\mathfrak{x}^2$ heraus, so folgt

$$(85) \qquad \begin{vmatrix} I & 1 & 1 \\ II & \dfrac{1}{R_1} & \dfrac{1}{R_2} \\ III & \dfrac{1}{R_1^2} & \dfrac{1}{R_2^2} \end{vmatrix} = 0$$

oder

$$(86) \qquad \boxed{KI - 2H\,II + III = 0,}$$

wenn mit H wieder die mittlere Krümmung (31) bezeichnet wird. In (86) ist die behauptete lineare Abhängigkeit enthalten. Ausführlich schreibt sich diese Beziehung der drei Grundformen:

$$(87) \qquad \begin{aligned} KE - 2HL + e &= 0, \\ KF - 2HM + f &= 0, \\ KG - 2HN + g &= 0. \end{aligned}$$

§ 51. Normalensysteme.

Es sei $\mathfrak{x}\,(u, v)$ eine Fläche. Durch jeden Punkt $\mathfrak{x}$ der Fläche legen wir eine Gerade, deren Richtung durch den Einheitsvektor $\eta\,(u, v)$ gegeben sei, also in Parameterdarstellung

$$(88) \qquad \mathfrak{y} = \mathfrak{x} + w\,\eta.$$

Wann gibt es zu diesem System von Geraden, das von zwei Parametern u, v abhängt, eine orthogonale Fläche; wann bilden also diese Geraden das System der Normalen einer Fläche? Es sei in (88) $\mathfrak{y}\,(u, v)$ diese orthogonale Fläche. Dann brauchen wir nur $w\,(u, v)$ so zu bestimmen, daß $\eta \cdot d\mathfrak{y} = 0$ wird. Es ist

$$(89) \qquad d\mathfrak{y} = (\mathfrak{x}_u + w\,\eta_u)\,du + (\mathfrak{x}_v + w\,\eta_v)\,dv + \eta\,dw,$$

Also gibt $\eta \cdot d\mathfrak{y} = 0$ die Bedingung, daß

$$(90) \qquad -dw = \mathfrak{x}_u\,\eta\,du + \mathfrak{x}_v\,\eta\,dv$$

ein vollständiges Differential ist (man beachte, daß $\eta^2 = 1$ und daher $\eta\eta_u + \eta\eta_v = 0$). Somit folgt

$$(91) \qquad (\mathfrak{x}_u\,\eta)_v = (\mathfrak{x}_v\,\eta)_u$$

oder

$$(92) \qquad \mathfrak{x}_u\,\eta_v - \mathfrak{x}_v\,\eta_u = 0 \quad {}^1$$

als notwendige und hinreichende Bedingung für ein Normalensystem.

Nehmen wir rechtwinklige Parameterlinien auf unsrer Fläche, und zwar insbesondere so, daß

$$(93) \qquad \mathfrak{x}_u\,\eta = 0$$

wird, so liegen die drei Vektoren ξ, η, $\mathfrak{x}_v$ in einer Ebene, der „Einfallsebene" von η. Unter der Annahme (93) nimmt unsere Bedingung für das Normalensystem (91) die Form an:

$$(94) \qquad (\mathfrak{x}_v\,\eta)_u = 0.$$

Bezeichnet man den „Einfallswinkel", d. h. den Winkel des Vektors η mit dem Normalenvektor ξ, durch φ, so wird

$$\sin\varphi = (\mathfrak{x}_v\,\eta) : \sqrt{\mathfrak{x}_v^2}$$

und es kann die Bedingung (94) für ein Normalensystem auch so geschrieben werden:

$$(95) \qquad (\sqrt{\mathfrak{x}_v^2} \cdot \sin\varphi)_u = 0.$$

Verändert man daher die Lage des Strahls in seiner Einfallsebene, so daß an Stelle von φ (nach dem Brechungsgesetz) der Winkel $\overline{\varphi}$ vermöge der Gleichung

$$(96) \qquad \sin\overline{\varphi} = n\sin\varphi, \qquad n = \text{konst.}$$

tritt, so gilt wiederum

$$(97) \qquad (\sqrt{\mathfrak{x}_v^2}\,\sin\overline{\varphi})_u = n\,(\sqrt{\mathfrak{x}_v^2} \cdot \sin\varphi)_u = 0,$$

d. h. die gebrochenen Strahlen bilden wieder ein Normalensystem. Damit ist der Satz von Malus und Dupin bewiesen:

Werden die Strahlen eines Normalensystems an einer Fläche nach dem Gesetz (96) von Snellius *gebrochen, so bilden auch die gebrochenen Strahlen ein Normalensystem.*

---

[1] Für $\xi = \eta$ ist das eine schon früher hergeleitete Formel § 42 (18).

Nebenbei: Seine eigentliche Quelle hat dieser Satz allerdings nicht in der hier durchgeführten Rechnung, sondern in dem Prinzip von HUYGHENS. Die Spiegelung ($n = -1$) ist unter Brechung mit enthalten.

Auf die aus der Optik stammende Theorie der Strahlensysteme werden wir im 9. Kapitel ein wenig eingehen.

§ 52. Schmiegtangentenkurven.

Die Linien auf einer Fläche, längs derer die zweite quadratische Grundform verschwindet,

$$(98) \qquad L\,du^2 + 2M\,du\,dv + N\,dv^2 = 0$$

nennt man „*Asymptotenlinien*" oder auch „*Schmiegtangentenkurven*" der Fläche. Die Tangenten an die Asymptotenlinien sind die Asymptoten oder Schmiegtangenten der Fläche. Der Normalschnitt durch eine solche Tangente hat dort einen Wendepunkt. Man spricht deshalb auch von „*Wendelinien*" der Fläche. Die Differentialgleichung (98) läßt sich nach (19) ausführlich so schreiben:

$$(99) \qquad (\mathfrak{x}_{uu}\,du^2 + 2\mathfrak{x}_{uv}\,du\,dv + \mathfrak{x}_{vv}\,dv^2,\ \mathfrak{x}_u,\ \mathfrak{x}_v) = 0.$$

Ist die Fläche hyperbolisch gekrümmt ($K < 0$, $LN - M^2 < 0$), so gehen durch jeden Flächenpunkt zwei reelle Asymptotenlinien hindurch. Die Tangenten an sie fallen mit den Asymptoten der Indikatrix von DUPIN (vgl. § 43 (25)) zusammen, liegen also symmetrisch bezüglich der Hauptrichtungen der Fläche, die mit den Achsen der Indikatrix zusammenfallen. In parabolischen Flächenpunkten ($LN - M^2 = 0$) gibt es, wenn II nicht identisch verschwindet, nur eine Asymptotenrichtung. Im elliptischen Fall ($K > 0$, $LN - M^2 > 0$) werden die Schmiegtangentenlinien imaginär.

Da nach § 42 (13) (15) (16) für die Normalkrümmung b eines Flächenstreifens gilt $b = -II : I$, folgt, daß die Streifen längs unserer Asymptotenlinien identisch sind mit den im § 35 erklärten Schmiegstreifen auf unserer Fläche. Demnach können wir die folgende mehr geometrisch-anschauliche Erklärung der Schmiegtangentenlinien geben:

Die Asymptotenlinien einer Fläche sind die Kurven auf der Fläche, deren Schmiegebenen gleichzeitig Tangentenebenen der Fläche sind.

In innigem Zusammenhang mit der Erklärung der Asymptotenrichtungen steht die der „konjugierten" Richtungen. Zwei Richtungen, $du : dv$ und $\delta u : \delta v$ auf der Fläche in einem Flächenpunkt u, v nennt man konjugiert, wenn sie durch die Schmiegtangenten in demselben Punkt harmonisch getrennt werden. Es muß dann die „Polarenbildung" der zweiten Grundform, nämlich

$$(101) \qquad L\,du\,\delta u + M\,(du\,\delta v + dv\,\delta u) + N\,dv\,\delta v = 0$$

verschwinden. Diese Beziehung (101) behält auch für $K > 0$ ihre reelle Bedeutung.

Nach (101) sind die Parameterlinien $(du,\ dv = 0;\ \delta u = 0,\ \delta v)$ konjugiert, wenn $M = 0$ ist. Die Krümmungslinien bilden also ein Kurvennetz, das gleichzeitig orthogonal $(F = 0)$ und konjugiert ist $(M = 0)$.

Aus der geometrischen Deutung der Asymptotenlinien kann man leicht den Schluß ziehen, daß diese Kurven mit der Fläche nicht nur gegenüber Bewegungen, sondern gegenüber Kollineationen und Korrelationen invariant verbunden sind, eine Tatsache, auf die wir später noch zurückkommen werden. Entsprechendes gilt für konjugierte Richtungen.

Auf die geometrische Deutung der konjugierten Richtungen und ihren Zusammenhang mit den im § 34 erklärten konjugierten Tangenten eines Flächenstreifens kommen wir bald zu sprechen (§ 54).

Der Satz von MEUSNIER § 43 ist für die ebenen Schnitte einer Fläche durch eine Schmiegtangente so abzuändern: Diese ebenen Schnitte haben im Berührungspunkt der Schmiegtangente notwendig alle Wendepunkte mit Ausnahme des Schnitts der Fläche mit ihrer Tangentenebene an der betrachteten Stelle. Vgl. § 60, Aufgabe 8.

§ 53. Schmiegtangentenlinien auf geradlinigen Flächen.

Die Ermittlung der Asymptotenlinien vereinfacht sich ein wenig für die Flächen, die von einer Schar geradliniger „Erzeugenden" bedeckt werden, also für die geradlinigen Flächen. Man kann eine solche Fläche stets so darstellen

$$(102) \qquad \mathfrak{x} = \mathfrak{y}(v) + \mathfrak{z}(v) \cdot u,$$

wobei etwa $\mathfrak{z}^2 = 1$ gewählt werden kann. Es folgt:

$$(103) \qquad \mathfrak{x}_u = \mathfrak{z}, \qquad \mathfrak{x}_v = \mathfrak{y}_v + \mathfrak{z}_v u;$$

$$(104) \qquad \mathfrak{x}_{uu} = 0, \qquad \mathfrak{x}_{uv} = \mathfrak{z}_v, \qquad \mathfrak{x}_{vv} = \mathfrak{y}_{vv} + \mathfrak{z}_{vv} u$$

und somit für die Asymptotenlinien nach (99)

$$(2\mathfrak{z}_v\, du\, dv + (\mathfrak{y}_{vv} + \mathfrak{z}_{vv}\, u)\, dv^2,\ \mathfrak{z},\ \mathfrak{y}_v + \mathfrak{z}_v\, u) = 0$$

oder

$$(105) \qquad dv \cdot \{2\, (\mathfrak{z}_v\, \mathfrak{z}\, \mathfrak{y}_v)\, du + (\mathfrak{y}_{vv} + \mathfrak{z}_{vv}\, u,\ \mathfrak{z},\ \mathfrak{y}_v + \mathfrak{z}_v\, u)\, dv\} = 0.$$

Das Verschwinden des ersten Faktors $(dv = 0)$ ergibt die Schar der geradlinigen Erzeugenden.

Der Klammerausdruck gleich Null gesetzt, ergibt eine zweite, die Fläche einfach bedeckende Schar von Asymptotenlinien. Ist

$$(106) \qquad (\mathfrak{z}_v\, \mathfrak{z}\, \mathfrak{y}_v) \neq 0,$$

so hat die entstehende Differentialgleichung die Form

$$(107) \qquad \frac{du}{dv} = P u^2 + 2Q u + R,$$

wo P, Q und R nur von v abhängen. Man pflegt eine solche Differentialgleichung nach dem italienischen Geometer J. RICCATI zu benennen.

Aus der Form dieser Gleichung kann man leicht ablesen, daß vier Lösungen $u_k(v)$; $k = 1, 2, 3, 4$ festes, d. h. von v unabhängiges Doppelverhältnis besitzen:

$$(108) \qquad D = \frac{u_1 - u_3}{u_2 - u_3} : \frac{u_1 - u_4}{u_2 - u_4} = \text{konst.}$$

Dazu braucht man nur zu zeigen, daß

$$(109) \qquad \frac{d}{dv} \lg D = \frac{u_1' - u_3'}{u_1 - u_3} - \frac{u_2' - u_3'}{u_2 - u_3} - \frac{u_1' - u_4'}{u_1 - u_4} + \frac{u_2' - u_4'}{u_2 - u_4}$$

verschwindet. In der Tat erhält man unter Benutzung der Gleichung (107) z. B.

$$\frac{u_1' - u_3'}{u_1 - u_3} = P(u_1 + u_3) + 2Q.$$

Daraus folgt die Richtigkeit von (109).

Geometrisch bedeutet unser Ergebnis, daß die neue Schar von Schmiegtangentenlinien die alte Schar, also die geradlinigen Erzeugenden, nach festen Doppelverhältnissen durchsetzt. Sind beide Scharen von Schmiegtangentenlinien geradlinig, so erhält man geradlinige Flächen zweiter Ordnung, deren Eigenschaften man hier bestätigt findet.

Es bleibt noch der ausgeschlossene Sonderfall zu berücksichtigen, daß

$$(110) \qquad (\mathfrak{z}_v \, \mathfrak{z} \, \mathfrak{y}_v) = 0$$

identisch verschwindet. Wir unterscheiden zwei Unterfälle:

1. $\mathfrak{z}_v$ und $\mathfrak{z}$ sind linear abhängig: $\mathfrak{z}_v = \lambda \cdot \mathfrak{z}$. Wegen $\mathfrak{z}^2 = 1$, $\mathfrak{z}\mathfrak{z}_v = 0$ folgt dann durch skalare Multiplikation mit $\mathfrak{z}$, daß $\lambda = 0$, also $\mathfrak{z} = \text{konst.}$ ist. Nach (102) haben wir somit eine allgemeine *Zylinderfläche*.

2. Es sind $\mathfrak{z}_v$ und $\mathfrak{z}$ nicht linear abhängig. Dann folgt aus (110) eine Darstellung

$$(111) \qquad \mathfrak{y}_v = \alpha(v) \cdot \mathfrak{z} + \beta(v) \, \mathfrak{z}_v .$$

Setzen wir nun

$$(112) \qquad \bar{\mathfrak{y}}(v) = \mathfrak{y} - \beta \mathfrak{z} .$$

so ist $\bar{\mathfrak{y}}$, falls nur $\bar{\mathfrak{y}}_v$ nicht identisch verschwindet, eine Kurve auf der Fläche (102). Schließen wir diesen Fall zunächst aus, so haben wir nach (112), wenn wir (111) verwenden:

$$(113) \qquad \bar{\mathfrak{y}}_v = (\alpha - \beta_v) \mathfrak{z} \quad \text{mit} \quad \alpha - \beta_v \neq 0 .$$

Statt (102) können wir nach (112) und (113) dann schreiben, wenn wir $\mathfrak{y}$ und $\mathfrak{z}$ durch $\bar{\mathfrak{y}}$ und $\bar{\mathfrak{y}}_v$ ausdrücken:

$$\mathfrak{x} = \bar{\mathfrak{y}} + \bar{u} \, \bar{\mathfrak{y}}_v \quad \text{mit} \quad \bar{u} = \frac{\beta + u}{\alpha - \beta_v} .$$

Daraus geht hervor, daß unsere geradlinige Fläche die *Tangentenfläche einer Kurve*, nämlich $\bar{\mathfrak{y}}(v)$ ist. In dem Ausnahmefall $\bar{\mathfrak{y}}_v \equiv 0$ haben wir nach (113) $\alpha = \beta_v$. In diesem Fall gehen alle Erzeugenden $v = \text{konst.}$ unserer Fläche durch den Punkt

$$\tilde{\mathfrak{x}} = \mathfrak{y} - \mathfrak{z} \cdot \beta(v),$$

der wegen

$$\tilde{\mathfrak{x}}_v = \alpha\,\mathfrak{z} + \beta\,\mathfrak{z}_v - \mathfrak{z}_v\,\beta - \mathfrak{z}\,\beta_v \equiv 0$$

im Raume fest ist, und der sich auf jeder für $u = -\beta$ ergibt, hindurch. Wir haben also einen *Kegel*.

Alle in 1. und 2. vorkommenden speziellen Fälle von Flächen haben wir im § 3 als *Torsen* bezeichnet. Wir finden somit: *Die Bedingung* (110) *kennzeichnet unter den geradlinigen Flächen die Torsen.*

Die Gleichung (103) ergab:

$$\mathfrak{x}_u = \mathfrak{z}, \qquad \mathfrak{x}_v = \mathfrak{y}_v + \mathfrak{z}_v\,u.$$

Diese Vektoren liegen für alle u in einer Ebene, wenn nach (110) $\mathfrak{z}$, $\mathfrak{y}_v$ und $\mathfrak{z}_v$ in einer Ebene liegen. Die Bedingung (110) bedeutet also, daß beim Fortschreiten längs einer Erzeugenden unserer Fläche die Tangentenebene der Fläche sich nicht um die Erzeugende dreht, sondern fest bleibt. Wir haben also gezeigt:

Eine Torse wird längs jeder Erzeugenden von einer festen Ebene berührt und die Torsen sind die einzigen geradlinigen Flächen mit dieser Eigenschaft. Somit können wir jetzt nachträglich die Torsen auch so erklären:

Eine geradlinige Fläche, die längs jeder Erzeugenden von einer festen Ebene berührt wird, soll eine ,,Torse'' heißen.

Die durch (102) und (106) gekennzeichneten allgemeineren geradlinigen Flächen nennt man ,,*windschief*''.

§ 54. Konjugierte Netze.

Die konjugierten Richtungen auf einer Fläche lassen folgende geometrische Deutung zu. Gehen wir von einer Flächenkurve aus, und betrachten wir die Torse, die von den Tangentenebenen der Fläche in den Punkten der Kurve umhüllt wird! Die Erzeugenden dieser, der Fläche längs unsrer Kurve umschriebenen Torse sind zu den Tangenten der Kurve konjugiert. Das können wir etwa so einsehen. Ist $\mathfrak{y}$ ein in der Tangentenebene beweglicher Punkt, $\mathfrak{x}$ der Berührungspunkt und ξ der Vektor der Flächennormalen in $\mathfrak{x}$, so ist die Gleichung der Tangentenebene

$$(\mathfrak{y} - \mathfrak{x})\,\xi = 0.$$

Schreiten wir längs unserer Flächenkurve fort, so ergibt sich nach der Schlußweise am Ende von § 6 für die Einhüllende dieser Tangentenebenen die zweite Gleichung

$$- d\mathfrak{x} \cdot \xi + (\mathfrak{y} - \mathfrak{x})\,d\xi = 0,$$

oder, da das erste Glied wegfällt, — wenn man noch $\mathfrak{y} - \mathfrak{x} = \delta\mathfrak{x}$ setzt —

$$(114) \qquad\qquad \delta\mathfrak{x}\cdot d\xi = 0.$$

Ausführlich geschrieben nach (19)

$$(\mathfrak{x}_u\,\delta u + \mathfrak{x}_v\,\delta v)\cdot(\xi_u\,du + \xi_v\,dv)$$
$$= -\{L\,du\,\delta u + M\,(du\,\delta v + dv\,\delta u) + N\,dv\,\delta v\} = 0.$$

Das ist genau unsere Bedingung (101) für konjugierte Richtungen. Auf Grund der geometrischen Erklärung der konjugierten Richtungen sehen wir, daß die zu den Tangentenrichtungen einer Flächenkurve konjugierten Richtungen mit den Richtungen der konjugierten Tangenten des zur Kurve gehörigen Streifens identisch sind, die wir im § 34 erklärt haben.

Diese Konstruktion konjugierter Richtungen gestattet, auf jeder Fläche ein Netz konjugierter Kurven herzustellen. Es läßt sich nämlich die Beziehung zwischen Parallelkreisen und Meridianen so verallgemeinern: Die Berührungslinien aller Kegel, die einer Fläche umschrieben sind, und deren Spitzen auf einer Geraden liegen, bilden zusammen mit den Schnittlinien der Fläche mit den Ebenen durch dieselbe Gerade ein konjugiertes Netz auf der Fläche.

Dafür, daß die Parameterlinien ein konjugiertes Netz bilden, hatten wir die Bedingung $M = 0$ oder

$$(115) \qquad\qquad (\mathfrak{x}_{uv}\,\mathfrak{x}_u\,\mathfrak{x}_v) = 0$$

in § 52 abgeleitet. Diese letzte Bedingung (115) ist sicher erfüllt, wenn $\mathfrak{x}_{uv} = 0$ ist, wenn also $\mathfrak{x}$ die Gestalt hat

$$(116) \qquad\qquad \mathfrak{x} = \mathfrak{y}\,(u) + \mathfrak{z}\,(v).$$

Solche Flächen, die besonders von S. Lie studiert worden sind, nennt man „*Schiebflächen*"[1] oder „*Translationsflächen*", da sie durch Parallelverschiebung einerseits der Kurve $\mathfrak{x} = \mathfrak{y}\,(u)$, andererseits der Kurve $\mathfrak{x} = \mathfrak{z}\,(v)$ erzeugt werden können. Auch die Sehnenmittenfläche einer Raumkurve

$$(117) \qquad\qquad \mathfrak{x} = \tfrac{1}{2}\{\mathfrak{y}\,(u) + \mathfrak{y}\,(v)\}$$

gehört zu den Schiebflächen.

§ 55. Ableitungsformeln von Weingarten.

Will man einen tieferen Einblick in die Flächentheorie gewinnen, so muß man, den Formeln Frenets in der Kurventheorie und den Formeln des § 33 für die Streifen entsprechend, invariante Grundvektoren einführen und die Ableitungen dieser Grundvektoren selbst linear kombinieren. In der Flächentheorie im Kleinen handelt es sich

---

[1] Vgl. über diese Flächen auch den Band II dieses Lehrbuchs, §§ 37, 68, 85 bis 88.

ja um die Bestimmung der Invarianten der zu einer und derselben Flächenstelle gehörigen Vektoren

$$(118) \qquad \mathfrak{x}, \; \mathfrak{x}_u, \; \mathfrak{x}_v, \; \mathfrak{x}_{uu}, \; \mathfrak{x}_{uv}, \; \mathfrak{x}_{vv}, \; \mathfrak{x}_{uuu}, \; \dots$$

Man hat wieder nach den allgemeinen Vorschriften der §§ 3 und 4 zu verfahren. Wie im § 8 (vgl. Formel (52) und (53)) schließt man hier, daß der Vektor des Punktes $\mathfrak{x}$ selbst für die Bildung von Invarianten nicht in Frage kommt. Dem Verfahren bei den Kurven entsprechend (vgl. § 8 Schluß) wählen wir nun nicht die drei niedrigsten linear unabhängigen der in (118) auf $\mathfrak{x}$ folgenden Vektoren als Grundvektoren, sondern wir fügen den Vektor ξ der Flächennnormalen hinzu, der sich ja nach (9) aus den Vektoren (118) berechnen läßt, und nehmen $\mathfrak{x}_u, \; \mathfrak{x}_v$ und ξ als Grundvektoren. Diese Vektoren bilden zwar bei Voraussetzung ganz allgemeiner Flächenparameter kein rechtwinkliges Dreibein von Einheitsvektoren, aber ξ ist wenigstens ein zu $\mathfrak{x}_u$ und $\mathfrak{x}_v$ rechtwinkliger Einheitsvektor, und schon das bringt gegenüber der Beschränkung auf die Vektoren (118) wesentliche rechnerische Vereinfachungen mit sich. Da ξ aus den Vektoren (118) bestimmbar, ist das Problem der Bestimmung der Invarianten aus den in (118) auf $\mathfrak{x}$ folgenden Vektoren gleichwertig mit dem Problem der Bestimmung der Invarianten der Vektoren

$$(119) \qquad \mathfrak{x}_u, \; \mathfrak{x}_v, \; \xi, \; \mathfrak{x}_{uu}, \; \mathfrak{x}_{uv}, \; \mathfrak{x}_{vv}, \; \xi_u, \; \xi_v, \; \mathfrak{x}_{uuu}, \; \dots, \; \xi_{uu}, \; \dots$$

usw. bis zu beliebig hohen Ableitungsordnungen. Wir haben dann die Ableitungen der Grundvektoren $\mathfrak{x}_u, \; \mathfrak{x}_v$ und ξ, also $\mathfrak{x}_{uu}, \; \mathfrak{x}_{uv}$ und $\mathfrak{x}_{vv}, \; \xi_u$ und ξ_v aus $\mathfrak{x}_u, \; \mathfrak{x}_v$ und ξ selbst linear zu kombinieren. Mittels dieser *Ableitungsgleichungen* kann man dann ähnlich wie bei den Kurven leicht auch beliebig hohe Ableitungen der Grundvektoren linear kombinieren. In den Skalarprodukten der Grundvektoren und den Koeffizienten der Linearkombinationen hat man dann nach den §§ 3 und 4 das System unabhängiger Invarianten der Vektoren (119) gegenüber den Substitutionen § 8 (52) der kongruenten Abbildungen des Raumes gefunden.

Damit erhalten wir aber noch nicht die absoluten Invarianten unserer Fläche. Denn einen Punkt haben wir noch ganz übersehen: Die Transformationen

$$(119\,\mathrm{a}) \qquad u = u(u^*, v^*), \qquad v = v(u^*, v^*)$$

der Parameter, mittels derer die Fläche dargestellt wird, wo $u(u^*, v^*)$ und $v(u^*, v^*)$ im wesentlichen willkürliche Funktionen ihrer Argumente sein können. Wenn wir in der Darstellung $\mathfrak{x}(u, v)$ die u und v nach (119a) durch die u^* und v^* ersetzen, so erhalten wir eine neue Darstellung $\mathfrak{x}^*(u^*, v^*)$ derselben Fläche in neuen Parametern. Invarianten der Fläche werden nur solche Ausdrücke in den Funktionen $\mathfrak{x}(u, v)$ sein, deren zahlenmäßiger Wert sich bei einer Parametersubstitution nicht ändert, die sich also durch die $\mathfrak{x}^*(u^*, v^*)$ formal genau so ausdrücken, wie durch die $\chi(u, v)$. Wir haben also aus den mittels der Ableitungs-gleichungen ermittelten Invarianten gegenüber den kongruenten Ab-bildungen des Raumes noch solche Kombinationen zu bilden, die auch noch parameterinvariant sind. Erst dann bekommen wir absolute In-varianten unserer Fläche. Wir wollen in diesem Kapitel nun nur den ersten Schritt, den der Bildung der Invarianten gegenüber den kon-gruenten Abbildungen erledigen, und die systematische Bildung von Parameterinvarianten erst im Kapitel 5 vollziehen.

Wir wollen mit der Aufstellung der Ableitungsgleichungen den Anfang machen, indem wir zunächst ξ_u und ξ_v aus χ_u, χ_v und ξ linear kombinieren.

Aus $\xi^2 = 1$ folgt

$$\xi\xi_u = \xi\xi_v = 0,$$

also haben wir

$$\xi_u = a\,\chi_u + b\,\chi_v,$$
$$\xi_v = c\,\chi_u + d\,\chi_v.$$

Multipliziert man skalar mit χ_u, χ_v, so folgt nach (19)

$$-L = aE + bF, \qquad -M = cE + dF,$$
$$-M = aF + bG, \qquad -N = cF + dG.$$

Berechnet man daraus a, b, c, d, so erhält man durch Einsetzen der gefundenen Werte in die vorhergehenden Formeln die gewünschten Gleichungen, die von J. WEINGARTEN (1861) angegeben worden sind,

$$
(120) \qquad
\begin{aligned}
\xi_u &= \frac{(FM - GL)\,\chi_u + (FL - EM)\,\chi_v}{EG - F^2}, \\[2mm]
\xi_v &= \frac{(FN - GM)\,\chi_u + (FM - EN)\,\chi_v}{EG - F^2}.
\end{aligned}
$$

Hieraus kann man leicht einige Schlüsse ziehen; z. B. kann man neuerdings die Formel (86) von § 50 bestätigen. Ferner sieht man jetzt leicht ein: *Sind auf einer Fläche alle Kurven Schmiegtangentenlinien, so ist die Fläche eben.*

Aus (98) $L = M = N = 0$ folgt nämlich wegen (120) $\xi_u = \xi_v = 0$ oder $\xi = $ konst.; $d\chi \cdot \xi = 0$ ergibt durch Integration $\chi\xi + $ konst. $= 0$, also wirklich die Gleichung einer Ebene.

Ferner: *Die Torsen sind die einzigen Flächen mit lauter Punkten parabolischer Krümmung $(K = 0)$.*

Ist nämlich $LN - M^2 = 0$, so wird die Differentialgleichung der Asymptotenlinien (98)

$$II = (\sqrt{L} \cdot du + \sqrt{N} \cdot dv)^2 = 0,$$

wo

$$(121) \qquad \sqrt{L} \cdot \sqrt{N} = M$$

ist. Es gibt also nur eine Schar von Asymptotenlinien, die die Fläche schlicht überdeckt (wenn wir den Fall des identischen Verschwindens von II jetzt ausschließen.) Wählen wir diese Kurven als Parameterlinien $v =$ konst., so wird $L = M = 0$ und nach WEINGARTEN $\xi_u = 0$. Somit ist

(122)
$$\mathfrak{x}_u\,\xi = (\mathfrak{x}\,\xi)_u = 0$$

oder

(123)
$$\mathfrak{x}\cdot\xi\,(v) = p\,(v)\,.$$

Die Ableitung nach v ergibt

(124)
$$\mathfrak{x}\,\xi_v = p_v\,.$$

Also ist unsre Fläche die Einhüllende der Ebenenschar (123), d. h. wirklich eine Torse. Umgekehrt kann man für eine Torse, etwa nach (105), immer $L = M = 0$ erreichen. Somit sind die Torsen durch die Identität $K = 0$ gekennzeichnet.

§ 56. Satz von BELTRAMI und ENNEPER über die Windung der Asymptotenlinien.

Da die Schmiegebenen einer Asymptotenlinie auf einer Fläche mit den Tangentenebenen der Fläche übereinstimmen, fallen die Binormalen der Kurve mit den Flächennormalen zusammen ($\xi_3 = \xi$). Deshalb läßt sich die Windung einer Asymptotenlinie leicht berechnen:

(125)
$$\left(\frac{1}{\tau}\right)^2 = \frac{d\xi_3^2}{d\mathfrak{x}^2} = \frac{d\xi^2}{d\mathfrak{x}^2} = \frac{III}{I}\,.$$

Nach § 50 (86) war

$$KI - 2H\,II + III = 0\,.$$

Da längs einer Asymptotenlinie $II = 0$ ist, so folgt

(126)
$$\left(\frac{1}{\tau}\right)^2 = \frac{III}{I} = -K\,.$$

Diesen Zusammenhang zwischen der Windung der Asymptotenlinien und dem GAUSZischen Krümmungsmaß der Fläche haben E. BELTRAMI[1] (1866) und A. ENNEPER (1870) angegeben. Auf geradlinige Asymptotenlinien ist die Formel nicht ohne weiteres anwendbar.

Über das Vorzeichen der Windung läßt sich durch eine genauere Untersuchung feststellen, daß die Windungen der beiden durch einen Flächenpunkt gehenden Asymptotenlinien entgegengesetztes Vorzeichen haben. Das kann man so einsehen: Nach § 34 (24) ist die Windung $1 : \tau$ der Kurve eines Schmiegstreifens ($b = 0$), d. h. einer Asymptotenlinie gleich der geodätischen Windung a des Streifens. Ist die Fläche auf Asymptotenlinien bezogen, so ist die geodätische Windung a_1 des Streifens der u-Kurve aber durch

$$a_1 = \frac{1}{E}\,|\,\xi\,\mathfrak{x}_u\,\xi_u\,|$$

---

[1] E. BELTRAMI: Opere mathematiche I, S. 301. 1902.

gegeben. Das folgt aus § 35 $(25)_1$, wenn man bedenkt, daß die dortigen Vektoren $\mathfrak{x}'$ und ξ' hier gleich $\mathfrak{x}_u : \sqrt{E}$ und $\xi_u : \sqrt{E}$ zu ersetzen sind. Analog erhält man für die geodätische Windung des v-Streifens

$$a_2 = \frac{1}{G} \, | \, \xi \, \mathfrak{x}_v \, \xi_v \, |.$$

Ersetzt man nun unter der Annahme $L = N = 0$ die Vektoren ξ_u und ξ_v in den Determinanten nach (120) durch die Grundvektoren, so ergibt sich

$$a_1 = - a_2 = \frac{-M}{EG - F^2} \, | \, \xi \, \mathfrak{x}_u \, \mathfrak{x}_v \, |,$$

woraus die Behauptung folgt.

§ 57. Die Ableitungsformeln von GAUSZ.

In § 55 hatten wir begonnen, das flächentheoretische Gegenstück der Kurvenformeln von FRENET abzuleiten. Damit wollen wir jetzt fortfahren. Es muß sich z. B. $\mathfrak{x}_{uu}$ in der Form darstellen lassen:

$$(127) \qquad \mathfrak{x}_{uu} = A \, \mathfrak{x}_u + B \, \mathfrak{x}_v + C \, \xi.$$

Es bleiben die Faktoren A, B, C zu berechnen. Aus $\mathfrak{x}_u \xi = 0$ folgt durch Ableitung nach u zunächst wegen (19)

$$(128) \qquad C = \mathfrak{x}_{uu} \, \xi = - \mathfrak{x}_u \, \xi_u = L.$$

Multipliziert man (127) skalar mit $\mathfrak{x}_u$ und $\mathfrak{x}_v$, so erhält man unter Verwendung von § 45 (35) und (39) für A und B die beiden Gleichungen:

$$(129) \qquad \tfrac{1}{2} E_u = A E + B F,$$

$$(130) \qquad F_u - \tfrac{1}{2} E_v = A F + B G.$$

Daraus ist

$$(131) \qquad A = \frac{G E_u - 2 F F_u + F E_v}{2 W^2}.$$

$$(132) \qquad B = \frac{- F E_u + 2 E F_u - E E_v}{2 W^2},$$

Fährt man so fort, so erhält man schließlich das Formelsystem, durch das sich $\mathfrak{x}_{uu}, \mathfrak{x}_{uv}, \mathfrak{x}_{vv}$ aus $\mathfrak{x}_u, \mathfrak{x}_v, \xi$ aufbauen. In diesem GAUSZischen Formelsystem wollen wir die Faktoren gleich in der etwas verwickelten, von CHRISTOFFEL herrührenden Bezeichnung schreiben:

$$(133) \qquad \begin{aligned} \mathfrak{x}_{uu} &= \left\{ \begin{matrix} 1\ 1 \\ 1 \end{matrix} \right\} \mathfrak{x}_u + \left\{ \begin{matrix} 1\ 1 \\ 2 \end{matrix} \right\} \mathfrak{x}_v + L \, \xi, \\[2mm] \mathfrak{x}_{uv} &= \left\{ \begin{matrix} 1\ 2 \\ 1 \end{matrix} \right\} \mathfrak{x}_u + \left\{ \begin{matrix} 1\ 2 \\ 2 \end{matrix} \right\} \mathfrak{x}_v + M \, \xi, \\[2mm] \mathfrak{x}_{vv} &= \left\{ \begin{matrix} 2\ 2 \\ 1 \end{matrix} \right\} \mathfrak{x}_u + \left\{ \begin{matrix} 2\ 2 \\ 2 \end{matrix} \right\} \mathfrak{x}_v + N \, \xi. \end{aligned}$$

In diesen Ableitungsformeln von Gausz haben die „*Dreizeigersymbole*"
Christoffels folgende Werte:

$$(134)\quad
\begin{aligned}
&\left\{\begin{matrix}1\ 1\\ 1\end{matrix}\right\} = \frac{+GE_u - 2FF_u + FE_v}{2W^2}, &
\left\{\begin{matrix}1\ 1\\ 2\end{matrix}\right\} = \frac{-FE_u + 2EF_u - EE_v}{2W^2}, \\[2mm]
&\left\{\begin{matrix}1\ 2\\ 1\end{matrix}\right\} = \frac{GE_v - FG_u}{2W^2}, &
\left\{\begin{matrix}1\ 2\\ 2\end{matrix}\right\} = \frac{EG_u - FE_v}{2W^2}, \\[2mm]
&\left\{\begin{matrix}2\ 2\\ 1\end{matrix}\right\} = \frac{-FG_v + 2GF_v - GG_u}{2W^2}, &
\left\{\begin{matrix}2\ 2\\ 2\end{matrix}\right\} = \frac{+EG_v - 2FF_v + FG_u}{2W^2}.
\end{aligned}$$

Wir wollen die Formeln (133) auf die Einheitskugel selbst anwenden,
indem wir ξ an Stelle von $\mathfrak{x}$ treten lassen und für ξ wieder ξ setzen
(§ 41 (12)). Dann tritt an die Stelle von

$$I = d\mathfrak{x}^2 \quad \text{und} \quad\quad II = -d\mathfrak{x}\cdot d\xi$$

entsprechend

$$III = d\xi^2 \quad \text{und} \quad -III = -d\xi^2$$

und die Formeln (133) gehen über in

$$(135)\quad
\begin{aligned}
\xi_{uu} &= \left\{\begin{matrix}1\ 1\\ 1\end{matrix}\right\}_{III}\xi_u + \left\{\begin{matrix}1\ 1\\ 2\end{matrix}\right\}_{III}\xi_v - e\,\xi, \\[2mm]
\xi_{uv} &= \left\{\begin{matrix}1\ 2\\ 1\end{matrix}\right\}_{III}\xi_u + \left\{\begin{matrix}1\ 2\\ 2\end{matrix}\right\}_{III}\xi_v - f\,\xi, \\[2mm]
\xi_{vv} &= \left\{\begin{matrix}2\ 2\\ 1\end{matrix}\right\}_{III}\xi_u + \left\{\begin{matrix}2\ 2\\ 2\end{matrix}\right\}_{III}\xi_v - g\,\xi.
\end{aligned}$$

Hier sind die Dreizeigersymbole bezüglich der dritten Grundform (81)
zu berechnen, so daß z. B.

$$\left\{\begin{matrix}1\ 2\\ 1\end{matrix}\right\}_{III} = \frac{1}{2}\,\frac{g\,e_v - f\,g_u}{e\,g - f\,f}$$

bedeutet.

§ 58. Grundformeln von Gausz und Codazzi[1].

In den Gleichungen (120) und (133) zusammen haben wir das vollständige System der Ableitungsgleichungen für unsere Flächentheorie
zusammengestellt. Durch Differenzieren können wir aus diesen Glei-
chungen auch beliebig hohe Ableitungen der $\mathfrak{x}_u$, $\mathfrak{x}_v$, ξ als Linearkombination der Grundvektoren darstellen. Die Koeffizienten drücken sich
dann jedesmal durch die Koeffizienten der Gleichungen (120), (133)
und ihre Ableitungen aus. Das vollständige System der Invarianten
gegenüber den kongruenten Abbildungen des Raumes ist also durch
die Skalarprodukte der Grundvektoren — diese sind aber, soweit sie
nicht 0 oder 1 sind, gleich E, F, G — und die in (120), (133) auftretenden Koeffizienten sowie deren Ableitungen gegeben. Aus E, F, G und

---

[1] Eine einfache Herleitung der Codazzischen Gleichungen findet sich bei
A. Voss: Sitzgsber. bayr. Akad. 1927, H. I, S. 1.

den Koeffizienten von (120) (133) lassen sich aber L, M und N berechnen, und umgekehrt aus E, F, G, L, M, N wieder die Koeffizienten in (120), (133). Somit ist das vollständige System der Invarianten gegenüber den kongruenten Abbildungen durch die E, F, G, L, M, N und ihre Ableitungen gegeben. Aus diesen sechs Koeffizienten der Grundformen I und II und ihren Ableitungen werden sich dann weiter alle absoluten Invarianten der Fläche als die aus ihnen kombinierbaren Parameterinvarianten berechnen lassen. (Vgl. Kapitel 5.)

In (120) und (133) haben wir bei gegebenen E, F, G, L, M, N ein System partieller linearer Differentialgleichungen für die sechs Funktionen $\mathfrak{x}(u, v)$, $\xi(u, v)$.

Damit dies System lösbar sei, müssen die Integrierbarkeitsbedingungen

$$(136) \qquad \mathfrak{x}_{uuv} = \mathfrak{x}_{uvu}, \qquad \mathfrak{x}_{uvv} = \mathfrak{x}_{vvu}, \qquad \xi_{uv} = \xi_{vu}$$

bestehen. Daraus ergibt sich , daß die Funktionen E, F, G, L, M, N nicht willkürlich wählbar sind, sondern wir werden gleich sehen, daß zwischen ihnen drei Bedingungen bestehen müssen, damit das System (120), (133) integrierbar wird und damit es eine zugehörige Fläche $\mathfrak{x}(u, v)$ gibt. Diese drei Bedingungen, die *Integrierbarkeitsbedingungen der Ableitungsgleichungen* vervollständigen dann das System der Grundformeln der Flächentheorie.

Differenzieren wir $(133)_1$ nach v und $(133)_2$ nach u und drücken wir die in den sich ergebenden Formeln auftretenden ersten Ableitungen der Grundvektoren nach (120), (133) wieder durch diese selbst aus, so erhalten wir für $\mathfrak{x}_{uuv} - \mathfrak{x}_{uvu}$ eine Linearkombination der $\mathfrak{x}_u$, $\mathfrak{x}_v$, ξ:

$$\mathfrak{x}_{uuv} - \mathfrak{x}_{uvu} = \alpha_1 \mathfrak{x}_u + \beta_1 \mathfrak{x}_v + \gamma_1 \xi.$$

Berechnen wir uns ebenso $\mathfrak{x}_{uvv} - \mathfrak{x}_{vvu}$ und $\xi_{uv} - \xi_{vu}$, so erhalten wir weitere Kombinationen

$$\mathfrak{x}_{uvv} - \mathfrak{x}_{vvu} = \alpha_2 \mathfrak{x}_u + \beta_2 \mathfrak{x}_v + \gamma_2 \xi,$$

$$\xi_{uv} - \xi_{vu} = \alpha_3 \mathfrak{x}_u + \beta_3 \mathfrak{x}_v + \gamma_3 \xi.$$

Wegen der Bedingungen (136) müssen dann die linken Seiten, also auch die rechten verschwinden, das heißt aber alle 9 Koeffizienten α, β, γ müssen einzeln Null werden. Die Rechnung, die wir hier nicht explizit durchführen wollen, ergibt folgendes·

Aus $\alpha_1 = \beta_1 = \alpha_2 = \beta_2 = 0$ entspringt dieselbe *Grundformel von* GAUSZ, die besagt, daß sich das Krümmungsmaß

$$(137) \qquad K = \frac{LN - M^2}{EG - F^2}$$

allein durch die erste Grundform ausdrücken läßt. Diese Formel, die wir in § 45 in einer von R. BALTZER angegebenen Gestalt geschrieben hatten, läßt sich nach G. Frobenius übersichtlich auch in folgende (nur scheinbar irrationale) Form bringen:

$$(138) \quad K = -\frac{1}{4W^4} \begin{vmatrix} E & E_u & E_v \\ F & F_u & F_v \\ G & G_u & G_v \end{vmatrix} - \frac{1}{2W} \left\{ \frac{\partial}{\partial v} \frac{E_v - F_u}{W} - \frac{\partial}{\partial u} \frac{F_v - G_u}{W} \right\}.$$

Die Gleichungen $\gamma_1 = \gamma_2 = \alpha_3 = \beta_3 = 0$ liefern hingegen etwas Neues, nämlich zwei Formeln, die auf G. Mainardi (1857) und D. Codazzi (1868) zurückgehen, und zwar liefern $\gamma_1 = 0$ und $\alpha_3 = 0$ einerseits und $\gamma_2 = 0$ und $\beta_3 = 0$ andrerseits jedesmal dieselbe Formel. Man kann diese Formeln in einer von E. Study angegebenen Art übersichtlich so anordnen:

$$(139) \quad \begin{aligned} (EG - 2FF + GE)(L_v - M_u) \\ - (EN - 2FM + GL)(E_v - F_u) \end{aligned} + \begin{vmatrix} E & E_u & L \\ F & F_u & M \\ G & G_u & N \end{vmatrix} = 0,$$

$$\begin{aligned} (EG - 2FF + GE)(M_v - N_u) \\ - (EN - 2FM + GL)(F_v - G_u) \end{aligned} + \begin{vmatrix} E & E_v & L \\ F & F_v & M \\ G & G_v & N \end{vmatrix} = 0.$$

Die Bedingung $\gamma_3 = 0$ führt auf eine identisch erfüllte Gleichung. Durch die Beziehungen (138), (139) sind somit die Abhängigkeiten zwischen den beiden Grundformen I, II erschöpft und durch Angabe von I und II ist, wie aus (120), (133) gefolgert werden kann, unsre Fläche im wesentlichen eindeutig bestimmt (O. Bonnet 1867). Wir werden einen ganz ähnlichen Beweis im zweiten Bande §§ 50, 51 durchführen.

§ 59. G. Monge.

Die heutige Differentialgeometrie geht, wenn wir von Vorläufern wie Euler absehen, im wesentlichen auf zwei Quellen zurück, einerseits auf Monge (1746—1818) und seine Schüler und andrerseits auf Gausz (1777—1855). Die beiden Hauptwerke sind: von Monge das Lehrbuch „Application de l'Analyse à la Géométrie" (von 1795 an erschienen), von Gausz die Abhandlung „Disquisitiones circa superficies curvas" (1827). Beide Werke haben ein völlig verschiedenes Gepräge. Bei Monge handelt es sich um eine Sammlung von einzelnen Problemen, um eine Reihe von Untersuchungen über besondere, in den Anwendungen häufig vorkommende Flächenfamilien. Die Darstellung ist den Lehrzwecken angepaßt und leicht lesbar. Bei Gausz hingegen handelt es sich um eine einheitliche und tiefe, aber auch um eine etwas unnahbare Theorie. Beiden Werken gemeinsam ist der innige Zusammenhang mit praktischen Dingen. Die Gegensätze sind in den Persönlichkeiten der beiden Mathematiker begründet. MONGE war ein höchst erfolgreicher Lehrer und glänzender Organisator, der mitten im Getriebe der Politik stand, zuerst als überradikaler „Königsmörder", später als Monarchist und treuer Anhänger des großen NAPOLEON. GAUSZ hat ein einsames und stilles Gelehrtenleben in recht engen Verhältnissen geführt. Er hat seinen allerdings elementaren Unterricht als Last empfunden, sich um Politik kaum gekümmert und vom Staate nur gefordert, daß er ihm die Möglichkeit ungestörten Schaffens gäbe.

MONGE lehrte zunächst in der Kriegsschule zu Mézières und hat dort den Unterricht in darstellender Geometrie ausgebildet. In der schlimmsten Umwälzung, zur Zeit der größten Geldentwertung wurde 1794 in Paris die École Polytechnique gegründet, wie JACOBI sagt „eine Schule ohne Vorbild und ohne Nachbild in Europa"[1], und zwar als ein militärisches Internat. Revolutionszeiten, in denen man viel vom ewigen Frieden redet, sind ja dem Emporkommen neuer militärischer Einrichtungen immer günstig gewesen. MONGE war als Lehrer und Organisator die treibende Kraft dieser Offiziersschule, und er erreichte, daß die Geometrie zum Mittelpunkt ihres unglaublich intensiven Lehrbetriebes wurde. Die bedeutendsten Mathematiker Frankreichs wurden an die Schule berufen. Durch die Veröffentlichungen der Vorlesungen reichte die Wirksamkeit ihres Unterrichts über die Grenzen Frankreichs hinaus. So ist von MONGE außer dem genannten Werk über Differentialgeometrie besonders noch ein Lehrgang der darstellenden Geometrie, der ebenfalls 1795 zu erscheinen begonnen hat, berühmt geworden.

Der außerordentlich anregenden Lehrbegabung von MONGE gelang es, eine geometrische „Schule" zu begründen, der vor allem CH. DUPIN (1784—1873) angehört, dessen Name in diesem Kapitel wiederholt genannt wurde. Während bei MONGE die geometrische Anschauung und die Handhabung der analytischen Rechenverfahren noch aufs innigste verknüpft sind, tritt bei dem zweiten großen „Schüler" von MONGE, J. V. PONCELET (1788—1867), dem Begründer der projektiven Geometrie, eine völlige Loslösung eines Zweiges der Geometrie von der Analysis ein. Die Arbeiten aus der Schule von MONGE sind größtenteils in GERGONNES „Annales des mathématiques pures et appliquées" (Nîmes 1810—1831), der ersten rein mathematischen Zeitschrift, veröffentlicht.

Von den äußeren Lebensschicksalen von MONGE sei noch erwähnt, daß er während der Revolution Marineminister war, in nahen Beziehungen zu NAPOLEON stand, mit ihm den ersten italienischen Feldzug und das ägyptische Abenteuer mitgemacht hat. Den Sturz seines Kaisers hat MONGE nicht lange überlebt.

---

[1] C. G. J. JACOBI: Werke VII, S. 356.

§ 60. Aufgaben und Lehrsätze.

1. Ein duales Gegenstück zum Satz von MEUSNIER. Ein Drehkegel, der mit einer Torse drei benachbarte Tangentenebenen gemein hat, soll „Krümmungskegel der Torse" heißen. Es sei nun $\mathfrak{T}$ eine Tangente einer Fläche $\mathfrak{F}$. Der Berührungspunkt $\mathfrak{p}$ von $\mathfrak{T}$ mit $\mathfrak{F}$ sei kein parabolischer Punkt von $\mathfrak{F}$. Wir denken von den Punkten von $\mathfrak{T}$ aus der Fläche $\mathfrak{F}$ Kegel umbeschrieben und die zur Erzeugenden $\mathfrak{T}$ gehörigen Krümmungskegel dieser Kegel ermittelt. Alle diese Drehkegel umhüllen dann eine Kugel, die $\mathfrak{F}$ in $\mathfrak{p}$ berührt. B. HOSTINSKÝ: Nouv. Ann. de mathématiques (4) Bd. 9, S. 399—403. 1909; E. MÜLLER: Wiener Ber. 1917, S. 311—318.

2. Ein duales Gegenstück zum Satz von EULER über die Krümmungen der Normalschnitte. Es sei r der Krümmungshalbmesser des Normalquerschnittes eines Zylinders, der eine Fläche $\mathfrak{F}$ in einem nichtparabolischen Punkt $\mathfrak{p}$ berührt und φ der Winkel der Zylindererzeugenden mit einer Hauptrichtung von $\mathfrak{F}$ in $\mathfrak{p}$. Bei festem $\mathfrak{p}$ drückt sich dann die Abhängigkeit von r und φ so aus:

$$(140) \qquad r = R_1 \cos^2 \varphi + R_2 \sin^2 \varphi.$$

W. BLASCHKE: Kreis und Kugel, S. 118. Leipzig 1916.

3. Isotrope Regelflächen. Die in § 47 angegebene Bedingung $R_1 = R_2$ kennzeichnet nur im Reellen die Kugeln und Ebenen. Läßt man auch komplexe Flächen zu, so kennzeichnet $R_1 = R_2$ die Regelflächen mit isotropen Geraden (vgl. § 22) als Erzeugenden, soweit sie nicht Tangentenflächen isotroper Kurven oder isotrope Kegel sind. G. MONGE: Application de l'analyse à la géométrie. 5me éd. 1850. S. 196—211. J. A. SERRET: Journ. de Math. (1). 13 (1848). S. 361—368. Vgl. auch das Literaturverzeichnis bei L. BERWALD: Münch. Sitzungsber. 1913. S. 143.

4. Ein von BELTRAMI angegebenes duales Gegenstück zum Satz von JOACHIMSTAL aus § 36. Eine Ebene $\mathfrak{E}$ rolle auf zwei krummen Flächen $\mathfrak{F}_1$ und $\mathfrak{F}_2$; a) die Entfernung entsprechender Berührungspunkte von $\mathfrak{E}$ mit $\mathfrak{F}_1$ und $\mathfrak{F}_2$ sei fest; b) der Ort der Berührungspunkte auf $\mathfrak{F}_1$ sei Krümmungslinie von $\mathfrak{F}_1$, c) der Ort der Berührungspunkte auf $\mathfrak{F}_2$ sei Krümmungslinie von $\mathfrak{F}_2$. Aus zwei dieser Annahmen folgt die dritte. E. BELTRAMI: Opere I, S. 130. 1864.

5. DARBOUX' Umkehrung des Satzes von DUPIN (1866). Hat man zwei Scharen von Flächen, die sich in Kurven senkrecht durchsetzen, die auf der einen Flächenschar Krümmungslinien sind, so läßt sich eine dritte Flächenschar finden, die die beiden ersten zu einem dreifachen Orthogonalsystem ergänzt. G. DARBOUX: Leçons sur les systèmes orthogonaux . . ., 2. Aufl., S. 10. Paris 1910.

6. Ein Satz von BELTRAMI über koaxiale Drehflächen. Zu einer Schar von Drehflächen, die aus einer von ihnen durch Verschiebung längs der Achse entsteht, werde eine neue koaxiale Drehfläche konstruiert, die die Flächen der Schar senkrecht durchschneidet. Das Krümmungsmaß der neuen Fläche in einem Punkt ist dann entgegengesetzt gleich dem Krümmungsmaß der durch diesen Punkt hindurchgehenden Fläche der Schar. E. BELTRAMI: Opere I, S. 200. 1864.

7. Parallelflächen. Geht man von einer Fläche $\mathfrak{x}\,(u, v)$ dadurch zu einer Parallelfläche über, daß man längs der Flächennormalen das feste Stück n abträgt $(\overline{\mathfrak{x}} = \mathfrak{x} + n\,\xi)$, so erhält man für das Krümmungsmaß $\overline{K}$ und die mittlere Krümmung $\overline{H}$ dieser Parallelfläche die Ausdrücke

$$(141) \qquad \begin{aligned} \overline{K} &= \frac{K}{1 - 2\,n\,H + n^2\,K}, \\[2mm] \overline{H} &= \frac{H - n\,K}{1 - 2\,n\,H + n^2\,K}. \end{aligned}$$

Zwischen zusammengehörigen Normalen und Hauptkrümmungshalbmessern bestehen die Beziehungen

$$(142) \qquad \bar{\xi} = \xi,$$
$$\bar{R}_1 = R_1 - n, \qquad \bar{R}_2 = R_2 - n.$$

Führt man das zuerst von J. STEINER und später besonders von H. MINKOWSKI
betrachtete Integral der mittleren Krümmung

$$(143) \qquad M = \int H \, do$$

ein, so ist für geschlossene Flächen z. B. ($O =$ Oberfläche)

$$(144) \qquad M^2 - 4\pi O$$

invariant gegenüber dem Übergang zur Parallelfläche. Weitere Invarianten bei
H. LIEBMANN: Münch. Ber. 1918, S. 489—505.

Man vergleiche dazu den § 92 und die Aufgabe 1 in § 118.

8. Über die Krümmung der Asymptotenlinien. Der Krümmungshalbmesser
einer Asymptotenlinie in einem Punkt $\mathfrak{x}$ ist gleich $2:3$ des Krümmungshalbmessers
des die Asymptotenlinie berührenden Astes der Schnittkurve zwischen der Fläche
und der Tangentenebene in $\mathfrak{x}$. E. BELTRAMI: Opere I, S. 255. 1865.

9. Kanonische Reihenentwicklung. Entwickelt man die Gleichung einer krummen Fläche in der Form

$$(145) \qquad x_3 = \tfrac{1}{2}(a_{11} x_1^2 + a_{22} x_2^2) + \tfrac{1}{6}(a_{111} x_1^3 + 3 a_{112} x_1^2 x_2 + 3 a_{221} x_1 x_2^2$$
$$+ a_{222} x_2^3) + \cdots,$$

so hängen die Werte der Koeffizienten a mit den Hauptkrümmungshalbmessern
im Ursprung so zusammen

$$a_{11} = \frac{1}{R_1}, \qquad a_{22} = \frac{1}{R_2};$$

$$(146)$$

$$a_{111} = \frac{\partial}{\partial x_1}\frac{1}{R_1}, \qquad a_{112} = \frac{\partial}{\partial x_2}\frac{1}{R_1}, \qquad a_{221} = \frac{\partial}{\partial x_1}\frac{1}{R_2}, \qquad a_{222} = \frac{\partial}{\partial x_2}\frac{1}{R_2}.$$

E. BELTRAMI: Opere I, S. 297, 298. 1866.

10. Deutungen des Krümmungsmaßes. Es sei $\mathfrak{p}$ eine Stelle elliptischer Krümmung auf einer Fläche $\mathfrak{F}$ und V der Rauminhalt eines kleinen Eikörpers (konvexen Körpers), der einerseits von $\mathfrak{F}$ und andrerseits von einer Parallelebene im
Abstand h zur Tangentenebene von $\mathfrak{F}$ in $\mathfrak{p}$ begrenzt wird. Dann gilt für das Krümmungsmaß von $\mathfrak{F}$ in $\mathfrak{p}$

$$(147) \qquad K = \lim_{h \to 0}\left(\frac{\pi h^2}{V}\right)^2.$$

W. BLASCHKE: Jahresber. Dtsch. Math. Ver. Bd. 27, S. 149. 1919. Bedeutet O
den krummen Teil der Oberfläche unseres Eikörpers, so ist

$$(148) \qquad K = \lim_{h \to 0}\left(\frac{2\pi h}{O}\right)^2.$$

11. Nabelpunkte. Es sind die Nabelpunkte auf der Fläche $x_1 x_2 x_3 = 1$ zu ermitteln.

12. Asymptotenlinien. Es sind die Asymptotenlinien auf einer Ringfläche zu
bestimmen, die durch Umdrehung eines Kreises um eine Tangente entsteht.

13. H. MINKOWSKIS Stützfunktion. Es sei $\mathfrak{F}$ eine Fläche, die keine Torse ist.
Die Entfernung p der Tangentenebene vom Ursprung sei als Funktion der Koordinaten ξ_1, ξ_2, ξ_3 des Einheitsvektors der Flächennormalen dargestellt.

Wegen $\xi^2 = 1$ kann man die „Stützfunktion" P von $\mathfrak{F}$ so normieren, daß

$$(149) \qquad P(\xi_1, \xi_2, \xi_3) = p(\xi_1, \xi_2, \xi_3),$$

und

$$(150) \qquad P(\mu\,\alpha_1, \mu\,\alpha_2, \mu\,\alpha_3) = \mu\,P(\alpha_1, \alpha_2, \alpha_3)$$

wird für $\mu > 0$. Wird dann zur Abkürzung für die Ableitungen

$$(151) \qquad \frac{\partial^2 P(\xi_1, \xi_2, \xi_3)}{\partial\alpha_i\,\partial\alpha_k} = P_{ik}$$

geschrieben, so gilt für beliebige a_k die Gleichung

$$(152) \qquad R_1 R_2 = -\frac{\begin{vmatrix} P_{11} & P_{12} & P_{13} & a_1 \\ P_{21} & P_{22} & P_{23} & a_2 \\ P_{31} & P_{32} & P_{33} & a_3 \\ a_1 & a_2 & a_3 & 0 \end{vmatrix}}{(a_1\xi_1 + a_2\xi_2 + a_3\xi_3)^2}$$

Vgl. L. Painvin: J. Math. (2), Bd. 17, S. 219—248. 1872 und im folgenden § 94.

14. Ein Satz von A. Voss über Kanalflächen. Schlägt man um die Punkte $\mathfrak{x}$ einer Kurve $\mathfrak{y}\,(u)$ Kugeln vom Halbmesser $r\,(u)$, so umhüllen diese eine sogenannte Kanalfläche, die man folgendermaßen durch Parameter u, v darstellen kann:

$$(153) \qquad \mathfrak{x}(u, v) = \mathfrak{y} - r\,r'\,\xi_1 + r\,\sqrt{1 - r'^2}\cdot(\xi_2\cos v + \xi_3\sin v).$$

Dabei bedeuten die $\xi_k\,(u)$ die Einheitsvektoren des begleitenden Dreibeins der Kurve $\mathfrak{y}\,(u)$. Betrachtet man nun zwei solche Kanalflächen, wobei die **zugehörigen** Leitlinien $\mathfrak{y}\,(u)$, $\mathfrak{y}_1\,(u)$ ($\mathfrak{y}'^2 = 1$, $\mathfrak{y}_1'^2 = 1$) in entsprechenden Punkten gleiche Krümmung, aber verschiedene Windung haben ($\varrho\,(u) = \varrho_1\,(u)$, $\tau\,(u) \neq \tau_1\,(u)$), so haben diese Kanalflächen in Punkten, die gleichen u, v-Werten entsprechen, gleiche Hauptkrümmungen. A. Voss: Zur Theorie der Kanalflächen. Münch. Ber. 1919, S. 353—368.

15. Ein Satz von E. Study über Normalensysteme. Man kann die Geraden des Raumes derart auf die Punktepaare $\mathfrak{p}$, $\mathfrak{q}$ einer Ebene abbilden, daß einem Normalensystem im allgemeinen eine flächentreue Abbildung $\mathfrak{p} \to \mathfrak{q}$ in der Ebene entspricht und umgekehrt. W. Blaschke: Ein Beitrag zur Liniengeometrie. Rendiconti di Palermo Bd. 33, S. 247—253. 1912.

16. Flächentreue Abbildung. Die Punkte x_1, x_2 einer Ebene lassen sich auf die Punkte derselben Ebene dadurch unter Gleichheit entsprechender Flächeninhalte abbilden, daß man setzt

$$(157) \qquad
\begin{aligned}
x_1 &= u + \frac{\partial f(u, v)}{\partial v}, & x_1^* &= u - \frac{\partial f(u, v)}{\partial v}, \\
x_2 &= v - \frac{\partial f(u, v)}{\partial u}, & x_2^* &= v + \frac{\partial f(u, v)}{\partial u}, \\
\end{aligned}$$

$$\frac{\partial^2 f}{\partial u^2}\cdot\frac{\partial^2 f}{\partial v^2} - \left(\frac{\partial^2 f}{\partial u\,\partial v}\right)^2 + 1 \neq 0.$$

G. Scheffers: Math. Z. Bd. 2, S. 181. 1918. Ein Sonderfall bei Gausz: Werke III, S. 373. Vgl. auch D.-A. Gravé: J. math. (5) Bd. 2, S. 317—361. 1896, sowie Math. Zeitschr. (26) (1927), S. 691—693.

17. Äquilonge Abbildungen. Betrachtet man eine Zuordnung $\mathfrak{E} \to \mathfrak{E}^*$ der Ebenen des Raumes, so sind entsprechende Ebenen $\mathfrak{E}$, $\mathfrak{E}^*$ im allgemeinen kollinear aufeinander abgebildet, wenn man die Schnittlinien mit unendlich benachbarten, einander zugeordneten Ebenen sich entsprechen läßt. Nach einer von E. Study eingeführten Bezeichnung nennt man die Zuordnung $\mathfrak{E} \to \mathfrak{E}^*$ „äquilong", wenn entsprechende Ebenen stets *kongruent* aufeinander bezogen sind. Schreibt man die Gleichung einer Ebene in der Form

$$(158) \qquad \frac{u+v}{1+uv}\,x_1 - i\,\frac{u-v}{1+uv}\,x_2 + \frac{1-uv}{1+uv}\,x_3 = \frac{w}{1+uv},$$

dann kann man in den Ebenenkoordinaten u, v, w, die zuerst von O. Bonnet benutzt wurden, die äquilongen Abbildungen so darstellen:

$$(159) \qquad u^* = u^*(u), \qquad v^* = v^*(v), \qquad w^* = \sqrt{\pm\,\frac{du^*}{du}\cdot\frac{dv^*}{dv}\cdot w + f(u,v)}.$$

Dazu kommen noch die Abbildungen, die man durch Vertauschung von u, v erhält. W. Blaschke: Arch. Math. Phys. (3) Bd. 16, S. 182—189. 1910. Die entsprechenden Geradentransformationen in der Ebene bei G. Scheffers: Math. Ann. Bd. 60, S. 491—531. 1905 und E. Study: Bonn, Ges. f. Natur- u. Heilk., Ber. 5. Dez. 1904.

18. Über Schiebflächen. Dafür, daß auf einer Schiebfläche sich die erzeugenden Kurven überall senkrecht durchschneiden, ist notwendig, daß die Fläche ein Zylinder ist.

19. Eine Formel von E. Laguerre. Für alle Kurven auf einer Fläche, die sich in einem Punkte berühren, stimmen dort die Ausdrücke

$$(160) \qquad \left(3\,\frac{d\Theta}{ds} + \frac{2}{\tau}\right)\frac{\sin\Theta}{\varrho} - \frac{d}{ds}\left(\frac{1}{\varrho}\right)\cdot\cos\Theta \qquad .$$

überein. Dabei bedeutet Θ den Winkel zwischen Haupt- und Flächennormale. E. Laguerre: Werke II, S. 129—130. 1870; E. Goursat: Cours d'Analyse I, 3. Aufl., S. 641—642. Paris 1917.

5. Kapitel.

Invariante Ableitungen auf einer Fläche[1].

§ 61. Invariante Ableitungen längs der Krümmungslinien.

Die Grundgleichungen der Flächentheorie, die wir in den §§ 55, 57 und 58 zusammengestellt haben, sind nicht parameterinvariant geschrieben: Sie liefern uns wohl eine Übersicht über den vollständigen Vorrat an unabhängigen Invarianten, die wir aus den unsere Fläche bestimmenden Vektoren § 55 (119) bilden können, aber die Skalarprodukte der Grundvektoren $\mathfrak{x}_u$, $\mathfrak{x}_v$, ξ sowie die Koeffizienten der in den Gleichungen (120) und (133) dargestellten Linearkombinationen sind nicht invariant gegenüber einer Transformation der Parameter:

$$(1) \qquad u = u\,(u^*, v^*), \qquad v = v\,(u^*, v^*)$$

unsrer Fläche auf eine neue Form

$$\mathfrak{x}\,(u, v) = \mathfrak{x}\,(u\,[u^*, v^*],\ v\,[u^*, v^*]) = \mathfrak{x}^*\,(u^*, v^*).$$

Den Vektoren $\mathfrak{x}_u$, $\mathfrak{x}_v$, ξ_u, ξ_v, $\mathfrak{x}_{uu}$ usw. und auch ihren Skalarprodukten und Koeffizienten von Linearkombinationen kommt im allgemeinen keine von dem Netz der an sich willkürlichen Parameterkurven $u =$ konst., $v =$ konst. unabhängige und nur die Fläche betreffende Bedeutung zu. Es ist aber unser Ziel, Invarianten zu finden, die allein von den Krümmungseigenschaften der Fläche abhängen. Auf Grund ihrer geometrischen Bedeutung haben wir schon wiederholt gewisse Ausdrücke als Invarianten erkennen können, z. B. die Hauptkrümmungsradien R_1 und R_2, das GAUSZische Krümmungsmaß K und die mittlere Krümmung H (vgl. § 44). Aber jetzt wollen wir uns systematisch auf rein rechnerischem Wege eine Übersicht über alle vorhandenen Invarianten unserer Fläche von beliebig hoher Ableitungsordnung verschaffen.

Wir sind unserm Ziele schon einen Schritt näher, wenn wir unsre Fläche auf ein Kurvennetz von invarianter Bedeutung beziehen. Am besten nehmen wir das Netz der Krümmungslinien, da dieses immer reell ist. Wir haben dann nur die Nabelpunkte (vgl. § 47) von der Betrachtung auszuschließen. [Als die Flächen mit lauter Nabelpunkten

---

[1] Die in diesem Kapitel entwickelte Methode der invarianten Ableitungen ist schon von vielen Geometern angewandt worden wie z. B. von C. RICCI. Sie ist ausführlich behandelt in dem Lehrbuch von J. KNOBLAUCH: „Grundlagen der Differentialgeometrie", Leipzig 1913.

haben wir ja in § 47 die Kugeln und Ebenen erkannt. Diese Flächen
schließen wir somit ganz von der Betrachtung aus.] Nach § 46 (50) wird
für die Krümmungslinien als Parameterkurven $F = M = 0$. Jetzt kommt
z. B. schon den Richtungen der Vektoren $\mathfrak{x}_u$ und $\mathfrak{x}_v$ als den Tangentenrichtungen der Krümmungslinien eine nur von der Fläche abhängige
invariante Bedeutung zu. Aber den Vektoren $\mathfrak{x}_u$ und $\mathfrak{x}_v$ kommt ihrer
Länge nach noch keine invariante Bedeutung zu. Denn durch den Über-
gang zu dem invarianten Parameternetz der Krümmungslinien haben
wir die Parametertransformationen noch nicht vollkommen ausgeschaltet.
Wir können noch die Transformationen

$$(2) \qquad u = f(u^*), \qquad v = g(v^*) \quad \left[\frac{df}{du^*} \neq 0, \ \frac{dg}{dv^*} \neq 0\right]$$

ausführen, ohne das Netz der Parameterkurven zu ändern. Dabei wird
dann z. B. $\partial \mathfrak{x}^* : \partial u^* = [\partial \mathfrak{x} : \partial u] \cdot f'$ mit $f' = df : du^*$. Der Substitution
(2) entspricht folgendes: Jeder Kurve der Schar $u = $ konst. des Para-
meternetzes entspricht ein bestimmter konstanter u-Wert; wir wollen
sagen, den einzelnen Exemplaren der Kurven der Schar $u = $ konst. ist
eine bestimmte Skala von u-Werten zugeschrieben. Ebenso gehört zu
den Kurven $v = $ konst. eine bestimmte Skala von v-Werten. Nun entspricht einer Transformation (2) einfach eine Abänderung der beiden den
Kurvenscharen beigeschriebenen Skalen, die das Kurvennetz als Ganzes
natürlich ungeändert läßt.

Man könnte vielleicht auf den Gedanken kommen, auch diese
Skalentransformationen, etwa bei zugrunde gelegtem Netz der Krümmungslinien, noch ausschalten zu wollen, indem man die Parameter u, v
so wählt, daß sie auf den Krümmungslinien die Bogenlängen messen.
Solches ist aber im allgemeinen gar nicht möglich. Wohl kann man es
durch eine Skalentransformation erreichen, daß u und v je auf einer
herausgegriffenen Krümmungslinie von jeder Schar die Bogenlänge
messen. Damit sind aber die Skalen vollständig bestimmt, und auf den
übrigen Krümmungslinien messen u und v im allgemeinen nicht mehr
die Bogenlängen.

Wie verhalten sich nun die einzelnen Größen der Flächentheorie bei
einer Substitution (2)?

Wenn wir einmal eine absolute Invariante unsrer Fläche S gefunden
haben (wir können uns unter S z. B. eine der Invarianten H und K
vorstellen), dann sind doch schon ihre Ableitungen S_u und S_v auch
bei Verwendung der Krümmungslinienparameter nicht mehr invariant.
Denn bei der Transformation (2) substituieren sie sich nach

$$(3) \qquad \frac{\partial S^*}{\partial u^*} = S_u \cdot f', \qquad \frac{\partial S^*}{\partial v^*} = S_v \cdot g'.$$

Wir können jetzt aber ein Verfahren angeben, wie wir aus einer Invariante S durch Ableitung sofort zwei neue Invarianten gewinnen.

Es sind zwar nicht S_u und S_v, aber die beiden Größen

$$(4) \qquad S_1 = \frac{S_u}{\sqrt{E}}, \qquad S_2 = \frac{S_v}{\sqrt{G}}$$

wieder Invarianten. In der Tat gilt nach § 41 (7) bei der Substitution (2):

$$(5) \qquad E^* = E \cdot f'^2, \qquad G^* = G \cdot g'^2.$$

Aus (3) und (5) folgt dann in der Tat

$$\frac{1}{\sqrt{E^*}} \frac{\partial S^*}{\partial u^*} = \frac{S_u}{\sqrt{E}}, \qquad \frac{1}{\sqrt{G^*}} \frac{\partial S^*}{\partial v^*} = \frac{S_r}{\sqrt{G}}.$$

Wir nennen S_1 und S_2 die *invarianten Ableitungen* von S, und deuten die invariante Ableitung durch Fettdruckindizes an, und zwar die erste invariante Ableitung in (4) durch den Index **1** und die zweite durch den Index **2**. Geometrisch sind S_1 und S_2 einfach die Ableitungen der auf der Fläche gegebenen Ortsfunktion S längs der Krümmungslinien nach der Bogenlänge der Krümmungslinien. In der Tat ist das Bogenelement der u-Krümmungslinie $v = $ konst. durch

$$(6) \qquad ds_1 = \sqrt{E}\, du$$

und das der v-Krümmungslinie durch

$$(7) \qquad ds_2 = \sqrt{G}\, dv$$

gegeben. Aus $dS = S_u\, du + S_v\, dv$ folgt dann:

$$(8) \qquad S_1 = \frac{(dS)_{dv=0}}{ds_1}, \qquad S_2 = \frac{(dS)_{du=0}}{ds_2};$$

ds_1 und ds_2 sind zwei invariante Differentiale unsrer Fläche. Für ein gegebenes nicht in Richtung einer der Krümmungslinien weisendes Linienelement $\{u, v\} \rightarrow \{u + du, v + dv\}$ unserer Fläche sind ds_1 und ds_2 einfach die Bogenelemente seiner Projektionen auf die beiden Krümmungslinien durch den Punkt u, v.

Auf die Invarianten S_1 und S_2 können wir nun die beiden invarianten Differentiationsprozesse wieder anwenden, indem wir z. B.

$$(9) \qquad S_{11} = \frac{(S_1)_u}{\sqrt{E}} = \frac{S_{uu}}{E} - \frac{1}{2} \frac{S_u E_u}{E^2}, \qquad S_{12} = \frac{S_{uv}}{\sqrt{EG}} - \frac{1}{2} \frac{S_u E_v}{E\sqrt{EG}}$$

bilden. Analog erhalten wir aus S_2 zwei neue Invarianten S_{21} und S_{22}. Invariante Ableitung bezeichnen wir dabei jedesmal durch einen angehängten Fettdruckindex. Dabei ist die Reihenfolge der Indizes wesentlich. Statt der Integrierbarkeitsbedingung

$$(10) \qquad S_{uv} = S_{vu}$$

für die gewöhnlichen gemischten zweiten Ableitungen einer Größe S gilt nämlich für die gemischten invarianten Ableitungen S_{12} und S_{21} die Beziehung

$$(11) \qquad S_{12} + q S_1 = S_{21} + \bar{q} S_2,$$

wo zur Abkürzung gesetzt ist:

$$(12) \qquad q = \frac{1}{2} \frac{E_v}{E \sqrt{G}}, \qquad \bar{q} = \frac{1}{2} \frac{G_u}{G \sqrt{E}}.$$

In der Tat folgt, wenn man in (11) die invarianten durch die gewöhnlichen Ableitungen ausdrückt, das identische Bestehen der Gleichung mittels der gewöhnlichen Bedingung (10).

q und $\bar{q}$ sind absolute Invarianten unsrer Fläche, die sich bei den Transformationen (2) nicht ändern. Wir werden sie im § 62 in allgemeinen Parametern schreiben und dann in § 63 geometrisch deuten. Wir bemerken besonders: Immer, wenn wir für irgendeine Größe S die zweiten invarianten Ableitungen S_{12} und S_{21} bilden, gilt die Integrierbarkeitsbedingung (11) mit stets den gleichen Koeffizienten q und $\bar{q}$, die von der betrachteten Größe S nicht abhängen. Von der verschiedenen Form der Integrierbarkeitsbedingungen abgesehen, kann man mit den invarianten Ableitungen ebenso rechnen wie mit den gewöhnlichen. Gilt z. B. für drei Größen S, U, V:

$$S \cdot U = V,$$

so erhält man für die invariante Ableitung des Produkts

$$S_1 U + S U_1 = V_1 \quad \text{und} \quad S_2 U + S U_2 = V_2.$$

Das folgt aus der Definition (4) sofort. Die invarianten Differentiationsprozesse können wir nun auch auf den Vektor $\mathfrak{x}$ unsres Flächenpunktes anwenden und z. B.

$$(13) \qquad \mathfrak{x}_1 = \frac{\mathfrak{x}_u}{\sqrt{E}}, \qquad \mathfrak{x}_{21} = \frac{\mathfrak{x}_{uv}}{\sqrt{EG}} - \frac{1}{2} \frac{\mathfrak{x}_v G_u}{G \sqrt{EG}}$$

bilden. Die Vektoren

$$(14) \qquad \mathfrak{x}, \ \mathfrak{x}_1, \ \mathfrak{x}_2, \ \mathfrak{x}_{11}, \ \mathfrak{x}_{12}, \ \mathfrak{x}_{21}, \ \mathfrak{x}_{22}, \ \mathfrak{x}_{111} \cdots,$$

die durch invariante Ableitung entstehen, sind dann alle parameterinvariant. Da nämlich die einzelnen Komponenten $x_1(u, v)$, $x_2(u, v)$, $x_3(u, v)$ der Vektorfunktion $\mathfrak{x}(u, v)$ der Fläche als einfache Ortsfunktionen als parameterinvariante Größen zu betrachten sind, so gilt dies auch von ihren invarianten Ableitungen. (Sie sind natürlich nicht invariant gegenüber den Bewegungen des Raumes.)

Wir können nun das Problem, aus den zu der betrachteten Stelle unsrer Fläche gehörenden Vektoren § 55 (118) alle Invarianten der Fläche zu bestimmen, ersetzen durch das einfachere, die Invarianten der Vektoren (14) zu bestimmen.

Aus den Vektoren (14) lassen sich nämlich rückwärts die Vektoren § 55 (118) bestimmen, wenn man nur die Funktionen $E(u, v)$ und $G(u, v)$ kennt. Dabei nehmen wir an, daß die Vektoren § 55 (118) zu einer Darstellung in den Parametern der Krümmungslinien gehören. Das ist unmittelbar aus der Definition (4) einzusehen. Durch Umkehrung von (4), (9) erhält man z. B.

$$(15) \qquad \mathfrak{x}_u = \sqrt{E}\,\mathfrak{x}_1, \qquad \mathfrak{x}_{uv} = \sqrt{EG}\left\{\mathfrak{x}_{21} + \frac{1}{2}\frac{\mathfrak{x}_2 G_u}{G\sqrt{E}}\right\}.$$

Somit hätten wir zunächst unser Problem darauf zurückgeführt, aus den Vektoren (14) und den Funktionen $E(u,v)$, $G(u,v)$, d. h. aus E, G uud aus deren sämtlichen gewöhnlichen Ableitungen an der zu betrachtenden Stelle die sämtlichen Invarianten zu bestimmen. Von den E, G und ihren Ableitungen können wir aber sicher alle entbehren außer den folgenden:

$$(16) \qquad \begin{aligned} &E,\ E_u,\ E_{uu},\ E_{uuu}\cdots,\\ &G,\ G_v,\ G_{vv},\ G_{vvv}\cdots, \end{aligned}$$

also außer den reinen Ableitungen von E nach u und den reinen Ableitungen von G nach v. Denn alle übrigen Ableitungen von E und G lassen sich aus den Größen (16) und aus den Vektoren (14) berechnen. Da $\mathfrak{x}_1$ und $\mathfrak{x}_2$ linear unabhängig sind, lassen sich nämlich aus zwei geeigneten der drei nach (11) gültigen Gleichungen

$$(17) \qquad \mathfrak{x}_{12} + q\,\mathfrak{x}_1 = \mathfrak{x}_{21} + \bar{q}\,\mathfrak{x}_2$$

die Größen q und $\bar{q}$ mittels erster und zweiter invarianter Ableitungen des Vektors $\mathfrak{x}$ berechnen, dann lassen sich aber natürlich auch alle weiteren invarianten Ableitungen von q und $\bar{q}$, also $q_1, q_2, \bar{q}_1, \cdots$ aus entsprechend höheren invarianten Ableitungen des Vektors $\mathfrak{x}$ berechnen. Aus $q, \bar{q}$ und den Größen (16) lassen sich nun nach (12) aber E_v und G_u berechnen, und, wie man weiter leicht sieht, aus $q_1, q_2, \bar{q}_1, \bar{q}_2$ und den Größen (16) die Ableitungen $E_{uv}, E_{vv}, G_{uu}, G_{uv}$ von G und E usw. Allgemein ergibt sich dann: Alle Ableitungen von E und G, die in (16) nicht enthalten sind, lassen sich aus den Größen q und $\bar{q}$ und ihren invarianten Ableitungen und aus den Größen (16) berechnen. Das heißt aber, weil sich die $q, \bar{q}, q_1, q_2, \bar{q}_1, \cdots$ aus den Vektoren (14) ergeben haben: Alle Ableitungen von E und G, die nicht in (16) enthalten sind, lassen sich berechnen aus den Größen (16) und den Vektoren (14). Damit ist gezeigt, daß zur Bildung sämtlicher Invarianten unsrer Flächen die Vektoren (14) und die Größen (16) genügen. Nun kann man aber weiter die Größen (16) einfach weglassen, denn sie können für die Bildung von Invarianten gar nicht in Frage kommen. Es sind ja die Komponenten der Vektoren (14) alle einzeln parameterinvariant. Für die Größen (16) gelten aber die Substitutionsformeln:

$$E^* = E\cdot f'^2, \qquad G^* = G\cdot g'^2,$$

$$E_{u^*}^* = E_u f'^3 + 2E f' f'', \qquad G_{v^*}^* = G_v g'^3 + 2G g' g'',$$

$$E_{u^*u^*}^* = E_{uu} f'^4 + 5 E_u f'^2 f'' + 2 E f''^2 + 2 E f' f''' \text{ usw.}$$

Die Bildung von Parameterinvarianten kommt nun aber darauf hinaus, solche Ausdrücke zu bilden, in deren Transformationsformeln die einzelnen Substitutionskoeffizienten f', f'', g', g'', f''', ... usw. eliminiert erscheinen. Dabei ist zu beachten, daß diese Koeffizienten alle für die eine zu betrachtende Stelle unsrer Fläche zu nehmen sind, dort also die Bedeutung von lauter voneinander unabhängigen konstanten Substitutionskoeffizienten haben. Nun kommen die f', g', f'', ... aber nur bei der Substition der Größen (16) vor, nicht aber bei der der parameterinvarianten Vektoren (14), und zwar gibt es ebenso viele Substitutionskoeffizienten wie Größen E, G, E_u, G_v, ... Bei jeder neuen Ableitung der E, G tritt immer eine Substitutionsgröße auf, z. B. bei E_{uu} und G_{vv} die Größen f''' und g'''. Daher lassen sich die f', g', f'', g'', f''' usw. durch Kombination mit Komponenten der Vektoren (14) überhaupt nicht eliminieren. Die Größen ·(16) können also zur Bildung parameterinvarianter Größen keinen Beitrag liefern.

Damit ist unsere Behauptung bewiesen, daß alle Invarianten unsrer Fläche sich allein aus den Vektoren (16) bilden lassen.

Da die Größen $\sqrt{E}$ und $\sqrt{G}$ in (4) wegen der Wurzelzeichen nur bis auf einen Vorzeichenfaktor bestimmt sind, so gilt dies auch von den invarianten Ableitungen, und auch die hier und im folgenden auftretenden Invarianten werden daher häufig nur bis auf Vorzeichen bestimmt resp. bis auf Vorzeichen invariant sein. Auf diesen Umstand wollen wir im folgenden aber kein großes Gewicht legen und auch bei Größen, die nur bis auf ein Vorzeichen invariant bestimmt sind, von Invarianten sprechen. Wir brauchen die in Frage kommenden Ausdrücke ja nur ins Quadrat zu erheben, um streng genommen Invarianten zu erhalten. Auch scheint bei unsrer Behandlung die eine Schar der Krümmungslinien ausgezeichnet, nämlich die zu der der Ableitungsindex 1 gehört, während sie streng begrifflich durch kein Merkmal von der andern unterschieden ist.

§ 62. Übergang von beliebigen Parametern zu den invarianten Ableitungen.

Bevor wir daran gehen, das vollständige System der Invarianten unsrer Fläche nach den Vorschriften des § 4 aus den Vektoren (14) zu bestimmen und die Grundformeln der Flächentheorie in invarianter Schreibweise zusammenzustellen, wollen wir unseren invarianten Ableitungen noch eine neue Auffassung zugrunde legen. Es ist in jedem Fall wünschenswert, die Grundformeln der Flächentheorie in allgemeinen Parametern herzuleiten, denn dann bekommt der Formelapparat eine größere Anpassungsfähigkeit und Schmiegsamkeit an spezielle Probleme. Wir können dann jederzeit noch nach Belieben auf die verschiedensten Parameter spezialisieren, z. B. auf die der

Asymptotenlinien und Krümmungslinien, ohne uns vorzeitig auf die eine dieser Möglichkeiten festzulegen. Wir wollen jetzt zeigen, daß es für die Bestimmung der im vorigen Abschnitt erklärten invarianten Ableitungen längs der Krümmungslinien nicht nötig ist, die Fläche vorher auf die Parameter der Krümmungslinien zu transformieren, und daß es überhaupt nicht nötig ist, dafür die explizite Darstellung der Fläche in Krümmungslinienparametern zu besitzen, sondern wir werden zeigen, daß man auch direkt zu ihnen gelangen kann, wenn die Fläche in beliebigen Parametern vorliegt.

Wir betrachten die folgenden beiden quadratischen Differentialformen A und $\bar{A}$, die durch Linearkombination aus den Grundformen I und II entstehen:

$$(17) \qquad A = R_1 II - I; \qquad \bar{A} = R_2 II - I,$$

wobei R_1 und R_2 die Hauptkrümmungsradien sind. Machen wir für diese Formen den Ansatz

$$(18) \qquad A = f_{11}\, du^2 + 2 f_{12}\, du\, dv + f_{22}\, dv^2,$$

$$(19) \qquad \bar{A} = \bar{f}_{11}\, du^2 + 2 \bar{f}_{12}\, du\, dv + \bar{f}_{22}\, dv^2,$$

so ergibt sich für die Koeffizienten

$$(20) \qquad
\begin{aligned}
f_{11} &= R_1 L - E, & \bar{f}_{11} &= R_2 L - E, \\
f_{12} &= R_1 M - F, & \bar{f}_{12} &= R_2 M - F, \\
f_{22} &= R_1 N - G, & \bar{f}_{22} &= R_2 N - G.
\end{aligned}$$

Nach § 44 sind nun aber R_1 und R_2 gerade die beiden Werte für R, für die die Gleichung § 44 (29) erfüllt ist. Das heißt, es gilt

$$(21) \qquad
\begin{vmatrix} f_{11} & f_{12} \\ f_{12} & f_{22} \end{vmatrix} = 0
\quad \text{und} \quad
\begin{vmatrix} \bar{f}_{11} & \bar{f}_{12} \\ \bar{f}_{12} & \bar{f}_{22} \end{vmatrix} = 0.$$

Quadratische Formen wie (17), deren Determinante wie in (21) verschwindet, pflegt man als *ausgeartete Formen* zu bezeichnen. Die ausgearteten Formen sind nun auch dadurch gekennzeichnet, daß sie sich als das Quadrat einer Linearform darstellen lassen. In der Tat: Setzen wir etwa:

$$(22) \qquad p_1 = \sqrt{f_{11}}, \qquad p_2 = f_{12} : \sqrt{f_{11}},$$

so ergibt sich aus (21) und $f_{11} = p_1^2$, $f_{12} = p_1 \cdot p_2$:

$$(23) \qquad f_{22} = p_2^2,$$

wobei die beiden Größen p_1 und p_2 aus (22) bis auf das in $\sqrt{f_{11}}$ steckende gemeinsame Vorzeichen bestimmt sind. Wir erhalten dann

$$(24) \qquad A = (p_1\, du + p_2\, dv)^2,$$

$$(25) \qquad \sqrt{A} = p_1\, du + p_2\, dv.$$

Ebenso gilt, wenn wir

(26) $$\bar{p}_1 = \sqrt{\bar{f}_{11}}, \qquad \bar{p}_2 = \bar{f}_{12} : \sqrt{\bar{f}_{11}}$$

setzen,

(27) $$\sqrt{\bar{A}} = \bar{p}_1\, du + \bar{p}_2\, dv .$$

Die Bedeutung der Formen $\sqrt{A}$ und $\sqrt{\bar{A}}$ erkennen wir, wenn wir Krümmungslinienparameter einführen.

Dann wird $F = M = 0$ und nach § 44 (30), (31):

(28) $$2H = \frac{L}{E} + \frac{N}{G}, \qquad K = \frac{L}{E}\cdot\frac{N}{G} .$$

Der Vergleich mit § 44 (31) lehrt, daß wir für die Hauptkrümmungsradien setzen können:

(29) $$R_1 = G : N, \qquad R_2 = E : L .$$

Nach (20) haben wir dann

(30) $$\boxed{\begin{aligned} p_1 &= \sqrt{f_{11}} = \sqrt{\frac{G}{N}L - E}\, du \\ \bar{p}_1 &= \sqrt{\bar{f}_{11}} = 0 \end{aligned}} \qquad \boxed{\begin{aligned} p_2 &= 0 \\ \bar{p}_2 &= \sqrt{\frac{E}{L}N - G}\, dv \end{aligned}}$$

Wir haben also

(31) $$p_1 = \sqrt{\frac{G}{N} : \frac{E}{L} - 1}\cdot\sqrt{E}\, du; \qquad \bar{p}_2 = \sqrt{\frac{E}{L} : \frac{G}{N} - 1}\,\sqrt{G}\, dv ,$$

oder nach (6) und (7):

(32) $$\sqrt{A} = \sqrt{\frac{R_1}{R_2} - 1}\, ds_1, \qquad \sqrt{\bar{A}} = \sqrt{\frac{R_2}{R_1} - 1}\, ds_2 .$$

Da ds_1 und ds_2 als Projektionen des Bogenelements auf die Krümmungslinien gedeutet sind, ist uns daher auch die geometrische Bedeutung der Formen $\sqrt{A}$ und $\sqrt{\bar{A}}$ bekannt. Die Nullinie jeder der beiden Formen (25) und (27) ist offenbar eine Krümmungslinie. Zugleich sehen wir, daß wir die Differentialausdrücke ds_1 und ds_2, die wir im § 61 in den Parametern des Krümmungslinien durch (6), (7) geschrieben hatten, jetzt in allgemeinen Parametern durch die Linearformen

(33) $$ds_1 = \sqrt{\frac{R_2}{R_1 - R_2}}\, (p_1\, du + p_2\, dv) \quad \text{und} \quad ds_2 = \sqrt{\frac{R_1}{R_2 - R_1}}\, (\bar{p}_1\, du + \bar{p}_2\, dv),$$

darstellen können. ds_1 und ds_2 sind, wie es sein muß, nur bis auf je ein Vorzeichen bestimmt. Um im folgenden unsere Formeln besser schreiben zu können, wollen wir die Parameter u und v auch mit

$$(34) \qquad u = u^1, \qquad v = u^2$$

bezeichnen. Setzen wir dann

$$(35) \qquad n_i = \sqrt{\frac{R_2}{R_1 - R_2}}\, p_i$$

$$(36) \qquad \bar{n}_i = \sqrt{\frac{R_1}{R_2 - R_1}}\, \bar{p}_i, \qquad\qquad (i = 1, 2)$$

so erhalten wir aus (33):

$$(37) \qquad ds_1 = \sum_{i=1}^{2} n_i\, du^i; \qquad ds_2 = \sum_{i=1}^{2} \bar{n}_i\, du^i.$$

Wie aus ihrer geometrischen Bedeutung hervorgeht, sind die Formen ds_1 und ds_2 invariante lineare Differentialformen. Das heißt: Bei einer allgemeinen Parametertransformation

$$(38) \qquad u^1 = u^1(\overset{*}{u}{}^1, \overset{*}{u}{}^2), \qquad u^2 = u^2(\overset{*}{u}{}^1, \overset{*}{u}{}^2)$$

gilt für die transformierten Größen:

$$(39) \qquad \sum_{i=1}^{2} \overset{*}{n}_i\, d\overset{*}{u}{}^i = \sum_{i=1}^{2} n_i\, du^i, \qquad \sum_{i=1}^{2} \overset{*}{\bar{n}}_i\, d\overset{*}{u}{}^i = \sum_{i=1}^{2} \bar{n}_i\, du^i.$$

Die Formen ds_1, ds_2 haben in den neuen Parametern dieselbe Gestalt wie in den alten. Aus (38) folgt

$$(40) \qquad du^i = \sum_{k=1}^{2} \frac{\partial u^i}{\partial \overset{*}{u}{}^k}\, d\overset{*}{u}{}^k, \qquad\qquad (i = 1, 2)$$

und daher gilt nach (39) identisch in den Richtungen $d\overset{*}{u}{}^1 : d\overset{*}{u}{}^2$

$$(41) \qquad \sum_{i=1}^{2} \overset{*}{n}_i\, d\overset{*}{u}{}^i = \sum_{i,k=1}^{2} n_k\, \frac{\partial u^k}{\partial \overset{*}{u}{}^i}\, d\overset{*}{u}{}^i; \qquad \sum_{i=1}^{2} \overset{*}{\bar{n}}_i\, d\overset{*}{u}{}^i = \sum_{i,k=1}^{2} \bar{n}_k\, \frac{\partial u^k}{\partial \overset{*}{u}{}^i}\, d\overset{*}{u}{}^i.$$

Also haben wir für die n_i, $\bar{n}_i$ die Substitutionsformeln:

$$(42) \qquad \overset{*}{n}_i = \sum_{k=1}^{2} n_k\, \frac{\partial u^k}{\partial \overset{*}{u}{}^i}, \qquad \overset{*}{\bar{n}}_i = \sum_{k=1}^{2} \bar{n}_k\, \frac{\partial u^k}{\partial \overset{*}{u}{}^i}.$$

Wir bestimmen nun zu den n_1, n_2, $\bar{n}_1$, $\bar{n}_2$, neue Größen n^1, n^2 als Lösungen der beiden linearen Gleichungen

$$(43) \qquad \sum_{i=1}^{2} n^i\, n_i = 1, \qquad \sum_{i=1}^{2} n^i\, \bar{n}_i = 0.$$

Diese haben immer eine Lösung, denn etwa aus (30), (33) ergibt sich leicht, daß für reguläre Flächenpunkte, die keine Nabelpunkte sind, die Formen ds_1 und ds_2 nie proportional sind, daß also stets

$$(44) \qquad n_1 \bar{n}_2 - n_2 \bar{n}_1 \neq 0$$

ist. Ebenso bestimmen wir Größen $\bar{n}^1$ und $\bar{n}^2$ aus

$$(45) \qquad \sum_{i=1}^{2} \bar{n}^i \bar{n}_i = 1, \qquad \sum_{i=1}^{2} \bar{n}^i n_i = 0.$$

Wir wollen jetzt sehen, wie sich die n^i und $\bar{n}^i$ bei den Substitutionen (38) benehmen. Zunächst muß auch nach der Transformation (38):

$$(46) \qquad \sum_i \overset{*}{n}{}^i \overset{*}{n}_i = 1, \qquad \sum_i \overset{*}{n}{}^i \overset{*}{\bar{n}}_i = 0$$

gelten, also nach (43)

$$(47) \qquad \sum_i \overset{*}{n}{}^i \overset{*}{n}_i = \sum n^i n_i, \qquad \sum_i \overset{*}{n}{}^i \overset{*}{\bar{n}}_i = \sum n^i \bar{n}_i.$$

Aus (42) erhält man dann

$$(48) \qquad \begin{aligned} &\sum_{k=1}^{2} \left[\sum_{i=1}^{2} \overset{*}{n}_i \frac{\partial u^k}{\partial \overset{*}{u}{}^i} - n^k \right] n_k = 0, \\ &\sum_{k=1}^{2} \left[\sum_{i=1}^{2} \overset{*}{\bar{n}}{}^i \frac{\partial u^k}{\partial \overset{*}{u}{}^i} - n^k \right] \bar{n}_k = 0. \end{aligned}$$

Wegen (44) folgt daraus die gewünschte Formel

$$(49) \qquad n^k = \sum_{i=1}^{2} \overset{*}{n}{}^i \frac{\partial u^k}{\partial \overset{*}{u}{}^i}.$$

Ebenso erhält man für die $\bar{n}^i$:

$$(50) \qquad \bar{n}^k = \sum_{i=1}^{2} \overset{*}{\bar{n}}{}^i \frac{\partial u^k}{\partial \overset{*}{u}{}^i}.$$

Die n^k und $\bar{n}^k$ transformieren sich also genau so wie die Differentiale du_k.

Dies ist eine sehr wichtige Eigenschaft. Haben wir nämlich jetzt wieder eine allgemeine Ortsfunktion $S(u^1, u^2)$ auf unserer auf allgemeine Parameter bezogenen Fläche, so gilt bei einer Substitution (38) für die Ableitungen der Funktion S

$$(51) \qquad \frac{\partial S^*}{\partial \overset{*}{u}{}^i} = \sum_{k=1}^{2} \frac{\partial S}{\partial u^k} \frac{\partial u^k}{\partial \overset{*}{u}{}^i}.$$

Daraus ersieht man, daß für die aus den Ableitungen gebildeten Ausdrücke

$$(52) \qquad S_1 = \sum_{i=1}^{2}{}' n^i \frac{\partial S}{\partial u^i}, \qquad S_2 = \sum_{i=1}^{2} \bar{n}^i \frac{\partial S}{\partial u^i}$$

gilt:

$$(53) \qquad \sum_{i=1}^{2} \overset{*}{n}{}^i \frac{\partial S^*}{\partial \overset{*}{u}{}^i} = \sum_{i=1}^{2} n^i \frac{\partial S}{\partial u^i} \quad \text{und} \quad \sum_{i=1}^{2} \overset{*}{\bar{n}}{}^i \frac{\partial S^*}{\partial \overset{*}{u}{}^i} = \sum_{i=1}^{2} \bar{n}^i \frac{\partial S}{\partial u^i} .$$

Das erhält man ohne weiteres, indem man die n^i, $\bar{n}^i$ aus (49) und (50) und die $\delta S^* : \delta \overset{*}{u}{}^i$ aus (51) einsetzt. Die Ausdrücke S_1, S_2 sind also, wenn sie aus den Ableitungen einer parameterinvarianten Größe S gebildet werden, wieder Invarianten. Wenn wir auf die Parameter der Krümmungslinien spezialisieren, so wird nach (30)

$$(54) \qquad p_2 = n_2 = 0 \quad \text{und} \quad \bar{p}_1 = \bar{n}_1 = 0$$

und nach (43) und (45)

$$(55) \qquad n^2 = \bar{n}^1 = 0 , \qquad n^1 = \frac{1}{n_1} = \frac{1}{\sqrt{E}} , \qquad \bar{n}^2 = \frac{1}{\bar{n}_2} = \frac{1}{\sqrt{G}} .$$

Damit erkennen wir aber, daß unsre invarianten Differentiationsprozesse (52) nichts anderes sind als die invarianten Ableitungen unsres vorigen Abschnitts, nur jetzt geschrieben in allgemeinen Parametern. Die geometrische Bedeutung ist natürlich jetzt dieselbe wie früher.

Wir sehen jetzt auch, worauf die eigentliche Idee der invarianten Ableitungen beruht: Wenn wir nur einmal irgendwie zwei aus den Funktionen $\mathfrak{x}(u, v)$ der Fläche bestimmbare Größensysteme n^i und $\bar{n}^i$ gefunden haben, die die Transformationseigenschaften der Formeln (49), (50) besitzen, so können wir mit ihnen zwei invariante Differentiationsprozesse erklären, die aus jeder Parameterinvariante durch Ableitung sofort zwei neue aufzufinden gestatten. Für die n^i, $\bar{n}^i$ muß dabei notwendig die sich aus (44), (45), (46) leicht ergebende Bedingung

$$(56) \qquad n^1 \bar{n}^2 - n^2 \bar{n}^1 \neq 0$$

bestehen. Wir können dann ganz im Bereich der invarianten Ableitungen arbeiten, da wir im vorigen Abschnitt gesehen haben, daß sich alle invarianten Ausdrücke der Fläche allein aus den Vektoren (14) bestimmen.

Wir geben zum Schluß noch einmal zusammenfassend an, wie sich die Größen n^i und $\bar{n}^i$, auf die es allein ankommt, aus den Funktionen $\mathfrak{x}(u, v)$ der Fläche resp. aus den in (20) erklärten Größen f bestimmen.

Wir haben uns zunächst aus den Funktionen $\mathfrak{x}(u, v)$ nach § 41 (7) die E, F, G und nach § 42 (19) die L, M, N und dann nach § 44 (30) die R_1, R_2 zu bestimmen. Sodann bestimmen wir nach der Reihe aus (20) die

f_{ik}, $\bar{f}_{ik}$, aus (22), (26) die p_i, $\bar{p}_i$, aus (35), (36) die n_i, $\bar{n}_i$ und endlich aus (43), (45) die n^i, $\bar{n}^i$.

Zum Schluß wollen wir noch sehen, wie sich die Integrierbarkeitsbedingung (11) bzw. die Invarianten q und $\bar{q}$, die darin auftreten, in allgemeinen Parametern schreiben.

Zunächst gilt nach (52), wie man durch Elimination der $\partial S : \partial u^i$ erkennt:

$$(58) \qquad \frac{\partial S}{\partial u^i} = n_i S_1 + \bar{n}_i S_2 \qquad\qquad (i = 1, 2)$$

Die Gleichungen (58) erlauben, aus den invarianten Ableitungen einer beliebigen Größe die gewöhnlichen zu berechnen. Differenzieren wir (58) nach u_k und setzen in der Gleichung, die man erhält, nach der Vorschrift (58)

$$(59) \qquad \frac{\partial S_1}{\partial u^i} = n_i S_{11} + \bar{n}_i S_{12} , \qquad \frac{\partial S_2}{\partial u^i} = n_i S_{21} + \bar{n}_i S_{22} .$$

so ergibt sich

$$(60) \qquad \frac{\partial^2 S}{\partial u^i \partial u^k} = \frac{\partial n^i}{\partial u^k} S_1 + \frac{\partial \bar{n}_i}{\partial u^k} S_2 + n_i n_k S_{11} + n_i \bar{n}_k S_{12} + \bar{n}_i n_k S_{21} + \bar{n}_i \bar{n}_k S_{22} .$$

Die Integrierbarkeitsbedingung

$$\frac{\partial^2 S}{\partial u^i \partial u^k} = \frac{\partial^2 S}{\partial u^k \partial u^i}$$

für die gewöhnlichen zweiten Ableitungen können wir nun in der Form schreiben:

$$(61) \qquad \sum_{i, k=1}^{2} (n^i n^k - n^k \bar{n}^i) \frac{\partial^2 S}{\partial u^i \partial u^k} = 0 ,$$

denn weil das Größensystem $n^i \bar{n}^k - n^k \bar{n}^i$ in i und k schiefsymmetrisch ist, bedeutet (61) gerade die Symmetrie des Systems $\dfrac{\partial^2 S}{\partial u^i \partial u^k}$ in i und k. Aus (60) und (61) ergibt sich dann, wenn man (43), (45) berücksichtigt, eine Gleichung der Form (11), wo jetzt nur q und $\bar{q}$ durch

$$(62) \qquad q = \sum_{i, k} (n^i \bar{n}^k - n^k \bar{n}^i) \frac{\partial n_i}{\partial u^k} ; \qquad \bar{q} = \sum_{i, k} (\bar{n}^i n^k - \bar{n}^k n^i) \frac{\partial \bar{n}_i}{\partial u^k}$$

zu ersetzen sind.

§ 63. Grundformeln der Flächentheorie in invarianter Schreibweise.

Wir gehen jetzt, nachdem wir gesehen haben, wie wir von allgemeinen Parametern aus zu den invarianten Ableitungen gelangen können, an die Aufstellung der Grundformeln der Flächentheorie.

Aus (13) folgt zunächst in Krümmungslinienparametern:

$$(63) \qquad \mathfrak{x}_1 \mathfrak{x}_1 = 1 , \qquad \mathfrak{x}_1 \mathfrak{x}_2 = 0 , \qquad \mathfrak{x}_2 \mathfrak{x}_2 = 1 ,$$

was dann natürlich auch für beliebige Parameter richtig ist, wenn wir $\mathfrak{x}_1$ und $\mathfrak{x}_2$ durch

$$(64) \qquad \mathfrak{x}_1 = \sum_i n^i \frac{\partial \mathfrak{x}}{\partial u^i}, \qquad \mathfrak{x}_2 = \sum_i \bar{n}^i \frac{\partial \mathfrak{x}}{\partial u^i}$$

erklären. Der Vektor der Flächennormalen ξ ergibt sich jetzt als

$$(65) \qquad \xi = \mathfrak{x}_1 \times \mathfrak{x}_2 \,.$$

In der Tat ist ξ nach § 2 (28) Einheitsvektor.

Da der Vektor ξ sich aus $\mathfrak{x}_1$ und $\mathfrak{x}_2$ berechnen läßt, fallen die sämtlichen Invarianten, die sich aus den Vektoren

$$(66) \qquad \mathfrak{x}, \mathfrak{x}_1, \mathfrak{x}_2, \xi, \mathfrak{x}_{11}, \mathfrak{x}_{12}, \mathfrak{x}_{21}, \mathfrak{x}_{22}, \xi_1, \xi_2, \mathfrak{x}_{111} \cdots$$

berechnen lassen, mit den Invarianten der Vektoren (14) allein zusammen. Wir verfahren wieder nach den Vorschriften des § 55, lassen $\mathfrak{x}$ weg und benutzen als Grundvektoren die Vektoren $\mathfrak{x}_1$, $\mathfrak{x}_2$, ξ. Für sie gilt die Tabelle skalarer Produkte:

$$(67) \qquad \begin{aligned} \mathfrak{x}_1^2 &= \mathfrak{x}_2^2 = \xi^2 = 1, \\ \mathfrak{x}_1 \mathfrak{x}_2 &= \mathfrak{x}_1 \xi = \mathfrak{x}_2 \xi = 0 \,. \end{aligned}$$

Jetzt wollen wir die Ableitungen der Grundvektoren aus diesen selbst linear kombinieren. Wir machen zu dem Zweck den Ansatz:

$$(68) \qquad \begin{aligned} \mathfrak{x}_{11} &= \alpha_{11}\, \mathfrak{x}_1 + \alpha_{12}\, \mathfrak{x}_2 + \alpha_{13}\, \xi, \\ \mathfrak{x}_{12} &= \alpha_{21}\, \mathfrak{x}_1 + \alpha_{22}\, \mathfrak{x}_2 + \alpha_{23}\, \xi, \\ \mathfrak{x}_{21} &= \alpha_{31}\, \mathfrak{x}_1 + \alpha_{32}\, \mathfrak{x}_2 + \alpha_{33}\, \xi, \\ \mathfrak{x}_{22} &= \alpha_{41}\, \mathfrak{x}_1 + \alpha_{42}\, \mathfrak{x}_2 + \alpha_{43}\, \xi, \\ \xi_1 &= \alpha_{51}\, \mathfrak{x}_1 + \alpha_{52}\, \mathfrak{x}_2 + \alpha_{53}\, \xi, \\ \xi_2 &= \alpha_{61}\, \mathfrak{x}_1 + \alpha_{62}\, \mathfrak{x}_2 + \alpha_{63}\, \xi \end{aligned}$$

Wir müssen uns jetzt über die Gesamtheit der wesentlichen, unabhängigen Beziehungen klar werden, die auf Grund unsrer geometrischen Annahmen zwischen den Vektoren bestehen. Daß ξ Einheitsvektor der Flächennormalen ist, kommt in den Gleichungen $\xi \mathfrak{x}_1 = \xi \mathfrak{x}_2 = 0$, $\xi\xi = 1$ zum Ausdruck. Daß unsere invarianten Ableitungen längs der Krümmungslinien genommen werden, kommt nach § 46 (47) in den Gleichungen

$$(69) \qquad (\xi\, \mathfrak{x}_1\, \xi_1) = 0, \qquad (\xi\, \mathfrak{x}_2\, \xi_2) = 0$$

zum Ausdruck. Da die Krümmungslinien notwendig rechtwinklig sind, so muß sich als eine Folge von (69) ergeben, daß die Tangentenvektoren $\mathfrak{x}_1$ und $\mathfrak{x}_2$ an die Krümmungslinien rechtwinklig sind, was auf die Bedingung $\mathfrak{x}_1 \mathfrak{x}_2 = 0$ führt. Daß die invarianten Ableitungen nach den Bogenlängen der Krümmungslinien genommen werden, kommt nach § 5 (13) in $\mathfrak{x}_1 \mathfrak{x}_1 = \mathfrak{x}_2 \mathfrak{x}_2 = 1$, also darin zum Ausdruck, daß die $\mathfrak{x}_1$ und $\mathfrak{x}_2$ Einheitsvektoren sind. Damit sind aber auch alle unsere geometrischen Voraussetzungen erschöpft, und die sämtlichen Relationen, die überhaupt zwischen unsern Vektoren bestehen, sind in den Gleichungen (67) und (69) enthalten, und natürlich in den daraus sich durch Ableitung ergebenden Gleichungen sowie den jeweils bei zweimaliger Ableitung auftretenden Integrierbarkeitsbedingungen der Form (11) resp. (17) (62). Aus (69) folgt mittels $(\mathfrak{x}_1\,\mathfrak{x}_2\xi) = 1$:

$$(70) \qquad \alpha_{52} = \alpha_{61} = 0\,,$$

also

$$(71) \qquad \xi_1\,\mathfrak{x}_2 = \xi_2\,\mathfrak{x}_1 = 0$$

Durch Ableitung von $\xi\mathfrak{x}_1 = 0$ nach dem Index 2 und von $\xi\mathfrak{x}_2 = 0$ nach 1 ergibt sich dann auch

$$(72) \qquad \alpha_{23} = \xi\,\mathfrak{x}_{12} = 0 \quad \text{und} \quad \alpha_{33} = \xi\,\mathfrak{x}_{21} = 0\,.$$

Aus $\xi\xi = 1$ folgt $\xi\xi_1 = \xi\xi_2 = 0$, also nach (68)

$$(73) \qquad \alpha_{53} = \alpha_{63} = 0\,.$$

Aus $\mathfrak{x}_1\,\mathfrak{x}_1 = \mathfrak{x}_2\,\mathfrak{x}_2 = 1$ und $\mathfrak{x}_1\,\mathfrak{x}_2 = 0$ folgt weiter durch Ableitung

$$\begin{aligned}
&\mathfrak{x}_1\,\mathfrak{x}_{11} = 0\,, && \mathfrak{x}_1\,\mathfrak{x}_{12} = 0\,,\\
(74)\quad &\mathfrak{x}_{11}\,\mathfrak{x}_2 + \mathfrak{x}_1\,\mathfrak{x}_{21} = 0\,, && \mathfrak{x}_{12}\,\mathfrak{x}_2 + \mathfrak{x}_1\,\mathfrak{x}_{22} = 0\,,\\
&\mathfrak{x}_2\,\mathfrak{x}_{21} = 0\,, && \mathfrak{x}_2\,\mathfrak{x}_{22} = 0\,.
\end{aligned}$$

Aus $(74)_1$ und $(74)_6$ ergibt sich also mittels (68)

$$\alpha_{11} = \alpha_{42} = 0$$

und aus $\mathfrak{x}_1\mathfrak{x}_{12} = \mathfrak{x}_2\mathfrak{x}_{21} = 0$ folgt einerseits

$$(75) \qquad \alpha_{21} = \alpha_{32} = 0$$

und nach skalarer Multiplikation der Gleichung

$$\mathfrak{x}_{12} + q\,\mathfrak{x}_1 = \mathfrak{x}_{21} + \bar{q}\,\mathfrak{x}_2$$

mit $\mathfrak{x}_1$ und $\mathfrak{x}_2$ weiter

$$(76) \qquad q = \mathfrak{x}_1\,\mathfrak{x}_{21} = \alpha_{31}\,, \qquad \mathfrak{x}_2\,\mathfrak{x}_{12} = \alpha_{22} = \bar{q}\,.$$

Aus $(74)_3$ und $(74)_4$ ergibt sich dann schließlich

$$(77) \qquad \alpha_{12} = \mathfrak{x}_{11}\,\mathfrak{x}_2 = -\,q\,, \qquad \alpha_{41} = \mathfrak{x}_1\,\mathfrak{x}_{22} = -\,\bar{q}\,.$$

Damit haben wir alles, was wir über die spezielle Form des Gleichungssystems (68) entnehmen können, benutzt.

Schreiben wir statt α_{13} noch r und statt α_{43} weiter $\bar{r}$, so haben wir wegen $\xi_1\mathfrak{x}_1 = -\,\xi\mathfrak{x}_{11}$ und $\xi_2\mathfrak{x}_2 = -\,\xi\mathfrak{x}_{22}$ die *Grundgleichungen*:

$$(78) \qquad \boxed{\begin{aligned}\mathfrak{x}_{11} &= -\,q\,\mathfrak{x}_2 + r\,\xi\\ \mathfrak{x}_{22} &= -\,\bar{q}\,\mathfrak{x}_1 + \bar{r}\,\xi\end{aligned}} \qquad \boxed{\begin{aligned}\mathfrak{x}_{12} &= \bar{q}\,\mathfrak{x}_2\\ \mathfrak{x}_{21} &= q\,\mathfrak{x}_1\end{aligned}}$$

$$(79) \qquad \boxed{\;\xi_1 = -\,r\,\mathfrak{x}_1\;} \qquad \boxed{\;\xi_2 = -\,\bar{r}\,\mathfrak{x}_2\;}$$

Die Gleichungen sind einfach die Formeln der §§ 55, 57, die Ableitungsgleichungen von GAUSZ und WEINGARTEN in invarianter Schreibweise. Wir hätten sie auch direkt aus den dortigen Formeln durch einfaches Umschreiben auf invariante Ableitungen gewinnen können. Da für die Krümmungsrichtungen nach § 46 (52) in Krümmungsparametern die Gleichungen von RODRIGUES

$$(80) \qquad \xi_u = - \frac{1}{R_1} \mathfrak{x}_u \quad \text{und} \quad \xi_v = - \frac{1}{R_2} \mathfrak{x}_v$$

gelten, so erhält man nach Division durch $\sqrt{E}$ bzw. $\sqrt{G}$ nach (4):

$$(81) \qquad \xi_1 = - \frac{1}{R_1} \mathfrak{x}_1, \qquad \xi_2 = - \frac{1}{R_2} \mathfrak{x}_2 \, .$$

Daraus folgt, daß in (79) die Größen r und $\bar{r}$ einfach die reziproken *Hauptkrümmungsradien* R_1 und R_2 sind.

Nach (78) gilt wegen $|\xi \mathfrak{x}_1 \mathfrak{x}_2| = 1$

$$(82) \qquad |\xi \, \mathfrak{x}_1 \, \mathfrak{x}_{11}| = - q, \qquad |\xi \, \mathfrak{x}_2 \, \mathfrak{x}_{22}| = + \bar{q} \, .$$

Die Größen q und $\bar{q}$ sind also, vom Vorzeichen abgesehen, nach § 35 $(25)_3$ die *geodätischen Krümmungen der Krümmungsstreifen.*

Im § 58 haben wir gesehen, daß sich die Gleichungen von CODAZZI und das Theorema egregium von GAUSZ als die Integrierbarkeitsbedingungen unsres Systems linearer Differentialgleichungen ergeben, das durch die Ableitungsgleichungen von GAUSZ und WEINGARTEN gebildet wird. Diese Integrierbarkeitsbedingungen haben wir nun noch in den invarianten Ableitungen zu schreiben. Statt die Gleichungen (138) und (139) des § 58 umzuschreiben, wollen wir die Bedingungen der CODAZZIschen Gleichungen und des Theorema egregium gewinnen, indem wir für das System (78), (79) die für die Ableitungen der Vektoren $\mathfrak{x}_{11}, \mathfrak{x}_{12}, \mathfrak{x}_{21}, \mathfrak{x}_{22}, \xi_1$ und ξ_2 nach (11) notwendig gültigen Integrierbarkeitsbedingungen:

$$(83) \qquad \begin{aligned} \mathfrak{x}_{112} + q \, \mathfrak{x}_{11} &= \mathfrak{x}_{121} + \bar{q} \, \mathfrak{x}_{12} , \\ \mathfrak{x}_{212} + q \, \mathfrak{x}_{21} &= \mathfrak{x}_{221} + \bar{q} \, \mathfrak{x}_{22} , \\ \xi_{12} + q \, \xi_1 &= \xi_{21} + \bar{q} \, \xi_2 \end{aligned}$$

zugrunde legen. Durch invariante Ableitung von $(78)_1$ nach 2 erhalten wir z. B., wenn wir $\mathfrak{x}_{22}$ und ξ_2 hinterher wieder nach (78) (79) durch Linearkombinationen der Grundvektoren ersetzen:

$$(84) \qquad \mathfrak{x}_{112} = - q_2 \, \mathfrak{x}_2 - q \, (- \bar{q} \, \mathfrak{x}_1 + \bar{r} \, \xi) + r_2 \, \xi - r \, \bar{r} \, \mathfrak{x}_2$$

ebenso durch Ableitung von $\mathfrak{x}_{12}$ nach dem Index 1:

$$(85) \qquad \mathfrak{x}_{121} = \bar{q}_1 \, \mathfrak{x}_2 + q \, \bar{q} \, \mathfrak{x}_1 \, .$$

Aus $(83)_1$ ergibt sich dann

$$(86) \qquad \begin{aligned} - q_2 \, \mathfrak{x}_2 &+ q \, \bar{q} \, \mathfrak{x}_1 - q \, \bar{r} \, \xi + r_2 \, \xi - r \, \bar{r} \, \mathfrak{x}_2 - q^2 \, \mathfrak{x}_2 + q \, r \, \xi \\ &= \bar{q}_1 \, \mathfrak{x}_2 + q \, \bar{q} \, \mathfrak{x}_1 + \bar{q}^2 \, \mathfrak{x}_2 \, . \end{aligned}$$

Die einzelnen Faktoren der Grundvektoren müssen dann rechts und links gleich sein. Das ergibt, da die Faktoren von $\mathfrak{x}_1$ identisch übereinstimmen, die zwei Bedingungen

$$(87) \qquad\qquad -\bar{q}_1 - q_2 - q^2 - \bar{q}^2 = r\bar{r},$$

$$(88) \qquad\qquad r_2 = q(\bar{r} - r).$$

Aus den Bedingungen $(83)_2$, $(83)_3$ ergeben sich durch die entsprechende Rechnung zum Teil die Gleichungen noch einmal. Man erhält nur eine neue Gleichung

$$(89) \qquad\qquad \bar{r}_1 = \bar{q}(r - \bar{r}).$$

(87) ist das Theorema egregium von GAUSZ, rechts steht das Krümmungsmaß $r\bar{r}$. (88) und (89) sind die beiden CODAZZIschen Gleichungen. Wir können also das System von Integrierbarkeitsbedingungen zusammenstellen:

$$(90) \qquad\qquad \boxed{-\bar{q}_1 - q_2 - \bar{q}^2 - q^2 = r\bar{r}}$$

$$(91) \qquad\qquad \boxed{\begin{aligned} r_2 &= q(\bar{r} - r) \\ \bar{r}_1 &= \bar{q}(r - \bar{r}) \end{aligned}}$$

Nach § 4 ist das vollständige System der Invarianten unsrer Fläche, d. h. der Vektoren (66), durch die Skalarprodukte der Grundvektoren $\mathfrak{x}_1$, $\mathfrak{x}_2$, ξ und die Koeffizienten der Linearkombinationen der übrigen Vektoren aus ihnen gegeben. Erstere sind nach (67) aber 1 oder 0, liefern also nichts, letztere sind nach (78), (79) durch die dort auftretenden Koeffizienten q, $\bar{q}$, r, $\bar{r}$ und ihre sämtlichen invarianten Ableitungen gegeben. Denn wie man durch invariante Ableitung des Systems (78), (79) erkennt, treten nur diese bei den in Frage kommenden Linearkombinationen auf. Nun lassen sich aber die Größen q und $\bar{q}$ aus (91) durch die r, $\bar{r}$ und ihre invarianten Ableitungen ausdrücken, denn bei Ausschluß von Nabelpunkten ist nach § 47 immer $r - \bar{r} \neq 0$. Somit sind die sämtlichen absoluten Invarianten unserer Fläche durch r, $\bar{r}$ und ihre invarianten Ableitungen gegeben. Die r, $\bar{r}$ hängen von Ableitungen zweiter Ordnung des Flächenpunktes ab, die Größen r_1, r_2, $\bar{r}_1$, $\bar{r}_2$ sind die vier weiteren unabhängigen Invarianten dritter Ordnung (auch die q, $\bar{q}$ sind von dritter Ordnung). Von vierter Ordnung gibt es fünf neue von den früheren und untereinander unabhängige Invarianten. Denn zwischen den acht Größen

$$r_{11},\ r_{12},\ r_{21},\ r_{22},$$
$$\bar{r}_{11},\ \bar{r}_{12},\ \bar{r}_{21},\ \bar{r}_{22}$$

bestehen drei Beziehungen, die Integrierbarkeitsbedingungen

$$r_{12} + q\,r_1 = r_{21} + \bar{q}\,r_2,$$
$$\bar{r}_{12} + q\,\bar{r}_1 = \bar{r}_{21} + \bar{q}\,\bar{r}_2$$

und die Gleichung (90), in der man q und $\bar{q}$ nach (91) ersetzt zu denken hat.

Weiter können wir den Satz aussprechen: Eine Fläche ist bis auf Bewegungen festgelegt, wenn ihre beiden Linearformen

$$ds_1 = n_1\, du + n_2\, dv ,$$

(92)
$$ds_2 = \bar{n}_1\, du + \bar{n}_2\, dv$$

und ihre mittlere Krümmung $H = \tfrac{1}{2}\,(r + \bar{r})$ als Funktion irgendwelcher Parameter gegeben sind. In der Tat: Aus den n_i, $\bar{n}_i$ der Formen ds_1, ds_2 erhält man mittels (43), (45) die n^i, $\bar{n}^i$ und nach (62) dann die q, $\bar{q}$. Ferner ergeben sich nach der Definition (52) auch alle invarianten Ableitungen der q, $\bar{q}$ allein aus den Formen n_i, $\bar{n}_i$. Nach (90) erhält man dann auch $K = r \cdot \bar{r}$. Aus H und K kann man dann R_1 und R_2, d. h. r und $\bar{r}$ berechnen, mittels der n_i, $\bar{n}_i$ ergeben sich dann aber auch alle invarianten Ableitungen der r, $\bar{r}$, d. h. aber alle Invarianten der Fläche, w. z. b. w.

Eine nähere Untersuchung zeigt, daß man die Funktion $H(u, v)$ im allgemeinen sogar entbehren kann und daß die Fläche im allgemeinen allein durch ihre Formen ds_1 und ds_2 eindeutig bis auf kongruente Abbildungen bestimmt ist. Wir werden in den §§ 87 und 88 des nächsten Kapitels auf diese Frage ausführlich zu sprechen kommen.

Zum Schluß wollen wir noch sehen, wie sich unsre ursprünglichen quadratischen Grundformen I, II und III durch die Formen ds_1, ds_2 ausdrücken. Nach (58) haben wir, wenn wir wieder $u = u^1$, $v = u^2$ setzen:

$$\frac{\partial \mathfrak{x}}{\partial u^i} = n_i\, \mathfrak{x}_1 + \bar{n}_i\, \mathfrak{x}_2 ,$$

$$\frac{\partial \xi}{\partial u^i} = n_i\, \xi_1 + \bar{n}_i\, \xi_2 .$$

Aus

$$\mathrm{I} = \sum_{i,\, k} \left(\frac{\partial \mathfrak{x}}{\partial u^i}\, \frac{\partial \mathfrak{x}}{\partial u^k} \right) du^i\, du^k ,$$

$$\mathrm{II} = \sum_{i,\, k} - \left(\frac{\partial \mathfrak{x}}{\partial u^i}\, \frac{\partial \xi}{\partial u^k} \right) du^i\, du^k ,$$

$$\mathrm{III} = \sum_{i,\, k} \left(\frac{\partial \xi}{\partial u^i}\, \frac{\partial \xi}{\partial u^k} \right) du^i\, du^k$$

folgt dann:

$$\mathrm{I} = ds_1^2 + ds_2^2 ,$$

(93)
$$\mathrm{II} = r\, ds_1^2 + \bar{r}\, ds_2^2 ,$$

$$\mathrm{III} = r^2\, ds_1^2 + \bar{r}^2\, ds_2^2 .$$

Diese Formeln hatten wir schon im § 50 (84) gefunden.

§ 64. Gesimsflächen und Kanalflächen.

Wir wollen die Flächen mit

(94)
$$q \cdot \bar{q} = 0$$

untersuchen, also die Flächen, bei denen eine der Invarianten q oder $\bar{q}$ verschwindet. Wegen $r - \bar{r} \neq 0$ ist die Gleichung (94) nach (91) offenbar mit

(95)
$$r_2 \cdot \bar{r}_1 = 0$$

äquivalent. Wir wollen etwa $q = r_2 = 0$ annehmen. Nach (82) sind dann die Krümmungsstreifen der Schar, auf die sich der Ableitungsindex 1 bezieht, gleichzeitig geodätische Streifen. Nach § 34 (24) sind dabei die Kurven der Streifen, die Krümmungslinien, notwendig eben, was man auch direkt durch das Verschwinden der Determinante $(\mathfrak{x}_1, \mathfrak{x}_{11}, \mathfrak{x}_{111})$ nachweisen könnte. Da die Hauptnormalen einer ebenen Kurve alle in ihrer Ebene enthalten sind, und da bei unseren geodätischen ebenen Krümmungsstreifen die Flächennormalen mit den Hauptnormalen zusammenfallen, erkennt man, daß die Fläche die Schar der Ebenen senkrecht durchsetzen muß, in denen die Krümmungslinien der ausgezeichneten Schar liegen. Unsere Flächen mit $q = 0$ sind also *orthogonale Trajektorienflächen einer Schar von Ebenen*, also solche Flächen, die entstehen, wenn wir auf einer der Ebenen eine beliebige Kurve C zeichnen, und von den einzelnen Punkten von C aus die rechtwinkligen Trajektorien der Ebenenschar ziehen, also die Kurven, deren Tangente an jeder Stelle zu der hindurchgehenden Ebene der Schar normal ist. Diese Eigenschaft ist auch kennzeichnend für unsere Flächen mit $q = 0$. Denn man sieht ohne weiteres, daß bei einer Orthogonalfläche einer Ebenenschar die Schnitte mit den Ebenen der Schar Krümmungslinien sind, da sich längs derselben die in der Ebene gelegenen Flächennormalen schneiden. Andrerseits fallen die Flächennormalen mit den Hauptnormalen der verschiedenen Kurven zusammen, also sind die zugehörigen Streifen geodätisch, das heißt aber nach (82): Es ist $q = 0$. Man nennt die Flächen mit $q = 0$ nach ihrem Entdecker Monge „*surfaces moulures*" oder *Gesimsflächen*.

Wir wollen noch eine sehr einfache mechanische Erzeugung der Gesimsflächen angeben. Die Ebenen der Krümmungslinien der ausgezeichneten Schar umhüllen offenbar eine Torse. Geht man von dieser Torse aus, so kann man von ihr durch die folgende Konstruktion zu der Gesimsfläche gelangen:

Man zeichnet auf einer der Tangentenebenen der ganz beliebig anzunehmenden Torse eine beliebige Kurve $\mathfrak{K}$. Läßt man dann die Tangentenebene ohne zu gleiten auf der Torse rollen, so daß sie diese immer längs einer Erzeugenden berührt, so beschreibt $\mathfrak{K}$ die allgemeinste Gesimsfläche.

Die Richtigkeit dieser Konstruktion ergibt sich daraus, daß bei dem mechanischen Vorgang des gleitungsfreien Rollens die Bahnkurven der Punkte von $\mathfrak{K}$ jeweils senkrecht sind zu der Ebene von $\mathfrak{K}$.

Das gleichzeitige Bestehen der Gleichungen

$$q = \bar{q} = 0$$

kennzeichnet die *allgemeinen Zylinderflächen*. In der Tat folgt aus (90) $r\bar{r} = 0$. Wir können dann etwa $r = 0$ annehmen. Aus $\mathfrak{x}_{11} = \mathfrak{x}_{12} = 0$ folgt dann die Konstanz des Vektors $\mathfrak{x}_1$ auf der ganzen Fläche. Daraus folgt weiter, daß die Krümmungslinien der Schar 1 lauter parallele Geraden sind. Also ist die Fläche eine Zylinderfläche. Umgekehrt folgt für eine Zylinderfläche aus der Konstanz von $\mathfrak{x}_1$ die Gültigkeit von $q = \bar{q} = 0$.

Wir wollen nun noch eine andere Flächenklasse kurz behandeln, nämlich die durch

$$(96) \qquad r_1 \cdot \bar{r}_2 = 0$$

gekennzeichnete, die ein Gegenstück zu der Flächenklasse (95) darstellt. Wegen der Gleichberechtigung von r_1 und $\bar{r}_2$ können wir etwa $r_1 = 0$ annehmen. Aus

$$(97) \qquad r_1 = 0$$

und der CODAZZIschen Gleichung (vgl. (91))

$$r_2 = q\,(\bar{r} - r)$$

folgt mittels der Integrierbarkeitsbedingungen

$$r_{12} + q\,r_1 = r_{21} + \bar{q}\,r_2\,,$$
$$(q_1 + q\,\bar{q})\,(\bar{r} - r) + q\,\bar{r}_1 = 0\,.$$

Mittels $(91)_2$ erhält man daraus nach Weglassen des Faktors $r - \bar{r}$

$$(98) \qquad q_1 = 0$$

Aus $r_1 = q_1 = 0$ leitet man nun leicht her, daß die Determinante $(\mathfrak{x}_1, \mathfrak{x}_{11}, \mathfrak{x}_{111})$, verschwindet. Die Krümmungslinien sind also wieder eben. Aus (78) und (67) folgt dann weiter

$$(99) \qquad (\mathfrak{x}_{11}\,\mathfrak{x}_{11}) = q^2 + r^2\,.$$

Nun ist aber nach § 10 (78)

$$(100) \qquad \mathfrak{x}_{11}\,\mathfrak{x}_{11} = 1 : \varrho^2$$

das Quadrat der Krümmung $1 : \varrho$ der Krümmungslinie der Schar 1. Aus (97) und (98) folgt aber $(\mathfrak{x}_{11}\,\mathfrak{x}_{11})_1 = (r^2 + q^2)_1 = 0$. Die Krümmung ist also längs der ganzen Kurve konstant. Die Krümmungslinie ist also eine ebene Kurve konstanter Krümmung, das heißt ein Kreis. Die Krümmungslinien der einen Schar unsrer Fläche sind also alle Kreise. Da nun weiter die Normalkrümmung $b = (\xi_1\,\mathfrak{x}_1) = -r$ unsrer Krümmungsstreifen konstant längs der ganzen Kurven ist, folgt, daß die im Kapitel 3, S. 70 erwähnte Kugel jeweils für den ganzen Streifen fest ist, das heißt, daß der ganze Streifen auf einer und derselben Kugel liegt. Daraus ersieht man: Unsre Flächen sind einfach die *Hüllflächen einer einparametrigen Schar von Kugeln*. Die Hüllflächen solcher Kugelscharen pflegt man auch als *Kanalflächen* zu bezeichnen. Auch umgekehrt ist leicht einzusehen, daß die Gleichung (96) kennzeichnend für Kanalflächen ist.

Ist in (96) gleichzeitig $r_1 = 0$ und $\bar{r}_2 = 0$, so erhalten wir die sogenannten *Zykliden von* DUPIN[1]), die gleichzeitig als Hüllflächen von zwei Kugelscharen aufgefaßt werden können.

---

[1] Vgl. die Ausführungen über diese bemerkenswerten Flächen in § 55, Bd. III dieses Lehrbuchs.

Wir wollen jetzt noch die *Flächen* bestimmen, *die gleichzeitig Gesimsflächen und Kanalflächen* sind. Nach (95) und (96) haben wir wegen der Gleichberechtigung der Größen r_1, $\bar{r}_2$ und weiter der Gleichberechtigung der beiden Größen r_2 und $\bar{r}_1$ sowie der Gleichberechtigung beider aufgeführten Größenpaare miteinander nur zwei wesentlich verschiedene Fälle

$$\text{I} \qquad r_1 = r_2 = 0, \qquad [\text{oder} \quad \bar{r}_1 = \bar{r}_2 = 0]$$

$$\text{II} \qquad r_1 = \bar{r}_1 = 0 \qquad [\text{oder} \quad \bar{r}_2 = r_2 = 0].$$

Im Fall I ist nach (99), (100) r der Radius der Kugeln der Kanalfläche. Aus $r_1 = r_2 = 0$ folgt aber nach (52) das Verschwinden der gewöhnlichen Ableitungen $r_u = r_v = 0$. Das heißt, wir haben speziell die *Hüllfläche einer Schar von Kugeln mit gleichem Radius*. Solche Flächen pflegt man als *Röhrenflächen* zu bezeichnen. Im Fall II haben wir nach (91) zunächst auch $\bar{q} = 0$. Weiter bemerken wir: Für Kanalflächen $r_1 = 0$ sind ja die Krümmungslinien 1 als Kreise eben. Für den Einheitsvektor senkrecht zu der Ebene der Krümmungslinie 1, also ihren Binormalenvektor ξ_3 [vgl. § 34 (13)] wegen $\xi_3^2 = 1$, $\xi_3\,\mathfrak{x}_1 = \xi_3\,\mathfrak{x}_{11} = 0$

$$(101) \qquad \xi_3 = \frac{+\,q\,\xi + r\,\mathfrak{x}_2}{\sqrt{r^2 + q_2}}.$$

ξ_3 ist natürlich längs der Krümmungslinien 1 fest $(\xi_3)_1 = 0$. Durch Ableitung folgt aus (101) unter Berücksichtigung von $q = 0$

$$(102) \qquad (\xi_3)_2 = \frac{-1}{\sqrt{r^2 + q^2}}\left\{\left[-r_2 + q\,\bar{r} + \frac{r}{r^2 + q^2}\,(r\,r_2 + q\,q_2)\right]\mathfrak{x}_2 \right.$$
$$\left. + \left[-q_2 - r\,\bar{r} + \frac{q}{r^2 + q^2}\,(r\,r_2 + q\,q_2)\right]\xi\right\}.$$

Wegen $\bar{q} = 0$ nehmen die Gleichungen (90) und (91) nun die Form an:

$$(103) \qquad \begin{aligned} q_2 &= -q^2 - r\,\bar{r}\,, \\ r_2 &= q\,\bar{r} - q\,r\,. \end{aligned}$$

Daraus erhält man

$$(104) \qquad \frac{r\,r_2 + q\,q_2}{r^2 + q^2} = -q\,.$$

Und mittels (103) und (104) ergibt dann die Gleichung (102)

$$(105) \qquad (\xi_3)_2 = 0\,.$$

Der Vektor ξ_3 ist also überhaupt konstant. Die Kreise der Ebenen, in der sich die benachbarten Kugeln der Schar der Kanalfläche schneiden, liegen somit alle in parallelen Ebenen. Das ist aber nur möglich, wenn die Mittelpunkte der Kugeln alle auf der festen Geraden liegen. Die Hüllfläche einer solchen Kugelschar ist aber eine *Drehfläche*. Man überzeugt sich leicht, daß II die Drehflächen kennzeichnet.

§ 65. Invariante Ableitungen in beliebiger Richtung.

Die vorhergehenden Untersuchungen könnten den Anschein erwecken, als ob die invarianten Ableitungen nur bei Fragen mit Erfolg verwandt werden können, die in besonderer Beziehung zu dem Netz der Krümmungslinien stehen. Wir wollen hier zeigen, daß sie sich auch auf die Theorie beliebiger Flächenkurven anwenden lassen.

Ziehen wir von einem Flächenpunkt aus auf der Fläche eine Kurve in beliebiger Richtung, so ist der Einheitsvektor $\mathfrak{x}_a$ ihrer Tangenten in der Form

$$(106) \qquad \mathfrak{x}_a = \cos \alpha \, \mathfrak{x}_1 + \sin \alpha \, \mathfrak{x}_2$$

darstellbar. In der Tat gilt $\mathfrak{x}_a \mathfrak{x}_a = 1$ und α ist der Winkel, den unsre Kurve mit der Krümmungsrichtung 1 bildet. Geben wir den Winkel α als Funktion

$$(107) \qquad \alpha = \alpha (s)$$

der Bogenlänge der Kurve, so ist dadurch eine Art natürlicher Gleichung der allgemeinen Flächenkurve gegeben, durch die sie eindeutig festgelegt ist. Ist $S(u, v)$ eine Ortsfunktion auf unsrer Fläche und bilden wir die Ableitung S_a von S längs der Kurve (107) nach der Bogenlänge der Kurve, so muß

$$(108) \qquad S_a = \cos \alpha \, S_1 + \sin \alpha \, S_2$$

sein. In der Tat ergibt sich ja auch der Tangentenvektor $\mathfrak{x}_a$ in (106) mittels des Differentiationsprozesses (108). Für $\alpha = 0$ und $\alpha = \dfrac{\pi}{2}$ ergeben sich, wie es sein muß, die gewöhnlichen invarianten Differentiationen längs der Krümmungslinien. Mit dem Differentiationsprozeß α können wir bei dem Differenzieren von Gleichungen wieder nach den geläufigen Regeln arbeiten. Wir können auch die höheren Ableitungen des Vektors $\mathfrak{x}_a$ nach den Bogenlängen der Kurve (107) bilden. Es ergibt sich aus (106), wenn wir wieder

$$(109) \qquad \begin{aligned} \mathfrak{x}_{1a} &= \cos \alpha \, \mathfrak{x}_{11} + \sin \alpha \, \mathfrak{x}_{12}, \\ \mathfrak{x}_{2a} &= \cos \alpha \, \mathfrak{x}_{21} + \sin \alpha \, \mathfrak{x}_{22} \end{aligned}$$

setzen und bedenken, daß

$$(110) \qquad \alpha' = \cos \alpha \cdot \alpha_1 + \sin \alpha \cdot \alpha_2$$

die Ableitung der Funktion (107) ist:

$$(111) \qquad \mathfrak{x}_{aa} = \mathfrak{x}_{11} \cos^2 \alpha + (\mathfrak{x}_{12} + \mathfrak{x}_{21}) \sin \alpha \cos \alpha + \mathfrak{x}_{22} \sin^2 \alpha \\ + \alpha' (- \mathfrak{x}_1 \sin \alpha + \mathfrak{x}_2 \cos \alpha).$$

Drücken wir darin nach (78), (79) alle Vektoren durch die Grundvektoren aus, so erhalten wir:

$$(112) \qquad \begin{aligned} \mathfrak{x}_{aa} = {} & (- \alpha' + q \cos \alpha - \bar{q} \sin \alpha) \sin \alpha \cdot \mathfrak{x}_1 \\ & + (\alpha' - q \cos \alpha + \bar{q} \sin \alpha) \cos \alpha \, \mathfrak{x}_2 + (r \cos^2 \alpha + \bar{r} \sin^2 \alpha) \xi. \end{aligned}$$

Wir können uns jetzt für einen beliebigen Flächenstreifen die Invarianten a, b und c berechnen. Nach § 35 muß jetzt

$$a = (\xi\, \mathfrak{x}_a\, \xi_a),$$
$$b = (\mathfrak{x}_a\, \xi_a),$$
$$c = -\, (\xi\, \mathfrak{x}_a\, \mathfrak{x}_{aa})$$

sein. Wegen

$$(113) \qquad \xi_a = \cos\alpha\, \xi_1 + \sin\alpha\, \xi_2 = -\, r\cos\alpha\, \mathfrak{x}_1 - \bar{r}\sin\alpha\, \mathfrak{x}_2$$

ergibt die Rechnung

$$(114) \qquad a = (r - \bar{r})\sin\alpha\cos\alpha\,,$$

$$(115) \qquad b = -\, r\cos^2\alpha - \bar{r}\sin^2\alpha\,,$$

$$(116) \qquad -\, c = \alpha' - q\cos\alpha + \bar{q}\sin\alpha\,.$$

Aus (115) ersehen wir, daß sich die Funktion α der beiden Asymptotenlinien durch

$$(117) \qquad \operatorname{tg}\alpha = \pm\, \sqrt{-\, r : \bar{r}}$$

berechnet.

Den beiden Lösungen α_1 und α_2 von (117) entsprechen die beiden Winkel, die die beiden Asymptotenlinien mit der Krümmungslinie 1 einschließen. Für den Winkel $\varphi = \alpha_1 + \alpha_2$ der beiden Schmiegtangenten erhält man

$$(118) \qquad \cos\varphi = -\left(\frac{r + \bar{r}}{r - \bar{r}}\right).$$

Auf die Flächen $r + \bar{r} = 0$ oder $H = 0$ mit normalen Schmiegtangenten, auf die sogenannten Minimalflächen, werden wir im § 105 ff. zu sprechen kommen.

Für die geodätischen Streifen $c = 0$ auf einer Fläche erhalten wir eine Differentialgleichung erster Ordnung für die Funktion $\alpha(s)$. Von einem Flächenpunkt aus laufen also nach allen Richtungen noch geodätische Streifen.

Mit den geodätischen Streifen und den zugehörigen Kurven, den *geodätischen Linien* auf der Fläche, wollen wir uns im nächsten Kapitel beschäftigen.

§ 66. Aufgaben und Lehrsätze.

1. Zentraflächen einer gegebenen Fläche. Die auf der Normalen einer Fläche $\mathfrak{x}(u, v)$ gelegenen Punkte

$$(119) \qquad \mathfrak{z} = \mathfrak{x} + \frac{1}{r}\, \xi \quad \text{und.} \quad \bar{\mathfrak{z}} = \mathfrak{x} + \frac{1}{\bar{r}}\, \xi$$

beschreiben (im allgemeinen Fall) je eine Fläche, die von den Normalen der Urfläche umhüllt wird. Die beiden Flächen $\mathfrak{z}(u, v)$ und $\bar{\mathfrak{z}}(u, v)$ sind die einzigen Hüllflächen des Strahlensystems (vgl. § 123) der Normalen unserer Fläche und heißen auch *Zentraflächen* oder *Evolutenflächen*. Wir wollen $r\bar{r} \neq 0$, $r - \bar{r} \neq 0$

voraussetzen. Die Zentraflächen können dann nur noch für Kanalflächen in Kurven ausarten. Nehmen wir $r_1 \bar{r}_2 \neq 0$ an, so haben wir zwei reguläre Flächen $\mathfrak{z}$ und $\bar{\mathfrak{z}}$. Man zeige:

a) Den Krümmungslinien der Schar 1 entsprechen auf der Fläche $\mathfrak{z}$ geodätische Linien (und ebenso den Krümmungslinien der Schar 2 auf der Fläche $\bar{\mathfrak{z}}$).

b) Die Flächen, bei denen identisch in u und v zwischen r und $\bar{r}$ eine Beziehung der Form

$$(120) \qquad\qquad f(r, \bar{r}) = 0$$

besteht, sind dadurch gekennzeichnet, daß sich die Asymptotenlinien ihrer beiden Zentraflächen entsprechen. Diese sogenannten *Flächen von* WEINGARTEN (oder *W*-Flächen) sind auch gekennzeichnet durch die Differentialgleichung:

$$(121) \qquad\qquad r_1 \bar{r}_2 = r_2 \bar{r}_1 .$$

c) Bei den Flächen mit

$$\frac{1}{r} - \frac{1}{\bar{r}} = \text{konst.}$$

und nur bei diesen entsprechen sich auf den beiden Zentraflächen die Krümmungslinien.

2. Sind bei zwei von einem Punkt in senkrechten Richtungen auslaufenden Flächenstreifen die Normalkrümmungen gleich, so sind die beiden Richtungen notwendig die Richtungen der Winkelhalbierenden der Krümmungslinien.

3. Man zeige: Durch $r_1 q = q_1 r$ sind die *Flächen mit einer Schar ebener Krümmungslinien* 1, durch

$$(r_{11} q_1 - r_1 q_{11})(r r_1 + q q_1) = 0$$

aber für $r_1 q \neq q_1 r$ die *Flächen mit einer Schar sphärischer Krümmungslinien* 1 gekennzeichnet. Für $q_1 = 0$ ergeben sich die Flächen, die aus einer Schar von Orthogonaltrajektorien einer beliebigen Kugelschar gebildet sind. Bei ihnen liegen die Krümmungslinien 1 alle auf zur Fläche senkrechten Kugeln.

4. Schließt man die WEINGARTENschen Flächen der Aufgabe 1b aus $[r_1 \bar{r}_2 - r_2 \bar{r}_1 \neq 0]$, so kann man als Parameter u, v der einzelnen Punkte der Fläche die dortigen Werte der Hauptkrümmungen r und $\bar{r}$ annehmen. Man zeige, daß eine Fläche bis auf kongruente Abbildungen festgelegt ist, wenn nur ihre vier Invarianten dritter Ordnung r_1, r_2, $\bar{r}_1$ und $\bar{r}_2$ als Funktionen $r_1(r, \bar{r})$; $r_2(r, \bar{r})$; $\bar{r}_1(r, \bar{r})$; $\bar{r}_2(r, \bar{r})$ von r und $\bar{r}$ festgelegt sind. Welchen Integrierbarkeitsbedingungen müssen die vier Funktionen genügen, damit zu ihnen eine Fläche gehört? Zur Idee, gewisse Invarianten einer Fläche durch „natürliche Gleichungen" festzulegen, indem man weitere Invarianten als Funktionen dieser vorgibt, vergleiche man etwa G. SCHEFFERS, Einführung in die Theorie der Flächen, S. 433. Leipzig: Veit & Co. 1913.

6. Kapitel.

Geometrie auf einer Fläche.

§ 67. Verbiegung.

In diesem Kapitel soll der Grundgedanke von Gausz' flächentheoretischen Untersuchungen auseinandergesetzt werden. Denkt man sich eine Fläche aus einem biegsamen, undehnbaren Stoff hergestellt, wie er etwa durch Papier verwirklicht wird, so läßt diese Fläche (oder ein genügend kleines Stück von ihr) außer ihrer Beweglichkeit als starrer Körper im allgemeinen auch noch Formänderungen, sogenannte „*Verbiegungen*" zu. Die Undehnbarkeit äußert sich dadurch, daß die Bogenlängen aller auf der Fläche gezogenen Kurven bei der Verbiegung ungeändert bleiben. Etwas allgemeiner bezeichnet man als „*längentreue*" oder „*isometrische Abbildung*" zweier Flächen aufeinander eine Transformation mit Erhaltung der Längen. Verbiegungen von Flächenstreifen haben wir ja schon im § 37 behandelt. Jetzt wollen wir uns mit der Verbiegung ganzer Flächen beschäftigen.

Während nun die gewöhnliche Flächentheorie die Eigenschaften der Flächen untersucht, die erhalten bleiben, wenn man die Fläche als starren Körper bewegt, untersucht die Gauszsche „Geometrie auf einer Fläche" die gegenüber längentreuen Abbildungen invarianten Eigenschaften, also die „inneren" Eigenschaften der Fläche, die nur von den Maßverhältnissen auf der Fläche selbst und nicht von denen des umgebenden Raumes abhängen. Diese Betrachtungsweise ist auf praktischem Boden erwachsen, nämlich aus der Frage der Geodäsie, was man aus Messungen auf der krummen Erdoberfläche über diese Fläche aussagen kann.

Wir wollen in diesem Kapitel wieder zur gewöhnlichen Schreibweise der Flächentheorie zurückkehren, wie wir sie im 4. Kapitel benutzt haben, so daß die Kenntnis des 5. Kapitels für das Verständnis dieses 6. Kapitels nicht nötig ist.

Als Beispiel der längentreuen Abbildung soll gezeigt werden, daß man ein genügend kleines Stück einer Torse längentreu auf die Ebene abbilden kann. Nehmen wir an, um einen bestimmten Fall herauszugreifen, die Torse sei die Tangentenfläche einer Raumkurve

$$(1) \qquad \mathfrak{x} = \mathfrak{y}(u) + v\,\mathfrak{y}'(u), \qquad \mathfrak{y}'^2 = 1.$$

Setzen wir $\mathfrak{y}' = \xi_1$ und wenden wir die Formeln § 9 (72) von Frenet an, so folgt

$$(2) \qquad \mathfrak{x}_u = \xi_1 + \frac{v}{\varrho}\,\xi_2, \qquad \mathfrak{x}_v = \xi_1$$

und für das Linienelement der Tangentenfläche

$$(3) \qquad I = ds^2 = \left(1 + \frac{v^2}{\varrho^2}\right) du^2 + 2\, du\, dv + dv^2.$$

Ordnen wir unsrer Raumkurve $(\mathfrak{y})$ eine ebene Kurve $(\mathfrak{y}^*)$ so zu, daß bei längentreuer Abbildung der beiden Kurven $\varrho(s) = \varrho^*(s)$ wird und beziehen wir die Tangentenfläche (1) von $(\mathfrak{y})$ auf die Tangentenfläche (die Ebene) von $(\mathfrak{y}^*)$

$$(4) \qquad \mathfrak{x}^* = \mathfrak{y}^*(u) + v\, \mathfrak{y}^{*\prime}(u)$$

durch gleiche u, v-Werte, so ergibt sich derselbe Wert des Bogenelements ($I = I^*$). Damit ist der gewünschte Nachweis erbracht. Ähnlich läßt sich die „Abwickelbarkeit" der Kegel und Zylinder auf die Ebene beweisen. Wir kommen auf diese „Abwickelbarkeit" der Torsen später (§ 73) zurück.

Sind zwei längentreu zugeordnete Flächen so auf Parameter u, v bezogen. daß entsprechenden Punkten dieselben Parameterwerte zugehören, so stimmen die zugehörigen ersten Grundformen, also E, F, G, für beide Flächen überein. Diese Übereinstimmung sichert die Längentreue. In der Formel (42) von § 45 ist nun das Hauptergebnis von GAUSZ enthalten, daß man das Krümmungsmaß K nur aus E, F und G berechnen kann. Das läßt sich jetzt so aussprechen: *Bei zwei längentreu aufeinander abgebildeten Flächen stimmen in entsprechenden Punkten die Krümmungsmaße überein.* Diesen Satz hat GAUSZ 1822 abgeleitet (vgl. § 89).

Es wird sich im folgenden zunächst darum handeln, etwas deutlicher den geometrischen Grund dieser Biegungsinvarianz von K aufzuhellen.

Da wir früher (§ 55) gezeigt haben, daß die Torsen durch identisches Verschwinden von K gekennzeichnet sind, so folgt aus dem GAUSZschen Satz: *Die Torsen sind die einzigen auf die Ebene längentreu abbildbaren Flächen.* Diese Tatsache war schon EULER (1770) und MONGE bekannt. Man nennt die Torsen wegen der „Abwickelbarkeit" auf die Ebene auch *„abwickelbare Flächen"*. Ließe man auch imaginäre Flächen zu, oder faßte man im reellen Gebiet den Flächenbegriff sehr allgemein[1], so wäre dieser Satz mit Einschränkungen zu versehen.

§ 68. Geodätische Krümmung.

Da ein Flächenstreifen auf unsrer Fläche bei einer Verbiegung der gesamten Fläche für sich eine Verbiegung im Sinne des § 37 erfährt, und da sich die dort erklärte geodätische Krümmung c bei einer solchen Streifenbiegung nicht ändert, so ist c eine Invariante gegenüber Biegungen der Fläche.

---

[1] H. LEBESGUE: Comptes Rendus Bd. 128, S. 1502—1505. Paris 1899. Die Tangentenflächen der isotropen Kurven (§ 19) sind nicht „abwickelbar".

c ist natürlich keine allein von der Fläche abhängige Biegungsinvariante (wie etwa K), sondern bestimmt sich erst durch eine auf der Fläche gezogene Kurve. Durch die Kurve und die Fläche ist der Flächenstreifen längs der Kurve und c als deren geodätische Krümmung dann bestimmt.

Man nennt die schon von GAUSZ betrachtete Krümmung c, deren Invarianz gegenüber Biegungen von F. MINDING (1806—1830) erkannt worden ist, nach J. LIOUVILLE (1809—1882) dann auch einfach „*geodätische Krümmung der Flächenkurve*"[1]. Bei GAUSZ heißt c „*Seitenkrümmung*".

Wir wollen im folgenden noch zur Abkürzung $1 : c = \varrho_g$ setzen und bezeichnen ϱ_g dann als *geodätischen Krümmungsradius*.

Auf unsrer Fläche $\mathfrak{x}(u, v)$ sei eine Kurve

$$(5) \qquad \mathfrak{x}(s) = \mathfrak{x}(u(s), v(s))$$

gezogen, die wir uns dadurch festgelegt denken, daß wir die Parametei u und v als Funktionen ihrer Bogenlänge s geben. Dann ist nach § 35 $(25)_3$:

$$(6) \qquad \boxed{(\mathfrak{x}_s\, \mathfrak{x}_{ss}\, \xi) = \frac{1}{\varrho_g}}.$$

Nach § 6 kehrt sich das Vorzeichen von ϱ_g um, wenn man die Richtung des Flächennormalenvektors umkehrt. Ebenso wechselt $1 : \varrho_g$ sein Zeichen, wenn man den positiven Sinn der Zählung der Bogenlänge s umdreht, wie wir das im besonderen Fall der ebenen Kurven, für die ja nach § 37 die geodätische Krümmung gleich der gewöhnlichen ist, in § 12 festgestellt haben. Was dort über das Vorzeichen gesagt wurde, läßt sich sofort auf den hier vorliegenden, allgemeineren Fall übertragen. Die geodätische Krümmung ist also zunächst nur abgesehen vom Vorzeichen erklärt. Das Zeichen kann aber dadurch festgelegt werden, daß man 1. den positiven Sinn wachsender s auf der Kurve auswählt und 2. über den Sinn des Normalenvektors ξ entscheidet.

Nach § 34 (11) und $(14)_1$ hängt die geodätische mit der gewöhnlichen Krümmung zusammen durch die Formel:

$$(7) \qquad \frac{\xi_3\, \xi}{\varrho} = \frac{1}{\varrho_g},$$

wo ϱ die gewöhnliche Krümmung und ξ_3 die Binormale unserer Kurve ist. Wir wollen aus unsern Formeln einige Schlüsse ziehen. Zunächst gilt, weil ϱ_g nur vom Streifen unserer Flächenkurve abhängt:

Berühren sich zwei Flächen längs einer Kurve, so hat diese auf beiden Flächen dieselbe geodätische Krümmung.

---

[1] F. MINDING: Bemerkung über die Abwicklung ... Crelles Journal Bd. 6, S. 159. 1830; J. LIOUVILLE in MONGES Application ... 1850, S. 568 unten.

Wenden wir ferner dieses Ergebnis auf die einer Fläche längs einer Kurve umschriebene Torse an, und beachten wir, daß ϱ_g biegungsinvariant ist und außerdem, daß bei einer ebenen Kurve die geodätische mit der gewöhnlichen Krümmung zusammenfällt, so erhalten wir weiter:

Die geodätische Krümmung einer Flächenkurve ist gleich der „Abwickelkrümmung"; d. h. der gewöhnlichen Krümmung der ebenen Kurve, die man durch Abwicklung der unsrer Fläche längs der Kurve umschriebenen Torse erhält.

Dieser Satz steckt natürlich auch unmittelbar in den Ergebnissen des § 37 über die Abwickelung eines Streifens in die Ebene. Nach § 34 haben wir weiter:

Die geodätische Krümmung einer Flächenkurve ist gleich der gewöhnlichen Krümmung ihres Normalrisses auf die Tangentenebene.

§ 69. Geodätische Linien.

Nach der Formel § 37 (41a) haben wir für die Variation der Bogenlänge einer Flächenkurve, wenn wir wieder ϱ_g für $1 : c$ setzen bei festgehaltenen Enden

$$(8) \qquad \delta s = - \int \frac{\delta n}{\varrho_g} \, d s \, .$$

Also verschwindet die erste Variation δs der Bogenlänge für beliebige Verrückungen δn für die Flächenkurven mit identisch verschwindender geodätischer Krümmung. Man nennt seit der Mitte des 19. Jahrhunderts diese Linien auf der Fläche, die an Stellen der geraden Linien in der Ebene treten, und die schon EULER betrachtet hat, *geodätische Linien*. Die geodätischen Linien sind natürlich die zu den geodätischen Streifen gehörigen Flächenkurven. Unter ihnen sind jedenfalls die kürzesten Verbindungen auf einer Fläche zwischen zwei vorgegebenen Flächenpunkten zu suchen, denn bei festgehaltenen Endpunkten verschwindet in § 37 (41) das Glied $[\delta t]_{s_1}^{s_2}$ und für $c = 0$ hat die Bogenlänge der Kurve gegenüber allen Nachbarkurven einen stationären Wert.

Nach (6) genügen die geodätischen Linien der Bedingung

$$(9) \qquad (\mathfrak{x}_s \, \mathfrak{x}_{ss} \, \xi) = 0 \, .$$

D. h. geometrisch, *ihre Schmiegebenen gehen durch die zugehörigen Flächennormalen.* Auch die geraden Linien $(\mathfrak{x}_s \times \mathfrak{x}_{ss} = 0)$ auf einer Fläche genügen der Bedingung (9).

Ferner ergibt sich aus (9), daß die geodätischen Linien einer Differentialgleichung zweiter Ordnung genügen. Wir werden diese Differentialgleichung im § 83 (129) explizit aufschreiben. In

$$(10) \quad \mathfrak{x}_{ss} = \mathfrak{x}_{uu} \left(\frac{d u}{d s}\right)^2 + 2 \mathfrak{x}_{uv} \frac{d u}{d s} \frac{d v}{d s} + \mathfrak{x}_{vv} \left(\frac{d v}{d s}\right)^2 + \mathfrak{x}_u \frac{d^2 u}{d s^2} + \mathfrak{x}_v \frac{d^2 v}{d s^2}$$

stecken nämlich die zweiten Ableitungen der die Flächenkurve bestimmenden Funktionen $u(s)$ und $v(s)$. Wir können daher erwarten, daß durch jedes Linienelement[1] der Fläche eine einzige geodätische Linie hindurchgeht, was sich aus der Regularität der Fläche auf Grund von Existenzsätzen über gewöhnliche Differentialgleichungen zweiter Ordnung streng begründen läßt.

Nehmen wir eine einparametrige Schar geodätischer Linien, die ein Flächenstück „schlicht" überdeckt, so daß also durch jeden Punkt des Flächenstücks nur eine einzige Kurve der Schar hindurchgeht. Diese Schar — nach WEIERSTRASZ spricht man auch von einem „Feld" geodätischer Linien — nehmen wir als Kurven $v =$ konst., während die Kurven $u =$ konst. die orthogonalen Trajektorien sein sollen. Für das Bogenelement

$$d s^2 = E\, d u^2 + G\, d v^2$$

finden wir dann wegen

$$(11) \qquad \begin{aligned} \mathfrak{x}_s &= \mathfrak{x}_u : \sqrt{E}, \\ \mathfrak{x}_{ss} &= \frac{\mathfrak{x}_{uu}}{E} - \frac{1}{2}\,\mathfrak{x}_u\,\frac{E_u}{E^2} \end{aligned}$$

nach § 57 (133) die Bedingung

$$(12) \qquad \frac{1}{\varrho_s} = -\,\frac{(\sqrt{E})_v}{\sqrt{E}\,\sqrt{G}} = 0,$$

d. h. E ist nur von u abhängig, nicht von v. Führen wir nun an Stelle von u einen neuen Parameter

$$\int \sqrt{E}\, d u$$

ein, er sei nachträglich wieder mit u bezeichnet, so nimmt das Bogenelement die einfache von GAUSZ angegebene Gestalt an

$$(13) \qquad d s^2 = d u^2 + G\, d v^2.$$

Für $v =$ konst. wird

$$s = \int_{u_0}^{u_1} d u = u_1 - u_0.$$

Das gibt sofort den Satz: *Die orthogonalen Trajektorien eines geodätischen Feldes schneiden auf den geodätischen Linien des Feldes gleiche Längen ab.*

Umgekehrt: Schneiden die Kurven $u =$ konst. auf ihren orthogonalen Trajektorien $v =$ konst. gleiche Längen aus, so sind die Linien $v =$ konst. geodätisch.

---

[1] Das Wort „Linienelement" oder „Bogenelement" wird in zwei verschiedenen Bedeutungen gebraucht. Während sonst immer die erste Grundform der Flächentheorie darunter zu verstehen ist, ist hier ein Punkt mit hindurchgehender Richtung gemeint.

Die Kurven $u =$ konst. nennt man *geodätisch parallel*. Für die Bogenlänge einer Kurve des Feldes $v = v(u)$, $v(u_0) = v(u_1) = v_0$ erhält man

$$(14) \qquad s = \int\limits_{u_0}^{u_1} \sqrt{1 + G\left(\frac{dv}{du}\right)^2}\, du.$$

Wegen $G > 0$ folgt danach

$$(15) \qquad s \geqq u_1 - u_0.$$

Daraus ergibt sich, daß die geodätischen Linien *kürzeste* sind.

Läßt sich ein Bogen einer geodätischen Linie in ein „Feld" einbetten[1], *so liefert die geodätische Kurve die kürzeste Verbindung zwischen zweien ihrer Punkte im Vergleich zu allen anderen innerhalb des Feldes verlaufenden Kurven.*

Die Bedingung des Einbettens ist dabei nicht überflüssig. Davon kann man sich am besten auf der Kugelfläche überzeugen. Die Großkreise der Kugel sind dort die geodätischen Linien. Jeder Großkreisbogen, der kleiner als ein Halbkreis ist, läßt sich in ein Feld von Großkreisbogen einbetten, hingegen ein Großkreisbogen, der diametral gegenüberliegende Punkte enthält, nicht. Tatsächlich liefert aber auch ein Großkreisbogen, der über einen Halbkreis hinausragt, für die Bogenlänge kein Extrem.

§ 70. Geodätische Polarkoordinaten.

Es sei $\mathfrak{o}$ ein Punkt einer Fläche, φ der Winkel einer durch $\mathfrak{o}$ gehenden geodätischen Linie mit einer festen Richtung durch $\mathfrak{o}$, und r die auf dieser geodätischen Linie gemessene Entfernung eines ihrer Punkte von $\mathfrak{o}$. Diese Größen r, φ kann man als das Gegenstück der Polarkoordinaten der Ebene als *geodätische Polarkoordinaten* bezeichnen. Aus der Formel § 37 (41) für die Variation der Bogenlänge der geodätischen Linie $\delta s = [\delta t]_{s_1}^{s_2}$ leitet man leicht ab, daß die Kurven $r =$ konst., $\varphi =$ konst. der geodätischen Polarkoordinaten sich rechtwinklig schneiden. Im Ursprung des Polarkoordinatensystems wird nämlich $\delta t_1 = 0$ und somit folgt aus

$$\delta s = 0$$

auch $$\delta t_2 = 0,$$

d. h. die behauptete Rechtwinkligkeit.

---

[1] Die Bedingung des Einbettens ist nahe verwandt mit der sogenannten Bedingung JACOBIS, auf die wir später (§ 99) zu sprechen kommen werden.

Das Linienelement hat nach den Sätzen des vorigen Abschnitts für diese Parameter r, φ zunächst die Gauszsche Form (13)

$$(16) \qquad d s^2 = d r^2 + G\, d\varphi^2.\,{}^1)$$

Hierin ist enthalten, daß die „geodätischen Kreise" $r =$ konst. ihre geodätischen Radien $\varphi =$ konst. senkrecht durchschneiden. Es bleibt festzustellen, wie sich die Funktion $G(r, \varphi)$ an der für die Parameterdarstellung ausgezeichneten Stelle $r = 0$ verhält. Offenbar sind

$$(17) \qquad r \cos\varphi = u, \qquad r \sin\varphi = v$$

in $\mathfrak{o}$ reguläre Parameter, die man als *Normalkoordinaten* oder als Riemanns *kanonische Koordinaten* in $\mathfrak{o}$ zu bezeichnen pflegt. Sie treten an die Stelle der rechtwinkligen Koordinaten in der Ebene. Es ist

$$(18) \qquad r = \sqrt{u^2 + v^2}, \qquad \varphi = \operatorname{arctg}\frac{v}{u},$$

$$(19) \qquad d r = \frac{u\, d u + v\, d v}{r}, \qquad d\varphi = \frac{u\, d v - v\, d u}{r^2};$$

$$(20) \qquad d s^2 = \frac{u^2\, d u^2 + 2\, u v\, d u\, d v + v^2\, d v^2}{r^2} + G\, \frac{u^2\, d v^2\, 2 - u v\, d u\, d v + v^2\, d u^2}{r^4}$$

Soll dieses Linienelement die Form

$$(21) \qquad d s^2 = E_1\, d u^2 + 2 F_1\, d u\, d v + G_1\, d v^2$$

haben, wo E_1, F_1, G_1 reguläre Potenzreihen an der Stelle $u, v = 0$ sind, so muß $G(r, \varphi)$ die Form haben

$$(22) \qquad G(r, \varphi) = r^2\left\{ 1 + r^2\, \mathfrak{P}(u, v) \right\},$$

wo $\mathfrak{P}$ eine konvergente Potenzreihe in u, v ist. Ziehen wir aus dieser noch das konstante Glied heraus, so haben wir

$$(23) \qquad G(r, \varphi) = r^2\left\{ 1 + r^2[\alpha + \mathfrak{Q}(u, v)] \right\}$$
oder

$$(24) \qquad G(r, \varphi) = r^2 + \alpha r^4 + r^5 \cdot (\beta \cos\varphi + \gamma \sin\varphi) + \cdots,$$

wo die nicht hingeschriebenen Glieder in r von mindestens sechster Ordnung sind.

Die Form (16) des Bogenelements bezogen auf Riemanns Normalkoordinaten bekommt jetzt die Reihenentwicklung

$$(25) \qquad d s^2 = d u^2 + d v^2 + \alpha\, (u\, d v - v\, d u)^2 + \cdots.$$

Dreht man unser Polarkoordinatensystem um $\mathfrak{o}$, so bleibt r ungeändert, φ wächst um eine Konstante, und α bleibt fest. Daraus ergibt sich, daß α nur vom Punkt $\mathfrak{o}$ abhängt, also eine *Biegungsinvariante* der Fläche für den Punkt $\mathfrak{o}$ ist. Es bleibt festzustellen, wie α mit den Bewegungsinvarianten von § 44 zusammenhängt.

---

^{1} Auf die Frage, in welchem Umkreis um $\mathfrak{o}$ diese geodätischen Polarkoordinaten brauchbar sind, kommen wir später zu sprechen.

§ 71. Biegungsinvariante Deutung des Krümmungsmaßes.

Im vorigen Abschnitt sind wir ganz naturgemäß zu einer Biegungsinvariante α gelangt, von der wir nur festzustellen brauchen, daß sie mit dem Krümmungsmaß $K = 1 : R_1 R_2$ (§ 44) bis auf einen Zahlenfaktor zusammenfällt.

Wir brauchen nur die Formel (138) von GAUSZ in § 58 heranzuziehen. Setzt man darin $E = 1$, $F = 0$, so wird

$$(26) \qquad K = - \frac{1}{\sqrt{G}} \frac{\partial^2}{\partial r^2} \sqrt{G}.$$

Hieraus ergibt sich sofort mittels (24) für den Wert K_0 von K im Ursprung des geodätischen Polarkoordinatensystems:

$$(27) \qquad \alpha = - \tfrac{1}{3} K_0,$$

so daß also tatsächlich α im wesentlichen mit dem Krümmungsmaß im Ursprung zusammenfällt.

Aus unsren Formeln folgt leicht eine geometrische Deutung des Krümmungsmaßes, die seine Biegungsinvarianz in helles Licht rückt. Es war für geodätische Polarkoordinaten

$$(28) \qquad d s^2 = d r^2 + \left(r^2 - \frac{K_0}{3} r^4 + \cdots \right) d\varphi^2.$$

Berechnen wir hieraus die Umfänge L der Kurven $r = $ konst., die man nach GAUSZ als „*geodätische Kreise*" bezeichnet, so finden wir

$$(29) \qquad L = \int\limits_{-\pi}^{+\pi} \sqrt{G\, d\varphi} = \int\limits_{-\pi}^{+\pi} \left(r - \frac{K_0}{6} r^3 + \cdots \right) d\varphi$$

oder

$$(30) \qquad L = 2 \pi r - \frac{\pi}{3} K_0 r^3 + \cdots.$$

Somit ist, wie J. BERTRAND und V. PUISEUX 1848 gefunden haben[1],

$$(31) \qquad K_0 = \lim_{r \to 0} \frac{3}{\pi} \cdot \frac{2 \pi r - L}{r^3}.$$

Das ist die gewünschte „innere" geometrische Deutung von K. Man kann sie auch mit DIGUET (1848)[1] noch etwas anders fassen. Der Flächeninhalt F unseres geodätischen Kreises ist nämlich

$$(32) \qquad F = \int\limits_0^r L\, d r = \pi r^2 - \frac{\pi}{12} K_0 r^4 + \cdots$$

und daraus folgt

$$(33) \qquad K_0 = \lim_{r \to 0} \frac{12}{\pi} \cdot \frac{\pi r^2 - F}{r^4}.\qquad {}^1$$

---

[1] Vgl. G. MONGE: Application …, 5. Aufl. 1850, 4. Note, S. 583—588. DIGUET: Journ. de Mathématiques (1), Bd. 13, S. 83—86. 1848.

§ 72. Zwei verschiedene Erklärungen der geodätischen Kreise.

Wir haben im vorigen Abschnitt die geodätischen Kreise einer Fläche durch ihre Mittelpunktseigenschaft erklärt, indem wir nämlich auf allen durch einen Punkt o der Fläche gehenden geodätischen Linien von o aus dieselben Entfernungen abgetragen haben. Wir wollen die so erklärten geodätischen Kreise im folgenden „*Entfernungskreise*" nennen.

Ebenso gut kann man aber die isoperimetrische Eigenschaft der Kreise (§ 28) verwenden, um ihre Definition von der Ebene auf eine krumme Fläche zu übertragen. Die erste Variation des Umfangs L einer auf der Fläche gezogenen geschlossenen Kurve ist (vgl. § 69 (8))

$$(34) \qquad \delta L = - \oint \frac{\delta n}{\varrho_g} \cdot d s$$

und die Variation des auf der Fläche umgrenzten Flächeninhalts

$$(35) \qquad \delta F = - \oint \delta n \cdot d s.$$

Daraus ergibt sich genau wie in § 28 als Differentialgleichung die Extremalen des isoperimetrischen Problems ($L =$ gegeben, $F =$ Maximum)

$$(36) \qquad \frac{1}{\varrho_g} = \text{konst.}$$

Diese Kurven mit fester geodätischer Krümmung, die von S. LIE und G. DARBOUX als „geodätische Kreise" bezeichnet wurden, sollen hier (geodätische) „*Krümmungskreise*" genannt werden.

Wir wollen zeigen: *Dafür, daß die beiden Erklärungen der geodätischen Kreise auf einer Fläche zusammenfallen, ist notwendig, daß die Fläche festes Krümmungsmaß ($K =$ konst.) besitzt.*

Dazu setzen wir das Bogenelement in geodätischen Polarkoordinaten an (vgl. § 70).

$$(37) \quad d s^2 = d r^2 + r^2 \{1 + \alpha r^2 + (\beta \cos \varphi + \gamma \sin \varphi) r^3 + \cdots \} d \varphi^2.$$

Entwickeln wir auch K nach Potenzen von r! Es war nach (26)

$$K = - \frac{1}{\sqrt{G}} \frac{\partial^2}{\partial r^2} \sqrt{G}.$$

Setzt man für G seinen Wert aus (37) ein, so folgt:

$$(38) \qquad - K = 3 \alpha + 6 (\beta \cos \varphi + \gamma \sin \varphi) r + \cdots$$

Andrerseits findet sich für die geodätische Krümmung der Entfernungskreise $r =$ konst. nach der der Formel (12) entsprechenden Formel

$$(39) \quad \frac{1}{\varrho_g} = - \frac{(\sqrt{G})_r}{\sqrt{G}} = - \frac{1}{r} \left\{1 + \alpha r^2 + \frac{3}{2} (\beta \cos \varphi + \gamma \sin \varphi) r^3 + \cdots \right\}.$$

Dafür, daß diese Entfernungskreise auch gleichzeitig Krümmungskreise sind, ist notwendig $\beta = \gamma = 0$. Dann aber hat K nach (38) an der betreffenden Stelle einen stationären Wert, da $\partial K : \partial r$ für jede Richtung φ verschwindet. Soll das an jeder Stelle unsrer Fläche der Fall sein, so muß tatsächlich K längs der Fläche fest bleiben.

Später (§ 84) soll gezeigt werden, daß· sich die notwendige Bedingung $K =$ konst. schon aus der schwächeren Forderung herleiten läßt, daß alle Krümmungskreise *geschlossen* sein sollen, was bei den Entfernungskreisen von selbst der Fall ist.

§ 73. Flächen festen Krümmungsmaßes.

Durch unsere Fragestellung sind wir ganz von selbst auf die wichtige Klasse von Flächen mit festem K geführt worden. Um nun festzustellen, in welchem Umfang die gefundene Bedingung $K =$ konst. für die Übereinstimmung der Krümmungskreise mit den Entfernungskreisen auch hinreicht, wollen wir die Maßverhältnisse auf einer solchen Fläche untersuchen, womit schon 1830 F. MINDING begonnen hat.

Dazu führen wir auf einer solchen Fläche ein GAUSzsches geodätisches Parametersystem von der im § 69 geschilderten Art ein:

$$ds^2 = du^2 + G\,dv^2$$

und wählen insbesondere auch die Kurve $u = 0$ als geodätische Linie mit v als Bogenlänge. Dann ist

$$(40) \qquad G(0, v) = 1, \qquad G_u(0, v) = 0.$$

Ferner hatten wir für das Krümmungsmaß die Formel (26)′

$$(41) \qquad -\frac{1}{\sqrt{G}} \frac{\partial^2}{\partial u^2} \sqrt{G} = K.$$

Durch die Differentialgleichung (41) und die beiden Randbedingungen (40) ist aber die Funktion G leicht berechenbar. Ist zunächst $K = 0$, so wird

$$(42) \qquad \sqrt{G} = A(v)\,u + B(v).$$

Wegen der Randbedingungen ist $B = 1$, $A = 0$. Somit haben wir

$$(43) \qquad ds^2 = du^2 + dv^2,$$

die Maßbestimmung in der Ebene EUKLIDS. Dadurch ist aufs neue bestätigt (vgl. § 67), daß die Torsen ($K = 0$) im Kleinen auf die Ebene längentreu abbildbar sind.

Nehmen wir zweitens $K > 0$. Dann hat die allgemeine Lösung von (41) die Form

$$(44) \qquad \sqrt{G} = A(v) \cos(\sqrt{K}\,u) + B(v) \sin(\sqrt{K}\,u).$$

Unter Berücksichtigung der Randwerte ergibt sich

$$A = 1, \qquad B = 0.$$

Somit bekommen wir das Linienelement

$$(45) \qquad ds^2 = du^2 + \cos^2\left(\sqrt{K}\,u\right)\cdot dv^2.$$

Es bleibt noch der Fall $K < 0$. Man findet entsprechend

$$(46) \qquad ds^2 = du^2 + \mathrm{ch}^2\left(\sqrt{-K}\,u\right)\cdot dv^2,$$

wo der hyperbolische Kosinus die Bedeutung hat

$$(47) \qquad \mathrm{ch}\,\psi = \tfrac{1}{2}\left(e^{+\psi} + e^{-\psi}\right).$$

In den damit gewonnenen Ergebnissen ist enthalten: *Zwei genügend kleine Stücke zweier Flächen mit demselben Gaußschen Krümmungsmaß sind stets aufeinander längentreu abbildbar.*

Daß der entsprechende Satz für Flächen in ihrer Gesamterstreckung nicht mehr gilt, soll später gezeigt werden (§ 93). Da ferner, um zu unsren Normalformen des Linienelements zu kommen, der Punkt $u = 0$, $v = 0$ und durch ihn die Richtung von $v = 0$ noch beliebig wählbar ist, erkennt man: *Jede Fläche festen Krümmungsmaßes gestattet eine Gruppe längentreuer Abbildungen auf sich selbst; und zwar kann man einem Punkt und einer hindurchgehenden Richtung einen beliebigen andern Punkt und eine beliebige Richtung durch ihn zuordnen.*

Da die „Spiegelung" $u^* = -u$, $v^* = v$ ebenfalls isometrisch ist, wird durch die Zuordnung der zwei „Linienelemente" (Punkt + Richtung durch ihn) die Abbildung zweideutig bestimmt.

§ 74. Abbildung der Flächen festen negativen Krümmungsmaßes auf POINCARÉs Halbebene.

Als einfachen Typus für die Flächen $K = 0$ haben wir die Ebenen, für $K > 0$ die Kugeln. Für $K < 0$ könnten wir Kugeln mit rein imaginärem Halbmesser einführen. Doch wird eine reelle Darstellung wünschenswert sein. Dazu könnte man etwa alle Drehflächen mit festem K ermitteln, was sich mittels elliptischer Integrale leicht ausführen läßt[1]. Aber das anschaulichste Bild der Maßbestimmung auf einer Fläche, etwa mit $K = -1$, bekommt man auf folgende Weise.

Es wird für eine solche Fläche mit dem GAUSzschen Bogenelement des § 73

$$\frac{\partial^2}{\partial u^2}\sqrt{G} = \sqrt{G}\,.$$

Der Typus der betrachteten Fläche bleibt erhalten, wenn wir etwa setzen

$$(48) \qquad ds^2 = du^2 + e^{2\,u}dv^2.$$

---

[1] Vgl. etwa G. SCHEFFERS: Theorie der Flächen, 2. Aufl.,S. 139 ff., bzw. die Figur S. 141. Leipzig 1913.

Es seien nun x, y rechtwinklige Koordinaten in einer Ebene. Wir bilden die Fläche auf diese Ebene ab, indem wir setzen

$$(49) \qquad x = v, \qquad y = e^{-u}.$$

Das Abbild der Fläche auf die Ebene liegt dann jedenfalls in der oberen Halbebene $y > 0$. Dann wird

$$(50) \qquad d s^2 = \frac{d x^2 + d y^2}{y^2}.$$

Was sind die ebenen Bilder der geodätischen Linien? Dazu brauchen wir etwa nur die Extremalen der Variationsproblems

$$(51) \qquad \delta \int ds = \delta \int \frac{\sqrt{1 + y'^2}}{y}\, dx = 0$$

zu ermitteln.

Hat man ein Variationsproblem von der Form

$$(52) \qquad J = \int f(x, y, y')\, dx = \text{Extrem},$$

und betrachtet man Variationen von der Gestalt

$$(53) \qquad \bar{y} = y(x) + \varepsilon \eta(x),$$

so findet man für

$$(54) \qquad \delta J = \varepsilon\,[J'(\varepsilon)]_{\varepsilon=0} = \varepsilon \int (f_y \eta + f_{y'} \eta')\, dx.$$

Ist an den Enden der Integrationsstrecke $\eta = 0$, so folgt durch Integration nach Teilen

$$(55) \qquad \delta J = \varepsilon \int \left(f_y - \frac{d}{dx} f_{y'}\right) \eta\, dx.$$

Soll also für beliebiges η stets $\delta J = 0$ sein, so muß die Kurve $y = y(x)$ der Differentialgleichung von EULER und LAGRANGE genügen

$$(56) \qquad f_y - \frac{d}{dx} f_{y'} = 0$$

oder ausführlich

$$(57) \qquad f_y - f_{xy'} - f_{yy'} y' - f_{y'y'} y'' = 0.$$

In unsrem Fall (51) hängt f von x nicht ab. Es ist daher

$$(58) \qquad \frac{d}{dx}(f - y' f_{y'}) = y'\left(f_y - \frac{d}{dx} f_{y'}\right).$$

Die Differentialgleichung von EULER und LAGRANGE hat also hier ein „erstes Integral"

$$(59) \qquad f - y' f_{y'} = \text{konst}.$$

Setzt man für f seinen Wert ein

$$(60) \qquad f = \frac{\sqrt{1 + y'^2}}{y},$$

so erhält man

$$y \sqrt{1 + y'^2} = a$$

und daraus durch eine weitere Integration

$$(61) \qquad (x - x_0)^2 + y^2 = a^2$$

als Gleichung der Extremalen.

Die Abbilder der geodätischen Linien sind also Halbkreise, die auf der Achse $y = 0$ senkrecht aufsitzen. Dazu sind auch die Halbgeraden $x =$ konst. zu rechnen, die sich der Darstellung $y = y(x)$ entziehen.

Von der Abbildung unsrer Fläche auf die Halbebene kann man leicht einsehen, daß sie *winkeltreu* ist. Der Winkel φ zweier Linienelemente

$$d\mathfrak{x} = \mathfrak{x}_u \, du + \mathfrak{x}_v \, dv,$$

$$\delta\mathfrak{x} = \mathfrak{x}_u \, \delta u + \mathfrak{x}_v \, \delta v$$

auf einer Fläche ist durch die Formel bestimmt

$$(62) \quad \cos\varphi = \frac{d\mathfrak{x} \cdot \delta\mathfrak{x}}{ds \cdot \delta s} = \frac{E \, du \, \delta u + F (du \, \delta v + dv \, \delta u) + G \, dv \, \delta v}{\sqrt{E \, du^2 + 2F \, du \, dv + G \, dv^2} \, \sqrt{E \, \delta u^2 + 2F \, \delta u \, \delta v + G \, \delta v^2}}.$$

Für die Form (48) des Bogenelementes ergibt sich also wegen (49)

$$\cos\varphi = \frac{dx \, \delta x + dy \, \delta y}{\sqrt{dx^2 + dy^2} \, \sqrt{\delta x^2 + \delta y^2}}.$$

Das ist genau der gewöhnliche Winkel φ in der x, y-Ebene. Etwas vereinfachen kann man diese Rechnung dadurch, daß man die Invarianz des Ausdrucks rechts in (62) nachweist und dann diesen Ausdruck für das Bogenelement (50) aufstellt.

§ 75. Längentreue Abbildungen einer Fläche mit $K = -1$ auf sich selbst.

Es soll jetzt untersucht werden, was den längentreuen Abbildungen unsrer Fläche auf sich selbst in der Halbebene $y > 0$ entspricht. Nach den Ergebnissen von § 74 sehen wir: Die längentreuen Abbildungen der Fläche auf sich selbst sowie die Abbildungen der Halbebene auf sich selbst sind winkeltreu. Wir setzen nach Gausz

$$z = x + iy, \qquad i^2 = -1$$

und behaupten: jeder Substitution

$$(63) \qquad z^* = \frac{\alpha z + \beta}{\gamma z + \delta},$$

wo $\alpha, \beta, \gamma, \delta$ vier reelle Zahlen mit positiver Determinante sind ($\alpha\delta - \beta\gamma > 0$), entspricht eine isometrische Abbildung der Fläche.

Dazu braucht man nur zu zeigen, daß das Bogenelement (50) bei der Abbildung (63) erhalten bleibt. Man findet

$$dz^* = (\alpha\delta - \beta\gamma) \frac{dz}{(\gamma z + \delta)^2}$$

und aus

$$z^* = \frac{\{\alpha\,(x + i\,y) + \beta\} \cdot \{\gamma\,(x - i\,y) + \delta\}}{|\gamma\,z + \delta|^2}$$

ergibt sich

$$y^* = (\alpha\,\delta - \beta\,\gamma)\,\frac{y}{|\gamma\,z + \delta|^2}\,.$$

Daraus folgt

(63a)
$$ds^* = \frac{|dz^*|}{y^*} = \frac{|dz|}{y} = ds\,,$$

wie behauptet wurde. Nimmt man zu den Transformationen (63) noch
die Abbildung

$$x^* = -x\,, \qquad y^* = y$$

hinzu, so bekommt man durch Zusammensetzung alle Abbildungen
unsrer Halbebene $y > 0$, die den längentreuen Abbildungen der Fläche
in sich entsprechen. Dazu braucht man nur zu zeigen, daß man durch
eine Abbildung (63) jedes Linienelement in $y > 0$ in jedes andere Element derselben Halbebene überführen kann. Jeden Punkt $z_0 = x_0 + i y_0$
mit $y_0 > 0$ kann man überführen in den Punkt $z^* = i$ durch die Substitution

(63b)
$$z^* = \frac{1}{y_0}\,(z - x_0)\,.$$

Außerdem läßt sich unsre Halbebene $y > 0$ um den Punkt $z = i$
durch einen beliebigen Winkel ω „drehen", was durch die Substitution

(64)
$$z^* = \frac{\operatorname{tg}\dfrac{\omega}{2} + z}{1 - z\operatorname{tg}\dfrac{\omega}{2}}$$

gelingt. Man findet nämlich aus (64) durch Differenzieren für $z = i$

$$dz^* = e^{i\omega}\,dz\,.$$

Damit haben wir also die Gesamtheit
der längentreuen Abbildungen unsrer
Fläche auf sich selbst in den Parametern
x, y oder deren komplexer Verbindung
$x + iy = z$ analytisch dargestellt.

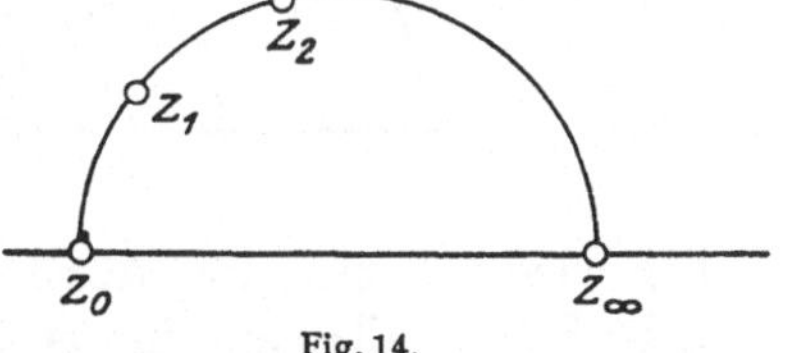

Fig. 14.

Man kann jetzt leicht einsehen, was das Integral

(65)
$$S = \int\limits_{z_1}^{z_2} \frac{\sqrt{dx^2 + dy^2}}{y}\,,$$

genommen zwischen zwei Punkten z_1, z_2 $(y_k > 0)$ längs des Abbildes
der geodätischen Linie, also längs des sie verbindenden auf $y = 0$ senkrechten Halbkreises, für eine Bedeutung hat. Die Schnittpunkte dieses
Halbkreises mit $y = 0$ seien mit z_0, z_∞ bezeichnet ($z_0 < z_\infty$ Fig. 14).

Durch die Substitution

$$(66) \qquad\qquad z^* = \frac{z_0 - z}{z - z_\infty},$$

die das Integral (65) ungeändert läßt (vgl. (63a)), werfen wir unsern Halbkreis auf die Halbachse der positiven y. Jetzt wird

$$S = \left| \int_{y_1^*}^{y_2^*} \frac{dy}{y} \right| = \left| \ln \frac{y_2^*}{y_1^*} \right|.$$

Das läßt sich auch durch ein Doppelverhältnis ausdrücken

$$S = \left| \ln D v \, (z_1^* \, z_2^* \, z_0^* \, z_\infty^*) \right|.$$

Da aber das Doppelverhältnis bei linearen Substitutionen ungeändert bleibt, haben wir schließlich

$$S = \left| \ln D v \, (z_1 z_2 z_0 z_\infty) \right|.$$

Darin ist die gewünschte Deutung von S enthalten.

Was ist das Abbild der „Entfernungskreise" in unsrer Halbebene? Nach § 69 schneiden die Entfernungskreise ihre geodätischen Radien senkrecht. Da die Abbildung auf die Halbebene winkeltreu ist, können wir das Abbild der Entfernungskreise um den Punkt z_0 so konstruieren. Wir zeichnen alle Halbkreise durch z_0 senkrecht zu $y = 0$ (Fig. 15). Die orthogonalen Trajektorien dieses Halbkreisbüschels sind bekannt-

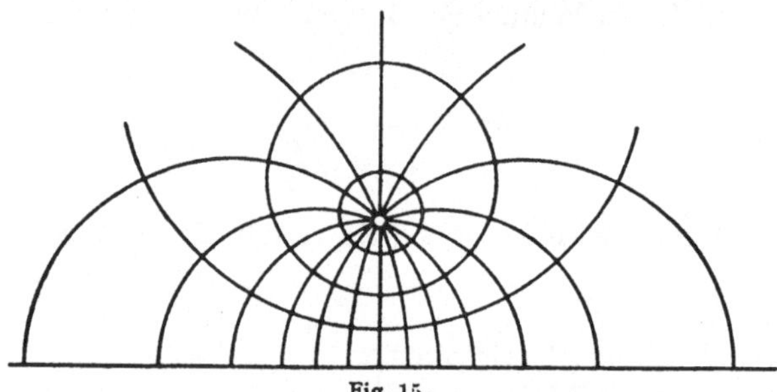

Fig. 15.

lich wieder Kreise. Das Abbild der Entfernungskreise sind also gewöhnliche Kreise, die ganz in der Halbebene $y > 0$ verlaufen.

Um festzustellen, daß alle diese Entfernungskreise auch gleichzeitig Krümmungskreise sind, kann man so verfahren. Man schafft durch (63b) z_0 nach i. Dann bemerkt man, daß durch die Transformationsgruppe (64) die Kreise um den „Mittelpunkt" i (im geodätischen Sinne gemeint!) in sich fortgeschoben werden, also wegen der Invarianz von ϱ_g gegen längentreue Abbildungen feste geodätische Krümmung besitzen, w. z. b. w.

Es gibt aber auch Krümmungskreise, die keinen Mittelpunkt haben, und die sich auf die Halbebene $y > 0$ in Kreisbogen abbilden, die auf der Achse $y = 0$ in reellen Punkten z_0, z_∞ aufsitzen. Daß diese Kurven Abbilder von Krümmungskreisen sind, kann man etwa so einsehen. Man schafft durch (66) die Schnittpunkte z_0, z_∞ nach 0, ∞, wodurch der Kreisbogen in eine vom Ursprung ausgehende Halbgerade übergeht. Die hat aber festes ϱ_g, da sie durch die Substitution

$$(67) \qquad\qquad z^* = \alpha z; \quad \alpha > 0$$

in sich fortgeschoben wird. Eine besondere Stellung nehmen noch die Krümmungskreise ein, die in $y > 0$ durch Kreise dargestellt werden, die die x-Achse berühren. Schafft man durch eine Substitution (66) den Berührungspunkt ins Unendliche, so erhält man insbesondere die Geraden $y = $ konst.

Die beiden Kreisfamilien, einerseits die Entfernungskreise und andrerseits die Krümmungskreise, decken sich also nicht, sondern es ist die erste Familie ein Teil der zweiten.

Die Maßbestimmung in der Halbebene $y > 0$ durch das Bogenelement

$$ds = \frac{\sqrt{dx^2 + dy^2}}{y}$$

spielt eine Rolle in berühmten funktionentheoretischen Untersuchungen von H. POINCARÉ (1854—1912) aus dem Beginn der achtziger Jahre des vergangenen Jahrhunderts[1]. Wir haben hier eine Verwirklichung der auf GAUSZ, den Russen NIKOLAJ IWANOWITSCH LOBATSCHEFSKIJ (1793—1856) und den Ungarn JOHANN BOLYAI (1802—1860) zurückgehenden sogenannten hyperbolischen Geometrie vor uns, einen Zweig der „nicht-Euklidischen" Geometrie. „Nicht-Euklidische" Untersuchungen von GAUSZ beginnen 1792, BOLYAI und LOBATSCHEFSKIJ haben etwa 1826 ihre Untersuchungen durchgeführt.

„Nicht-Euklidisch nennt's die Geometrie,
spottet ihrer selbst und weiß nicht wie",

hat sich in Anlehnuug an Faust KURD LASZWITZ über diese Bezeichnung lustig gemacht.

Man kann sich die hyperbolische Geometrie der Ebene an unsrer Maßbestimmung der Halbebene $y > 0$ leicht klarmachen.

§ 76. Das Integral der geodätischen Krümmung.

Wir wollen jetzt wieder zur inneren Geometrie einer beliebigen krummen Fläche zurückkehren und den Sonderfall $K = $ konst. verlassen.

Wir betrachten mit GAUSZ das längs einer Kurve genommene Integral ihrer geodätischen Krümmung

$$(68) \qquad\qquad \int \frac{ds}{\varrho_g}.$$

---

[1] H. POINCARÉ: Acta mathematica Bd. 1, S. 1—62. 1882.

Von der Kurve wollen wir annehmen, daß sie geschlossen sei, keine mehrfachen Punkte habe und sich durch ihr „Inneres" hindurch stetig auf einen Punkt zusammenziehen lassen soll. Ihr Inneres ist dann „*einfach zusammenhängend*". Eine Kurve z. B., die um einen Ring herumgeschlungen ist, begrenzt in diesem Sinne keine einfach zusammenhängenden Teil der Oberfläche. Dagegen umschließt jede doppelpunktsfreie, geschlossene Kurve auf der Kugelfläche zwei solche Flächenstücke.

Wir wollen einen Zusammenhang herleiten zwischen dem Integral der geodätischen Krümmung längs einer solchen Kurve $\mathfrak{C}$ und dem Oberflächenintegral

$$(69) \qquad \int K\,do = \int\int \frac{W}{R_1 R_2}\,du\,dv$$

erstreckt über das „Innere" von $\mathfrak{C}$. Dieses Oberflächenintegral hat ebenfalls GAUSZ eingeführt und als „*Gesamtkrümmung*" (curvatura integra) bezeichnet.

Wir nehmen unsre Kurve $\mathfrak{C}$ als Kurve $v = 0$ eines orthogonalen Parametersystems

$$(70) \qquad ds^2 = A^2\,du^2 + B^2\,dv^2; \qquad A > 0,\ B > 0$$

und setzen voraus, daß

$$(71) \qquad (\mathfrak{x}_u\,\mathfrak{x}_v\,\xi) > 0.$$

Wir denken unsre Fläche von der Seite betrachtet, daß $\mathfrak{x}_v$ „links" von $\mathfrak{x}_u$ liegt. Der Sinn wachsender u auf $\mathfrak{C}$ soll so gewählt werden, daß das „Innere" von $\mathfrak{C}$ links von $\mathfrak{C}$ liegt, also $\mathfrak{x}_v$ mit der nach innen gerichteten Normalen zusammenfällt. Dann haben wir nach (12)

$$(72) \qquad \oint_{\mathfrak{C}} \frac{ds}{\varrho_g} = \oint - \frac{A_v}{A B} A\,du = \oint - \frac{A_v}{B}\,du.$$

Es ist

$$\frac{d}{dv} \oint \frac{ds}{\varrho_g} = \oint - \left(\frac{A_v}{B}\right)_v du.$$

Andrerseits ist die Ableitung des Flächenintegrals

$$\frac{d}{dv} \int K\,do = - \oint K A B\,du.$$

Führt man in die allgemeine Formel § 58 (138) für K unser besonderes Linienelement (70) ein, so wird

$$(73) \qquad K = - \frac{1}{A B}\left\{ \frac{\partial}{\partial v}\frac{A_v}{B} + \frac{\partial}{\partial u}\frac{B_u}{A} \right\}.$$

Somit ist wegen der Geschlossenheit von $\mathfrak{C}$

$$(74) \qquad \oint K A B\,du = \oint - \left(\frac{A_v}{B}\right)_v du,$$

also

$$(75) \qquad \frac{d}{dv}\left\{\oint \frac{ds}{\varrho_g} + \int K\,do\right\} = 0.$$

Wir denken uns nun die Kurvenschar $v = $ konst. als geschlossene Kurven gewählt, die sich etwa als geodätische Mittelpunktskreise um einen Punkt im Innern von $\mathfrak{C}$ zusammenziehen lassen. Dann wird, wenn man für $1 : \varrho_g$ nach (39) und für $ds = \sqrt{G}\cdot d\varphi$ nach (22) die Potenzreihenentwicklung einsetzt und zur Grenze $r = 0$ übergeht,

$$(76) \qquad \lim \int \frac{ds}{\varrho_g} = 2\pi, \qquad \lim \int K\cdot do = 0.$$

Somit finden wir die wichtige Integralformel, die O. Bonnet (1819 bis 1892) im Jahre 1848 entdeckt hat[1],

$$(77) \qquad \boxed{\oint \frac{ds}{\varrho_g} + \int K\,do = 2\pi.}$$

Darin ist das Randintegral links über den Rand des einfach zusammenhängenden Flächenstücks zu erstrecken, auf den sich das Flächenintegral bezieht, und zwar in dem Sinne, daß die Fläche zur Linken bleibt und $1 : \varrho_g$ etwa durch $(\mathfrak{x}\mathfrak{x}_s\mathfrak{x}_{ss})$ auch dem Vorzeichen nach erklärt ist.

Die Formel (77) ist eine der wichtigsten der Flächentheorie. Vermutlich hat schon Gausz sie besessen. Daher sprechen manche (sogar französische) Geometer von der „Formel von Gausz-Bonnet".

§ 77. Folgerungen aus der Integralformel von Gausz und Bonnet[2].

Die Formel (77) gilt zunächst nur für den Fall, daß die Randkurve des einfach zusammenhängenden Flächenstücks eine einzige analytische Kurve ist. Doch bleibt, wie man sofort sieht, die Formel gültig, wenn sich der Rand aus endlich vielen regulären analytischen Bogen glatt zusammensetzt. Schließen zwei Bogen hingegen nicht gleichsinnig tangentiell aneinander, tritt also eine Ecke auf mit dem Außenwinkel ω, so kann man diese durch einen kleinen geodätischen Kreis abrunden und dann den Grenzübergang zur Ecke machen. Es läßt sich dann leicht einsehen, daß die Ecke zum Krümmungsintegral den Beitrag ω liefert.

---

[1] O. Bonnet: Journal de l'École Polytechnique Bd. 19, S. 131. 1848.

[2] Ansätze zu einer Methode, wie man die Sätze dieses Abschnitts und überhaupt die wichtigsten Sätze der Biegungsgeometrie der Flächen mittels Approximation der Fläche durch Vielflache beweisen könnte, finden sich in der Arbeit von J. C. Maxwell: Transformation of surfaces by bending. Scientific papers of J. C. Maxwell, Vol. I, p. 80. Vgl. auch R. Sauer: Münchner Sitzungsberichte, 1928, S. 97—104, sowie Jahresber. d. deutsch. Math. Vgg. Bd. 38, 2. Abt., S. 9. 1929.

Wenden wir die Formel BONNETS auf den Fall an, daß es sich um ein dreieckiges Flächenstück handelt, das von einem Kurvenbogen von der Länge Δs und den zwei geodätischen Tangenten in den Endpunkten des Bogens begrenzt wird; dann ist (Fig. 16)

$$(78) \qquad \int \frac{ds}{\varrho_g} + 2\pi + \Delta\tau + \int K\, do = 2\pi.$$

Der Beitrag 2π linker Hand stammt von den Spitzen. $\Delta\tau$ bezeichnet den Winkel zwischen den geodätischen Tangenten.

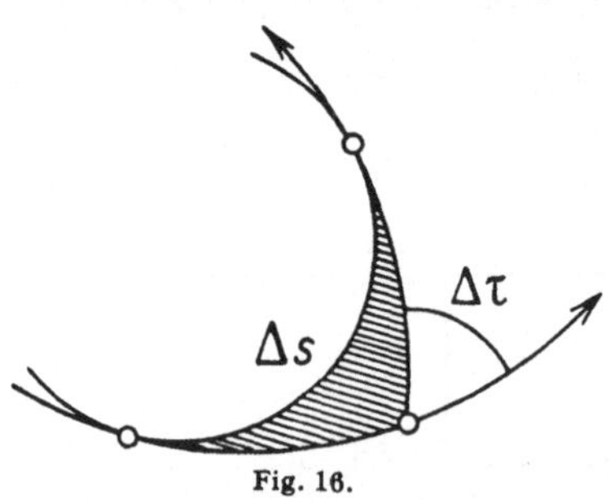

Fig. 16.

Die geodätischen Linien dagegen liefern wegen $1 : \varrho_g = 0$ keinen Beitrag zum Randintegral. Macht man den Grenzübergang mit $\Delta s \to 0$ und beachtet, daß das Flächenintegral mit Δs^2 klein wird, so findet sich

$$(79) \qquad \frac{1}{\varrho_g} = \lim \frac{\Delta\tau}{\Delta s}.$$

Dabei wird der Ausdruck > 0, wenn die Kurve (wie in der Figur) „links" von ihren geodätischen Tangenten liegt. (Vgl. § 76.) Die Eigenschaft (79) der geodätischen Krümmung entspricht völlig der Grundeigenschaft der gewöhnlichen Krümmung einer Kurve (§ 7).

Wenden wir die Formel von GAUSZ-BONNET auf ein „geodätisches Dreieck" an, das von drei geodätischen Linien begrenzt ist und die Außenwinkel ω_k, also die Innenwinkel $\alpha_k = \pi - \omega_k$ hat, unter der Annahme, daß $K = $ konstant ist, so finden wir, wenn F den Inhalt des Dreiecks bedeutet,

$$\sum \omega_k + FK = 2\pi$$

oder

$$(80) \qquad FK = \alpha_1 + \alpha_2 + \alpha_3 - \pi.$$

Diese Formel von GAUSZ lehrt, daß die Winkelsumme im Dreieck, die für $K = 0$ bekanntlich gleich π ist, für $K > 0$ größer und für $K < 0$ kleiner als π ausfällt.

Es hängt das aufs innigste mit den beiden Arten der nicht-Euklidischen Geometrie zusammen, die wenigstens im Kleinen auf den Flächen festen Krümmungsmaßes verwirklicht werden, wie insbesondere E. BELTRAMI gezeigt hat[1].

Wir wollen schließlich noch feststellen, welche Aussagen sich auf Grund der Formel von BONNET über die Gesamtkrümmung einer geschlossenen Fläche machen lassen.

Nehmen wir als erstes Beispiel eine Fläche „vom Zusammenhang der Kugel", die also ein eindeutiges und stetiges Abbild der Kugel-

---

[1] E. BELTRAMI: Saggio di interpretazione della geometria non-euclidea. Werke I, S. 374—405. 1868.

oberfläche ist. Durch einen doppelpunktfreien geschlossenen Schnitt zerfällt die Fläche in zwei einfach-zusammenhängende Stücke I, II, auf deren jedes wir unsre Integralformel anwenden können. Es ist

$$\oint \frac{ds}{\varrho_g} + \int_I K \cdot do = 2\pi,$$

$$\oint \frac{ds}{\varrho_g} + \int_{II} K \cdot do = 2\pi.$$

Beide Male ist der Integrationsweg so zu beschreiben, daß das zugehörige Flächenstück I oder II links bleibt; d. h. die beiden Umlaufssinne sind entgegengesetzt. Also haben zusammengehörige ϱ_g-Werte zur Summe Null. Durch Addition folgt daher

(81)$_0$ $$\int K \cdot do = 4\pi.$$

Die Gesamtkrümmung einer geschlossenen Fläche vom Zusammenhang der Kugel ist 4π.

Als zweites Beispiel wollen wir eine Fläche vom Zusammenhang einer Ringfläche betrachten. Durch zwei Schnitte kann man die Ringfläche in ein einfach zusammenhängendes Flächenstück verwandeln,

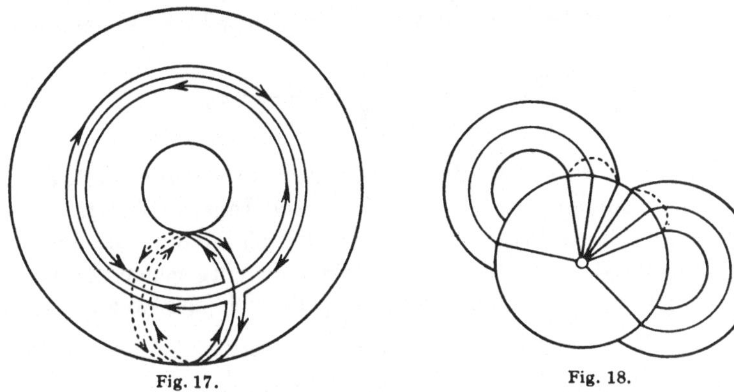

Fig. 17.   Fig. 18.

das von einer Randkurve mit vier zusammenfallenden Ecken begrenzt wird. Eine solche Zerschneidung nennt man eine „kanonische Zerschneidung" der Ringfläche. Wendet man den BONNETschen Satz auf diese Fläche an, so heben sich die Randintegrale gegenseitig weg, da jedes Randstück zweimal gegensinnig durchlaufen wird (Fig. 17). Es bleiben nur die vier Winkel an den Ecken übrig, die zusammen 2π ergeben. Somit ist

(81)$_1$ $$\int K \cdot do = 0$$

für jede Fläche vom Zusammenhang der Ringfläche.

Ganz entsprechend findet man für eine geschlossene Fläche, die man sich (Fig. 18, $p = 2$) als eine Kugel mit p „Henkeln" denken

möge, durch eine entsprechende „kanonische Zerschneidung", wie diese
in der Fig. 18 für $p = 2$ angegeben ist:

$$(81)_p \qquad\qquad \int K \cdot do = 4\pi\,(1 - p)\,.$$

Die ganze Zahl p nennt man nach RIEMANN (1857) des „*Geschlecht*"
der Fläche.

Wir sind, ausgehend von der Formel von GAUSZ-BONNET, auf Dinge
gekommen, die zwischen der Differentialgeometrie der Flächen und
der sogenannten *Topologie* oder *Analysis Situs* der Flächen die Brücke
bilden. Noch deutlicher wird dies werden, wenn wir den sogenannten
Polyedersatz EULERS auf unserem Wege herleiten, den EULER in andrer
Form 1752 gefunden hat, der aber nach einer Mitteilung von LEIBNIZ
schon hundert Jahre vorher CARTESIUS bekannt war.

Denken wir uns eine geschlossene Fläche $\mathfrak{F}$, die durchweg regulär
ist, aufgebaut aus einfach zusammenhängenden Flächenstücken $\mathfrak{E}$.
Zwei benachbarte $\mathfrak{E}$ von $\mathfrak{F}$ mögen eine „Kante", also etwa einen regulären analytischen Kurvenbogen auf $\mathfrak{F}$ gemein haben, die in „Ecken"
endigen, an denen mindestens drei $\mathfrak{E}$ zusammenstoßen. $\mathfrak{F}$ heißt „*orientierbar*", wenn sich auf allen $\mathfrak{E}$ ein Umfahrungssinn so festsetzen läßt,
daß jede Kante in entgegengesetzten Sinnen durchfahren wird beim
Umlauf beider von der Kante begrenzter $\mathfrak{E}$. Für jedes $\mathfrak{E}$ ist nach GAUSZ-
BONNET

$$\int_\mathfrak{E} \frac{ds}{\varrho_g} + \sum_\mathfrak{E} \omega + \int_\mathfrak{E} K\,do = 2\pi\,,$$

wo ω die Außenwinkel an den Ecken von $\mathfrak{E}$ bedeutet $(0 \le \omega \le \pi)$.
Statt der Außenwinkel wollen wir lieber die Innenwinkel $\psi = \pi - \omega$
einführen. Durch Addition dieser Formeln folgt dann für eine orien-
tierbare Fläche $\mathfrak{F}$, da jede Kante zweimal in entgegengesetztem Sinn
durchlaufen wird, die zugehörigen Integrale sich also wegheben,

$$\sum_\mathfrak{F} (\pi - \psi) + \int_\mathfrak{F} K\,do = 2\pi f\,,$$

wenn f die Anzahl der $\mathfrak{E}$ bedeutet. Summanden π kommen so viele
als Winkel, also doppelt so viele als Kanten vor. Die Winkel ψ geben
an jeder Ecke summiert 2π. Ist also e die Ecken- und k die Kanten-
zahl, so wird

$$\sum_\mathfrak{F} (\pi - \psi) = 2\pi\,(k - e)\,.$$

Wir finden also

$$(82) \qquad\qquad \boxed{\;\frac{1}{2\pi} \int_\mathfrak{F} K\,do = f - k + e\;}$$

Aus der linken Seite von (82) folgt, daß die Anzahl unabhängig
davon ist, wie wir unsre Fläche in Teilstücke $\mathfrak{E}$ zerschneiden. Aus der

rechten Seite folgt, daß die Anzahl bei allen stetigen Formänderungen der Fläche erhalten bleibt. Durch Vergleich mit $(81)_p$ ergibt sich die gesuchte *Polyederformel* EULERS

$$(83) \qquad f - k + e = 2\,(1 - p),$$

die EULER für $p = 0$ gekannt hat.

Statt „orientierbar" sagt man wohl auch „*zweiseitig*". Das einfachste Beispiel einer geschlossenen „nichtorientierbaren" oder „einseitigen" Fläche erhält man aus einer Kreisfläche, deren Rand man so an sich selbst „angeheftet" denkt, daß diametral gegenüberliegende Randpunkte zusammenfallen.

§ 78. Über Hüllkurven von geodätischen Linien.

Im § 37 (41), (41a) haben wir für die Bogenlänge einer zu einer gegebenen Flächenkurve unendlich benachbarten Kurve die Formel gefunden:

$$(84) \qquad S = s_2 - s_1 - \int_{s_1}^{s_2} \frac{\delta n}{\varrho_g}\,ds + [\delta t]_{s_1}^{s_2}.$$

Dabei bedeuten δn und δt die Komponenten der Verrückung unsrer Kurve in Richtung der Normalen (in der Tangentenebene) und in Richtung der Tangente. Ist insbesondere die Ausgangskurve geodätisch $(1 : \varrho_g = 0)$, so vereinfacht sich die Formel zu

$$(85) \qquad S = s_2 - s_1 + [\delta t]_{s_1}^{s_2}.$$

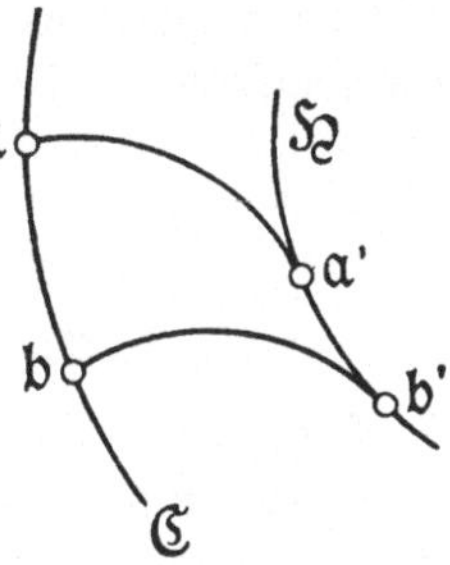

Betrachten wir jetzt eine Schar geodätischer Linien, die eine Kurve $\mathfrak{C}$ senkrecht durchschneiden und eine Kurve $\mathfrak{H}$ einhüllen (Fig. 19), so gibt (85), angewandt auf die geodätischen Bogen zwischen $\mathfrak{C}$ und $\mathfrak{H}$, da im Schnittpunkt mit $\mathfrak{C}$ $\delta t = 0$ und im Berührungspunkt mit $\mathfrak{H}$ stets δt gleich dem Bogenelement von $\mathfrak{H}$ ist, den „*Hüllkurvensatz*"

$$(86) \qquad \widehat{a\,a'} + \widehat{a'\,b'} = \widehat{b\,b'}{}^1).$$

Fig. 19.

In Worten: der Zuwachs der geodätischen Entfernung $\widehat{a\,a'}$ ist gleich dem entsprechenden Bogen der Einhüllenden. Dabei sind natürlich gewisse Vorzeichenfestsetzungen zu beachten.

Das gilt insbesondere auch dann, wenn alle geodätischen Bogen durch denselben Punkt a laufen, wenn sich also gewissermaßen die

---

¹ Für den Fall der ebenen Geometrie ist das ja die bekannte Beziehung zwischen Evolute und Evolvente von § 21 (Fadenkonstruktion).

Kurve $\mathfrak{C}$ auf den einzigen Punkt $\mathfrak{a}$ zusammenzieht. Dann wird (vgl. Fig. 20,

$$\widehat{\mathfrak{a}\,\mathfrak{b}'} + \widehat{\mathfrak{b}'\mathfrak{a}'} = \widehat{\mathfrak{a}\,\mathfrak{a}'}\,{}^{1}).$$

Es sei noch eine Bemerkung von H. Poincaré über die geodätische Krümmung der Einhüllenden $\mathfrak{H}$ hinzugefügt. Nimmt man $\mathfrak{a}$ zum Ursprung eines Systems geodätischer Polarkoordinaten auf der Fläche,

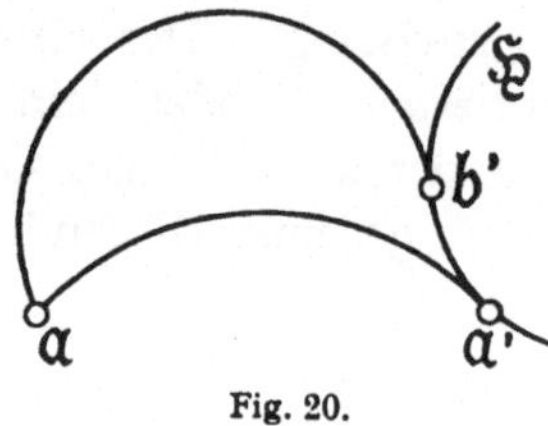

so bekommt das Linienelement die Form

$$ds^2 = dr^2 + B^2 d\varphi^2\,.$$

Längs $\mathfrak{H}$ ist $B\,(r,\varphi) = 0$. Der Abstand benachbarter geodätischer Radien durch $\mathfrak{a}$ ist $B d\varphi$. Deshalb ist

$$\frac{\partial B}{\partial r}\,d\varphi$$

Fig. 20.

der „geodätische Kontingenzwinkel" von $\mathfrak{H}$, d. h. der Winkel benachbarter geodätischer Tangenten. Da das entsprechende Bogenelement von $\mathfrak{H}$ gleich dr ist, bekommen wir nach (79) für die geodätische Krümmung von $\mathfrak{H}$ die einfache Formel

$$(87) \qquad \frac{1}{\varrho_g} = \frac{\partial B}{\partial r} : \frac{dr}{d\varphi}\,,$$

wenn $r(\varphi)$ die geodätische Entfernung von $\mathfrak{a}$ bis zum nächsten Berührungspunkt mit $\mathfrak{H}$ ist. Da auf $\mathfrak{H}$ $B\,(r,\varphi) = 0$ ist, erhält man durch Ableitung

$$\frac{\partial B}{\partial r}\frac{dr}{d\varphi} + \frac{\partial B}{\partial \varphi} = 0\,.$$

Setzt man hieraus den Wert von $dr : d\varphi$ in (87) ein, so erhält man für die geodätische Krümmung von $\mathfrak{H}$ schließlich den Ausdruck

$$(88) \qquad \frac{1}{\varrho_g} = -\left(\frac{\partial B}{\partial r}\right)^2 : \frac{\partial B}{\partial \varphi}\,{}^{2}).$$

§ 79. Beltramis erster Differentiator.

Um die geodätische Krümmung einer Flächenkurve bei beliebiger Wahl der Flächenparameter u, v darstellen zu können, ist es zweckmäßig, gewisse Differentiationsprozesse abzuleiten, die gegenüber längentreuen Abbildungen invariant sind, und die gestatten, aus einer auf der Fläche gegebenen Funktion eine zweite zu bestimmen, die mit ihr invariant verknüpft ist.

Ein solches Differentiationsverfahren, das aus einer Funktion $\varphi(u,v)$ auf unsrer Fläche mit dem Bogenelement

$$ds^2 = E\,du^2 + 2F\,du\,dv + G\,dv^2$$

---

[1] Nach G. Darboux stammen diese Sätze von Jacobi. Vgl. Darboux: Surfaces III, S. 87.

[2] Vgl. H. Poincaré: Am. Trans. Bd. 6, S. 241. 1905.

ein Maß für die Steilheit des Anstieges der Funktion φ an einer Stelle liefert, bekommen wir folgendermaßen. Wir suchen an dieser Stelle den Größtwert von $(d\varphi : ds)^2$, wenn wir ds um den Punkt drehen. Es soll also

$$(89) \qquad \left(\frac{d\varphi}{ds}\right)^2 = (\varphi_u u' + \varphi_v v')^2 = \text{Maximum}$$

werden unter der Nebenbedingung

$$(90) \qquad \Phi = E u'^2 + 2F u' v' + G v'^2 = 1 .$$

Nach der bekannten Multiplikatorregel von EULER und LAGRANGE bildet man

$$(91) \qquad \Omega = \left(\frac{d\varphi}{ds}\right)^2 - \lambda \Phi$$

und sucht die freien Extreme von Ω. Die Gleichungen $\partial \Omega : \partial u' = 0$, $\partial \Omega : \partial v' = 0$ geben

$$(92) \qquad \begin{aligned}(\varphi_u u' + \varphi_v v')\,\varphi_u - \lambda\,(E u' + F v') &= 0 \\ (\varphi_u u' + \varphi_v v')\,\varphi_v - \lambda\,(F u' + G v') &= 0.\end{aligned}$$

Multipliziert man beide Formeln mit u', v' und addiert, so erhält man

$$(93) \qquad \left(\frac{d\varphi}{ds}\right)^2 = \lambda .$$

Entfernt man andrerseits u', v' aus den beiden Gleichungen (92), so folgt

$$\lambda\,(E G - F^2) = E\,\varphi_v^2 - 2F\,\varphi_u\,\varphi_v + G\,\varphi_u^2 .$$

Somit ist

$$(94) \qquad \left(\frac{d\varphi}{ds}\right)^2_{\text{Maximum}} = \frac{E\,\varphi_v^2 - 2F\,\varphi_u\,\varphi_v + G\,\varphi_u^2}{E G - F^2} .$$

Wir wollen für diesen *„ersten Differentiator von* BELTRAMI", der schon bei GAUSZ vorkommt,

$$(95) \qquad \boxed{\nabla(\varphi,\varphi) = \nabla\varphi = \frac{E\,\varphi_v^2 - 2F\,\varphi_u\,\varphi_v + G\,\varphi_u^2}{E G - F^2}}$$

schreiben. ∇ kann man etwa „Nabla" lesen. Die Benennung „Differentiator" stammt von F. ENGEL. Es ist auch

$$(96) \qquad \nabla\varphi = -\,\frac{1}{E G - F^2}\,\begin{vmatrix} E & F & \varphi_u \\ F & G & \varphi_v \\ \varphi_u & \varphi_v & 0 \end{vmatrix} .$$

Setzen wir an Stelle von φ ein: $\varphi + \mu\,\psi$, wo μ konstant ist, so wird

$$\nabla(\varphi + \mu\,\psi,\ \varphi + \mu\,\psi) = \nabla(\varphi,\varphi) + 2\mu\,\nabla(\varphi,\psi) + \mu^2\,\nabla(\psi,\psi),$$

worin

$$(97) \qquad V(\varphi, \psi) = \frac{E\,\varphi_v\,\psi_v - F(\varphi_u\,\psi_v + \varphi_v\,\psi_u) + G\,\varphi_u\,\psi_u}{E\,G - F^2}$$

ist, oder auch

$$(98) \qquad V(\varphi, \psi) = -\frac{1}{E\,G - F^2} \begin{vmatrix} E & F & \varphi_u \\ F & G & \varphi_v \\ \psi_u & \psi_v & 0 \end{vmatrix}.$$

Nach seiner Herleitung ist $V(\varphi, \psi)$ ebenfalls ein vom Parametersystem u, v unabhängiger Differentialausdruck.

§ 80. Eine geometrische Anwendung des ersten Differentiators von BELTRAMI.

Wir denken uns eine Kurvenschar auf unsrer Fläche durch eine Gleichung

$$(99) \qquad \Phi(u, v) = \text{konst.}$$

gegeben. Wir wollen sehen, welche geometrische Bedeutung dem Differentiator $V\Phi$ für diese Kurvenschar zukommt. Zu diesem Zweck denken wir uns durch

$$(100) \qquad \bar{u} = f(\Phi(u, v)),$$

wo f eine beliebige Funktion ihres einen Arguments ist, statt u einen neuen Parameter $\bar{u}$ auf der Fläche eingeführt. $\bar{u} = \text{konst.}$ liefert dann die Kurven (99) als Parameterkurven. Zu diesen Kurven wollen wir als zweite Schar des Parameternetzes $\bar{v} = \text{konst.}$ die orthogonalen Trajektorien der Kurven (99) einführen. Bezeichnen wir die auf die neuen Parameter $\bar{u}, \bar{v}$ bezüglichen Flächengrößen durch Querstriche, so haben wir $\bar{F} = 0$. Da jetzt Φ längs der Kurven $\bar{u} = \text{konst.}$ konstant ist, gilt $\partial \Phi : \partial \bar{v} = 0$. Wir haben dann wegen der Invarianz von $V\Phi$ auch in den $\bar{u}, \bar{v}$ die Formel

$$(101) \qquad V\Phi = -\frac{1}{\bar{E}\,\bar{G} - \bar{F}^2} \begin{vmatrix} \bar{E} & \bar{F} & \dfrac{\partial \Phi}{\partial \bar{u}} \\[4pt] \bar{F} & \bar{G} & \dfrac{\partial \Phi}{\partial \bar{v}} \\[4pt] \dfrac{\partial \Phi}{\partial \bar{u}} & \dfrac{\partial \Phi}{\partial \bar{v}} & 0 \end{vmatrix} = \frac{1}{\bar{E}} \left(\frac{\partial \Phi}{\partial \bar{u}}\right)^2.$$

Es ist also $\sqrt{V\Phi}$ einfach gleich der längs der orthogonalen Trajektorien von (99) genommenen Ableitung von Φ nach der Bogenlänge dieser Kurven. Aus § 79 ergibt sich somit, daß die Funktion Φ in Richtung dieser Kurven das größte Gefälle besitzt. Wir können $\sqrt{V\Phi}$ schlechthin als das Gefälle *der Funktion Φ oder der Kurvenschar* (99) bezeichnen.

Nimmt man in der Darstellung (99) einer Kurvenschar auf der Fläche eine solche Funktion Φ, die eine Lösung der Gleichung

$$(102) \qquad \nabla \Phi = 1$$

ist, so haben wir eine Schar von Kurven, die überall das Gefälle 1 hat. Solche Kurvenscharen nennen wir *Parallelkurvenscharen*, da je zwei benachbarte Kurven $\Phi = C$ und $\Phi = C + dC$ längs ihrer ganzen Erstreckung die feste senkrechte Entfernung dC voneinander haben. Nehmen wir nun an, wir hätten eine Lösung der Gleichung (102) für die Familie der Parallelkurvenscharen gefunden, die noch einen willkürlichen Parameter λ enthält. Wir wollen also annehmen, daß wir eine einparametrige Familie $\Phi (u, v, \lambda) = C (\lambda)$ von Parallelkurvenscharen gefunden hätten. Wir setzen dabei voraus, daß $\Phi (u, v, \lambda)$ den Parameter λ nicht additiv enthält, also nicht die Gestalt hat: $\Phi (u, v) + g(\lambda)$. Wir geben jetzt dem Parameter die beiden benachbarten Werte λ und $\lambda + d\lambda$ und betrachten die beiden Kurvenscharen $\Phi (\lambda) = C$ und $\Phi (\lambda + d\lambda) = C + dC$, deren einzelne Kurven natürlich nur unendlich wenig voneinander verschieden verlaufen. Wenn wir $\Phi (\lambda + d\lambda) = C + dC$ nach Potenzen von $d\lambda$ entwickelt denken und mit dem Gliede $d\lambda$ abbrechen, so treten an Stelle der eben genannten die folgenden beiden Gleichungen

$$(103) \qquad \Phi = C \quad \text{und} \quad \partial \Phi : \partial \lambda = C_\lambda,$$

wo C_λ eine neue Konstante bedeuten wird. Der geometrische Ort für die Schnittpunkte entsprechender Kurven aus den beiden Scharen $\Phi (\lambda) = C$ und $\Phi (\lambda + d\lambda) = C + dC$ ist hier durch die Gleichung $\partial \Phi : \partial \lambda = C_\lambda$ gegeben. Wir behaupten jetzt: *Dieser geometrische Ort ist eine geodätische Linie und man kann durch Abänderung der beiden Parameter λ und C_λ alle genügend benachbarten geodätischen Linien der Fläche erhalten.*

Wir haben also zu zeigen, daß die Kurven, die die Gleichung $\Phi_\lambda (u, v, \lambda) =$ konst. befriedigen, geodätisch sind. Greifen wir einen festen Wert von λ heraus und zeigen wir zunächst, daß die Kurven $\Phi_\lambda =$ konst. die Schar der Parallelkurven $\Phi =$ konst., die zu demselben Wert von λ gehört, senkrecht durchschneidet. Nach Voraussetzung ist

$$(104) \qquad \nabla \Phi (u, v, \lambda) = - \frac{1}{EG - F^2} \begin{vmatrix} E & F & \Phi_u \\ F & G & \Phi_v \\ \Phi_u & \Phi_v & 0 \end{vmatrix} = 1$$

und daraus folgt durch Teilableitung nach λ

$$(105) \qquad - \frac{1}{EG - F^2} \cdot \begin{vmatrix} E & F & \Phi_{\lambda u} \\ F & G & \Phi_{\lambda v} \\ \Phi_u & \Phi_v & 0 \end{vmatrix} = \nabla (\Phi, \Phi_\lambda) = 0.$$

Die Bedeutung dieser invarianten Beziehung ist aber gerade die Orthogonalität der Kurvenscharen $\Phi = $ konst. und $\Phi_\lambda = $ konst. Führt man nämlich wie zu Anfang dieses Abschnitts durch (100) einen neuen Parameter $\bar{u}$ ein und nimmt zu den Parameterkurven (99) dann noch als Kurven $\bar{v} = $ konst. wieder die orthogonalen Trajektorien hinzu, so sind diese letzteren jetzt als orthogonale Trajektorien einer Parallelkurvenschar, die auf ihnen gleiche Bogenlängen ausschneidet, nach § 69 *geodätische Linien*.

Wegen der Invarianz von $V(\Phi, \Phi_\lambda)$ gilt die Gleichung (105) jetzt auch in den neuen Parametern, für die $\bar{F} = 0$ und $\partial\Phi : \partial\bar{v} = 0$ wird. Wir haben also

$$(106) \qquad \begin{vmatrix} \bar{E} & 0 & \Phi_{\lambda\bar{u}} \\ 0 & \bar{G} & \Phi_{\lambda\bar{v}} \\ \Phi_{\bar{u}} & 0 & 0 \end{vmatrix} = -\,\Phi_{\bar{u}} \cdot \bar{G} \cdot \Phi_{\lambda\bar{u}} = 0$$

wegen $\Phi_{\bar{u}} \neq 0$, $\bar{G} \neq 0$ also

$$(107) \qquad\qquad \partial\Phi_\lambda : \partial\bar{u} = 0 \quad \text{oder} \quad \Phi_\lambda = \text{konst.}$$

längs der Kurven $\bar{v} = $ konst. Die Kurven $\Phi_\lambda = $ konst. fallen mit denen $\bar{v} = $ konst. zusammen, sind also wirklich zu den Kurven $\Phi = $ konst. senkrecht und somit geodätische Linien.

Die Gleichungen (103) ergeben somit eine zweiparametrige Schar, also in einer gewissen Nachbarschaft „alle" geodätischen Linien. *Kennt man also auf einer Fläche eine Schar von Parallelkurven, die noch von einem Parameter λ abhängt, so kann man durch* (103) *die geodätischen Linien dieser Fläche bestimmen.*

§ 81. BELTRAMIS zweiter Differentiator.

Um zu einem weiteren invarianten Differentiationsverfahren zu kommen, gehen wir von einem Variationsproblem auf einer Fläche aus, das die naturgemäße Verallgemeinerung der sogenannten ersten Randwertaufgabe der Potentialtheorie ist. Es soll nämlich auf einem einfach zusammenhängenden Flächenstück eine Funktion φ mit vorgeschriebenen Randwerten so bestimmt werden, daß das Integral

$$(108) \qquad\qquad D_\varphi = \iint V(\varphi, \varphi)\, W\, du\, dv$$

möglichst klein ausfällt. Darin bedeutet $W\, du\, dv = do$ das Oberflächenelement. Es sei $\varphi + \varepsilon\psi$ eine Vergleichsfunktion, also ψ auf dem Rande Null. Dann ist

$$(109) \qquad\quad D_{\varphi + \varepsilon\psi} = D_\varphi + 2\varepsilon \iint V(\varphi, \psi)\, W\, du\, dv + \varepsilon^2 D_\psi.$$

Für das Minimum ist notwendig und wegen $D_\psi > 0$ auch hinreichend, daß das mittlere Integral für jedes ψ verschwindet. Man erhält durch

Integration nach Teilen unter Berücksichtigung der verschwindenden Randwerte von ψ

$$(110) \quad \iint V(\varphi, \psi)\, W\, du\, dv = \iint \frac{(E\varphi_v - F\varphi_u)\,\psi_v + (G\varphi_u - F\varphi_v)\,\psi_u}{W}\, du\, dv$$

$$= -\iint \frac{\psi}{W}\left\{\left(\frac{E\varphi_v - F\varphi_u}{W}\right)_v + \left(\frac{G\varphi_u - F\varphi_v}{W}\right)_u\right\} W\, du\, dv.$$

Setzen wir

$$(111) \quad \boxed{\; \Delta\varphi = \frac{1}{W}\left\{\left(\frac{E\varphi_v - F\varphi_u}{W}\right)_v + \left(\frac{G\varphi_u - F\varphi_v}{W}\right)_u\right\}\;},$$

so haben wir also gefunden

$$(112) \quad \iint V(\varphi, \psi)\, W\, du\, dv = -\iint \psi \cdot \Delta\varphi \cdot W\, du\, dv$$

und als Differentialgleichung für φ

$$(113) \quad \Delta\varphi = 0,$$

die Verallgemeinerung der LAPLACEschen Differentialgleichung für die Ebene

$$(114) \quad \frac{\partial^2\varphi}{\partial u^2} + \frac{\partial^2\varphi}{\partial v^2} = 0.$$

Da die Gleichung (112) identisch in φ und ψ gilt, da ferner $W\, du\, dv = do$ und die linke Seite der Gleichung invariante Bedeutung haben, so muß auch $\Delta\varphi$ biegungsinvariant sein. Man nennt $\Delta\varphi$ BELTRAMIS zweiten Differentiator der Funktion φ.

E. BELTRAMI hat im Anschluß an Untersuchungen von G. LAMÉ seine Differentiatoren in einer hervorragenden Abhandlung aus den Jahren 1864 und 1865 eingeführt[1].

§ 82. Formeln nach GREEN.

Als erste Anwendung der Differentiatoren sollen zwei Formeln hergeleitet werden, die die Übertragung zweier bekannter Formeln GREENS auf die Flächentheorie bilden. Es seien φ, ψ zwei Funktionen auf einem einfach zusammenhängenden Flächenstück. Dann ist $(do = W\, du\, dv)$

$$\int V(\varphi, \psi)\, do = \iint (P\psi_u + Q\psi_v)\, du\, dv,$$

wobei

$$P = \frac{G\varphi_u - F\varphi_v}{W}, \qquad Q = \frac{E\varphi_v - F\varphi_u}{W}.$$

Es folgt

$$(115) \quad \int V(\varphi, \psi)\, do = \iint \left\{\frac{\partial(P\psi)}{\partial u} + \frac{\partial(Q\psi)}{\partial v}\right\} du\, dv - \int \psi\, \Delta\varphi \cdot do.$$

---

[1] E. BELTRAMI: Ricerche di analisi applicata alla geometria. Opere I, S. 107 bis **198**. Besonders Nr. XIV und XV.

Das erste Integral rechts kann man nach der gewöhnlichen, nach GAUSZ oder GREEN benannten Formel in ein Randintegral überführen:

$$(116) \qquad R = \int\int \{(P\,\psi)_u + (Q\,\psi)_v\}\,du\,dv = \oint \psi\,(P\,dv - Q\,du).$$

Dabei ist der Rand so zu durchlaufen, daß das Flächenstück links bleibt ($\mathfrak{x}_v$ links von $\mathfrak{x}_u$). Nehmen wir die im richtigen Sinn umfahrene Randlinie für den Augenblick als u-Kurve eines orthogonalen Parametersystems, so wird

$$(117) \qquad R = -\oint \psi\,\varphi_v\,\sqrt{\frac{E}{G}}\,du = -\oint \psi\,\frac{\partial\varphi}{\partial n}\,ds,$$

wenn durch $\partial : \partial n$ die Ableitung in Richtung $\mathfrak{x}_v$, also in Richtung der *inneren* Normalen angedeutet wird. Somit haben wir als erste Formel von GREEN gefunden:

$$(118) \qquad \boxed{\;\int V\,(\varphi,\psi)\cdot do = -\oint \psi\,\frac{\partial\varphi}{\partial n}\,ds - \int \psi\cdot \varDelta\varphi\cdot do\;}$$

Setzt man statt ψ in (118) $\lambda\cdot\psi$, so erhält man etwas allgemeiner:

$$\int \lambda V\,(\varphi,\psi)\,do = -\int \psi V\,(\varphi,\lambda)\,do - \oint \lambda\psi\,\frac{\partial\varphi}{\partial n}\,ds - \int \lambda\cdot\psi\cdot\varDelta\varphi\cdot do$$

$$= -\int \psi\,[V\,(\varphi,\lambda) + \lambda\varDelta\varphi]\,do - \oint \lambda\psi\,\frac{\partial\varphi}{\partial n}\,ds.$$

Vertauscht man in (118) φ und ψ unter Beachtung der Symmetrie von $V\,(\varphi,\psi)$, so folgt durch Abziehen die zweite Formel GREENS:

$$(119) \qquad \boxed{\;\int \{\varphi\cdot\varDelta\psi - \psi\cdot\varDelta\varphi\}\,do + \oint \left\{\varphi\,\frac{\partial\psi}{\partial n} - \psi\,\frac{\partial\varphi}{\partial n}\right\}ds = 0\;}$$

§ 83. Neue Formel für die geodätische Krümmung.

Denken wir uns unsere Fläche auf ein orthogonales Parameternetz bezogen, so können wir das Linienelement in der Form ansetzen:

$$ds^2 = A^2\,du^2 + B^2\,dv^2$$

mit $A^2 = E$ und $B^2 = G$. Die geodätische Krümmung einer Kurve $v = $ konst. wird dann nach (12) durch den Ausdruck

$$\frac{1}{\varrho_g} = -\frac{A_v}{A B}$$

dargestellt. Mittels der Differentiatoren kann man sich jetzt leicht von der besonderen Koordinatenwahl befreien. Man findet im vorliegenden Fall

$$(120) \qquad V\varphi = \frac{A^2\,\varphi_v^2 + B^2\,\varphi_u^2}{A^2 B^2} = \left(\frac{\varphi_u}{A}\right)^2 + \left(\frac{\varphi_v}{B}\right)^2,$$

$$V\,(\varphi,\psi) = \frac{\varphi_u\,\psi_u}{A^2} + \frac{\varphi_v\,\psi_v}{B^2}.,$$

$$(121) \qquad \Delta \varphi = \frac{1}{AB}\left\{\left(\frac{A}{B}\,\varphi_v\right)_v + \left(\frac{B}{A}\,\varphi_u\right)_u\right\},$$

$$(122) \qquad \nabla v = \frac{1}{B^2},$$

$$(123) \qquad \Delta v = \frac{1}{AB}\left(\frac{A}{B}\right)_v = \frac{A_v}{AB^2} - \frac{B_v}{B^3},$$

$$(124) \qquad \nabla (v, B) = \frac{B_v}{B^2}.$$

Nach den drei Gleichungen (122) bis (124) wird

$$(125) \qquad \frac{1}{\varrho_g} = -\frac{\Delta v}{\sqrt{\nabla v}} - \nabla\left(v, \frac{1}{\sqrt{\nabla v}}\right).$$

Allgemein ergibt sich daraus für die geodätische Krümmung einer Kurve $\varphi(u, v) = $ konst. folgender von BELTRAMI (1865, Werke I, S. 176) angegebene Ausdruck

$$(126) \qquad \frac{1}{\varrho_g} = -\frac{\Delta \varphi}{\sqrt{\nabla \varphi}} - \nabla\left(\varphi, \frac{1}{\sqrt{\nabla \varphi}}\right).$$

Diese invariante Formel gilt für beliebige Koordinaten u, v. Ausführlich lautet die Formel, wie O. BONNET 1860 gefunden hat,

$$(127) \qquad \frac{1}{\varrho_g} = \frac{1}{W}\left\{\left(\frac{F\,\varphi_v - G\,\varphi_u}{\sqrt{E\,\varphi_v^2 - 2F\,\varphi_u\,\varphi_v + G\,\varphi_u^2}}\right)_u + \left(\frac{F\,\varphi_u - E\,\varphi_v}{\sqrt{E\,\varphi_v^2 - 2F\,\varphi_u\,\varphi_v + G\,\varphi_u^2}}\right)_v\right\}.$$

Ist die Flächenkurve in der Form

$$u = u(t), \qquad v = v(t)$$

vorgelegt, so erhält man für die geodätische Krümmung

$$(128) \qquad \frac{1}{\varrho_g} = \frac{1}{W} \cdot \frac{\Gamma}{(E\,u'^2 + 2F\,u'v' + G\,v'^2)^{3/2}},$$

worin Γ die Bedeutung hat:

$$(129) \qquad \begin{aligned} \Gamma = {}& W^2(u'\,v'' - v'\,u'') \\ &+ (E\,u' + F\,v')[(F_u - \tfrac{1}{2}E_v)\,u'^2 + G_u\,u'v' + \tfrac{1}{2}G_v\,v'^2] \\ &- (F\,u' + G\,v')[\tfrac{1}{2}E_u\,u'^2 + E_v\,u'v' + (F_v - \tfrac{1}{2}G_u)\,v'^2]. \end{aligned}$$

Diese Formel findet sich bei BELTRAMI (Werke I, S. 178). Sie hat vor der vorhergehenden den Vorteil, daß keine weitere Verabredung wegen des Vorzeichens nötig ist.

§ 84. Flächen, deren geodätische Krümmungskreise geschlossen sind.

Mittels der eben abgeleiteten Formel für die geodätische Krümmung soll jetzt eine Behauptung von G. DARBOUX[1] bestätigt werden. *Dafür, daß auf einer Fläche alle Kurven mit fester geodätischer Krümmung*

---

[1] G. DARBOUX: Théorie des surfaces III, S. 151. 1894.

geschlossen sind, ist notwendig, daß die Fläche festes Krümmungsmaß besitzt[1].

Gehen wir von geodätischen Polarkoordinaten aus (§ 70), und setzen wir das Linienelement in der Form an:

$$d s^2 = d r^2 + G(r, \varphi) d\varphi^2,$$

dann ist das Krümmungsmaß

$$K(r, \varphi) = -\frac{1}{\sqrt{G}} \frac{\partial^2}{\partial r^2} \sqrt{G}.$$

Hieraus folgt umgekehrt für $\sqrt{G}$ unter Benutzung von (24) die Reihe

$$(130) \qquad \sqrt{G} = r - \frac{K_0}{3!} r^3 - \frac{2}{4!} \left(\frac{\partial K}{\partial r}\right)_0 r^4 + \cdots.$$

Für die geodätische Krümmung der Kurve ergibt sich nach (127), wenn man für die dort mit φ bezeichnete Funktion $r(\varphi) - r$ einsetzt:

$$(131) \qquad \frac{1}{\varrho_g} = \frac{G \frac{\partial \sqrt{G}}{\partial r} \cdot \left(1 + 2\frac{r'^2}{G}\right) - \sqrt{G}\, r'' + \frac{\partial \sqrt{G}}{\partial \varphi} \cdot r'}{G^{3/2} \left(1 + \frac{r'^2}{G}\right)^{3/2}}.$$

Führt man hier den Ausdruck (130) ein, so wird

$$
\begin{aligned}
\frac{1}{\varrho_g} = \frac{1}{r}\Bigg\{ &\left(1 - \frac{K_0}{3} r^2 - \frac{1}{4}\left(\frac{\partial K}{\partial r}\right)_0 r^3 + \cdots\right)\left(1 + \frac{2 r'^2}{r^2}\left[1 + \frac{K_0}{3} r^2 + \frac{1}{6}\left(\frac{\partial K}{\partial r}\right)_0 r^3 + \cdots\right]\right) \\
(132) \qquad &- \frac{r''}{r}\left(1 + \frac{K_0}{3} r^2 + \frac{1}{6}\left(\frac{\partial K}{\partial r}\right)_0 r^3 + \cdots\right) - \frac{2}{4!} \frac{\partial}{\partial \varphi}\left(\frac{\partial K}{\partial r}\right)_0 r r' + \cdots \Bigg\} \\
&\left\{1 + \frac{r'^2}{r^2}\left(1 + \frac{K_0}{3} r^2 + \frac{1}{6}\left(\frac{\partial K}{\partial r}\right)_0 r^3 + \cdots\right)\right\}.
\end{aligned}
$$

Setzt man hierin ϱ_g konstant, so hat man die Differentialgleichung der „Krümmungskreise" vor sich.

Da für kleines ϱ_g der Krümmungskreis nahezu ein ebener Kreis wird, liegt es nahe, für r eine Entwicklung nach Potenzen von ϱ_g in der Form anzusetzen:

$$(133) \qquad r = \varrho_g + b(\varphi) \varrho_g^2 + c(\varphi) \varrho_g^3 + d(\varphi) \varrho_g^4 + \cdots$$

Gehen wir mit dieser Reihe in die Formel (132) hinein, so bekommen wir durch Koeffizientenvergleichung Differentialgleichungen für die Funktionen $b(\varphi)$, $c(\varphi) \ldots$. Zunächst erhält man

$$\frac{1}{\varrho_g} = \frac{1}{\varrho_g}\{1 - (b + b'') \varrho_g + \cdots\},$$

also

$$(134) \qquad b + b'' = 0.$$

---

[1] Die Bedingung reicht aber durchaus nicht hin. Trägt man z. B. auf den Tangenten einer Schraubenlinie gleiche Längen ab, so bilden die Endpunkte auf der Tangentenfläche einen offenen Krümmungskreis.

Wir können also $b = 0$ setzen. Dann erhalten wir

$$\frac{1}{\varrho_0} = \frac{1}{\varrho_0}\left\{1 - \left(c + c'' + \frac{K_0}{3}\right)\varrho_0^2 - \left(d + d'' + \frac{1}{4}\left(\frac{\partial K}{\partial r}\right)_0\right)\varrho_0^3 + \cdots\right\}$$

und daraus für c und d die Differentialgleichungen

$$c'' + c = -\frac{K_0}{3}.$$

(135)

$$d'' + d = -\frac{1}{4}\left(\frac{\partial K}{\partial r}\right)_0.$$

Alle Lösungen der ersten haben die Periode 2π

(136) $$c = -\frac{K_0}{3} + A\cos\varphi + B\sin\varphi.$$

Anders bei der zweiten! Die rechte Seite hat, wenn man als Richtung $\varphi = 0$ die Richtung stärksten Anstiegs von K nimmt, die Form

(137) $$\left(\frac{\partial K}{\partial r}\right)_0 = \left(\frac{\partial K}{\partial r}\right)_{\text{Maximum}} \cdot \cos\varphi = C\cos\varphi.$$

Die allgemeine Lösung der Differentialgleichung

$$d'' + d = -\frac{C}{4}\cos\varphi$$

ist

(138) $$d = -\frac{C}{8}\varphi\sin\varphi + A\cos\varphi + B\sin\varphi,$$

wo A, B beliebige Konstante bedeuten.

Verlangen wir nun, daß sich die Krümmungskreise (133) alle schließen, so müssen die $b, c, d, \ldots$ die Periode 2π (oder $2n\pi$) haben. Das ist bei d nur möglich, wenn $C = 0$ ist. Dann haben wir

(139) $$\left(\frac{\partial K}{\partial r}\right)_0 = 0.$$

Also hat K im Ursprung $r = 0$ einen stationären Wert. Da diese Stelle keine ausgezeichnete Rolle auf der Fläche spielt, sondern beliebig gewählt werden kann, so muß K konstant sein, wie zu Anfang behauptet wurde.

Daß die Bedingung $K =$ konst. für die Geschlossenheit nicht völlig hinreicht, kann man aus § 75 entnehmen[1].

§ 85. Isotherme Parameter[2].

Es liegt die Frage nahe, ob man jedes Bogenelement

$$ds^2 = E\,du^2 + 2F\,du\,dv + G\,dv^2$$

---

[1] Die Entwicklungen dieses Abschnitts sind einer vom Verfasser veranlaßten Arbeit von B. BAULE entnommen: Über Kreise und Kugeln im RIEMANNschen Raum I. Math. Ann. Bd. 83, S. 286—310. 1921.

[2] Eine geometrische Deutung der isothermen Kurvennetze findet sich im Band III dieses Lehrbuches, § 72.

durch Einführung neuer Parameter p, q auf die sogenannte „isotherme"
Form

$$(140)\qquad ds^2 = \lambda\,(p,q)\cdot(dp^2 + dq^2)$$

bringen kann. In diesem Fall nimmt der zweite Differentiator (111)
die besonders einfache Form an:

$$(141)\qquad \Delta\varphi = \frac{\varphi_{pp} + \varphi_{qq}}{\lambda},$$

so daß also

$$(142)\qquad \Delta p = \Delta q = 0$$

ist. Die isothermen Parameter $p\,(u, v)$, $q\,(u, v)$ genügen also beide derselben linearen, homogenen partiellen Differentialgleichung zweiter
Ordnung, der Verallgemeinerung der Differentialgleichung von Laplace.

Um den Zusammenhang zwischen p und q zu bekommen, berechnen wir uns auch noch die ersten Differentiatoren nach (95) und (97)

$$(143)\qquad \nabla\varphi = \frac{\varphi_p^2 + \varphi_q^2}{\lambda}.$$

$$(144)\qquad \nabla(\varphi,\psi) = \frac{\varphi_p\,\psi_p + \varphi_q\,\psi_q}{\lambda},$$

also

$$\nabla p = \nabla q = \frac{1}{\lambda},$$

$$\nabla(p,q) = 0.$$

Die letzte Gleichung lautet ausführlich in den Veränderlichen u, v
(vgl. 97)

$$(145)\qquad (E\,p_v - F\,p_u)\,q_v + (G\,p_u - F\,p_v)\,q_u = 0.$$

Daraus ist

$$q_u = -\,\mu\,(E\,p_v - F\,p_u),$$

$$q_v = +\,\mu\,(G\,p_u - F\,p_v).$$

Bildet man linker Hand $\nabla q\,(u, v)$, so folgt wegen $\nabla p = \nabla q$

$$(146)\qquad \mu^2 = \frac{1}{E\,G - F^2}.$$

Somit haben wir

$$(147)\qquad \begin{cases} q_u = -\,\dfrac{E\,p_v - F\,p_u}{W}, \\[2ex] q_v = +\,\dfrac{G\,p_u - F\,p_v}{W}, \end{cases}$$

und umgekehrt

$$(148)\qquad \begin{cases} p_u = +\,\dfrac{E\,q_v - F\,q_u}{W}, \\[2ex] p_v = -\,\dfrac{G\,q_u - F\,q_v}{W}. \end{cases}$$

Ist insbesondere schon das System u, v isotherm, so vereinfachen sich unsre Formeln zu

$$(149) \qquad p_u = + q_v, \qquad p_v = - q_u,$$

wenn man etwa $W > 0$ nimmt. Diese Gleichungen sind das System der Differentialgleichungen von CAUCHY und RIEMANN aus der Funktionentheorie; die Formeln (147) oder (148) sind als die Verallgemeinerung dieses Gleichungssystems anzusehen.

Ist eine Lösung p von $\Delta p = 0$ bekannt, so bekommt man die dazugehörigen q durch Integration über ein vollständiges Differential:

$$(150) \qquad q = \int \frac{- (E\, p_v - F\, p_u)\, du + (G\, p_u - F\, p_v)\, dv}{W}.$$

Es ist ja gerade der Inhalt der Voraussetzung $\Delta p = 0$ oder

$$(151) \qquad \left(\frac{E\, p_v - F\, p_u}{W} \right)_v + \left(\frac{G\, p_u - F\, p_v}{W} \right)_u = 0,$$

daß der Ausdruck unterm Integralzeichen in (150) ein vollständiges Differential bedeutet.

Die komplexe Verbindung $z = p + iq$ zweier zusammengehöriger isothermer Parameter bezeichnet man als eine komplexe analytische Funktion auf unsrer Fläche. Ist $w = f(z) = u + iv$ eine analytische Funktion der komplexen Veränderlichen, so ist z

$$dw = f'(z)\, dz,$$

$$\left| dw \right| = \left| f'(z) \right| \frac{ds}{\sqrt{\lambda}},$$

also

$$(152) \qquad ds^2 = \frac{\lambda}{\left| f'(z) \right|^2} \, (du^2 + dv^2).$$

Das Bogenelement hat wieder die isotherme Form, d. h. durch Zerspaltung von w in Real- und Imaginärteil erhält man wieder isotherme Parameter auf unsrer Fläche.

Die Gleichung $dz = dp + idq = 0$ oder $z =$ konst. liefert wegen $ds^2 = (dp + idq)(dp - idq) = 0$ auf unsrer Fläche eine Schar von imaginären Kurven mit der Länge Null, die wir in § 22 als isotrope Kurven bezeichnet haben. So kann man die Bestimmung der isothermen Funktionen p, q und der komplexen analytischen Funktionen auf einer Fläche auf die Ermittlung der isotropen Kurven der Fläche zurückführen, wenn man die Flächen von vornherein als analytisch voraussetzt.

Macht man nur Differenzierbarkeitsannahmen, so ist der Existenzbeweis für die Lösungen der Differentialgleichung $\Delta p = 0$ mit Schwierigkeiten verbunden[1].

---

[1] Wegen der Literatur über diesen Gegenstand vgl. man L. LICHTENSTEIN: Zur Theorie der konformen Abbildung ... Bull. Acad. Cracovie 1916, S. 192—217.

86. Winkeltreue Abbildung.

Sind p und q zwei zusammengehörige isotherme Parameter auf
einer Fläche, hat also das Linienelement die Form

$$d s^2 = \lambda (d p^2 + d q^2),$$

so bekommt man eine winkeltreue Abbildung unsrer Fläche auf die
Ebene, wenn man p und q als rechtwinklige Koordinaten in der Ebene
deutet. Der Winkel φ zweier Richtungen $d\mathfrak{x}$ und $\delta\mathfrak{x}$ auf der Fläche
bestimmt sich durch die Gleichung

$$\cos \varphi = \frac{d\mathfrak{x} \cdot \delta\mathfrak{x}}{d s \cdot \delta s}.$$

Das gibt bei Einführung unsrer isothermen Parameter den Winkel
der entsprechenden Richtungen in der p, q-Ebene. (Vgl. die Ableitung
am Schluß von § 74).

Um jetzt *alle* winkeltreuen Abbildungen unsrer Fläche auf die
Ebene aufzustellen, genügt es — wegen der Zusammensetzbarkeit
der winkeltreuen Abbildungen —, alle winkeltreuen Abbildungen der
p, q-Ebene auf sich selbst zu ermitteln. Es seien p, q und u, v zwei in
einer winkeltreuen Abbildung mit Erhaltung des Umlaufsinnes („eigentlich" winkeltreu) entsprechende Punkte. Dann muß die Matrix der
Substitution

$$d p = p_u \, d u + p_v \, d v$$
$$d q = q_u \, d u + q_v \, d v$$

einer eigentlich orthogonalen Matrix proportional sein. Das gibt die
Gleichungen
(153) $\qquad\qquad\qquad p_u = + q_v, \qquad p_v = - q_u$

von Cauchy und Riemann, die aussagen, daß $z = p + i q$ analytisch
von $w = u + iv$ abhängt: $z = f(w)$. Bezeichnet man mit $\overline{w}$ die zu w
konjugiert komplexe Zahl, so werden durch die Beziehungen

(154) $\qquad\qquad\qquad\qquad z = f(w)$
und
(155) $\qquad\qquad\qquad\qquad z = f(\overline{w})$

die allgemeinsten winkeltreuen Abbildungen der Ebene dargestellt, wo
(155) als „uneigentlich" winkeltreue Abbildung bezeichnet wird.

Ist allgemeiner $z = p + i q$ eine analytische Funktion auf einer
krummen Fläche und $w = u + i v$ eine analytische Funktion auf einer
zweiten Fläche, so wird durch die Beziehungen (154) und (155) die allgemeinste winkeltreue Abbildung der beiden Flächen aufeinander vermittelt.

Die Aufgabe, die winkeltreuen Abbildungen, die man nach einem
Vorschlag von Gausz (1843) auch „konform" nennt, zu bestimmen,

entstand bei der Herstellung ebener „Landkarten" von krummen Flächen. So haben schon die alten Griechen die „*stereographische Projektion*" der Kugel besessen, bei der die Kugel (vgl. Fig. 31, S. 239)

$$(156) \qquad x_1 = \sin \vartheta \cos \varphi, \qquad x_2 = \sin \vartheta \sin \varphi, \qquad x_3 = \cos \vartheta$$

winkeltreu auf die pq-Ebene abgebildet wird

$$(157) \qquad p = \frac{\sin \vartheta \cos \varphi}{1 + \cos \vartheta}, \qquad q = \frac{\sin \vartheta \sin \varphi}{1 + \cos \vartheta}.$$

Nach besonderen Untersuchungen von G. Mercator (1512—1594) und J. H. Lambert (1728—1777) haben dann Lagrange, Euler und Gausz die allgemeine Theorie entwickelt.

§ 87. Isometrische Abbildung mit Erhaltung der Krümmungslinien [erster Fall].

Wir wollen in diesem Abschnitt wieder an die Untersuchungen des 5. Kapitels und die Behandlung der Flächentheorie mit invarianten Ableitungen anknüpfen. Im § 63 hatten wir die Frage berührt, ob und wann eine Fläche durch Angabe ihrer Linearformen

$$(158) \qquad \begin{aligned} ds_1 &= n_1\,du + n_2\,dv, \\ ds_2 &= \bar{n}_1\,du + \bar{n}_2\,dv \end{aligned}$$

schon bis auf kongruente Abbildungen eindeutig bestimmt ist. Wir behandeln die Frage erst an dieser Stelle, weil wir ihr jetzt eine anschauliche geometrische Deutung geben können. Stimmen für zwei punktweise durch gleiche u, v-Werte aufeinander bezogene Flächen die Formen (158) überein, so tun es nach § 63 (93) auch die ersten Grundformen I der Bogenelemente der Flächen. Wir haben also sicher zwei isometrisch bezogene oder, was dasselbe ist, zwei ineinander verbiegbare Flächen. Da die Nullinien der Formen (158), die Krümmungslinien, sich nun weiter noch entsprechen müssen, haben wir sicher eine *isometrische Abbildung mit Erhaltung der Krümmungslinien*. Umgekehrt stimmen für zwei isometrisch mit Erhaltung der Krümmungslinien aufeinander bezogene Flächen sicher die Formen ds_1 und ds_2 als Bogenelemente der Krümmungslinien überein, wenigstens bis auf die bei den Formen noch willkürlichen beiden Vorzeichenfaktoren. Diese können dann aber natürlich hinterher noch zur Übereinstimmung gebracht werden. *Unsere Frage, ob eine Fläche durch ihre Formen* (158) *bis auf kongruente Abbildungen festgelegt ist, ist somit gleichbedeutend mit der: Läßt sich eine Fläche so verbiegen, daß ihre Krümmungslinien erhalten bleiben,* oder in anderer Ausdrucksweise: Gibt es zu einer vorgelegten Fläche zugehörige andere Flächen, auf die sie isometrisch mit Erhaltung der

Krümmungslinien abgebildet werden kann? Diese letztere Frage hat schon BONNET[1] gelöst. Und zwar hat er gefunden, daß die Frage im allgemeinen Fall im negativen Sinne beantwortet werden muß. *Somit ist im allgemeinen Fall eine Fläche durch ihre zwei Linearformen* (158) *bis auf kongruente Abbildungen eindeutig festgelegt.* Nur bei drei Flächenklassen tritt, wie wir sehen werden, eine Ausnahme ein. Es gibt also gewisse spezielle Flächen, die sich mit Erhaltung der Krümmungslinien verbiegen lassen.

Wir werden annehmen, daß auf den zu betrachtenden Flächen ein eindeutig bestimmbares reguläres Netz von Krümmungslinien existiert, also

$$(159) \qquad\qquad r - \bar{r} \neq 0$$

voraussetzen, womit wir nach § 47 die Kugeln und Ebenen ausschließen. Durch die Formen (158) sind nach § 62 auch die Invarianten q und $\bar{q}$ sowie die Größen n^i und $\bar{n}^i$, mit denen die invarianten Ableitungen gebildet werden, bestimmbar. Unser Problem läuft analytisch offenbar auf die Frage hinaus: Lassen sich für eine gegebene Fläche die Invarianten r und $\bar{r}$ allein aus den Formen (158) berechnen oder nicht? Denn wenn man die r und $\bar{r}$ berechnen könnte, dann wären auch alle invarianten Ableitungen von r und $\bar{r}$, berechenbar, weil ja die bei dem invarianten Ableitungsprozeß zu verwendenden n^i und $\bar{n}^i$ sich allein aus den Formen (158) bestimmen, und weiter wären natürlich ohne weiteres die $q, \bar{q}$ und ihre sämtlichen invarianten Ableitungen bekannt, das heißt aber nach § 63: Wir hätten überhaupt alle absoluten Invarianten der Fläche durch die Formen (158) ausgedrückt. Die Fläche wäre dann bis auf kongruente Abbildungen durch ihre beiden linearen Differentialformen bestimmt.

Nun sind für eine Fläche die Hauptkrümmungen $r, \bar{r}$ ebenso wie die Hauptkrümmungsradien R_1 und R_2 [vgl. § 44 (30), (31)] überhaupt nur bis auf ein gemeinsames Vorzeichen bestimmbar, denn nach § 42 (19) sind ja auch die L, M, N nur bis auf das in der Wurzel im Nenner steckende gemeinsame Vorzeichen bestimmt. Es genügt also zur eindeutigen Bestimmung der Fläche aus ihren Formen (158), wenn wir etwa die Größen

$$(160) \qquad\qquad r\,\bar{r} = K$$

(K = Gaußsches Krümmungsmaß) und

$$(161) \qquad\qquad r^2 = s,$$

wo s eine Abkürzung ist, aus diesen berechnen können. Wenn K und s bestimmt sind, können wir $r = \sqrt{s}$ mit beliebigem Vorzeichen nehmen

---

[1] O. BONNET: Sur la théorie des surfaces applicables sur une surface donnée. Journal de l'École polytechnique. XXV (Cahier 42), S. 58 ff. 1867.

und $\bar{r}$ dann aus $r\bar{r} = K$ bestimmen. Nun gelten zwischen unsern Flächeninvarianten § 63 (90), (91) die Beziehungen

$$(162) \qquad -\bar{q}_1 - q_2 - \bar{q}^2 - q^2 = r\bar{r} = K,$$

$$(163) \qquad r_2 = q(\bar{r} - r),$$

$$(164) \qquad \bar{r}_1 = \bar{q}(r - \bar{r}).$$

Nach der ersten Gleichung ist $K = r\bar{r}$ mittels der Formen (158) und der aus ihnen ableitbaren q, $\bar{q}$, $\bar{q}_1$, q_2 berechenbar. Die Frage ist nun, ob eine Berechnung aus den Formen (158) auch für $s = r^2$ möglich ist.

Wir wollen den Fall der Torsen, für den wir etwa annehmen können:

$$(166) \qquad \bar{r} = 0 \qquad (r \neq 0)$$

dem allgemeinen Fall vorwegnehmen.

Aus (164) folgt dann $\bar{q} = 0$, und aus (162) $q_2 + q^2 = 0$. Wir behalten für r nur mehr die Gleichung

$$(167) \qquad \frac{r_2}{r} = -q$$

oder nach (161) für s die Gleichung:

$$(168) \qquad (\lg s)_2 = -2q$$

übrig, aus der s nicht eindeutig bestimmbar ist. Führen wir Krümmungslinienparameter ein (vgl. §§ 61, 62):

$$(169) \qquad ds_1 = \sqrt{E}\, du, \qquad ds_2 = \sqrt{G}\, dv,$$

so sind $\sqrt{E}$ und $\sqrt{G}$ durch die Formen ds_1, ds_2 bestimmt und (168) nimmt nach § 61 (4) (12) die Gestalt an:

$$(170) \qquad (\lg s)_v = -(\lg E)_v.$$
Das ergibt

$$(171) \qquad s = \frac{1}{E} \cdot U(u)$$

mit einer willkürlichen Funktion U von u allein. s ist also nur bis auf eine willkürliche Funktion einer Variablen bestimmbar. Da s eine Invariante ist, sind die zu verschiedenen U gehörigen Torsen alle wesentlich verschieden, d. h. sie gehen nicht nur durch kongruente Abbildung auseinander hervor. Zu einer gegebenen Torse gibt es also immer noch eine von einer willkürlichen Funktion abhängige Familie von Flächen, die mit ihr bei geeigneter punktweiser Zuordnung gleiche Formen (158) besitzen. Da Flächen mit gleichen Formen (158) ineinander verbiegbar sind, sind diese Flächen natürlich wieder Torsen. Die Torsen bilden den ersten unsrer drei Ausnahmefälle.

In welcher geometrischen Beziehung stehen Torsen mit gleichen Linearformen zueinander?

Bei den Torsen sind die Erzeugenden die eine Schar von Krümmungslinien, deren orthogonale Trajektorien die andere Schar. Wir haben also eine isometrische Abbildung zweier Torsen, bei der sich die Erzeugenden entsprechen.

Eine Torse ist nach § 35 entweder ein Zylinder oder ein Kegel oder eine Tangentenfläche einer Raumkurve. Nach § 64 sind die Zylinder durch die zu unsern für alle Torsen gültigen Gleichungen

$$(172) \qquad \bar{r} = 0, \qquad \bar{q} = 0, \qquad q_2 + q^2 = 0$$

hinzutretende Bedingung

$$(173) \qquad q = 0$$

gekennzeichnet. Da q und $\bar{q} = 0$ sind, verschwinden dann auch alle invarianten Ableitungen von q und $\bar{q}$. Somit sind alle aus den Formen (158) berechenbaren Invarianten bei allen Zylindern gleich: Alle Zylinder haben bei geeigneter Zuordnung der Parameter dieselben Formen (158), und weil (173) eine Bedingung in den Formen (158) allein ist, können Zylinder nur mit Zylindern gleiche Linearformen besitzen.

Man kann weiter leicht berechnen, daß bei den allgemeinen Kegeln statt (173) zu (172) die Bedingung

$$(174) \qquad q_1 = 0$$

hinzukommt. Wegen (172) $q_2 = - q^2$ hat dann ein Kegel nur eine einzige allein aus den Formen (158) berechenbare Invariante, nämlich q selbst. Alle Kegel mit gleicher Invariante q in entsprechenden Punkten haben daher bei geeigneter Zuordnung der Flächenparameter dieselben Formen (158), und nur derart zugeordnete Kegel untereinander können wegen (174) überhaupt dieselben Formen besitzen. q ist nach § 63 die geodätische Krümmung der nichtgeradlinigen Krümmungslinien des Kegels, d. h. des Radius der Kreise, in den diese bei einer Abwickelung in die Ebene übergehen.

Für Tangentenflächen von Raumkurven ist

$$(175) \qquad q_1 \neq 0 \,.$$

Die Torse ist dann Tangentenfläche der Raumkurve

$$(176) \qquad \mathfrak{z} = \mathfrak{x} - \frac{1}{q}\,\mathfrak{x}_2 \,.$$

Wegen der sich aus § 63 (78) mittels (172) ergebenden Bedingung $\mathfrak{z}_2 = 0$ schrumpft $\mathfrak{z}$ wirklich auf eine Kurve zusammen, deren Krümmung $1 : \varrho$ und Torsion $1 : \tau$ nach § 10 (80) durch

$$\frac{1}{\varrho^2} = \frac{(\mathfrak{z}_{11}^2)\,(\mathfrak{z}_1^2) - (\mathfrak{z}_1\,\mathfrak{z}_{11})^2}{(\mathfrak{z}_1^2)^3}$$

und

$$\frac{1}{\tau} = \frac{|\,\mathfrak{z}_1\,\mathfrak{z}_{11}\,\mathfrak{z}_{111}\,|}{(\mathfrak{z}_1^2)\,(\mathfrak{z}_{11}^2) - (\mathfrak{z}_1\,\mathfrak{z}_{11})^2}$$

gegeben sind. Die Rechnung liefert nach (172) und § 63, (78) (79):

$$\mathfrak{z}_1 = \frac{q_1}{q^2}\,\mathfrak{x}_2\,, \qquad \mathfrak{z}_{11} = \left(\frac{q_1}{q^2}\right)_1\mathfrak{x}_2 + \frac{q_1}{q}\,\mathfrak{x}_1\,,$$

$$\mathfrak{z}_{111} = [2\,(\lg q)_{11} - (\lg q)_1^2]\,\mathfrak{x}_1 + [\ldots]\,\mathfrak{x}_2 + r\,\frac{q_1}{q}\,\xi\,.$$

Daraus erhält man:

$$\frac{1}{\varrho^2} = \frac{q^6}{q_1^2}\,, \qquad \frac{1}{\tau} = -\,\frac{r\,q^2}{q_1}\,.$$

Somit ist die Krümmung ϱ allein aus den Formen (158) ermittelbar, die Torsion $1 : \tau$ kann aber je nach der für r in (171) auftretenden willkürlichen Funktion noch eine ganz beliebige Funktion werden. Wir haben also: *Die Tangentenflächen irgend zweier Raumkurven, die mit Erhaltung der Bogenlänge so aufeinander bezogen sind, daß sie in entsprechenden Punkten gleiche Krümmung besitzen, haben bei geeigneter Zuordnung der Parameter dieselben Linearformen* (158), und nur Tangentenflächen von Raumkurven gleicher Krümmung können überhaupt dieselben Linearformen besitzen.

§ 88. Isometrische Abbildung mit Erhaltung der Krümmungslinien [zweiter und dritter Fall].

Wir wenden uns jetzt von den Torsen dem allgemeinen Fall zu. Durch Ableitung von (160) erhält man:

$$(177) \qquad r_1 = -\,\frac{r\,\bar{r}_1}{\bar{r}} + \frac{K_1}{r}\,,$$

wo nach (162) $K = -\,\bar{q}_1 - q_2 - \bar{q}^2 - q^2$ und ebenso natürlich K_1 allein aus den Formen (158) berechenbar ist. Multiplizieren wir einmal (177) mit $2\,r$ und ersetzen $\bar{r}_1$ nach (164) und multiplizieren wir andererseits (163) mit $2\,r$, so erhalten wir die beiden Gleichungen

$$(178) \qquad \left\{ \begin{aligned} s_1 &= -\,\frac{2\,\bar{q}}{K}\,s^2 + 2\,s\left(\bar{q} + \frac{K_1}{K}\right), \\ s_2 &= -\,2\,q\,s + 2\,q\,K, \end{aligned} \right.$$

die offenbar die einzigen Gleichungen sind, die wir zur Bestimmung von s verwenden können. Ersetzen wir in der Integrierbarkeitsbedingung

$$s_{12} + q\,s_1 = s_{21} + \bar{q}\,s_2$$

die Ableitungen der s nach (178) und den durch Differenzieren daraus entstehenden Gleichungen durch s allein, so erhalten wir die folgende Bedingung für s:

$$(179) \quad \left[-\left(\frac{\bar{q}}{K}\right)_2 + \frac{\bar{q}}{K}\cdot q\right]s^2 + \left[\left(\frac{K_1}{K}\right)_2 + q\,\frac{K_1}{K} + \bar{q}_2 + q_1 - 2\,q\,\bar{q}\right]s$$

$$+ K^2\left[-\left(\frac{q}{K}\right)_1 + \frac{q}{K}\cdot\bar{q}\right] = 0\,.$$

Diese Gleichung allein kommt für die Ermittlung von s in Frage. Wir nehmen zuerst den Fall, daß gleichzeitig

$$(180) \qquad \left(\frac{\bar{q}}{K}\right)_2 = \frac{\bar{q}}{K}\cdot q\,, \qquad \left(\frac{q}{K}\right)_1 = \frac{q}{K}\cdot\bar{q}\,,$$
$$\left(\frac{K_1}{K}\right)_2 + q\,\frac{K_1}{K} + \bar{q}_2 + q_1 = 2\,q\,\bar{q}\,.$$

gilt, wobei K nach (162) durch

$$(181) \qquad\qquad K = -\,\bar{q}_1 - q_2 - q^2 - \bar{q}^2$$

definiert ist. Dann ist (179) identisch erfüllt. s ist jetzt selbst nicht bestimmbar, für s gilt aber das integrable System (178) von Differentialgleichungen erster Ordnung, deren Lösung s eine Integrationskonstante enthält. Die speziellen Flächen (180) lassen sich also zu je ∞^1 auf die gleichen Linearformen bringen. Jede von ihnen läßt sich auf ∞^1 Weisen in gleichartige Flächen mit Erhaltung der Krümmungslinien verbiegen. Das ist unser zweiter Ausnahmefall. Führen wir die Parameter der Krümmungslinien ein und setzen

$$(181\,\mathrm{a}) \qquad\qquad \sqrt{E} = e\,, \qquad \sqrt{G} = g\,, \qquad\qquad (e\,g \neq 0)$$

so können wir für $(180)_1$ und $(180)_2$ wegen (12) § 61 schreiben:

$$(182) \qquad\qquad \left(\lg \frac{\bar{q}}{K\,e}\right)_v = 0\,, \qquad \left(\lg \frac{q}{K\,g}\right)_u = 0\,.$$

Aus $(180)_3$ ergibt sich dann:

$$(183) \qquad\qquad (\lg K\,e\,g)_{u\,v} = 4\,e\,g\,q\,\bar{q}\,,$$

während (181) die Gestalt

$$(184) \qquad\qquad K\,e\,g = -\,(e\,q)_v - (g\,\bar{q})_u$$

annimmt. Durch Integration von (182) erhalten wir

$$(185) \qquad\qquad \bar{q} = K\,e\,U\,, \qquad q = K\,g\,V\,,$$

wo U eine Funktion von u und V eine Funktion von v allein ist. U und V dürfen nicht beide $= 0$ sein, da wir für $q = \bar{q} = 0$ auf Zylinder, also auf abwickelbare Flächen zurückgelangen würden (vgl. § 64). Es muß nun aber mindestens eine der Funktionen U und V verschwinden. Denn sonst könnten wir es durch eine Änderung der Parameter

$$u = \varphi(\bar{u})\,, \qquad v = \psi(\bar{v})\,,$$

bei der sich e und g nach

$$\bar{e} = e\cdot\varphi'\,, \qquad \bar{g} = g\cdot\psi'$$

substituieren, erreichen, daß $U = V = -1$ wird. In diesem Falle hätten wir

$$(186) \qquad\qquad \bar{q} = -\,K\,e\,, \qquad q = -\,K\,g\,.$$

Würden wir in (183) einerseits und in (184) andererseits die q und $\bar{q}$ nach (186) ersetzen, so würden wir erhalten:

$$(187) \qquad [\lg (K e\, g)]_{u\,v} = 4\,(K e\,g)^2,$$

$$(188) \qquad [\lg (K e\, g)]_u + [\lg (K e\, g)]_v = 1.$$

Diese Gleichungen haben aber keine gemeinsame Lösung in der Funktion $eg K$, denn aus (188) erhält man als allgemeine Lösung:

$$(189) \qquad K e\, g = \Phi\,(u - v)\cdot e^{\frac{u+v}{2}},$$

wo Φ eine willkürliche Funktion des einen Arguments $u - v$ ist. Setzt man (189) in (187) ein, so erhält man

$$(190) \qquad \frac{1}{\Phi^4}[\Phi\,\Phi'' - \Phi'^2] = -\,4\,e^{u+v},$$

wo die Striche Ableitungen von Φ nach seinem Argument bedeuten. Da rechts eine Funktion von $u + v$, links aber eine von $u - v$ steht, leitet man leicht einen Widerspruch her.

Wir können daher $U = 1$, $V = 0$, also

$$(191) \qquad \bar{q} = K e, \qquad q = 0$$

annehmen, so daß dann der Parameter u völlig und der Parameter v bis auf eine Transformation $v = \psi\,(\bar{v})$ festgelegt ist. Nach § 64 haben wir wegen $q = 0$ *Gesimsflächen*, und zwar solche spezieller Art, denn aus (181), (180) ergibt sich jetzt:

$$(192) \qquad K = -\,\bar{q}_1 - \bar{q}^2, \qquad \left(\frac{\bar{q}}{K}\right)_2 = 0, \qquad (\lg K)_{12} + \bar{q}_2 = 0.$$

Von diesen Gleichungen dient jetzt die erste zur Definition von K allein aus den Formen (158). Setzen wir den Wert von K in die letzten beiden Gleichungen ein, so bekommen wir nach einigem Umformen die beiden Bedingungen:

$$(193) \qquad [\lg (\bar{q}_1 + \bar{q}^2)]_2 = (\lg \bar{q})_2,$$

$$(194) \qquad [\lg (\bar{q}_1 + \bar{q}^2)]_{12} + \bar{q}_2 = 0.$$

Wegen $q = 0$ gilt die Integrierbarkeitsbedingung

$$[\lg (\bar{q}_1 + \bar{q}^2)]_{12} = [\lg (\bar{q}_1 + \bar{q}^2)]_{21} + \bar{q}\,[\lg (\bar{q}_1 + \bar{q}^2)]_2.$$

Wir können also (194) auch schreiben:

$$(195) \qquad [\lg (\bar{q}_1 + \bar{q}^2)]_{21} + \bar{q}\,[\lg (\bar{q}_1 + \bar{q}^2)]_2 + \bar{q}_2 = 0.$$

Nun können wir aber erkennen, daß (195) einfach eine Folge von (193) ist. Denn ersetzen wir in (195) das zweite Glied nach (193), und das erste nach der aus (193) durch Ableitung folgenden Gleichung, so ergibt sich mittels der Integrierbarkeitsbedingung

$$\bar{q}_{12} = \bar{q}_{21} + \bar{q}\,\bar{q}_2$$

genau wieder (193). Wir haben also überhaupt nur eine wesentliche Gleichung (193) gefunden, die außer $q = 0$ in unserm zweiten Ausnahmefall bestehen muß. Schreiben wir (193) in der Form

$$(196) \qquad (\lg \bar{q})_{12} + \bar{q}_2 = 0,$$

so können wir sagen: Die Flächen unsres zweiten Ausnahmefalls sind durch

$$(197) \qquad q = 0, \qquad (\lg \bar{q})_{12} + \vec{q}_2 = 0$$

gekennzeichnet. Statt $(197)_2$ können wir, wenn wir wieder die r, $\bar{r}$ benutzen, auch eine andere Gleichung schreiben. Nach (162), (163) gilt wegen $q = 0$:

$$(198) \qquad r\,\bar{r} = -\,\bar{q}_1 - \bar{q}^2, \qquad r_2 = 0.$$

Leitet man $(198)_1$ nach 2 ab, so folgt mittels $(198)_2$ und $(197)_2$

$$(199) \qquad \bar{r}_2\,\bar{q} = \bar{r}\,\bar{q}_2.$$

Umgekehrt folgt aus (199) wieder $(197)_2$. Statt (199) können wir nach § 63 (78), (79) wegen $q = 0$ auch

$$(200) \qquad |\,\mathfrak{x}_2\;\mathfrak{x}_{22}\;\mathfrak{x}_{222}\,| = 0$$

schreiben. Wir haben also besondere Gesimsflächen mit (200). Nach § 64 sind die Vektoren $\mathfrak{x}_2$ die Normalenvektoren der Ebenen, in denen die Krümmungslinien 1 liegen. Diese Ebenen sind nach (200) jetzt alle zu einer festen Richtung parallel, sie umhüllen also einen allgemeinen Zylinder. Bei der Erzeugung, die wir im § 64 für unsre allgemeinen Gesimsflächen angegeben hatten, wird die dort erwähnte Torse in unserm jetzigen Fall ein Zylinder. Wir haben also für die Flächen unsres zweiten Ausnahmefalles die Erzeugung: *Man nehme einen beliebigen allgemeinen Zylinder und zeichne auf eine seiner Tangentenebenen eine beliebige Kurve K. Läßt man dann die Tangentenebene auf dem Zylinder ohne zu gleiten rollen, so erzeugt K die allgemeinste Gesimsfläche unsrer Art.* Auf Grund dieser geometrischen Erzeugung oder auch durch Integration der in Krümmungslinienparametern geschriebenen Gleichungen § 63 (78) und (79), wobei über die Wahl der Skala der v-Kurven noch geeignet zu verfügen ist[1], kann man leicht sehen, daß sich jede unsrer Flächen bei geeigneter Koordinatenwahl durch

$$x_1 = \frac{U'}{a} \cos a\,v + \int V \sin a\,v\,dv,$$

$$(201) \qquad x_2 = \frac{-U'}{a} \sin a\,v + \int V \cos a\,v\,dv,$$

$$x_3 = \int U' \sqrt{e^{-2u} - \frac{1}{a^2}}\,du$$

in expliziter Form in Krümmungslinienparametern darstellen läßt. Hier sind U und V willkürliche Funktionen von u oder v allein. a ist eine Konstante. Die Rechnung zeigt, daß für Flächen mit gleichen Funktionen U, V und verschiedenen a die Formen (158) identisch in u und v übereinstimmen, während die r (oder $s = r^2$) verschieden sind. *Für feste U, V und veränderliches a erhalten wir in (201) also immer eine*

---

[1] Vgl. die am Anfang von § 87 zitierte Arbeit von BONNET.

Schar von Flächen, die aufeinander isometrisch mit Erhaltung der Krümmungslinien bezogen sind.

Über den letzten Ausnahmefall wollen wir nur kurz berichten. Sind in (179) nicht alle drei Ausdrücke (180) gleichzeitig $= 0$, so können wir annehmen, daß

$$(202) \qquad \left(-\frac{q}{K}\right)_1 + \frac{q}{K}\cdot\bar{q} \neq 0$$

ist, denn sonst würden wir aus (179) als eine Lösung $s = 0$ erhalten; was auf eine Torse zurückführen würde. Gäbe es aus (179) dann wirklich zwei aufeinander isometrisch mit Erhaltung der Krümmungslinien abbildbare Flächen entsprechend den beiden Lösungswerten s, so müßte auch die zweite Fläche als auf die erste verbiegbar eine Torse sein. Diesen Fall haben wir schon behandelt. Wir nehmen daher jetzt (202) an. Führen wir die Abkürzungen ein:

$$(203) \qquad \mathfrak{A} = \frac{-\left(\dfrac{\bar{q}}{K}\right)_2 + \dfrac{\bar{q}}{K}\,q}{K^2\left[-\left(\dfrac{q}{K}\right)_1 + \dfrac{q}{K}\,\bar{q}\right]},$$

$$(204) \qquad \mathfrak{B} = \frac{\left(\dfrac{K_1}{K}\right)_2 + q\left(\dfrac{K_1}{K}\right) + \bar{q}_2 + q_1 - 2\,q\,\bar{q}}{2\,K^2\left[-\left(\dfrac{q}{K}\right)_1 + \dfrac{q}{K}\,\bar{q}\right]},$$

so schreibt sich (179) in der Form

$$(205) \qquad \mathfrak{A}\,s^2 + 2\,\mathfrak{B}\,s + 1 = 0.$$

Die Lösung ist

$$(206) \qquad s = -\frac{\mathfrak{B}}{\mathfrak{A}} \pm \frac{1}{\mathfrak{A}}\sqrt{\mathfrak{B}^2 - \mathfrak{A}}.$$

Hier können wir $\mathfrak{A} - \mathfrak{B}^2 \neq 0$ annehmen, da sonst die beiden Lösungen zusammenfallen würden, und wir ja gerade Flächen suchen, bei denen s aus (205) nicht eindeutig, sondern mehrdeutig bestimmbar ist. Für $\mathfrak{A} - \mathfrak{B}^2 = 0$ ergibt sich, wie wir nur erwähnen, der allgemeine Fall der Flächen, die nicht isometrisch mit Erhaltung der Krümmungslinien verbiegbar sind. Die beiden Lösungen (206) müssen für $\mathfrak{A} - \mathfrak{B}^2 \neq 0$ nachträglich noch die Gleichungen (178) befriedigen. Daraus erhalten wir, da wir zwei Lösungswerte s in je zwei Gleichungen einzusetzen haben, vier Bedingungen. Die Rechnung[1] zeigt, daß man für das Gleichungssystem dieser vier Bedingungen nach einigen Umformungen das folgende setzen kann:

$$(206) \qquad 2\,K\,\mathfrak{B}\,\mathfrak{B}_1 - K\,\mathfrak{A}_1 + 4\,(\mathfrak{B}^2 - \mathfrak{A})\,(K_1 + \bar{q}\,K) = 0,$$

$$(207) \qquad K\,\mathfrak{A}_1 + 4\,\bar{q}\,\mathfrak{B} + 4\,\bar{q}\,\mathfrak{A}\,K + 4\,\mathfrak{A}\,K_1 = 0,$$

$$(208) \qquad (\mathfrak{A}_2 - 4\,\mathfrak{A}\,q)\,(2\,\mathfrak{B}^2 - \mathfrak{A}) = (\mathfrak{B}_2 - 2\,\mathfrak{B}\,q)\cdot 2\,\mathfrak{A}\,\mathfrak{B},$$

$$(209) \qquad \mathfrak{B}_2 = 2\,q\,(\mathfrak{B} + 2\,\mathfrak{B}^2\,K - K\,\mathfrak{A}).$$

---

[1] Die Rechnung ist in der zu Beginn des § 87 zitierten Arbeit von Bonnet durchgeführt.

Hier sind natürlich die $\mathfrak{A}$ und $\mathfrak{B}$ nach (203) und (204) wieder ersetzt zu denken. Wir haben also vier Gleichungen, die allein die q, $\bar{q}$ und ihre invarianten Ableitungen enthalten. K ist wieder durch (181) erklärt zu denken. Führt man Krümmungslinienparameter ein, und beachtet, daß unter der Bezeichnungsweise (181a) gilt:

$$(209\,\mathrm{a}) \qquad q = e_v : e\,g\,; \qquad \bar{q} = g_u : e\,g\,,$$

so erhält man aus (206) und (208) durch Integration:

$$(209\,\mathrm{b}) \qquad (\mathfrak{B}^2 - \mathfrak{A})\,e^4 = \mathfrak{A}^2 \cdot U \quad \text{und} \quad K^4 g^4 (\mathfrak{B}^2 - \mathfrak{A}) = V,$$

wo U eine Fnnktion von u und V eine solche von v allein ist. Man erkennt leicht, daß man durch geeignete Wahl der Parameterskalen wegen $K \neq 0$, $e \neq 0$, $g \neq 0$, $\mathfrak{A} \neq 0$, $\mathfrak{B}^2 - \mathfrak{A} \neq 0$ immer $U = V = 1$ machen kann. Man erhält dann aus (209b)

$$(210) \qquad \mathfrak{A} = \pm\, e^2 : (K\,g)^2,$$

$$(211) \qquad \mathfrak{B} = \sqrt{1 \pm (K\,e\,g)^2} : (K\,g)^2.$$

Die genauere Untersuchung, die in der Arbeit von BONNET durchgeführt ist, zeigt, daß sich aus den zwei Bedingungen (206), (208) [oder integriert (210), (211)] die andern beiden (207), (209) als einfache Folgerungen ergeben. Wenn wir nämlich $\mathfrak{A}$ und $\mathfrak{B}$ aus (210), (211) in (203) und (204) einsetzen, so erweisen sich (207), (209) als mit (203), (204) identisch. Um das zu erkennen, hat man überall q, $\bar{q}$ und K nach (184), (209a) durch die e und g auszudrücken. (206), (208) sind zwei Differentialgleichungen fünfter Ordnung in den Punktkoordinaten der Fläche, wie man aus der Definition von $\mathfrak{A}$ und $\mathfrak{B}$ leicht ersehen kann, wenn man bedenkt, daß das Krümmungsmaß K nur von zweiter Ordnung ist. *In unserm dritten Ausnahmefall haben wir den beiden Werten von s entsprechend immer genau ein Paar von Flächen, die einander isometrisch mit Erhaltung der Krümmungslinien zugeordnet sind.* BONNET hat die Flächen (206), (208) zwar nicht integrallos dargestellt, aber sie geometrisch folgendermaßen gekennzeichnet: *Zu jeder der Flächen, die den beiden Differentialgleichungen fünfter Ordnung (206) und (208) genügen und nur zu diesen gehört immer eine Fläche konstanten Krümmungsmaßes, die mit ihr auf der Einheitskugel von GAUSZ (vgl. § 50) das sphärische Bild der Krümmungslinien gemeinsam hat. Von den isometrisch mit Erhaltung der Krümmungslinien bezogenen Flächenpaaren hat dann immer eine dieses sphärische Bild mit einer Fläche konstanter positiver Krümmung, die andere aber mit einer Fläche konstanter negativer Krümmung gemein.*

§ 89. Die Förderung der Flächentheorie durch GAUSZ.

Von GAUSZ gibt es zwei bedeutende Abhandlungen zur Flächentheorie. Die erste hat GAUSZ 1822 als Preisschrift der Kopenhagener Akademie eingereicht. Sie ist 1825 erschienen unter dem Titel: „Die Teile einer gegebenen Fläche auf einer anderen gegebenen Fläche so abzubilden, daß die Abbildung dem Abgebildeten in den kleinsten Teilen ähnlich wird" (Werke Bd. 4, S. 189—216). Ungleich wichtiger als diese Abhandlung über die winkeltreue Abbildung ist die zweite GAUSZsche Schrift zur Flächentheorie, die 1827 erschienen ist, die „Disquisitiones generales circa superficies curvas" (Werke Bd. 4, S. 220 bis S. 258). Beide Abhandlungen sind nicht aus reinem Denken entstanden, sondern Ergebnisse seiner geodätischen Arbeiten bei der von ihm geleiteten Vermessung von Hannover (1821—1841).

Das Hauptergebnis der „Disquisitiones", nämlich die Biegungsinvarianz des Krümmungsmaßes, hat GAUSZ schon 1816 gekannt und 1822 an der isothermen Form des Bogenelements hergeleitet.

Erst 1826 gelang ihm die allgemeine Herleitung des Krümmungsmaßes aus einem beliebig vorgeschriebenen Bogenelement.

Die Verbiegung von Flächen ist schon vor GAUSZ von EULER und MONGE untersucht worden, und zwar haben beide nach den krummen Flächen gefragt, die auf die Ebene längentreu abbildbar sind. Die geodätische Krümmung („Seitenkrümmung") und ihr Integral ist zuerst von GAUSZ behandelt worden (Werke Bd. 8, S. 386). Vielleicht hat er auch schon die Integralformel (77) von BONNET besessen, die den Zusammenhang zwischen der Flächentheorie und der nicht-Euklidischen Geometrie herstellt, zu der ebenfalls GAUSZ den Grund gelegt hat.

Die „Disquisitiones" haben als erster großer Fortschritt in der Flächentheorie seit MONGE einen bedeutenden Einfluß auf die Entwicklung der Geometrie gehabt. So haben sich Arbeiten von MINDING, MAINARDI, CODAZZI, BONNET und JACOBI angeschlossen. Die wichtigste Weiterbildung der Gedanken von GAUSZ hat aber B. RIEMANN in seinem Habilitationsvortrag von 1854 gegeben, auf den wir später eingehend zurückkommen werden.

Eine geschichtliche Würdigung der geometrischen Leistungen des „Princeps mathematicorum" findet man in der Schrift von P. STÄCKEL: C. F. Gauß als Geometer. Leipzig 1918.

§ 90. Aufgaben und Lehrsätze.

1. Eine geometrische Deutung des Krümmungsmaßes. Bedeutet $S(\varepsilon)$ die Bogenlänge einer Parallelkurve zu einer geodätischen Linie im geodätischen Abstand ε, so ist

$$\frac{d^2 S(0)}{d\varepsilon^2} = - \int K\, ds,$$

wenn K die Werte des Krümmungsmaßes längs der geodätischen Linie bedeutet. Vgl. im folgenden § 99 und F. ENGEL: Leipz. Ber., Bd. 53, S. 409. 1901.

2. Besondere Form der Gleichung der geodätischen Linien. Ist eine Fläche auf geodätische Parameter bezogen, so daß

$$ds^2 = du^2 + G(u, v)\, dv^2$$

ist, so beschreibt ein Flächenpunkt u, v dann eine geodätische Linie auf der Fläche, wenn der Winkel α, unter dem die u-Kurven ($v =$ konst.) von der geodätischen

192   Geometrie auf einer Fläche.

Linie geschnitten werden, der Beziehung genügt:

$$\frac{d\alpha}{dv} = -\frac{\partial \sqrt{G}}{\partial u}.$$

GAUSZ: Werke IV, S. 244.

3. Eine geometrische Deutung von BELTRAMIS Differentiator $\varDelta$. Es sei φ eine Funktion auf einer krummen Fläche, s_1, s_2 die Bogenlängen zweier in einem Punkt sich senkrecht schneidenden Flächenkurven, g_1 und g_2 deren geodätische Krümmungen im Schnittpunkt. Dann gilt dort

$$\varDelta \varphi = \frac{d^2 \varphi}{d s_1^2} + \frac{d^2 \varphi}{d s_2^2} + g_2 \frac{d\varphi}{d s_1} + g_1 \frac{d\varphi}{d s_2}.$$

E. CESÀRO: Lezioni di geometria intrinseca, S. 165. Napoli 1896.

4. J. LIOUVILLES Ausdruck für das Krümmungsmaß. Es seien $1 : \varrho_u$, $1 : \varrho_v$ die geodätischen Krümmungen der Parameterlinien $v =$ konst., $u =$ konst. auf einer Fläche und Ω der Winkel der Parameterlinien. Dann ist

$$(212) \qquad K = \frac{1}{W}\left\{ \frac{\partial^2 \Omega}{\partial u\, \partial v} - \frac{\partial}{\partial u}\left(\frac{\sqrt{G}}{\varrho_v}\right) + \frac{\partial}{\partial v}\left(\frac{\sqrt{E}}{\varrho_u}\right)\right\}.$$

J. LIOUVILLE: Comptes Rendus Bd. **32**, S. **533**. 1851.

5. Ein Satz von LIOUVILLE über geodätische Linien. Gibt es auf einer Fläche zwei Felder geodätischer Linien, die sich unter festem Winkel schneiden, so ist die Fläche eine Torse ($K = 0$). DARBOUX, G.: Surfaces III, S. 422, 423.

6. Ein Ausdruck von LIOUVILLE für die geodätische Krümmung. Es seien $1 : \varrho_u$, $1 : \varrho_v$ die geodätischen Krümmungen eines Systems von orthogonalen Parameterlinien. Dann gilt für die geodätische Krümmung einer Kurve, die die u-Linien ($v =$ konst.) unter dem Winkel τ durchsetzt,

$$(213) \qquad \frac{1}{\varrho_g} = \frac{d\tau}{ds} + \frac{\cos\tau}{\varrho_u} + \frac{\sin\tau}{\varrho_v}.$$

Vgl. MONGES „Application . . ." von 1850, S. 575.

7. Flächen von LIOUVILLE. Hat das Linienelement einer Fläche die Form

$$(214) \qquad d s^2 = \{\varphi(u) + \psi(v)\}\,(d u^2 + d v^2),$$

so sind die geodätischen Linien durch die Gleichung gegeben:

$$(215) \qquad \int \frac{d u}{\sqrt{\varphi(u) + a}} - \int \frac{d v}{\sqrt{\psi(v) - a}} = b,$$

in der a, b Konstante bedeuten. (Ebenda S. 577—582.) Es ist zu zeigen: Die Drehflächen und die $\mathfrak{F}_2$ gehören zu den Flächen LIOUVILLES.

8. Deutung des Bogenelements von LIOUVILLE nach ZWIRNER und BLASCHKE. Dafür, daß in allen auf einer Fläche aus den Parameterlinien u, $v =$ konst. gebildeten Vierecken die geodätischen Diagonalen gleichlang seien, ist notwendig und hinreichend, daß das Bogenelement bezüglich dieser Parameter auf die Gestalt (214) gebracht werden kann. Vgl. etwa W. BLASCHKE: Sull' elemento lineare di LIOUVILLE, Rom Accademia Lincei (6a) **5** (1927), S. 396—400 und Math. Zeitschr. **27** (1928), S. 653—668. Hieraus folgt sofort: Bringt man das Bogenelement der Ebene auf die Gestalt (214), so sind die Parameterlinien konfokale Kegelschnitte oder Ausartungen davon.

9. Ein Satz von K. BRAUNER. Damit eine Fläche konstantes Krümmungsmaß besitze, ist notwendig und hinreichend, daß jeder ihrer Punkte für einen geodätischen (Entfernungs-)Kreis mit auf der ganzen Fläche konstantem geodätischen Radius geodätischer Mittelpunkt ist und diese Kreise konstante geodätische Krümmung besitzen. (Aus einer brieflichen Mitteilung von 1929 an den Verfasser.)

10. Mechanische Verwirklichung geodätischer Linien. Eine Stahllamelle mit rechteckigem Querschnitt, die, in die Ebene ausgebreitet, geradlinig ist, ergibt, wenn man sie mit ihrer Breitseite längs einer krummen Fläche anlegt, eine geodätische Linie dieser Fläche. „Hochkant" gestellt ergibt sie hingegen eine Asymptotenlinie der Fläche. S. FINSTERWALDER: Mechanische Beziehungen bei der Flächendeformation. Jahresber. Dt. Math. Ver. Bd. 6, S. 45—90. 1899.

11. Ein Satz von GAUSZ über kleine geodätische Dreiecke. Es seien α_i die Innenwinkel, a_i die gegenüberliegenden Seiten, K_i die Krümmungsmaße in den Ecken, F der Flächeninhalt eines kleinen geodätischen Dreiecks. Dann ist der Quotient

$$(216) \qquad \frac{\alpha_i - \dfrac{F}{12}\,\{K_i + K_1 + K_2 + K_3\}}{\sin a_i}$$

nahezu unabhängig von i ($= 1, 2, 3$). GAUSZ: Disquisitiones . . ., Werke IV, S. 257; den Sonderfall $K_i = K$ hat LEGENDRE angegeben.

12. Geodätische Kegelschnitte auf einer Fläche. Die Kurven auf einer Fläche, die die Eigenschaft haben, daß die Summe oder Differenz der geodätischen Entfernungen ihrer Punkte von zwei festen Kurven konstant ist, bilden ein Orthogonalsystem, das die konfokalen Kegelschnitte als Sonderfall enthält. Das Bogenelement in bezug auf dieses Orthogonalsystem kann auf die Form gebracht werden:

$$(217) \qquad ds^2 = \frac{du^2}{\sin^2 \dfrac{\omega}{2}} + \frac{dv^2}{\cos^2 \dfrac{\omega}{2}}.$$

Solche „Kegelschnitte" können nur dann ein Isothermensystem bilden, wenn das Linienelement sich auf die Form von LIOUVILLE (Aufg. 7) bringen läßt. U. DINI: Annali di matematica Bd. 3, S. 269. 1869.

13. Ein Satz von G. DARBOUX über geodätische Kegelschnitte. Läßt sich ein Orthogonalsystem auf zwei verschiedene Arten als System geodätischer Kegelschnitte deuten, so ist diese Deutung auf unendlich viele Arten möglich. Das Linienelement läßt sich auf die Form von LIOUVILLE bringen. G. DARBOUX: Surfaces III, S. 19.

14. Eine kennzeichnende Eigenschaft der Flächen festen Krümmungsmaßes. Läßt sich eine Fläche im kleinen so auf die Ebene abbilden, daß dabei die geodätischen Linien in die Geraden der Ebene übergehen, so hat die Fläche notwendig festes Krümmungsmaß. E. BELTRAMI: Opere I, S. 262—280. 1866; vgl. auch G. DARBOUX: Surfaces III, S. 40—44.

15. Flächen mit geodätischen Schattengrenzen. Es sind die Flächen zu ermitteln, die nicht Torsen sind und die von allen umschriebenen Zylindern längs geodätischer Linien berührt werden. Vgl. 2. Bd. § 45, S. 121.

16. Man zeige, daß in der Schreibweise des Kap. 5 die Isothermflächen, d. h. die Flächen, bei denen die Krümmungslinien isotherme Parameter bilden, durch die Bedingung $q_1 = \bar{q}_2$ gekennzeichnet sind, während $(q : r)_1 = (\bar{q} : \bar{r})_2$ die Flächen kennzeichnet, bei denen die Krümmungslinien im sphärischen Bild auf der Einheitskugel isotherm sind.

17. Setzt man $E = n_1^2 + \bar{n}_1^2$; $F = n_1 n_2 + \bar{n}_1 \bar{n}_2$; $G = n_2^2 + \bar{n}_2^2$, so sind dadurch bei gegebenem Bogenelement einer Fläche die vier Größen n_i, $\bar{n}_i$ bis auf eine Substitution

$$(218) \qquad \begin{cases} n_i^* = \cos\omega\, n_i - \sin\omega\, \bar{n}_i, \\ \bar{n}_i^* = \pm \sin\omega\, n_i \pm \cos\omega\, \bar{n}_i \end{cases}$$

bestimmt, wobei ω eine beliebige Funktion von u und v ist.

$$ds_1 = \sum_i n_i\, du^i \quad \text{und} \quad ds_2 = \sum_i \bar{n}_i\, du^i$$

sind die Bogenelemente der Kurven eines senkrechten Netzes auf der Fläche und die verschiedenen Möglichkeiten, die n_i, $\bar{n}_i$ aus den E, F, G zu bestimmen, entsprechen gerade den verschiedenen Möglichkeiten, ein senkrechtes Netz auf der Fläche zu wählen. Man zeige, daß der Ausdruck auf der linken Seite von (90) sich bei einer Substitution (128) nicht ändert, wenn man die q, $\bar{q}$ formal nach (62), (43), (45) erklärt, und weise so die Biegungsinvarianz von K nach. Ferner zeige man: $q_1 = \bar{q}_2$ ist kennzeichnend für ein isothermes Netz, während $q_1 + 3q\bar{q} = \bar{q}_2 + 3q\bar{q} = 0$ kennzeichnend für ein LIOUVILLEsches Netz [vgl. (214)] ist.

18. Man stelle im Anschluß an das Verfahren der Aufgabe 17 das vollständige System der Biegungsinvarianten einer Fläche auf, in dem man aus den q, $\bar{q}$, q_1, q_2, $\bar{q}_1$, $\bar{q}_2$, $q_{11} \ldots$ Ausdrücke bildet, die sich bei Substitutionen (218) nicht ändern.

7. Kapitel.

Fragen der Flächentheorie im Großen.

§ 91. Unverbiegbarkeit der Kugel.

Ein genügend kleines Flächenstück läßt stets längentreue Formänderungen zu. Anders ist es bei Flächen in ihrer Gesamterstreckung,
wenigstens, sobald wir an unseren früheren Regularitätsvoraussetzungen
festhalten. So hat schon 1838 F. MINDING als Vermutung ausgesprochen[1],
daß die Kugelfläche als Ganzes „starr" ist. Aber erst 1899 hat H. LIEB-
MANN diese Behauptung begründen können[2]. Auf die allgemeinen Sätze,
die damals H. MINKOWSKI schon gefunden, aber noch nicht veröffentlicht hatte, kommen wir später zurück. Da nach GAUSZ bei längentreuen
Abbildungen das Krümmungsmaß erhalten bleibt, läßt sich der Satz
LIEBMANNS so fassen:

*Die einzige geschlossene Fläche mit GAUSZschem festem Krümmungs-
maß ist die Kugel.*

Ohne einschränkende Regularitätsannahmen ist die Behauptung
sicher nicht richtig. Schneiden wir nämlich eine Kugelkappe ab und
ersetzen sie durch ihr Spiegelbild an der Schnittebene, so erhalten wir
eine „eingedrückte Kugel", die zwar konstantes Krümmungsmaß hat,
aber eine Kante besitzt. Wir wollen indessen daran festhalten, daß es
sich um durchweg reguläre analytische Flächen handeln soll. Allerdings
ließe sich der folgende Beweis, der von D. HILBERT stammt[3], auch
leicht unter etwas weiteren Voraussetzungen führen.

Führt man auf einer Fläche die Krümmungslinien als Parameterlinien ein $(F = M = 0)$, so ergeben sich aus der ersten Formel des
§ 44 für die Hauptkrümmungen, wenn man einmal $dv = 0$ und zweitens $du = 0$ setzt, die Werte:

$$(1) \qquad R_1 = \frac{E}{L}, \qquad R_2 = \frac{G}{N}.$$

---

[1] F. MINDING: Über die Biegung krummer Flächen. Crelles J. Bd. 18, S. 365
bis 368, bes. S. 368. 1838.

[2] H. LIEBMANN: Eine neue Eigenschaft der Kugel. Gött. Nachr. 1899, S. 44
bis 55. Der Beweisversuch von J. H. JELLET 1854 ist unzureichend.

[3] D. HILBERT: Über Flächen von konstanter GAUSZscher Krümmung, ab-
gedruckt in HILBERTS Grundlagen der Geometrie, 3. Aufl., Anhang V. Leipzig
und Berlin 1909.

Für die reziproken Werte $r = 1 : R_1$ und $\bar{r} = 1 : R_2$ bekommt man:

$$(2) \qquad r = \frac{L}{E}, \qquad \bar{r} = \frac{N}{G}.$$

Die GAUSZsche Formel [§ 58 (138)] vereinfacht sich jetzt zu

$$(3) \qquad K = \frac{LN}{EG} = - \frac{1}{\sqrt{E}\sqrt{G}} \left\{ \frac{\partial}{\partial v} \frac{(\sqrt{\bar{E}})_v}{\sqrt{\bar{G}}} + \frac{\partial}{\partial u} \frac{(\sqrt{\bar{G}})_u}{\sqrt{\bar{E}}} \right\}$$

und die von CODAZZI (§ 58 (139))

$$(4) \qquad \begin{aligned} L_v &= \frac{1}{2} E_v \left(\frac{L}{E} + \frac{N}{G} \right), \\ N_u &= \frac{1}{2} G_u \left(\frac{L}{E} + \frac{N}{G} \right). \end{aligned}$$

Mittels (2) erhält man daraus:

$$(5) \qquad r_v = \frac{1}{2} \frac{E_v}{E} (- r + \bar{r}),$$

$$(6) \qquad \bar{r}_u = \frac{1}{2} \frac{G_u}{G} (r - \bar{r}).$$

Wir wollen den Satz LIEBMANNS etwa unter der Voraussetzung $K = 1$ beweisen. $K = 0$ müssen wir nämlich ausschließen; denn die Torsen enthalten geradlinige Erzeugende, sind also sicher offene Flächen. Ebenso ergibt $K < 0$ keine geschlossenen Flächen, da in einem „höchsten" Punkt (etwa $x_3 = $ Maximum) der Fläche $K > 0$ sein müßte. Es bleibt somit nur $K > 0$ zu behandeln und durch eine Ähnlichkeit läßt sich immer $K = 1$ oder $r\bar{r} = 1$ erreichen.

Ist auf unserer Fläche durchweg $r = \bar{r} = 1$, so besteht sie nur aus Nabelpunkten, ist also nach § 47 eine Kugel. Nehmen wir nun eine von der Kugel verschiedene Fläche an, die aus der Kugel durch Verbiegung entsteht, so gibt es auf der Fläche sicher Punkte mit $r \neq \bar{r}$. r und $\bar{r}$ können wir dann als stetige Funktionen auf der Fläche betrachten. Wegen der Geschlossenheit der Fläche erreichen beide Größen r und $\bar{r}$ ein Maximum. Von mindestens einem dieser Maxima können wir annehmen, daß es > 1 ist. Nehmen wir an, r erreiche im Punkte P_0 ein Maximum > 1. Dann ist in einer gewissen Umgebung von P_0

$$(6\,\mathrm{a}) \qquad r > 1, \qquad \bar{r} < 1$$

und $\bar{r}$ erreicht im Punkte P_0 ein Minimum. Da P_0 kein Nabelpunkt ist, können wir in seiner Umgebung ein reguläres Netz von Krümmungslinien annehmen, so daß die Formeln (1) bis (6) gelten.

Wegen $r\bar{r} = 1$ können wir dann für (5) und (6) schreiben:

$$(7) \qquad \frac{E_v}{E} = \frac{- 2 r r_v}{r^2 - 1}; \qquad \frac{G_u}{G} = \frac{+ 2 \bar{r} \bar{r}_u}{1 - \bar{r}^2};$$

und durch Integration erhalten wir:

$$(8) \qquad E = U(u) \frac{1}{r^2 - 1}, \qquad G = V(v) \frac{1}{1 - \bar{r}^2}.$$

Da für die Bogenelemente ds_1 und ds_2 der Krümmungslinien gilt

$$ds_1^2 = E\,du^2, \qquad ds_2^2 = G\,dv^2,$$

so haben wir $E > 0$, $G > 0$ und wegen (6a) folgt aus (8) für die Umgebung von P_0:

$$U > 0, \qquad V > 0.$$

Für ein Maximum von r und ein Minimum von $\bar{r}$ müssen nun an der Stelle P_0 die Bedingungen gelten:

$$r_v = 0, \qquad r_{vv} \leqq 0, \qquad \bar{r}_u = 0, \qquad \bar{r}_{uu} \geqq 0.$$

Aus (5), (6) ergibt sich aber durch die Rechnung daraus für die Stelle P_0:

$$(9) \qquad E_v = 0, \qquad E_{vv} \geqq 0, \qquad G_u = 0, \qquad G_{uu} \geqq 0.$$

Setzen wir $E_v = G_u = 0$ in (3) ein, so ergibt sich für die Stelle P_0:

$$K = -\frac{1}{2EG}\,(G_{uu} + E_{vv}).$$

Hierin ist aber die rechte Seite nach (9) negativ, die linke dagegen positiv $= 1$. Die Annahme, daß unsre Fläche keine Kugel ist, führt also auf einen Widerspruch.

Damit ist der Nachweis beendet. Man kann das Ergebnis unsres Beweisganges auch so fassen: *Innerhalb eines Flächenstücks von fester positiver Krümmung kann an einer Stelle, die kein Nabelpunkt ist, keiner der Hauptkrümmungshalbmesser einen größten oder kleinsten Wert haben.*

Es sei nebenbei erwähnt: Schneidet man in eine Kugelfläche ein beliebig kleines Loch, so wird die übrigbleibende Fläche verbiegbar[1].

§ 92. Die Kugeln als einzige Eiflächen mit fester mittlerer Krümmung.

Ein ganz ähnlicher Satz wie der im vorigen Abschnitt gilt auch für den Fall, daß an Stelle des Krümmungsmaßes die mittlere Krümmung

$$2H = \frac{1}{R_1} + \frac{1}{R_2}$$

längs der Fläche fest sein soll, wie ebenfalls H. LIEBMANN gefunden hat[2].

---

[1] H. LIEBMANN: Die Verbiegung von geschlossenen und offenen Flächen positiver Krümmung. Münch. Ber. 1919, S. 267—291. Vgl. ferner die Arbeiten: E. REMBS: Heidelberger Berichte 1927 (Bew. des Satzes f. d. punktierte verlängerte Rotationsellipsoid). — A. SCHUR: Crelles Journal, Bd. 159 (1928) S. 82. — ST. COHN-VOSSEN: Gött. Nachr. 1927, S. 125. — W. SÜSZ: Japanese Journal of Math. (4) 1927, S. 203.

[2] H. LIEBMANN: Über die Verbiegung der geschlossenen Flächen positiver Krümmung. Math. Ann. Bd. 53, S. 81—112, 1900; bes. § 6, S. 107.

Eine geschlossene konvexe Fläche, die wir als durchweg regulär und analytisch, ferner als überall positiv gekrümmt ($K > 0$) annehmen wollen, soll kurz eine „*Eifläche*" heißen. Dann lautet der zu beweisende Satz:

Die einzigen Eiflächen mit fester mittlerer Krümmung sind die Kugeln.

Man kann diese Behauptung durch einen von O. BONNET 1867 angegebenen Kunstgriff auf die Überlegungen des § 91 zurückführen, wenn man bemerkt: *Unter den Parallelflächen einer Fläche festen positiven Krümmungsmaßes gibt es eine mit fester mittlerer Krümmung und umgekehrt.*

Es sei nämlich $\mathfrak{x}(u, v)$ eine Fläche mit $K = 1$, ξ der Einheitsvektor ihrer Flächennormalen. Dann hat die Parallelfläche

$$(10) \qquad\qquad \bar{\mathfrak{x}} = \mathfrak{x} - \xi$$

die mittlere Krümmung $2\bar{H} = 1$. In der Tat: Für die Krümmungslinien von $(\mathfrak{x})$ gilt nach O. RODRIGUES [vgl. § 46 (52)]

$$d\mathfrak{x} + R\,d\xi = 0$$

oder

$$d\bar{\mathfrak{x}} + (R + 1)\,d\xi = 0.$$

Den Krümmungslinien auf $(\mathfrak{x})$ entsprechen wegen $\bar{\xi} = \xi$ wieder Krümmungslinien auf $(\bar{\mathfrak{x}})$. Für entsprechende Hauptkrümmungshalbmesser gilt

$$(11) \qquad\qquad \bar{R} = R + 1.$$

Somit ist wegen

$$R_1 R_2 = 1$$

$$(12) \qquad 2\bar{H} = \frac{1}{\bar{R_1}} + \frac{1}{\bar{R_2}} = \frac{1}{R_1 + 1} + \frac{1}{R_2 + 1} = 1.$$

Ebenso verläuft die umgekehrte Schlußweise.

Haben wir nun eine Eifläche mit $2\bar{H} = 1$, so gilt

$$\frac{1}{\bar{R_1}} > 0, \qquad \frac{1}{\bar{R_2}} > 0; \qquad \frac{1}{\bar{R_1}} + \frac{1}{\bar{R_2}} = 1.$$

Somit wäre, wenn die Eifläche nicht Kugelgestalt hätte,

$$\frac{1}{2} < \left(\frac{1}{\bar{R}}\right)_{\mathrm{Max}} < 1$$

oder

$$1 < (\bar{R})_{\mathrm{Min}} < 2.$$

Für den zugehörigen Hauptkrümmungshalbmesser

$$R = \bar{R} - 1$$

der Fläche $(\mathfrak{x})$ mit $K = 1$ hätten wir

$$0 < (R)_{\text{Min}} < 1$$

in Widerspruch mit dem Schlußergebnis von § 91. Damit ist unser Satz bewiesen.

§ 93. Starrheit der Eiflächen.

Der Satz von der Starrheit der Kugel soll in engerem Umfang jetzt auch für beliebige Eiflächen (§ 72) bewiesen werden. Dieses Ergebnis verdankt man wiederum H. LIEBMANN[1]. Der folgende Beweis stammt von H. WEYL und dem Verfasser[2]. Der fragliche Lehrsatz läßt sich etwa so fassen:

Soll eine Eifläche stetig und längentreu verändert werden, so ist sie nur als starrer Körper beweglich.

Von dieser „Abänderung" wird vorausgesetzt, daß sie sich folgendermaßen darstellen läßt. Es sei $\mathfrak{x}\,(u, v)$ eine Parameterdarstellung eines Stückes der Eifläche. Wir setzen

$$(13) \qquad \mathfrak{x}\,(u, v) = \mathfrak{x}\,(u, v;\, 0);$$

und $\mathfrak{x}(u, v;\, t)$ sei in allen drei Veränderlichen analytisch. Den verschiedenen t-Werten entsprechen die verschiedenen Lagen unsrer veränderten Fläche. Die Teilableitung nach t sei im folgenden durch ein vorgesetztes δ gekennzeichnet. Soll dann die Abänderung so erfolgen, daß die Bogenlängen der auf den Flächen $t =$ konst. gezogenen Kurven erhalten bleiben, so muß

$$(14) \qquad \delta\,(d\,s^2) = \delta\,(d\,\mathfrak{x})^2 = 0$$

sein. Oder es muß, wenn man für

$$\frac{\partial \mathfrak{x}}{\partial t} = \mathfrak{z}$$

setzt, das skalare Produkt verschwinden:

$$d\mathfrak{x} \cdot d\mathfrak{z} = 0\,.$$

Man kann deshalb den Vektor $d\mathfrak{z}$ mittels eines Hilfsvektors $\mathfrak{y}\,(u, v;\, t)$ darstellen in der Form

$$(15) \qquad d\mathfrak{z} = \mathfrak{y} \times d\mathfrak{x}\,.$$

Da $d\mathfrak{x}$ ein Büschel von Vektoren durchläuft (bei veränderlichem $du : dv$), so ist $\mathfrak{y}$ durch diese Formel eindeutig bestimmt.

---

[1] H. LIEBMANN: Gött. Nachr. 1899. Math. Ann. Bd. 53. 1900 und Bd. 54. 1901. Für konvexe Polyeder hat A. CAUCHY einen weitergehenden Satz bewiesen. J. de l'École polytechn. Bd. 9 (16). 1813; Œuvres (2) Bd. 1, S. 26—38.

[2] W. BLASCHKE: Gött. Nachr. 1912, S. 607—610; WEYL, H.: Berliner Sitzungsberichte 1917, S. 250—266; W. BLASCHKE: Die Starrheit der Eiflächen. Math. Z. Bd. 9, S. 142—146. 1921. Vgl. auch den sehr einfachen Beweis bei A. DUSCHEK: Monatsh. f. Math. u. Phys. Bd. 36, S. 131—134. 1929.

Nach (15) ist bei festem t

$$\mathfrak{y} \times d\mathfrak{x} = (\mathfrak{y} \times \mathfrak{x}_u)\, du + (\mathfrak{y} \times \mathfrak{x}_v)\, dv$$

ein vollständiges Differential und somit

$$(16) \qquad \mathfrak{x}_u \times \mathfrak{y}_v = \mathfrak{x}_v \times \mathfrak{y}_u .$$

Die Vektoren $\mathfrak{y}_u$, $\mathfrak{y}_v$ müssen sich deshalb aus den nach Voraussetzung linear unabhängigen $\mathfrak{x}_u$, $\mathfrak{x}_v$ darstellen lassen

$$(17) \qquad \mathfrak{y}_u = \alpha\,\mathfrak{x}_u + \beta\,\mathfrak{x}_v , \qquad \mathfrak{y}_v = \gamma\,\mathfrak{x}_u + \delta\,\mathfrak{x}_v .$$

Aus (16) folgt

$$(18) \qquad \alpha + \delta = 0 .$$

Ferner ergibt sich durch Ableitung aus (16)

$$(\mathfrak{x}_{uu} \times \mathfrak{y}_v) - (\mathfrak{x}_{uv} \times \mathfrak{y}_u) = (\mathfrak{x}_v \times \mathfrak{y}_{uu}) - (\mathfrak{x}_u \times \mathfrak{y}_{uv}) ,$$
$$(\mathfrak{x}_{uv} \times \mathfrak{y}_v) - (\mathfrak{x}_{vv} \times \mathfrak{y}_u) = (\mathfrak{x}_v \times \mathfrak{y}_{uv}) - (\mathfrak{x}_u \times \mathfrak{y}_{vv}) .$$

Multipliziert man die erste Gleichung skalar mit $\mathfrak{x}_v$, die zweite mit $\mathfrak{x}_u$ und subtrahiert, so folgt

$$(19) \qquad (\mathfrak{x}_v\, \mathfrak{x}_{uu}\, \mathfrak{y}_v) - (\mathfrak{x}_v\, \mathfrak{x}_{uv}\, \mathfrak{y}_u) = (\mathfrak{x}_u\, \mathfrak{x}_{uv}\, \mathfrak{y}_v) - (\mathfrak{x}_u\, \mathfrak{x}_{vv}\, \mathfrak{y}_u)$$

oder, wenn man nach (19) in § 42 die Koeffizienten der zweiten Grundform einführt,

$$(20) \qquad \gamma L - 2\alpha M - \beta N = 0 .$$

Ist $(\mathfrak{x})$ elliptisch gekrümmt:

$$(21) \qquad L N - M^2 > 0 ,$$

so sind auf $(\mathfrak{x})$ und $(\mathfrak{y})$ entsprechende Umlaufsinne entsprechender Stellen entgegengesetzt, d. h. es ist

$$(22) \qquad \alpha\delta - \beta\gamma = -\alpha^2 - \beta\gamma \leq 0 .$$

In der Tat: die Punkte (die ξ_k bedeuten homogene Punktkoordinaten in der Ebene)

$$\xi_1 = +L, \qquad \xi_2 = +M, \qquad \xi_3 = +N;$$
$$\xi_1' = -\beta, \qquad \xi_2' = +\alpha, \qquad \xi_3' = +\gamma$$

sind wegen (20) oder

$$(23) \qquad \xi_1\, \xi_3' - 2\,\xi_2\, \xi_2' + \xi_3\, \xi_1' = 0$$

zum Kegelschnitt $\xi_1 \xi_3 - \xi_2^2 = 0$ konjugiert. Der erste ist nach (21) innerer, also der zweite äußerer Punkt dieses Kegelschnitts. Somit ist in der Regel

$$\xi_1' \xi_3' - \xi_2'^2 = -\alpha^2 - \beta\gamma < 0$$

und nur dann

$$-\alpha^2 - \beta\gamma = 0 ,$$

wenn die homogenen Punktkoordinaten ξ' versagen, wenn also die Beziehung gilt

$$(24) \qquad \alpha = \beta = \gamma = \delta = 0.$$

Haben wir zwei einfach zusammenhängende Flächenstücke $\mathfrak{x}(u, v)$, $\mathfrak{y}(u, v)$, so bleibt das Doppelintegral

$$\iint (\mathfrak{x}\,\mathfrak{y}_u\,\mathfrak{y}_v)\,du\,dv$$

ungeändert, wenn man für u, v neue gleichsinnige Veränderliche einführt. Es ist

$$\frac{\partial}{\partial v}(\mathfrak{x}\,\mathfrak{y}_u\,\mathfrak{y}) = (\mathfrak{x}_v\,\mathfrak{y}_u\,\mathfrak{y}) + (\mathfrak{x}\,\mathfrak{y}_{uv}\,\mathfrak{y}) + (\mathfrak{x}\,\mathfrak{y}_u\,\mathfrak{y}_v),$$

$$\frac{\partial}{\partial u}(\mathfrak{x}\,\mathfrak{y}_v\,\mathfrak{y}) = (\mathfrak{x}_u\,\mathfrak{y}_v\,\mathfrak{y}) + (\mathfrak{x}\,\mathfrak{y}_{uv}\,\mathfrak{y}) + (\mathfrak{x}\,\mathfrak{y}_v\,\mathfrak{y}_u).$$

Daraus folgt durch Abziehen

$$(25) \quad 2\,(\mathfrak{x}\,\mathfrak{y}_u\,\mathfrak{y}_v) = (\mathfrak{x}_u\,\mathfrak{y}_v\,\mathfrak{y}) - (\mathfrak{x}_v\,\mathfrak{y}_u\,\mathfrak{y}) + \frac{\partial}{\partial v}(\mathfrak{x}\,\mathfrak{y}_u\,\mathfrak{y}) - \frac{\partial}{\partial u}(\mathfrak{x}\,\mathfrak{y}_v\,\mathfrak{y}).$$

Wegen (16) heben sich in unserm Sonderfall die ersten zwei Glieder rechts weg. Für unser Doppelintegral ergibt sich also, wenn es über einfach zusammenhängende Flächenstücke erstreckt wird, ein im geeigneten Sinn genommenes Randintegral

$$(26) \qquad 2\iint (\mathfrak{x}\,\mathfrak{y}_u\,\mathfrak{y}_v)\,du\,dv = \oint (\mathfrak{x}, d\mathfrak{y}, \mathfrak{y}).$$

Die Fläche $(\mathfrak{x})$ soll nun eine Eifläche sein. Wir können daher $(\mathfrak{x})$ durch eine doppelpunktfreie, geschlossene Linie in zwei einfach zusammenhängende Teilflächen zerschneiden, auf jede die Formel (26) anwenden und addieren. So ergibt sich

$$(27) \qquad \iint (\mathfrak{x}\,\mathfrak{y}_u\,\mathfrak{y}_v)\,du\,dv = 0.$$

Andrerseits ist für jede der beiden Teilflächen

$$(28) \qquad \iint (\mathfrak{x}\,\mathfrak{y}_u\,\mathfrak{y}_v)\,du\,dv = \iint (\mathfrak{x}\,\mathfrak{x}_u\,\mathfrak{x}_v)\,(\alpha\,\delta - \beta\,\gamma)\,du\,dv.$$

Wählen wir den Ursprung im Innern von $(\mathfrak{x})$ und die Parameter u, v in beiden Teilflächen so, daß $(\mathfrak{x}\,\mathfrak{x}_u\,\mathfrak{x}_v) > 0$ wird, so ist in (28) rechts wegen (22) der Integrand $\leqq 0$ und das Integral, welches nach (27) verschwinden muß, kann nach (24) nur so zu Null werden, daß $\alpha = \beta = \gamma = \delta$ einzeln verschwinden. Dann ist aber nach (17) $\mathfrak{y}_u = \mathfrak{y}_v = 0$, also $\mathfrak{y}(t)$ nur von t abhängig. Die Integration von (15) liefert

$$(29) \qquad \mathfrak{z} = \frac{\partial \mathfrak{x}}{\partial t} = \mathfrak{z}_0(t) + \mathfrak{y}(t) \times \mathfrak{x}(u, v; t).$$

Das bedeutet, daß die Eifläche als starrer Körper bewegt wird. Denn, haben wir zwei Punkte

$$\mathfrak{x}_1 = \mathfrak{x}(u_1, v_1; t), \qquad \mathfrak{x}_2 = \mathfrak{x}(u_2, v_2; t),$$

so bleibt ihre räumliche Entfernung erhalten:

$$(30) \quad \delta\,(\mathfrak{x}_2 - \mathfrak{x}_1)^2 = 2\,(\mathfrak{z}_2 - \mathfrak{z}_1,\ \mathfrak{x}_2 - \mathfrak{x}_1)\,dt = 2\,(\mathfrak{y},\ \mathfrak{x}_2 - \mathfrak{x}_1,\ \mathfrak{x}_2 - \mathfrak{x}_1)\,dt = 0\,.$$

Damit ist der Nachweis beendet.

H. WEYL hat allgemeiner bewiesen, daß zwei längentreu aufeinander abgebildete Eiflächen entweder kongruent oder symmetrisch sein müssen. Ja noch mehr! Er hat zu zeigen versucht: *Zu einem vorgegebenen Bogenelement positiver Krümmung gibt es stets eine und im wesentlichen nur eine Eifläche.* Indessen sind H. WEYLS Beweise sehr verwickelt und nicht zu Ende geführt[1].

§ 94. MINKOWSKIs Stützfunktion.

Für das Folgende ist es zweckmäßig, einige auch sonst verwendbare Formeln der Flächentheorie herzuleiten, die auf H. MINKOWSKI zurückgehen. Denken wir uns eine krumme Fläche dadurch dargestellt, daß die Entfernung p der Tangentenebene vom Ursprung in ihrer Abhängigkeit vom Einheitsvektor der Flächennormalen ξ vorgeschrieben ist:

$$p = p\,(\xi_1,\ \xi_2,\ \xi_3)\,.$$

Wir setzen

$$r\,\xi_i = \alpha_i,\qquad r > 0\,,$$

$$\sqrt{\alpha_1^2 + \alpha_2^2 + \alpha_3^2}\cdot p\left(\frac{\alpha_1}{\sqrt{\alpha_1^2 + \alpha_2^2 + \alpha_3^2}},\ \frac{\alpha_2}{\sqrt{\alpha_1^2 + \alpha_2^2 + \alpha_3^2}},\ \frac{\alpha_3}{\sqrt{\alpha_1^2 + \alpha_2^2 + \alpha_3^2}}\right)$$
$$= P\,(\alpha_1,\ \alpha_2,\ \alpha_3)\,,$$

und haben, wenn die Vorzeichen positiv genommen werden, in P eine von erstem Grad „positiv homogene" Funktion der α vor uns:

$$P\,(\mu\,\alpha_1,\ \mu\,\alpha_2,\ \mu\,\alpha_3) = \mu\,P\,(\alpha_1,\ \alpha_2,\ \alpha_3);\quad \mu > 0\,.$$

Dieses P ist MINKOWSKIS *„Stützfunktion"*.

Wegen der Homogeneität von P ist nach EULER

$$(31) \qquad \alpha_1 P_1 + \alpha_2 P_2 + \alpha_3 P_3 = P,$$

wo

$$P_i = \frac{\partial P}{\partial \alpha_i}$$

bedeutet. Die Gleichung der Tangentenebene an unsre Fläche ist

$$\alpha_1\,x_1 + \alpha_2\,x_2 + \alpha_3\,x_3 = P\,.$$

---

[1] H. WEYL: Über die Bestimmung einer geschlossenen, konvexen Fläche durch ihr Linienelement. Vierteljahrsschrift der naturforschenden Gesellschaft in Zürich Bd. 61, S. 40—72. 1915. Ein neuer Beweis für einen Teil von WEYLS Behauptungen findet sich bei ST. COHN-VOSSEN: Gött. Nachr. 1927. Herr COHN-VOSSEN hat kürzlich auch gezeigt, daß es unstarre geschlossene Drehflächen gibt. Math. Ann. Bd. 102, S. 10—29. 1929.

Wir können uns darin für den Augenblick α_3 festgehalten denken und finden dann durch partielle Ableitung, z. B. nach α_1 bei festen x für den Berührungspunkt mit der umhüllten Fläche

$$x_1 = P_1.$$

Aus Symmetriegründen müssen daher die Beziehungen gelten:

$$(32) \qquad x_i = P_i(\alpha_1, \alpha_2, \alpha_3).$$

Dabei ist es unwesentlich, daß die α homogene Veränderliche, also nur bis auf einen gemeinsamen Faktor bestimmt sind. Denn die P_i sind als Ableitungen einer im ersten Grad homogenen Funktion im nullten Grad homogen:

$$P_i(\mu\alpha_1, \mu\alpha_2, \mu\alpha_3) = P_i(\alpha_1, \alpha_2, \alpha_3); \quad \mu > 0.$$

Wir wollen nun die Halbmesser R_1, R_2 der Hauptkrümmungen unsrer Fläche aus der Stützfunktion ermitteln. Nach OLINDE RODRIGUES [§ 46 (52)] gilt für die Fortschreitung auf einer Krümmungslinie

$$d x_i + R\, d\xi_i = 0$$

oder nach (32)

$$(33) \qquad \sum_k P_{ik}\, d\xi_k + R\, d\xi_i = 0.$$

Darin ist, ausführlich geschrieben,

$$P_{ik} = \frac{\partial^2 P(\xi_1, \xi_2, \xi_3)}{\partial \xi_i\, \partial \xi_k}.$$

Da die $d\xi_i$ nicht alle Null sind, muß die Determinante des Gleichungssystems (33) verschwinden:

$$(34) \qquad \begin{vmatrix} P_{11} + R & P_{12} & P_{13} \\ P_{21} & P_{22} + R & P_{33} \\ P_{31} & P_{32} & P_{33} + R \end{vmatrix} = 0.$$

Diese scheinbar kubische Gleichung für R läßt sich leicht auf eine quadratische zurückführen. Aus (31) folgt nämlich durch Ableitung nach α_i:

$$\sum P_{ik}\alpha_k = 0.$$

Somit verschwindet die Determinante der P_{ik}. Die Gleichung (34) hat also, wenn man R weghebt, die Gestalt

$$R^2 + (P_{11} + P_{22} + P_{33})\, R + (*) = 0.$$

Daraus folgt das gesuchte Ergebnis

$$(35) \qquad -(R_1 + R_2) = P_{11} + P_{22} + P_{33},$$

wobei rechts die normierten Veränderlichen ξ_i einzusetzen sind[1].

---

[1] Vgl. dazu die Angaben von Aufgabe 13 des § 60.

§ 95. Ein Satz von CHRISTOFFEL über geschlossene Flächen.

Als Anwendung der Formel (35) für $R_1 + R_2$ soll jetzt folgender von E. B. CHRISTOFFEL 1865 gefundener Satz[1] bewiesen werden:

Betrachten wir eine geschlossene Fläche $\mathfrak{F}$, die sich durch (passend gerichtete) parallele Normalen eineindeutig auf die Einheitskugel abbilden läßt. Durch die Angabe von $R_1 + R_2$ als stetige und etwa analytische Funktion auf dem sphärischen Bilde ist die Fläche $\mathfrak{F}$ bis auf Parallelverschiebungen eindeutig bestimmt.

Zum Beweise wollen wir die Funktion $(R_1 + R_2)$ auf der Einheitskugel nach sogenannten „Kugelfunktionen" entwickeln. Das heißt, wir setzen

$$(36) \qquad R_1 + R_2 = \sum_0^\infty U_k (\xi_1, \xi_2, \xi_3),$$

wobei U_k eine Form vom Grad k in den α ist, die der Differentialgleichung von LAPLACE genügt:

$$(37) \qquad \left(\frac{\partial^2}{\partial \alpha_1^2} + \frac{\partial^2}{\partial \alpha_2^2} + \frac{\partial^2}{\partial \alpha_3^2} \right) U_k (\alpha_1, \alpha_2, \alpha_3) = 0.$$

Die Möglichkeit und Eindeutigkeit dieser Entwicklung setzen wir als bekannt voraus[2]. Entsprechend soll die Stützfunktion P von $\mathfrak{F}$ nach Kugelfunktionen entwickelt werden:

$$P = \sum_0^\infty V_k (\xi_1, \xi_2, \xi_3).$$

Wir wollen nun P zu einer in den α_i homogenen Funktion ersten Grades machen. Dazu brauchen wir nur zu setzen

$$(38) \qquad P = \sum_0^\infty \frac{V_k (\alpha_1, \alpha_2, \alpha_3)}{r^{k-1}},$$

$$r = \sqrt{\alpha_1^2 + \alpha_2^2 + \alpha_3^2}.$$

Auf die normierte Funktion können wir die Formel (35) anwenden. Es ist

$$(39) \qquad \left(\sum_i \frac{\partial^2}{\partial \alpha_i^2} \right) \frac{V_k}{r^{k-1}} = \frac{1}{r^{k-1}} \sum_i \frac{\partial^2 V_k}{\partial \alpha_i^2} + 2 \sum_i \frac{\partial V_k}{\partial \alpha_i} \frac{\partial}{\partial \alpha_i} \frac{1}{r^{k-1}}$$

$$+ V_k \sum_i \frac{\partial^2}{\partial \alpha_i^2} \frac{1}{r^{k-1}}.$$

---

[1] E. B. CHRISTOFFEL: Über die Bestimmung der Gestalt einer krummen Fläche durch lokale Messungen auf derselben. Werke I, S. 162—177. Leipzig und Berlin 1910. Vgl. auch A. HURWITZ: Sur quelques applications géometriques des séries de Fourier. Ann. de l'École Normale (3) Bd. 19, S. 357—408. 1902.

[2] Vgl. etwa E. HEINE: Handbuch der Kugelfunktionen, 2. Aufl., Leipzig 1881.

Das erste Glied rechts fällt weg, da V_k ebenso wie U_k der Differentialgleichung von LAPLACE (37) genügt. Andrerseits ist

$$(40) \qquad \frac{\partial}{\partial \alpha_i} \frac{1}{r^{k-1}} = - (k-1) \frac{\alpha_i}{r^{k+1}}$$

und somit wegen der Homogeneität von V_k

$$\sum_i \frac{\partial V_k}{\partial \alpha_i} \frac{\partial}{\partial \alpha_i} \frac{1}{r^{k-1}} = - \frac{k(k-1)}{r^{k+1}} V_k \, .$$

Ferner hat man durch nochmalige Ableitung von (40)

$$\sum_i \frac{\partial^2}{\partial \alpha_i^2} \frac{1}{r^{k-1}} = - 3(k-1) \frac{1}{r^{k+1}} + \sum_i (k^2 - 1) \frac{\alpha_i^2}{r^{k+3}} = \frac{k^2 - 3k + 2}{r^{k+1}} \, .$$

Somit nimmt die Formel (39) die Gestalt an

$$(41) \qquad \left(\sum_i \frac{\partial^2}{\partial \alpha_i^2} \right) \frac{V_k}{r^{k-1}} = - \frac{(k^2 + k - 2)}{r^{k+1}} V_k = - \frac{(k-1)(k+2)}{r^{k+1}} V_k \, .$$

Aus (38) ergibt sich also, wenn gliedweise Ableitung zulässig ist, nach (35) für $r = 1$

$$R_1 + R_2 = \sum_0^\infty (k-1)(k+2) V_k (\xi_1, \xi_2, \xi_3) \, .$$

Wegen der Eindeutigkeit der Reihenentwicklung muß die letzte Reihe mit der unter (36) Glied für Glied übereinstimmen. Es ist also

$$(42) \qquad V_k = \frac{1}{(k-1)(k+2)} U_k; \qquad k = 0, 2, 3, 4 \ldots$$

In der Entwicklung von (42) verschwindet der Koeffizient V_1. Also ist $V_1 = c_1 \xi_1 + c_2 \xi_2 + c_3 \xi_3$ beliebig, was damit zusammenhängt, daß der Ursprung willkürlich wählbar ist. In der Reihenentwicklung von $R_1 + R_2$ muß dann das lineare Glied U_1 fehlen, was wegen der „Orthogonalitätseigenschaft" der Kugelfunktionen[1] bedeutet, daß

$$(43) \qquad \int (R_1 + R_2) \xi_i \, d\omega = 0$$

sein muß. Darin bedeutet $d\omega$ das Flächenelement der Kugel. Die Integration ist über die ganze Kugelfläche zu erstrecken. Im übrigen darf die Funktion $R_1 + R_2$ auf der Kugel beliebig vorgeschrieben werden. Die dazugehörige Stützfunktion P ist aus (42) (bis auf beliebiges V_1) eindeutig bestimmt.

Es soll noch schnell gezeigt werden, daß die Integralgleichungen (43) tatsächlich für jede geschlossene Fläche gelten. Es seien $d\sigma_1$, $d\sigma_2$ die Bogenelemente des sphärischen Bildes, ·die den Bogenelementen ds_1, ds_2 der Krümmungslinien entsprechen. Dann gilt für das Oberflächenelement

$$do = ds_1 \cdot ds_2 = (R_1 \, d\sigma_1) \cdot (R_2 \, d\sigma_2)$$

---

[1] $\int V_i V_k \, d\omega = 0$ für $i \neq k$.

und für das Flächenelement der Parallelfläche im Abstand h:

$$(44) \quad do_h = (R_1 + h)\, d\sigma_1 \cdot (R_2 + h)\, d\sigma_2 = do + h\,(R_1 + R_2)\, d\omega + h^2\, d\omega.$$

Nun ist offenbar identisch in h

$$\int \xi_i\, do_h = 0.$$

d. h. die Projektion unsrer geschlossenen Fläche auf eine Ebene hat den Gesamtflächeninhalt Null. Setzt man für do_h aus (44) den Wert ein, so ergibt sich die Richtigkeit unsrer Behauptung:

$$\int (R_1 + R_2)\, \xi_i\, d\omega = 0.$$

Von Konvergenzschwierigkeiten ist hier abgesehen worden. Sie werden von vornherein vermieden, wenn wir die betrachteten Funktionen als regulär und analytisch auf der Fläche voraussetzen.

§ 96. Ein Satz von HILBERT über Flächen festen negativen Krümmungsmaßes.

Ähnlich, wie wir in § 91 Formeln für Flächen mit $K = 1$ abgeleitet haben, wollen wir jetzt Formeln für $K = -1$ berechnen. Wir setzen, indem wir wieder die Krümmungslinien als Parameterlinien wählen,

$$R_1 = \operatorname{tg}\sigma, \qquad R_2 = -\operatorname{ctg}\sigma.$$

Es gelten wieder die Gleichungen (5), (6) des § 91 und man hat

$$r = \operatorname{ctg}\sigma, \qquad \bar{r} = -\operatorname{tg}\sigma,$$

$$\frac{E_r}{E} = 2\sigma_v \operatorname{ctg}\sigma,$$

$$\frac{G_u}{G} = -2\sigma_u \operatorname{tg}\sigma.$$

Die letzten Gleichungen geben integriert

$$E = U(u)\sin^2\sigma,$$

$$G = V(v)\cos^2\sigma.$$

Durch geeignete Wahl der Parameterskalen auf den Krümmungslinien kann man

$$U = V = 1$$

machen, so daß man hat:

$$\sqrt{E} = \sin\sigma, \qquad \sqrt{G} = \cos\sigma$$

und daraus nach § 91 (2)

$$L = +\sin\sigma\cos\sigma, \qquad N = -\sin\sigma\cos\sigma.$$

Die Differentialgleichung der Asymptotenlinien hat somit die Form

$$(45) \qquad (du + dv)(du - dv) = 0.$$

Führen wir also durch die Formeln

$$u = p - q, \qquad v = p + q,$$

neue Parameter p, q ein, so sind die neuen Parameterlinien p, $q =$ konst. oder $u \pm v =$ konst. die Asymptotenlinien der Fläche. Das Bogenelement hat die Form

$$(46) \qquad ds^2 = du^2 \sin^2 \sigma + dv^2 \cos^2 \sigma = dp^2 + 2\, dp\, dq \cos 2\sigma + dq^2.$$

Hieraus ergibt sich nebenbei, daß bei einem Viereck aus Asymptotenlinien die Gegenseiten gleich lang sind. Solche Kurvennetze (mit $E = G = 1$) auf beliebigen Flächen hat der russische Mathematiker P. L. TSCHEBYSCHEFF 1878 untersucht[1][2]. Spannt man ein Fischnetz über eine krumme Fläche, so bildet es eine solche Figur.

Wendet man auf das Bogenelement in p, q die Formel von GAUSZ (§ 58) an, so findet man für den Winkel $2\sigma = \omega$ der Asymptotenlinien die Differentialgleichung

$$(47) \qquad \frac{\partial^2 \omega}{\partial p\, \partial q} = \sin \omega.$$

Hieraus kann man z. B. für die Oberfläche

$$F = \iint \sin \omega\, dp\, dq$$

einfache Folgerungen herleiten. Für ein Viereck aus Asymptotenlinien $p_1 < p < p_2$, $q_1 < q < q_2$ erhält man

$$F = \omega(p_1, q_1) - \omega(p_1, q_2) + \omega(p_2, q_2) - \omega(p_2, q_1)$$

[1] P. L. TSCHEBYSCHEFF: Sur la coupe des vêtements. Œuvres II, S. 708. — A. VOSS: Über ein neues Prinzip der Abbildung krummer Oberflächen. Math. Ann. Bd. 19, S. 1—26. 1882. Vgl. auch die Arbeit von L. BIEBERBACH: Sitzungsber. Berliner Akad. 1926, S. 294—321.

[2] Vgl. auch das Lehrbuch von L. BIANCHI: Lezioni di geometria differenziale. 3. Aufl., I, S. 153—162. 1920. Dieses Lehrbuch, das auch in einer verkürzten deutschen Übersetzung erschienen ist, ist eines der bedeutendsten neueren Werke über Differentialgeometrie. LUIGI BIANCHI war durch lange Jahre Professor der Mathematik an der Universität und als Nachfolger DINIS Direktor der Scuola normale in Pisa (geb. in Parma 1856, gest. 1928). Er hat die Differentialgeometrie um eine Fülle schönster Ergebnisse bereichert, in Italien eine ausgedehnte mathematische Lehrtätigkeit entfaltet und Anregung zu einer großen Zahl wissenschaftlicher Arbeiten gegeben. Er hat Lehrbücher über sehr verschiedene mathematische Gebiete verfaßt. Dieser unermüdliche Gelehrte war gegen seine Mitmenschen und insbesondere gegen seine Schüler, zu denen sich auch der Verfasser zählen darf, von solcher hilfsbereiten Liebenswürdigkeit und trotz schwerer Lebensbedingungen von so heiterer Lebensart, daß er wohl kaum einen Feind hinterlassen hat. Vgl. die Nachrufe von G. FUBINI: Bolletino Unione Mat. Italiana Bd. 7, 1928 und Annali di Mat. (4) Bd. 6, S. 45—83. 1928/29.

oder, wenn man die Innenwinkel mit α_k bezeichnet (Fig. 21):

$$(48) \qquad F = \alpha_1 + \alpha_2 + \alpha_3 + \alpha_4 - 2\pi; \qquad 0 < \alpha_k < \pi,$$

eine Formel, die 1878 von J. N. HAZZIDAKIS angegeben worden ist[1].

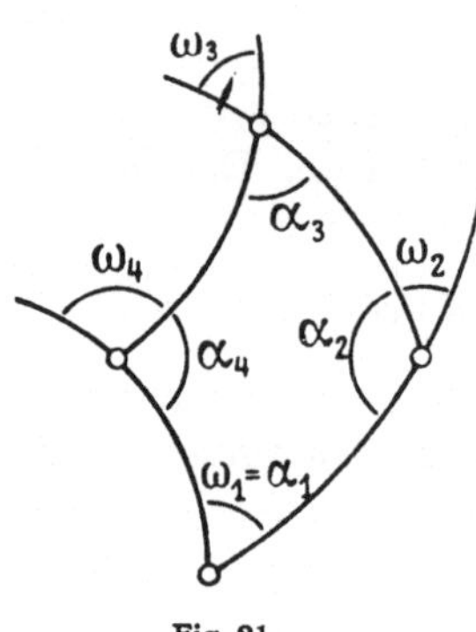

Fig. 21.

Die bekannten Flächen mit $K = -1$, wie die von MINDING gefundenen Schraubenflächen sind alle mit singulären Linien behaftet. D. HILBERT hat deshalb die Frage aufgeworfen, ob es auch unberandete und im Endlichen überall reguläre, analytische Flächen mit $K = -1$ gibt. Er hat gezeigt, daß dies nicht der Fall ist.

Gäbe es eine solche Fläche, so wären ihre Asymptotenlinien im Endlichen durchweg reguläre, analytische Kurven, von denen durch jeden Flächenpunkt zwei mit verschiedenen Tangenten hindurchliefen, so daß wir den Winkel ω auf die Werte $0 < \omega < \pi$ beschränken könnten. Deuten wir die Parameter p, q gleichzeitig als rechtwinklige Koordinaten in einer Ebene, so entspricht jedem Punkt der Ebene sicher ein einziger Flächenpunkt. Die Fläche ist ein eindeutiges Abbild der Ebene. In umgekehrter Richtung braucht die Abbildung von vornherein nicht eindeutig zu sein, da es geschlossene Asymptotenlinien geben könnte. Da nach (47) ω längs keiner Asymptotenlinie fest bleibt, könnten wir den Ursprung der p, q auf der Fläche und die positive p-Richtung so wählen, daß $\omega(p, 0)$ für $0 \leq p \leq p_2$ wächst. Dann hätten wir

$$(49) \qquad \omega(p, q) - \omega(0, q) = \omega(p, 0) - \omega(0, 0) + \int_0^p \int_0^q \sin \omega \cdot dp\, dq.$$

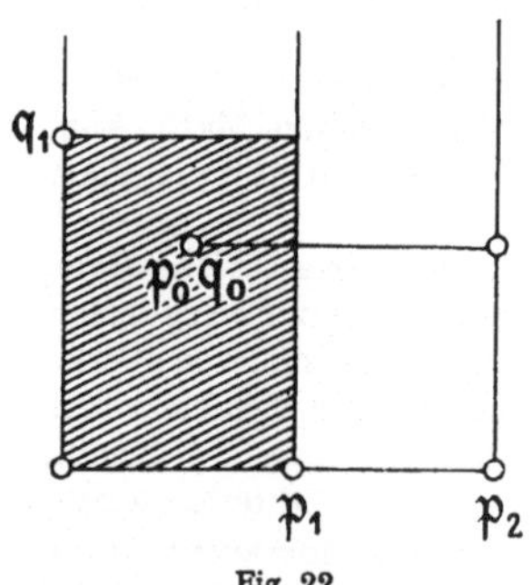

Fig. 22.

Hieraus folgt: ω wächst auf jeder Strecke $q = \text{konst.} > 0$, $0 < p < p_2$ mindestens ebenso stark wie auf der Strecke $q = 0$, $0 < p < p_2$ (da das Doppelintegral positiv ist).

Betrachten wir dann (Fig. 22) das Viereck $0 < p < p_1 < p_2$, $0 < q < q_1$, und setzen wir $\omega(p_2, 0) - \omega(p_1, 0) = \varepsilon$. Dann gibt es in diesem Viereck für genügend großes q_1 sicher eine Stelle, an der

$$\omega = \pi - \frac{\varepsilon}{2}$$

ist. Bliebe nämlich stets $\omega < \pi - (\varepsilon : 2)$, so würde in (49) das Integral für genügend großes q beliebig groß werden, da etwa für

---

[1] J. N. HAZZIDAKIS: Über einige Eigenschaften der Flächen mit konstantem Krümmungsmaß. Crelles J. Bd. 88, S. 68—73. 1880.

$p_1 : 2 < p < p_1$ stets

$$(50) \qquad \omega\left(\frac{p_1}{2}, 0\right) - \omega(0, 0) < \omega(p, q) < \pi - \frac{\varepsilon}{2}$$

ist. Also bliebe $\sin \omega$ über einer positiven Schranke. Dann könnte man aber $\omega(p, q)$ beliebig vergrößern entgegen der Annahme $\omega < \pi$. Es sei nun p_0, q_0 eine Stelle $(0 < p_0 < p_1)$, wo

$$\omega(p_0, q_0) = \pi - \frac{\varepsilon}{2}$$

ist. Nach (49) wäre

$$(51) \quad \omega(p_2, q_0) - \omega(p_0, q_0) = \omega(p_2, 0) - \omega(p_0, 0) + \int_{p_0}^{p_2} \int_0^{q_0} \sin \omega \cdot d p \cdot d q$$

$$> \omega(p_2, 0) - \omega(p_1, 0) = \varepsilon$$

und daher

$$\omega(p_2, q_0) > \pi + \frac{\varepsilon}{2}.$$

Somit überschritte der Winkel ω den Wert π auf der Strecke $p_0 < p < p_2$, $q = q_0$ entgegen der Voraussetzung. Dieser einfache Unmöglichkeitsbeweis stammt von ERIK HOLMGREN 1902[1].

Schließlich sei noch kurz auf den Gedanken des ursprünglichen von HILBERT stammenden Beweises hingewiesen. Aus der Tatsache, daß die Asymptotenlinien ein TSCHEBYSCHEFF-Netz bilden, schließt HILBERT, daß es keine geschlossenen Asymptotenlinien geben kann. Deshalb wäre jede Fläche der gewünschten Art eineindeutiges Abbild der $p q$-Ebene. Aus der Formel (48) von HAZZIDAKIS für die Fläche eines Vierecks aus Asymptotenlinien könnte man entnehmen, daß jede solche Fläche $< 2\pi$ sein muß, daß daher die Gesamtfläche $\leqq 2\pi$ sein würde. Hingegen kann man aus der Abbildung auf die Halbebene von POINCARÉ (§ 74) leicht sehen, daß die Gesamtfläche

$$\iint_{y>0} \frac{dx\, dy}{y^2} = \infty$$

unendlich ist. Somit führt die Annahme des Vorhandenseins einer singularitätenfreien und unberandeten Fläche mit $K = -1$ auch auf diesem Wege zu einem Widerspruch.

§ 97. Bemerkungen über geschlossene geodätische Linien auf einer Eifläche nach H. POINCARÉ.

Ausgehend von astronomischen Fragestellungen über das „Dreikörperproblem" hat POINCARÉ die geschlossenen geodätischen Linien

---

[1] E. HOLMGREN: Comptes Rendus Bd. 134, S. 740—743. 1902. Eine Kritik des HOLMGRENschen Beweises findet sich bei L. BIEBERBACH, Acta Math. Bd. 48. 1926:„Hilberts Satz über Flächen konstanter Krümmung". In dieser Arbeit ist der Nachweis dafür erbracht, daß je zwei Asymptotenlinien verschiedener Scharen auf unsrer Fläche sich schneiden.

auf einer Eifläche untersucht[1]. Man kann sich leicht veranschaulichen, daß es auf jeder Eifläche mindestens eine solche geschlossene geodätische Linie geben muß.

Wendet man nämlich zunächst auf eine derartige Linie, deren Vorhandensein noch fraglich ist, die Integralformel von BONNET (§ 76 (77)) an, so ergibt sich

$$\int K\,do = 2\pi,$$

d. h. das von unsrer Kurve umschlossene Flächenstück hat die Gesamtkrümmung 2π. Bilden wir unsere Eifläche etwa durch parallele äußere Normalen auf die Einheitskugel ab, so können wir feststellen: *Das sphärische Abbild einer geschlossenen geodätischen Linie hälftet die Oberfläche der Einheitskugel.*

Deshalb liegt es nahe, umgekehrt von allen auf unsrer Eifläche liegenden geschlossenen Linien auszugehen, deren sphärisches Abbild die Kugel hälftet, und unter diesen die kürzeste aufzusuchen. Es wird behauptet, daß diese kürzeste eine geodätische Linie ist. Gehen wir von einer geschlossenen Kurve auf unsrer Eifläche zu einer benachbarten über dadurch, daß wir senkrecht zur Kurve die Strecke δn abtragen, so ändert sich der Umfang L nach der Formel § 69 (8) ·

$$\delta L = - \oint \frac{\delta n}{\varrho_g}\,ds.$$

Die Änderung der Gesamtkrümmung des umschlossenen Oberflächenteils der Eifläche ist (vgl. § 72 (35))

$$\delta\Omega = - \oint K\cdot\delta n\cdot ds.$$

Soll nun die Ausgangskurve bei gegebenem $\Omega = 2\pi$ den Kleinstwert des Umfangs ergeben, so muß aus $\delta\Omega = 0$ folgen $\delta L = 0$. Daraus schließt man wie in § 28:

$$(52)\qquad \frac{1}{\varrho_g} = \lambda K, \qquad \lambda = \text{konst.}$$

Nun ist nach BONNET

$$\oint \frac{ds}{\varrho_g} + \Omega = 2\pi,$$

also

$$(53)\qquad \oint \frac{ds}{\varrho_g} = \lambda \oint K\,ds = 0.$$

Da aber auf der Eifläche das Krümmungsmaß $K > 0$ ist, folgt $\lambda = 0$ und $1 : \varrho_g = 0$. D. h. unsre Kurve ist in der Tat geodätisch.

Das Vorhandensein einer Lösung des Variationsproblems $\Omega = 2\pi$ $L = $ Minimum ist aber recht einleuchtend und kann auch nach Me-

---

[1] H. POINCARÉ: Sur les lignes géodésiques des surfaces convexes. Am. Transactions Bd. 6, S. 237—274. 1905.

thoden bewiesen werden, die im Anschluß an HILBERTS Untersuchungen über das sogenannte Prinzip von DIRICHLET ausgebildet worden sind[1]. POINCARÉ hat durch ein physikalisches Gedankenexperiment deutlich zu machen gesucht, daß die lösende geschlossene geodätische Linie keine mehrfachen Punkte besitzt.

Das Vorhandensein einer geschlossenen geodätischen Linie könnte man sich vielleicht noch anschaulicher auch auf folgendem Wege klarmachen. Wir denken uns die Eifläche als Oberfläche eines starren Körpers und denken uns einen geschlossenen, nicht dehnbaren aber biegsamen Faden, der so lang ist, daß man den Körper bei geeigneter Stellung durch den Faden hindurchschieben kann. Läßt man nun den Faden kürzer werden, so gibt es eine Grenzlänge, bei der der Körper bei geschickter Lage des Körpers und des Fadens eben noch hindurchschlüpfen kann. Im Augenblick des Hindurchtritts muß dann der Faden auf dem ganzen Körper aufliegen, da er sonst noch kürzer gemacht werden könnte. Aus demselben Grunde muß bei dieser Lage der Faden eine geschlossene geodätische Linie des Körpers bilden.

Dies Problem ist nicht zu verwechseln mit dem, um eine Eifläche den Zylinder vom kleinsten Umfang zu beschreiben, denn die Tangentenebenen längs der geschlossenen geodätischen Linie brauchen keinen Zylinder zu bilden.

Nachdem auf diese Weise das Vorhandensein *einer* geschlossenen geodätischen Linie auf jeder Eifläche veranschaulicht ist, soll nach einer Mitteilung von G. HERGLOTZ gezeigt werden, daß es ihrer mindestens *drei* geben muß, die keinen Doppelpunkt haben.

Zu diesem Zweck ordnen wir zunächst jeder geschlossenen Kurve einen Vektor $\mathfrak{v}$ zu nach der Formel:

$$(54) \qquad \lvert\, \mathfrak{v} = \oint \mathfrak{x} \times d\mathfrak{x},$$

wo das Integral rings um die Kurve zu erstrecken ist[2]. Wir nehmen nun zu unserem Variationsproblem (auf der gegebenen Eifläche eine geschlossene Kurve mit $\Omega = 2\pi$ und $L = \text{Min.}$ zu finden) noch die Bedingung hinzu, daß der Vektor $\mathfrak{v}$ der Kurve zu einer Geraden $\mathfrak{G}$ durch $\mathfrak{o}$ parallel sein soll. Auf $\mathfrak{G}$ tragen wir von $\mathfrak{o}$ aus nach beiden Seiten hin den Kleinstwert von L ab. Dreht man $\mathfrak{G}$ um $\mathfrak{o}$, so beschreiben die Endpunkte dieser Strecken, wie man zeigen kann, eine stetige Fläche $\mathfrak{F}$, die offenbar $\mathfrak{o}$ zum Mittelpunkt hat und nicht durch $\mathfrak{o}$ hindurchgeht[3]. Dem Punktepaar von $\mathfrak{F}$, das am nächsten von $\mathfrak{o}$ liegt,

---

[1] Man vgl. etwa O. BOLZA: Vorlesungen über Variationsrechnung, Kap. IX, S. 419—433. Leipzig und Berlin 1909. Vgl. im folgenden § 101.

[2] Man kann übrigens leicht sehen, daß $\mathfrak{v}$ von der Wahl des Koordinatenursprungs nicht abhängt.

[3] Es gibt stets geschlossene doppelpunktfreie Kurven auf unsrer Eifläche, für die der Vektor $\mathfrak{v} = 0$ ist. Die Kugel um $\mathfrak{o}$, die den Umfang einer solchen Kurve zum Halbmesser hat, liegt innerhalb von $\mathfrak{F}$.

entspricht auf der Eifläche die früher betrachtete geschlossene geodätische Linie. Da es bei allen diesen Fragen aber nur auf erste Ableitungen ankommt, so leuchtet ein: Jedem zu o symmetrischen Punktepaar auf $\mathfrak{F}$, dessen Entfernung von o einen stationären Wert hat, entspricht auf der Fläche eine geschlossene geodätische Linie. Wir haben also nur mehr festzustellen, wie viele zu o symmetrische Punktepaare extremer Entfernung von o auf unserer Fläche $\mathfrak{F}$ vorhanden sind, die o zum Mittelpunkt haben. Zunächst gibt es das Paar $\mathfrak{p}$, $\mathfrak{q}$ weitester Entfernung und das Paar geringster Entfernung. Verbindet man auf $\mathfrak{F}$ die Punkte $\mathfrak{p}$ und $\mathfrak{q}$ derart, daß man sich auf diesem Wege von o möglichst fernhält, so entspricht dem o zunächst gelegenen Punkt des Weges ein Sattelwert der Entfernung. Somit gibt es mindestens drei Punktepaare „extremer" Entfernung, oder besser „stationärer" Entfernung von o auf $\mathfrak{F}$, Punktepaare, in denen die Tangentenebenen senkrecht auf der Verbindungsstrecke des Paares stehen.

Damit wäre, wenn man diesen Beweisansatz ausgestaltete[1], gezeigt: *Jede Eifläche besitzt mindestens drei geschlossene geodätische Linien.*

Weitgehende mechanische Untersuchungen, die mit der Frage der geschlossenen geodätischen Linien zusammenhängen, sind von dem Amerikaner G. D. BIRKHOFF angestellt worden[2].

§ 98. ERDMANNs Eckbedingung.

O. BONNET hat 1855 gezeigt, daß zwischen der Krümmung und der Gesamterstreckung einer Eifläche der Zusammenhang besteht: *Ist das Krümmungsmaß K auf einer Eifläche durchweg $\geq 1 : A^2$, so ist die Entfernung irgend zweier Flächenpunkte stets $< \pi A$.* Wir gehen darauf aus, den besonders geistvollen Beweis dieses Satzes, dessen Gedanke ebenfalls von BONNET stammt, vorzuführen. Wir beginnen damit, eine auch an und für sich anziehende Hilfsbetrachtung aus der Variationsrechnung einzuschalten.

Nehmen wir eine Variationsaufgabe einfachster Art. Es sollen zwei Punkte x_1, y_1; x_2, y_2 durch eine Kurve $y = y(x)$ so verbunden werden, daß das Integral

$$(55) \qquad J = \int\limits_{x_1}^{x_2} f(x, y, y')\, dx,$$

längs dieser Kurve erstreckt, einen extremen Wert bekommt. Dabei wollen wir untersuchen, ob es möglich ist, daß die lösende Kurve

---

[1] Es wäre dabei z. B. die Differenzierbarkeit der Fläche $\mathfrak{F}$ nachzuweisen.

[2] G. D. BIRKHOFF: Dynamical systems with two degrees of freedom. Am. Transactions Bd. 18, S. 199—300. 1917. Neue Ergebnisse über geodätische Linien auf Eiflächen bei A. SPEISER: Vierteljahrsschrift der naturforschenden Gesellschaft in Zürich Bd. 56, S. 28—33. 1921.

$y = y(x)$ an einer Stelle x_3, y_3 einen Knick haben kann. Wir setzen dann

$$(56) \qquad \begin{aligned} y'(x_3 - 0) &= {}^*y', \\ y'(x_3 + 0) &= y'{}^*. \end{aligned}$$

und es gilt jetzt:

$$y(x_3 - 0) = y(x_3 + 0), \quad {}^*y' \neq y'{}^*.$$

Gehen wir zu einer Nachbarkurve über

$$y(x) + \varepsilon \eta(x),$$

mit $\eta(x_1) = \eta(x_2) = 0$, so wird, unter der vereinfachenden Annahme, daß der Knickpunkt auf der Geraden $x = x_3$ fortrückt,

$$J(\varepsilon) = \int_{x_1}^{x_3} f(x, y + \varepsilon\eta, y' + \varepsilon\eta')\,dx + \int_{x_3}^{x_2} f(x, y + \varepsilon\eta, y' + \varepsilon\eta')\,dx.$$

Daraus folgt durch Ableitung:

$$J'(0) = \int_{x_1}^{x_3} (f_y \eta + f_{y'} \eta')\,dx + \int_{x_3}^{x_2} (f_y \eta + f_{y'} \eta')\,dx$$

und durch Integration nach Teilen:

$$(57) \quad J'(0) = \int_{x_1}^{x_3} \left(f_y - \frac{d}{dx} f_{y'} \right) \eta\,dx + \int_{x_3}^{x_2} \left(f_y - \frac{d}{dx} f_{y'} \right) \eta\,dx + \eta_3 \left({}^*f_{y'} - f_y^* \right).$$

Darin bedeutet η_3 den Wert, den η an der Stelle x_3 annimmt und

$${}^*f_{y'} = f_{y'}(x_3, y_3, {}^*y').$$

Wegen der Freiheit in der Wahl von η ist für $J'(0) = 0$ notwendig

$$(58) \qquad f_y - \frac{d}{dx} f_{y'} = 0,$$

daß also die beiden Teile der Kurve $y = y(x)$ der Differentialgleichung (58) von Euler und Lagrange genügen. Dazu kommt noch die folgende *Eckbedingung* Erdmanns:

$$(59) \qquad {}^*f_{y'} = f_y^*.$$

Obwohl später kein Gebrauch davon gemacht wird, sei in Kürze angegeben, wie man die zweite Eckbedingung Erdmanns aufstellt. Deuten wir das „Grundintegral" J unseres Variationsproblems als Zeit, die ein Punkt braucht, um die Bahn $y(x)$ zu durchlaufen, und tragen wir dann die zu einem festen Punkt x_3, y_3 und einer veränderlichen Richtung y' gehörigen Geschwindigkeitsvektoren

$$\xi = \frac{dx}{dJ} = \frac{1}{f}, \qquad \eta = \frac{dy}{dJ} = \frac{y'}{f}$$

vom Punkt x_3, y_3 aus ab, so erfüllen die Endpunkte dieser Vektoren die sogenannte *Eichkurve* oder *Indikatrix* des Punktes x_3, y_3. Für die Richtung der Eichkurve erhält man

$$(60) \qquad \frac{d\eta}{d\xi} = \frac{\eta_{y'}}{\xi_{y'}} = \frac{y' f_{y'} - f}{f_{y'}}$$

und für ihre Tangente die Gleichung

$$\eta - \frac{y'}{f} = \frac{y' f_{y'} - f}{f_{y'}} \left(\xi - \frac{1}{f} \right).$$

Daraus folgt für den Schnittpunkt mit $\xi = 0$

$$(61) \qquad \eta = \frac{1}{f_{y'}}.$$

Die erste Bedingung (59) ERDMANNS sagt also aus, daß die zu den Richtungen $*y'$ und $y'*$ gehörigen Punkte der Eichkurve Tangenten besitzen, die die Gerade $\xi = 0$ im gleichen Punkt treffen. Da aber die Eckbedingung und die Eichkurve von der Achsenwahl unabhängig sind, müssen die Tangenten zusammenfallen (Fig. 23). Das gibt nach (59) und (60) die zweite ERDMANN-Bedingung

$$(62) \qquad *(f - y' f_{y'}) = (f - y' f_{y'})* .$$

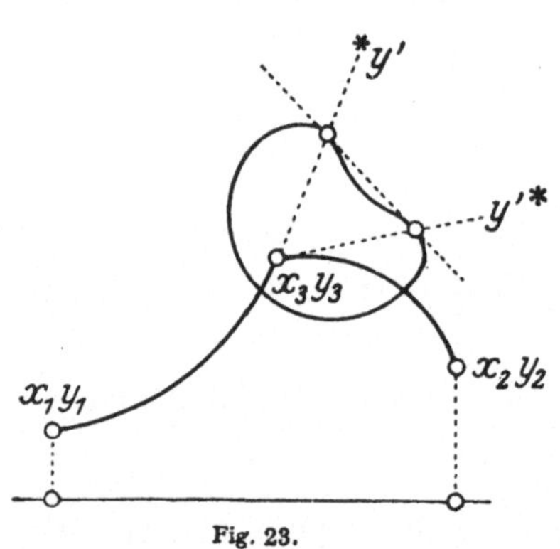

Fig. 23.

Die beiden Eckbedingungen

$$*f_{y'} = f_{y'}*,$$
$$*(f - y' f_{y'}) = (f - y' f_{y'})*$$

hat G. ERDMANN 1875[1] und etwa zur selben Zeit K. WEIERSTRASZ in seinen Vorlesungen über Variationsrechnung angegeben. Die geometrische Deutung der Eckbedingung stammt von C. CARATHÉODORY[2]. Die beiden Richtungen $*y'$ und $y'*$ an der Eichkurve des Knickpunkts müssen zu den Berührungspunkten einer Doppeltangente hinzielen (Fig. 23).

§ 99. Die Bedingung von JACOBI.

Wenn ein Großkreisbogen auf einer Kugel zu einem seiner Punkte auch den diametral gegenüberliegenden innerhalb des Bogens enthält, so gibt dieser Großkreisbogen sicher nicht die kürzeste Verbindung seiner Eckpunkte. Es handelt sich darum, diese einfache Bemerkung

---

[1] G. ERDMANN: Über unstetige Lösungen in der Variationsrechnung. Crelles J. Bd. 82, S. 21—30. 1877.

[2] C. CARATHÉODORY: Über die diskontinuierlichen Lösungen in der Variationsrechnung. Diss. Göttingen 1904, vgl. den Schluß S. 71.

auf eine beliebige geodätische Linie einer beliebigen Fläche zu übertragen.

Wir nehmen auf dem zu untersuchenden geodätischen Bogen den Anfangspunkt $\mathfrak{a}$ zum Ursprung eines Systems geodätischer Polarkoordinaten (§ 70)

$$ds^2 = dr^2 + G\,d\varphi^2,$$

dann genügt, auf dem geodätischen Kreis $r = $ konst. gemessen, die Entfernung

$$\delta n = \sqrt{G}\,d\varphi$$

zur unendlich benachbarten geodätischen Linie durch $\mathfrak{a}$ der Differentialgleichung (§ 71 (26)) oder

$$(63) \qquad \frac{d^2\,\delta n}{dr^2} + K(r)\cdot\delta n = 0,$$

wo $K(r)$ das Krümmungsmaß der Fläche auf unsrer geodätischen Linie ist. Die Verallgemeinerung des zu $\mathfrak{a}$ diametral gegenüberliegenden Punktes wird der zu $\mathfrak{a}$ *„konjugierte" Punkt* $\mathfrak{a}'$ auf unsrem geodätischen Bogen genannt. Der ist so erklärt: Man ermittelt die bis auf einen konstanten Faktor bestimmte Lösung δn der „Jacobischen Differentialgleichung" (63), die in $\mathfrak{a}$ verschwindet. Die auf $\mathfrak{a}$ folgende Nullstelle dieser Lösung δn gibt den konjugierten Punkt $\mathfrak{a}'$. Wir werden erwarten können: *Liegt $\mathfrak{a}'$ vor $\mathfrak{b}$, so ergibt unser geodätischer Bogen $\mathfrak{a}\,\mathfrak{b}$ keinen kürzesten Weg zwischen seinen Endpunkten.*

Zum Nachweis nehmen wir unsre geodätische Linie als Kurve $v = 0$ eines rechtwinkligen Netzes von Parameterlinien, während wir als Kurven $u = $ konst. die die Kurve $v = 0$ senkrecht schneidenden geodätischen Linien wählen (vgl. § 69). Dann bekommen wir das Gauszsche Bogenelement

$$ds^2 = A^2\,du^2 + dv^2$$

mit

$$A(u, 0) = 1, \qquad A_v(u, 0) = 0.$$

Für die Bogenlänge der variierten Kurve

$$v = v(u) = \varepsilon\,\bar{v}(u)$$

erhalten wir, wenn wir nach Potenzen von ε entwickeln,

$$S(\varepsilon) = \int \sqrt{A^2 + v'^2}\,du$$
$$= \int \sqrt{1 + v^2 A_{vv}(u, 0) + v'^2 + \cdots}\,du$$
$$= \int du + \tfrac{1}{2}\int \{v^2 A_{vv}(u, 0) + v'^2\}\,du + \cdots$$

Setzen wir, wie üblich

$$S(\varepsilon) = S(0) + \delta S + \tfrac{1}{2}\delta^2 S + \cdots,$$

so ergibt sich also neben dem selbstverständlichen $\delta S = 0$ für die „*zweite Variation*" der Bogenlänge der Ausdruck

$$(64) \qquad \delta^2 S = \int \left\{ v^2 A_{vv} + v'^2 \right\} du.$$

Nach § 71 (26) hat das Krümmungsmaß längs unsrer geodätischen Linie $v = 0$ den Wert

$$(65) \qquad K(u) = - A_{vv}.$$

Schreiben wir statt u noch s (Bogenlänge auf $v = 0$), so haben wir für die zweite Variation die endgültige Formel

$$(66) \qquad \delta^2 S = \int \left\{ v'^2 - K(s) \cdot v^2 \right\} ds\,[1].$$

Soll die Ausgangskurve $v = 0$ einen kürzesten Weg zwischen ihren Endpunkten ergeben, so muß neben $S'(0) = 0$ noch die bekannte Bedingung $S''(0) \geqq 0$ oder

$$\delta^2 S \geqq 0$$

gelten für jedes v, das in den Randpunkten verschwindet. Falls das Krümmungsmaß K durchweg < 0 ist, ist diese Bedingung sicher erfüllt. Wir wollen im folgenden den entgegengesetzten Fall $K > 0$ behandeln. Um auch dann über das Vorzeichen von $\delta^2 S$ ins klare zu kommen, benutzen wir einen hübschen, von G. A. BLISS stammenden Gedanken[2]. Soll $\delta^2 S \geqq 0$ sein für alle v, so muß die Kurve $v = 0$ ein Minimum des Integrals

$$\delta^2 S = \int \left\{ v'^2 - K(s)\, v^2 \right\} ds$$

ergeben. Dieses Integral läßt sich als Sonderfall des Grundintegrals für das in § 98 behandelte Variationsproblem betrachten. Wir können also die dort entwickelte Theorie hier anwenden. Die Differentialgleichung von EULEF und LAGRANGE (58) nimmt hier die Gestalt an

$$(67) \qquad v'' + K \cdot v = 0,$$

fällt also mit der Differentialgleichung JACOBIS (63) zusammen. Bestimmen wir von dieser Differentialgleichung die im Anfangspunkt $\mathfrak{a}$ unseres geodätischen Bogens verschwindende (aber nicht identisch verschwindende) Lösung. Ihre in der Richtung der wachsenden s nächste Nullstelle auf $v = 0$ falle nach $\mathfrak{a}'$ vor den Endpunkt $\mathfrak{b}$ des geodätischen Bogens. Dann konstruieren wir eine Funktion $\bar{v}(s)$, die zwischen $\mathfrak{a}$ und $\mathfrak{a}'$ mit der eben aufgestellten zusammenfällt, und die von $\mathfrak{a}'$ an identisch Null ist. Wir haben dann

$$(68) \qquad \int \left\{ \bar{v}'^2 - K \bar{v}^2 \right\} ds = - \int\limits_{\mathfrak{a}}^{\mathfrak{a}'} \bar{v} \left\{ \bar{v}'' + K \bar{v} \right\} ds = 0.$$

---

[1] Für $v = $ konst. bekommt man hieraus die Formel § 90, Aufg. 1.

[2] G. A. BLISS: Jacobis condition ..., Am. Transactions Bd. 17, S. 195 bis 206. 1916.

Da wir die Kurve in beliebiger Nähe von $v = 0$ (Fig. 24) wählen können (ε beliebig klein), so müßte, da für $\bar{v}(s)$ die Bedingung $\delta^2 S = 0$ erfüllt ist, die Kurve ebenfalls ein Minimum von $\delta^2 S$ ergeben, wenn $\delta^2 S$ stets $\geqq 0$ sein soll. Also müßte $\bar{v}(s)$ eine geknickte Extremale des Variationsproblems ($\delta^2 S = $ Extrem) sein. Wenden wir auf den Knick an der Stelle $\mathfrak{a}'$ die Eckbedingungen Erdmanns an, so ergibt die erste

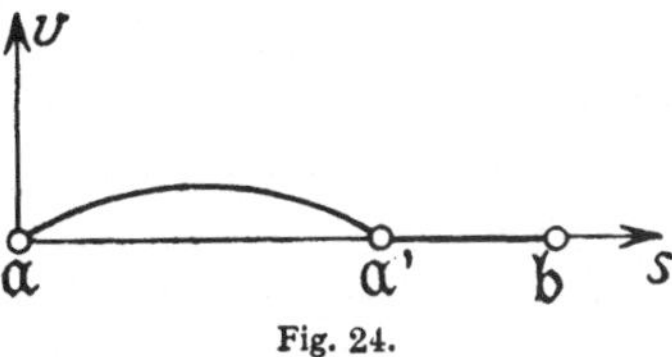

Fig. 24.

$$*v' = v'* = 0 .$$

Das ist aber unmöglich, da eine nicht triviale Lösung der Jacobischen Gleichung $v'' + Kv = 0$ nicht gleichzeitig mit ihrer Ableitung verschwinden kann.

Damit ist die Notwendigkeit von Jacobis Bedingung erwiesen: *Soll ein geodätischer Kurvenbogen* $\mathfrak{a}\mathfrak{b}$ *die kürzeste Verbindung seiner Endpunkte ergeben, so darf der zu* $\mathfrak{a}$ *konjugierte Punkt* $\mathfrak{a}'$ *nicht in den Bogen hineinfallen* ($\mathfrak{a}' \geqq \mathfrak{b}$).

Natürlich ist hierin auch die Möglichkeit enthalten, daß es gar keinen zu $\mathfrak{a}$ konjugierten Punkt $\mathfrak{a}'$ gibt, wie bei Flächen mit $K < 0$.

Noch eine Bemerkung! Aus dem vorigen ergibt sich, daß man für $\mathfrak{a}' < \mathfrak{b}$ stets in beliebiger Nähe von $v = 0$ eine Verbindung zwischen $\mathfrak{a}$ und $\mathfrak{b}$ mit einem Knick herstellen kann, für die $\delta^2 S < 0$ wird. Dann kann man aber immer die Ecke so abrunden, daß sich der Integralwert $\delta^2 S$ so wenig ändert, daß auch für die abgerundete Kurve $v(s)$ noch $\delta^2 S < 0$ ausfällt.

Dieser von Bliss stammende Beweis für die Notwendigkeit von Jacobis Bedingung läßt sich ganz entsprechend für allgemeinere Variationsprobleme durchführen. Die ersten Beweise für die Notwendigkeit der Bedingung Jacobis gehen auf K. Weierstrasz, G. Erdmann und H. A. Schwarz zurück. Sie benutzen ebenfalls die zweite Variation[1]. Jacobi hat seine Bedingung 1836 gefunden[2].

Es gibt noch ein von G. Darboux[3] stammendes, anschauliches Verfahren, um die Notwendigkeit der Bedingung Jacobis einzusehen. Nur versagt dieses Verfahren in gewissen Ausnahmefällen. Die ersten zu einem Punkte $\mathfrak{a}$ einer Fläche konjugierten Punkte erfüllen im allgemeinen eine Kurve, die die geodätischen Linien durch $\mathfrak{a}$ einhüllt. Es sei nun $\mathfrak{a}$, $\mathfrak{a}'$ ein Paar konjugierter Punkte. Die Einhüllende habe in $\mathfrak{a}'$ keine Spitze. Dann kann man in der Nähe von $\mathfrak{a}'$ einen Punkt $\mathfrak{b}'$ der Einhüllenden so wählen, daß nach dem Hüllkurvensatz (§ 78)

---

[1] Vgl. etwa O. Bolza: Vorlesungen über Variationsrechnung, S. 82—87. Leipzig 1909. Ein einfacher Beweis für die Bedingung Jacobis im Fall der geodätischen Linien findet sich bei G. Darboux: Surfaces III, S. 97. 1894.

[2] C. G. J. Jacobi: Zur Theorie der Variationsrechnung. Werke IV, S. 39—55.

[3] G. Darboux: Surfaces III, S. 86—88.

zwischen den Bögen die Beziehung besteht (vgl. Fig. 20, S. 168)

$$\overset{\frown}{a\,a'} = \overset{\frown}{a\,b'} + \overset{\frown}{b'\,a'}.$$

Nun gibt es zwischen den Punkten b', a' sicher noch einen kürzeren Weg als die Einhüllende, da diese nicht geodätisch ist. Denn durch jedes Linienelement geht nur eine geodätische Linie. Somit gibt es von a nach a' im allgemeinen einen kürzeren Weg als den vorgegebenen geodätischen.

Diese Betrachtung versagt, wenn die Einhüllende in a' eine a „zugewandte" Spitze hat (vgl. Fig. 29, S. 231).

§ 100. Satz von BONNET über den Durchmesser einer Eifläche.

Nach den Vorbereitungen von § 98 und § 99 sind wir jetzt in der Lage, den zu Beginn von § 98 angekündigten Satz BONNETS zu beweisen, den man auch sò fassen kann:

Wenn für das Krümmungsmaß in allen Punkten einer Eifläche die Beschränkung $K \geqq (1 : A^2)$ besteht, so gilt für ihren Durchmesser $D < \pi A$.

Dabei ist unter „Durchmesser" die Größtentfernung zweier Flächenpunkte zu verstehen. Zum Beweise greifen wir auf der Eifläche irgend zwei Punkte a, b heraus und nehmen als bekannt an, daß es einen allerkürzesten Weg auf der Fläche zwischen a und b gäbe, und daß dieser einer geodätischen Linie angehöre. Dann liegt (§ 99) sicher der zu a konjugierte Punkt a' nicht diesseits b $(a' \geqq b)$. Die räumliche Entfernung von a nach b ist jedenfalls nicht größer als die geodätische Entfernung zwischen a und a'. Dann braucht man also nur mehr zu zeigen:

Aus $K \geqq (1 : A^2)$ folgt, daß die geodätische Entfernung S zweier konjugierter Punkte einer geodätischen Linie $\leqq \pi A$ ist.

Das läßt sich folgendermaßen einsehen. Hat man zwei Differentialgleichungen

$$v'' + K(s)\,v = 0\,.$$
$$w'' + L(s)\,w = 0\,,$$

wobei

$$K(s) \geqq L(s)$$

ist, so liegen nach einem Satz von J. C. F. STURM[1] (1836) die Nullstellen von $v(s)$, kurz gesagt, dichter als die von $w(s)$. D. h. *bei wachsendem Krümmungsmaß rücken die konjugierten Punkte dichter zusammen.* Hat man also zwei Lösungen v, w mit einer gemeinsamen Nullstelle s_1, so kann die nächste Nullstelle s_2 von w nicht vor der nächsten Null-

---

[1] J. C. F. STURM: Mémoire sur les équations différentielles du second ordre. Journ. Liouville Bd. 1, S. 131. 1836.

stelle von v liegen. Wir hätten nämlich sonst

$$(69) \qquad \int_{s_1}^{s_2} \{ v\,(w'' + L\,w) - w\,(v'' + K\,v) \}\,ds = 0$$

oder durch Integration nach Teilen

$$[v\,w' - w\,v']_{s_1}^{s_2} = \int_{s_1}^{s_2} v\,w\,(K - L)\,ds.$$

Wegen der Randbedingungen $(v\,(s_1) = w\,(s_1) = w\,(s_2) = 0)$ gibt das

$$(70) \qquad v\,(s_2)\,w'\,(s_2) = \int_{s_1}^{s_2} v\,w\,(K - L)\,ds.$$

Wäre nun $v > 0$ in $s_1 < s \leqq s_2$ und $w > 0$ in $s_1 < s < s_2$, so hätten wir $w'\,(s_2) < 0$, da w von positiven zu negativen Werten übergeht. Also wäre die linke Seite von (70) sicher kleiner als Null, während die rechte Seite $\geqq 0$ ist, was einen Widerspruch ergibt. Ähnlich erledigen sich die übrigen Fälle.

Setzen wir insbesondere $L = 1 : A^2 = $ konst., so wird

$$(71) \qquad w = a \cos\left(\frac{s}{A}\right) + b \sin\left(\frac{s}{A}\right)$$

und demnach wegen $w\,(s + \pi A) = - w\,(s)$

$$s_2 - s_1 = \pi A = \text{konst.}$$

Somit gilt für die Entfernung S benachbarter Nullstellen von v jedenfalls $S \leqq \pi A$.

Damit ist die Behauptung bestätigt. Der französische Mathematiker Sturm (1803—1855), von dem der hier benutzte Satz und verwandte Sätze aus der Algebra herrühren, soll der eigenen Wertschätzung dieser schönen „Sturmschen Sätze" in seinen Vorlesungen dadurch Ausdruck verliehen haben, daß er von Theoremen sprach, „deren Namen zu tragen ich die Ehre habe".

Mittels der eben vorgetragenen Schlußweise zeigt man auch leicht: *Zwischen zwei aufeinanderfolgenden Nullstellen einer Lösung der Differentialgleichung $v'' + Kv = 0$ liegt immer genau eine Nullstelle jeder davon linear unabhängigen Lösung derselben Gleichung.*

Bonnet hat seinen Satz und im wesentlichen auch den hier mitgeteilten Beweis 1855 veröffentlicht[1].

An den von Minding aufgestellten spindelförmigen Drehflächen konstanter Krümmung kann man leicht feststellen, daß die Ungleichheit Bonnets die wahre Schranke liefert, d. h. daß D dem Wert πA beliebig nahe rücken kann.

Die ganze vorgetragene Beweisart hat noch einen Haken. Es wurde nämlich als „selbstverständlich" hingestellt, daß es zwischen zwei

---

[1] O. Bonnet: Comptes Rendus Bd. 40, S. 1311—1313. 1855.

Punkten einer Eifläche wirklich stets einen allerkürzesten Weg gibt, der einer geodätischen Linie angehört. Auf diese Schwierigkeit kommen wir im nächsten Abschnitt zurück. Einen Beweis, der die Existenzfrage umgeht und auch weitergehende Ergebnisse liefert, hat der Verfasser 1916 erbracht[1].

§ 101. Das Vorhandensein kürzester Wege auf Eiflächen.

Es ist im vorhergehenden die Frage aufgetaucht: Gibt es zwischen zwei Punkten $\mathfrak{a}$ und $\mathfrak{b}$ einer Eifläche $\mathfrak{F}$ immer einen kürzesten Weg auf $\mathfrak{F}$? Wenn ja, ist dann dieser kürzeste Weg geodätisch? Für diese vom Standpunkt des Physikers ziemlich selbstverständliche Tatsache soll hier ein Beweis erbracht werden unter der Voraussetzung, daß die Eifläche beschränkt und durchweg regulär und analytisch sein soll. Bezeichnen wir den größten Wert des Krümmungsmaßes K auf $\mathfrak{F}$ mit $1 : B^2$, so folgt aus $K \leqq 1 : B^2$ nach dem STURMschen Satz von § 100 für die geodätische Entfernung S zweier konjugierter Punkte

$$(72) \qquad\qquad S \geqq \pi B$$

genau entsprechend, wie wir vorhin S nach oben hin abgeschätzt haben.

Ziehen wir daher von einem Punkte $\mathfrak{a}$ auf $\mathfrak{F}$ aus in allen Richtungen geodätische Bogen von der Länge πB, so überdecken diese den geodätischen Entfernungskreis $\{\mathfrak{a}, \pi B\}$. Dreht man nämlich diesen „geodätischen Radius" so um seinen Anfangspunkt $\mathfrak{a}$, daß der Anfangswinkel φ mit einer festen Richtung in der Tangentenebene von $\mathfrak{a}$ stetig wachsend die Werte von $0 \leqq \varphi < 2\pi$ durchläuft, so hat nach Voraussetzung die Differentialgleichung JACOBIS

$$\frac{d^2\,\delta n}{d\,r^2} + K\,\delta n = 0\,,$$

worin (vgl. § 70)

$$\delta n = \sqrt{G} \cdot d\varphi\,, \qquad \left(\frac{d\,\delta n}{d\,r}\right)_{r=0} = d\varphi$$

die Entfernung zum unendlich benachbarten Radius angibt, eine positive Lösung ($\delta n > 0$ für $0 < r < \pi B$). Deshalb bewegt sich dieser Radius stets nach derselben Seite vorwärts. Da er schließlich ($\varphi = 2\pi$) in die Ausgangslage ($\varphi = 0$) zurückkehrt, ist man versucht zu schließen, daß die geodätischen Radien durch $\mathfrak{a}$ mit der Länge πB die Kreisfläche $\{\mathfrak{a}, \pi B\}$ „schlicht" überdecken, d. h. daß durch jeden inneren Punkt ($\neq \mathfrak{a}$) der Fläche ein einziger dieser Radien hindurchgeht. Von der Unzulässigkeit dieser Schlußweise kann man sich am besten an einer dünnen und langen Ringfläche überzeugen, wo ein derartiger Kreis ähnlich wie das Deckblatt einer Zigarre um den Ring herumgeschlungen ist.

---

[1] Man vgl. etwa W. BLASCHKE: Kreis und Kugel, S. 119. Leipzig 1916.

Es handelt sich für das Folgende darum, sich einen geodätischen Radius $2R > 0$ so zu verschaffen, daß alle Kreise $\{\mathfrak{a}, 2R\}$ auf unsrer Eifläche $\mathfrak{F}$ schlicht ausfallen bei beliebiger Wahl des Mittelpunkts $\mathfrak{a}$. Das kann man etwa so erreichen. Angenommen, der Kreis $\{\mathfrak{a}, \pi B\}$ sei nicht schlicht. Dann verkleinern wir bei festem Mittelpunkt $\mathfrak{a}$ den geodätischen Halbmesser so lange, bis der Kreis aufhört, sich selbst zu überdecken. Der erste solche Kreis habe den geodätischen Radius T. Er wird sich selbst in einem Umfangspunkt $\mathfrak{p}$ berühren und seine beiden Radien durch $\mathfrak{p}$ werden zusammen ein geodätisches Eineck mit der Ecke $\mathfrak{a}$ bilden, denn in $\mathfrak{p}$ schließen sie glatt aneinander, da beide den Umfang senkrecht durchschneiden. Auf dieses Eineck wenden wir die Formel von Gausz-Bonnet (§ 76, 77) an und finden

$$\omega + \int K \cdot do = 2\pi,$$

wenn ω den Außenwinkel bei $\mathfrak{a}$ bedeutet. Wenn wir eine geeignete unter den beiden von unserm Eineck begrenzten Flächen auswählen, so wird $0 \leqq \omega < \pi$ und daher

$$\pi < \int K \, do \leqq 2\pi$$

sein. Das Integral ist die vom sphärischen Abbild unsres Einecks auf der Einheitskugel umschlossene Fläche Ω. Nach dem isoperimetrischen Satze für Kurven auf der Kugel (§ 32, Aufgabe 7) gilt demnach für den Umfang Λ des sphärischen Bildes unsres Einecks

$$\Lambda^2 \geqq 4\pi^2 - (2\pi - \Omega)^2 > 3\pi^2.$$

Es seien nun ds und $d\sigma$ entsprechende Bogenelemente auf der Eifläche $\mathfrak{F}$ und ihrem sphärischen Bilde und ϱ das Minimum von $(ds : d\sigma)$ auf $\mathfrak{F}$. Nebenbei ist ϱ der kleinste Hauptkrümmungshalbmesser von $\mathfrak{F}$. Dann haben wir für den Umfang $2T$ unsres Einecks

$$2T \geqq \varrho \Lambda > \sqrt{3}\,\pi\varrho.$$

Ist nun $2R$ die kleinere der beiden Zahlen πB und $\tfrac{1}{2}\sqrt{3}\,\pi\varrho$, so wissen wir, daß jeder geodätische Mittelpunktskreis $\{\mathfrak{a}, 2R\}$ auf $\mathfrak{F}$ von seinen Radien schlicht bedeckt wird.

Liegt nun $\mathfrak{b}$ innerhalb oder auf dem Rande des Kreises $\{\mathfrak{a}, 2R\}$, so gibt der Teilbogen r des „geodätischen Radius" dieses Kreises, der von $\mathfrak{a}$ nach $\mathfrak{b}$ führt, den kürzesten Weg zwischen diesen Punkten. Führt man nämlich geodätische Polarkoordinaten (§ 70) mit $\mathfrak{a}$ als Ursprung auf $\mathfrak{F}$ ein, so ist wegen $G > 0$ in leicht verständlicher Bezeichnungsweise

$$(73) \qquad \int_{\mathfrak{a}}^{\mathfrak{b}} ds = \int_{\mathfrak{a}}^{\mathfrak{b}} \sqrt{dr^2 + G\,d\varphi^2} \geqq \int_{\mathfrak{a}}^{\mathfrak{b}} |dr| \geqq r.$$

Das gilt für alle Kurven, die den Kreis $\{\mathfrak{a}, 2R\}$ nirgends verlassen. Tritt hingegen eine $\mathfrak{a}$, $\mathfrak{b}$ verbindende Kurve aus diesem Kreise bei $\mathfrak{c}$

heraus, so ist nach dem eben bewiesenen schon ihr Teilbogen von $\mathfrak{a}$ bis $\mathfrak{c}$ sicher $\geq 2R \geq r$.

Man kann das Ergebnis auch so fassen: *Gibt es zwischen zwei Punkten $\mathfrak{a}$, $\mathfrak{b}$ von $\mathfrak{F}$ einen Weg von der Länge $S \leq 2R$, dann gibt es immer auch eine kürzeste Verbindung, nämlich auf einem geodätischen Radius des Kreises* $\{\mathfrak{a}, 2R\}$.

Die Länge dieses kürzesten Weges wollen wir die geodätische Entfernung von $\mathfrak{a}$ und $\mathfrak{b}$ nennen und mit $[\mathfrak{a}\,\mathfrak{b}] = [\mathfrak{b}\,\mathfrak{a}]$ bezeichnen. Davon kann also zunächst nur dann die Rede sein, wenn es zwischen $\mathfrak{a}$ und $\mathfrak{b}$ einen Weg $S \leq 2R$ gibt.

So bleibt nun der Fall zu behandeln, daß $\mathfrak{b}$ außerhalb des Kreises $\{\mathfrak{a}, 2R\}$ liegt.

Wir verbinden zunächst $\mathfrak{a}$ und $\mathfrak{b}$ auf $\mathfrak{F}$ durch einen Weg $\mathfrak{C}$ von endlicher Länge S. Dieser Kurve $\mathfrak{C}$ soll in folgender Weise eine „geodätische Gelenkkette von der Gliedlänge R" einbeschrieben werden. (Vgl. Fig. 25.) Wir verbinden $\mathfrak{a}$ radial mit dem ersten Austrittspunkt $\mathfrak{a}_1$ von $\mathfrak{C}$ aus dem Kreise $\{\mathfrak{a}, R\}$, so daß $[\mathfrak{a}\,\mathfrak{a}_1] = R$ wird. Ebenso $\mathfrak{a}_1$ mit dem ersten Austrittspunkt $\mathfrak{a}_2$ von $\mathfrak{C}$ aus dem Kreise $\{\mathfrak{a}_1, R\}$. Dieses Verfahren setzen wir so lange fort, bis wir zu einem Punkt $\mathfrak{a}_n$ von $\mathfrak{C}$ kommen, für den

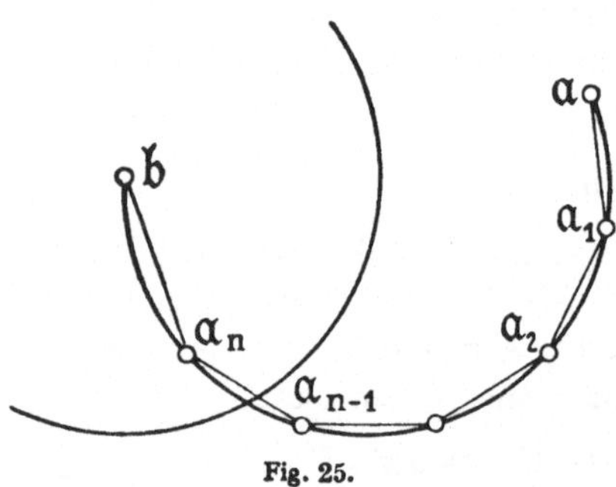

Fig. 25.

$[\mathfrak{a}_n\,\mathfrak{b}] \leq R$ ist. Diesen Punkt $\mathfrak{a}_n$ erreichen wir in endlich vielen, nämlich in $n < S : R$ Schritten, denn jeder Bogen $\mathfrak{a}_{k-1}\,\mathfrak{a}_k$ ist länger

$$(\geq)\, [\mathfrak{a}_{k-1}\,\mathfrak{a}_k] = R\,,$$

also ist $S > nR$, wie behauptet wurde. $\mathfrak{a}_n$ verbinden wir mit $\mathfrak{b}$ durch den von $\mathfrak{b}$ ausgehenden geodätischen Radius. Damit ist unsere Gelenkkette vollendet. Für ihre Länge L gilt

(74) $$S \geq L = nR + [\mathfrak{a}_n\,\mathfrak{b}]\,.$$

Da die Länge S der ursprünglichen Kurve $\mathfrak{C}$ jedenfalls $\geq$ der Länge L der einbeschriebenen Kette ist, so brauchen wir nur zu zeigen, daß es unter den Längen dieser $\mathfrak{a}$ und $\mathfrak{b}$ verbindenden Ketten mit der Gliedlänge R, deren Gliedzahl höchstens n ist, eine kürzeste gibt. Das ist aber verhältnismäßig leicht einzusehen.

Es sei L_0 die untere Grenze der Längen aller „zulässigen" Ketten, wie wir kurz sagen wollen. Wir können jed nfalls aus der Menge dieser zulässigen Ketten eine Folge herausgreifen, so daß für die zugehörigen Bogen die Beziehung besteht

$$L^\nu \to L_0 \quad \text{für} \quad \nu \to \infty\,.$$

Die zugehörigen Gelenke a_k^v haben jedenfalls einen Häufungspunkt auf $\mathfrak{F}$, da $\mathfrak{F}$ beschränkt ist. Wir können daher aus der Folge unserer Ketten eine Teilfolge so aussondern, daß, wenn wir die alte Bezeichnung beibehalten, die Beziehung besteht:

$$a_1^v \rightarrow a_1^0 \quad \text{für} \quad v \rightarrow \infty\,.$$

Daraus sondern wir eine neue Folge aus, so daß auch die Punktfolge der a_2^v konvergiert:

$$a_2^v \rightarrow a_2^0\,,$$

usf. Dann haben wir

$$a_k^v \rightarrow a_k^0 \quad \text{für} \quad k = 1, 2, \ldots, m \leq n\,,$$

wenn m die letzte Fußmarke ist, für die der zugehörige Häufungspunkt nicht innerhalb $\{\mathfrak{b}, R\}$ fällt.

Es wird behauptet: Die so gefundene Kette a, a_1^0, a_2^0, $\ldots$, a_m^0, $\mathfrak{b}$ ist zulässig und hat die Länge L_0. Dazu ist zu zeigen

$$(75) \qquad\qquad [a_{k-1}^0\, a_k^0] = R$$

und

$$(76) \qquad\qquad [a_m^0\, \mathfrak{b}] = \lim\, [a_m^v\, \mathfrak{b}]\,.$$

Da beide Nachweise gleich verlaufen, genügt es, etwa den ersten zu führen. Wegen der Konvergenz

$$\lim_{v \to \infty} [a_{k-1}^v\, a_{k-1}^0] = 0\,, \quad \lim_{v \to \infty} [a_k^v\, a_k^0] = 0$$

ist für hinlänglich großes v

$$S = [a_{k-1}^0\, a_{k-1}^v] + [a_{k-1}^v\, a_k^v] + [a_k^v\, a_k^0] < 2R\,.$$

Also existiert nach dem früher hervorgehobenen Ergebnis die geodätische Entfernung von a_{k-1}^0 nach a_k^0. Es ist

$$[a_{k-1}^0\, a_k^0] \leq S\,.$$

Daraus folgt für $v \rightarrow \infty$

$$[a_{k-1}^0\, a_k^0] \geq R\,.$$

Vertauscht man in dieser Überlegung die Rolle der oberen Marken v und 0, so zeigt man ebenso

$$[a_{k-1}^0\, a_k^0] \geq R\,.$$

Es bleibt somit nur die Möglichkeit (75) übrig.

Damit ist das Vorhandensein eines kürzesten Weges zwischen a und $\mathfrak{b}$ bewiesen, und zwar ist dieser kürzeste Weg eine Kette. Jetzt kann man leicht einsehen, daß die Glieder dieser Kette an den Gelenken a_k^0 glatt aneinanderschließen, daß also die ganze Kette auf einer einzigen geodätischen Linie aufliegt. Unsere Kette muß nämlich wegen ihrer Kleinsteigenschaft auch zwischen den Punkten a_{k-1}^0, a_{k+1}^0 ($k = 1, 2, \ldots, m - 1$) die kürzeste Verbindung ergeben, also (da zwischen diesen Punkten ein Weg der Länge $2R$ vorhanden ist) mit dem geodätischen Radius zusammenfallen, der a_{k-1} mit a_{k+1} verbindet. Damit ist gezeigt, daß in a_k^0 keine Ecke sein darf. Entsprechend erkennt man dies auch noch für a_m. Damit ist der Nachweis beendet und gezeigt:

Unter den zwei Punkte a und b auf einer Eifläche verbindenden Wegen gibt es stets einen allerkürzesten. Dieser gehört einer geodätischen Linie an.

Seit D. HILBERTS Untersuchungen von 1899 über das DIRICHLETsche Prinzip sind die Fragen nach dem Vorhandensein eines absoluten Extremums besonders von H. LEBESGUE und C. CARATHÉODORY behandelt worden[1]. Das hier vorgetragene Verfahren hat den Vorteil — wenn wir uns etwas anders ausdrücken als in diesem Abschnitt — nur den Satz von WEIERSTRASZ über das Vorhandensein eines Extremums bei stetigen Funktionen heranzuziehen. Freilich gibt es neuerdings ,,Expressionisten'' (vielleicht könnte man auch sagen: ,,Bolschewisten'') unter den Mathematikern, die auch die Berechtigung dieses Hilfsmittels leugnen.

§ 102. Flächen, deren konjugierte Punkte festen geodätischen Abstand haben.

Es mögen hier einige Bemerkungen über eine besonders anziehende Aufgabe der Flächentheorie folgen. Man kann diese Aufgabe auf zwei verschiedene Arten fassen.

Geht man von einem Punkt a einer Fläche längs einer geodätischen Linie bis zum konjugierten Punkt a' (§ 99), so wird der zurückgelegte Weg aa' im allgemeinen vom Ausgangspunkt und von der Ausgangsrichtung abhängen. Man kann sich nun fragen:

I. *Welches sind die Flächen, bei denen die geodätische Entfernung konjugierter Punkte fest ist.*

Nach dem Hüllkurvensatz von § 78 muß sich dann die Einhüllende aller geodätischen Linien durch einen Punkt a der Fläche auf einen einzigen Punkt a' zusammenziehen. D. h. a hat auf der Fläche nur einen einzigen konjugierten Punkt a'. Somit liegt die Fragestellung nahe:

II. *Alle Flächen zu suchen, bei denen zu jedem Punkt nur ein einziger konjugierter Punkt vorhanden ist.*

Wir wollen zeigen, daß dann notwendig die geodätische Entfernung konjugierter Punkte unveränderlich ist, so daß also die Fragen I und II gleichwertig sind. Durchläuft man eine geodätische Linie von a aus-

---

[1] Literaturangaben bei O. BOLZA: Variationsrechnung, 9. Kap., S. 419.

gehend bis zum konjugierten Punkt $\mathfrak{a}'$ und darüber hinaus, so kommt man wegen der Wechselseitigkeit der Beziehung der konjugierten Punkte zum Ausgangspunkt $\mathfrak{a}$ zurück, und zwar mit der Anfangsrichtung, so daß alle geodätischen Linien geschlossen sind. Fielen nämlich Ausgangs- und Endrichtung des geodätischen Bogens in $\mathfrak{a}$ nicht zusammen, so müßte, wenn man $\mathfrak{a}'$ nach $\mathfrak{b}'$ vorrückt, der zugehörige konjugierte Punkt zu $\mathfrak{b}'$, da sich die Nullstellen der Differentialgleichung JACOBIS nach STURM (§ 100) trennen, im selben Sinne auf unsrer geodätischen Linie fortwandern. Also würde er, je nachdem man den „vorwärts" oder „rückwärts" konjugierten Punkt auswählt,

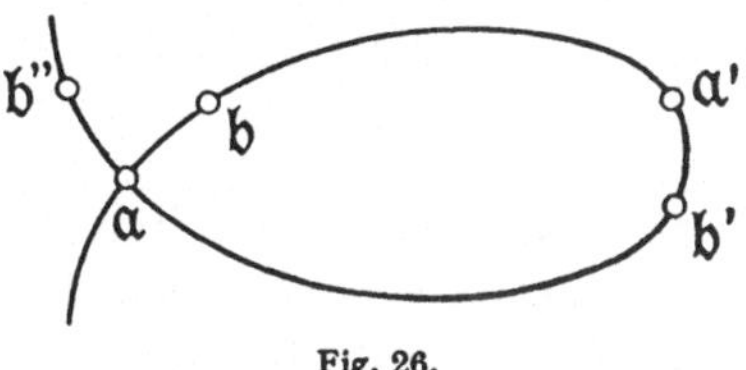

Fig. 26.

in zwei verschiedene Punkte $\mathfrak{b}''$, $\mathfrak{b}$ fallen, was sich mit der Voraussetzung nicht verträgt. (Fig. 26.)

Jetzt läßt sich zunächst einsehen, daß unsre Fläche den Zusammenhang der Kugel hat. Alle geodätischen Bogen zwischen $\mathfrak{a}$ und $\mathfrak{a}'$ haben nämlich nach dem Satz über Einhüllende (§ 78) dieselbe Länge $2R$. Nach der Schlußweise von § 101 wird der „geodätische Entfernungskreis" mit dem Mittelpunkt $\mathfrak{a}$ und dem Radius $2R$ von seinen Radien genau einfach überdeckt. Da alle Radien in $\mathfrak{a}'$ zusammenlaufen, kann man diese Figur wirklich eineindeutig und stetig einer Kugel mit den auf ihr gezeichneten Meridianen zuordnen. Die Punkte $\mathfrak{a}$, $\mathfrak{a}'$ hälften den Umfang jeder durch sie laufenden, geschlossenen geodätischen Linie.

Aus den Beziehungen von STURM (§ 100) zwischen den Nullstellen von Lösungen linearer homogener Differentialgleichungen zweiter Ordnung folgt, daß die Paare konjugierter Punkte einer geschlossenen geodätischen Linie einander trennen. Wenn man daher alle geschlossenen geodätischen Linien durch $\mathfrak{a}$, $\mathfrak{a}'$ betrachtet, so erkennt man, daß jede unter ihnen die Fläche in zwei Teile zerschneidet, so daß die Punkte des einen Teils zu denen des andern konjugiert sind. Da jede weitere geschlossene geodätische Linie zu jedem ihrer Punkte auch den konjugierten enthält, erkennt man, daß irgend zwei unsrer geschlossenen geodätischen Linien sich schneiden müssen, und zwar offenbar in konjugierten Punkten. Daraus folgt aber, daß alle unsre geschlossenen geodätischen Linien denselben Umfang haben, daß also die Entfernung konjugierter Punkte, die gleich dem halben Umfang ist, konstant sein muß, wie behauptet wurde.

Von unsren Flächen kann man noch leicht sehen, daß sie durch die Zuordnung $\mathfrak{a} \longleftrightarrow \mathfrak{a}'$ längentreu auf sich selbst abgebildet sind. Rückt nämlich $\mathfrak{a}$ um ein Stückchen auf einer geodätischen Linie fort, so rückt $\mathfrak{a}'$ auf derselben geodätischen Linie im gleichen Sinne um dasselbe Stück vorwärts. Also sind die Linienelemente durch $\mathfrak{a}$ längentreu auf die durch $\mathfrak{a}'$ bezogen. Nach GAUSZENS Theorema egregium stimmen demnach die Krümmungsmaße unsrer Fläche in $\mathfrak{a}$ und $\mathfrak{a}'$ überein.

Es sei noch erwähnt, daß für das Krümmungsmaß K auf unsrer Fläche die Beziehung besteht:

$$(77) \qquad \int_{\mathfrak{a}}^{\mathfrak{a}'} \frac{\partial K}{\partial n}\, u\, v\, w\, ds = 0 \,.$$

Darin bedeuten u, v, w irgend drei Lösungen der Differentialgleichung von JACOBI $u'' + Ku = 0$ längs des geodätischen Integrationswegs und $\partial K : \partial n$ bedeutet die Ableitung des Krümmungsmaßes senkrecht zu diesem Integrationsweg. Sind nämlich r, φ geodätische Polarkoordinaten mit dem Ursprung $\mathfrak{a}$ und ist $ds^2 = dr^2 + u^2\, d\varphi^2$ das Linienelement, so genügt u als Funktion von r der Gleichung von JACOBI:

$$u'' + K u = 0 \,.$$

Durch Ableitung nach φ folgt daraus

$$u_\varphi'' + K u_\varphi = - \frac{\partial K}{\partial \varphi} \cdot u = - \frac{\partial K}{\partial n}\, u^2 \,.$$

Multipliziert man die erste dieser Differentialgleichungen mit u_φ, die zweite mit u, so folgt durch Subtraktion und Integration

$$\int_{\mathfrak{a}}^{\mathfrak{a}'} \{ u_\varphi (u'' + K u) - u (u_\varphi'' + K u_\varphi) \}\, dr = [u_\varphi u' - u u_\varphi']_{\mathfrak{a}}^{\mathfrak{a}'} = \int_{\mathfrak{a}}^{\mathfrak{a}'} \frac{\partial K}{\partial n}\, u^3\, dr \,.$$

Da am Rande u und u_φ verschwinden, so folgt

$$\int_{\mathfrak{a}}^{\mathfrak{a}'} \frac{\partial K}{\partial n}\, u^3\, dr = 0 \,.$$

Hieraus ergibt sich leicht die ein wenig allgemeinere Formel (77), wenn man für u eine Linearkombination mehrerer Lösungen einsetzt. Die Integration ist längs eines geodätischen Bogens zwischen zwei konjugierten Punkten zu erstrecken.

Es sollen hier noch einige Warnungstafeln errichtet werden, einige Hinweise, wie man den Beweis der Sätze I und II *nicht* weiterführen darf.

Man ordne unsre Fläche vom Zusammenhang der Kugel zweieindeutig einer neuen Fläche zu, so daß jedem Paar konjugierter Punkte ein einziger Punkt der neuen Fläche entspricht. Dann hat die neue

Fläche, wie man leicht einsieht, den Zusammenhang der projektiven Ebene. Das Abbild der geodätischen Linien ist eine zweiparametrige Kurvenschar mit der Eigenschaft, daß durch irgend zwei Flächenpunkte genau eine Kurve der Schar geht, und daß zwei Kurven der Schar stets einen Schnittpunkt gemein haben. Wenn es auf Grund dieser topologischen Eigenschaften allein möglich wäre, zu beweisen, daß unsre neue Fläche mit ihrer Kurvenschar sich eineindeutig auf die projektive Ebene mit den Geraden der Ebene abbilden ließe, dann wäre unsre ursprüngliche Fläche „geodätisch" auf die Ebene abgebildet. D. h., daß die geodätischen Linien in die Geraden übergingen. Nach einem Satz von E. BELTRAMI (§ 90, Aufg. 14) hätte die Fläche dann festes Krümmungsmaß und müßte wegen ihrer Geschlossenheit eine Kugel sein (§ 91).

Indessen ist die benutzte topologische Annahme unzulässig: Es lassen sich in der projektiven Ebene zweiparametrige Kurvenscharen angeben, so daß durch zwei Punkte eine Kurve der Schar hindurchgeht und zwei Kurven immer einen Schnittpunkt haben, die sich aber nicht in die Geraden überführen lassen. Dafür hat D. HILBERT ein sehr anschauliches Beispiel erbracht[1]. Man schneide aus der projektiven Ebene das Innere einer Ellipse heraus und ersetze jede Gerade, soweit sie ins Innere der Ellipse eindringt, durch einen anschließenden Kreisbogen, dessen Verlängerung durch einen festen Punkt $\mathfrak{p}$ in der

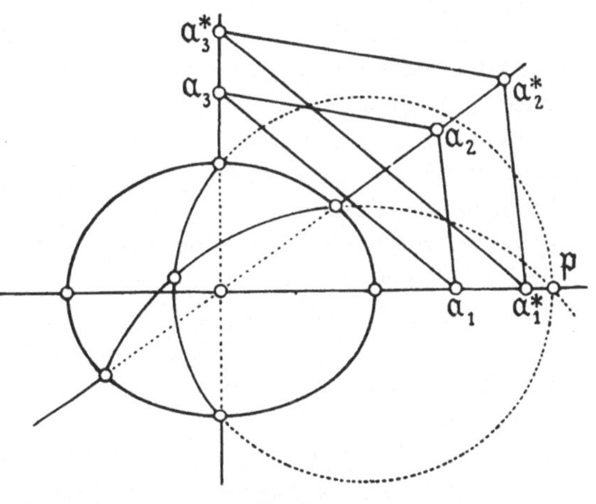

Fig. 27.

Verlängerung der großen Achse geht (Fig. 27). Die so entstandene Kurvenschar kann nicht durch Verzerrung der Ebene aus den Geraden hervorgehen, denn sonst müßte für die abgeänderten „Geraden" der Satz von DESARGUES gelten: Schneiden sich entsprechende Seiten $(\alpha_i \alpha_k,\ \alpha_i^* \alpha_k^*)$ zweier Dreiecke auf einer Geraden, so gehen die Verbindungsstrecken entsprechender Ecken $(\alpha_i \alpha_i^*)$ durch einen Punkt. Das ist aber, wie man aus unsrer Figur erkennt, im allgemeinen nicht der Fall[2].

---

[1] D. HILBERT: Grundlagen der Geometrie, 3. Aufl., § 23, S. 72 u. f. Leipzig und Berlin 1909.

[2] Bei den Ausführungen dieses Abschnitts hat sich der Verfasser mehrfach auf mündliche Mitteilungen seines verehrten Kollegen J. RADON stützen können. Vgl. im folgenden § 104 Aufgabe 15.

Nun noch eine größere Warnungstafel. Es läßt sich ohne allzu große Schwierigkeiten zeigen — wir berichten das hier nur —, daß auf einer Fläche mit den Eigenschaften I und II die geodätischen Entfernungskreise, zu denen, wie sich zeigt, auch ihre geodätischen Linien gehören, ein Kurvensystem mit folgenden Eigenschaften bilden:

A. *Die Kurven des Systems sind geschlossen und doppelpunktfrei.*

B. *Irgend drei Flächenpunkte bestimmen genau eine hindurchgehende Kurve des Systems.*

Man könnte nun glauben, daß folgender topologischer Satz gilt: *Es sei $\mathfrak{F}$ eine Fläche vom Zusammenhang der Kugel und $\mathfrak{S}$ ein System geschlossener doppelpunktfreier Kurven auf der Fläche. Bestimmen dann irgend drei Punkte von $\mathfrak{F}$ eindeutig eine Kurve aus $\mathfrak{G}$, so läßt sich $\mathfrak{F}$ so auf eine konvexe Fläche $\mathfrak{G}$ abbilden, daß das System $\mathfrak{S}$ in das System $\mathfrak{T}$ der ebenen Schnitte von $\mathfrak{G}$ übergeht.*

Wenn dieser Satz gültig wäre, dann könnten wir leicht die am Anfang dieses Abschnittes aufgestellten Sätze I und II als kennzeichnend allein für die Kugel nachweisen. Wir könnten dann nämlich — wie wir wieder nur kurz berichten — eine solche Fläche als die Fläche $\mathfrak{F}$ unseres topologischen Satzes annehmen und die geodätischen Entfernungskreise als die Kurven des Systems $\mathfrak{S}$. Bei der Abbildung des Systems $\mathfrak{S}$ auf die ebenen Schnitte $\mathfrak{T}$ von $\mathfrak{G}$ würden den Paaren von konjugierten Punkten von $\mathfrak{F}$ auf $\mathfrak{G}$ gewisse Paare von Punkten entsprechen, die wir als Gegenpunkte auf $\mathfrak{G}$ bezeichnen könnten. Es ließe sich nun zeigen: Die Schnittgeraden je zweier Tangentenebenen in zwei Gegenpunkten von $\mathfrak{G}$ liegen alle auf einer und derselben, die Eifläche $\mathfrak{G}$ nicht schneidenden festen Ebene ε. Und weiter: Die der Fläche $\mathfrak{G}$ umschriebenen Kegel, die ihre Spitzen auf ε haben, berühren die Fläche gerade längs der Kurven $\mathfrak{K}$, die den geodätischen Linien von $\mathfrak{F}$ entsprechen. Wir könnten dann durch eine Projektivität ε in die uneigentliche Ebene und $\mathfrak{G}$ dabei in eine neue Fläche $\mathfrak{G}'$ überführen. Die Kurven $\mathfrak{K}$ würden in die Berührungskurven $\mathfrak{K}'$ der umschriebenen Zylinder übergeführt. Würden wir dann $\mathfrak{G}'$ durch parallele Normalen auf eine Kugel $\mathfrak{K}$ abbilden, so würden die Kurven $\mathfrak{K}'$ in die Großkreise von $\mathfrak{K}$ übergehen. Auf dem Umwege über die Abbildungen $\mathfrak{F} \to \mathfrak{G}$, $\mathfrak{G} \to \mathfrak{G}'$ und $\mathfrak{G}' \to \mathfrak{K}$ hätten wir dann die geodätischen Linien von $\mathfrak{F}$ auf die Großkreise von $\mathfrak{K}$ abgebildet. Im Kleinen lassen sich diese Großkreise (etwa durch stereographische Projektion) auf die Geraden der Ebene abbilden. Wir hätten also die geodätischen Linien von $\mathfrak{F}$ im Kleinen auf die geodätischen Linien der Ebene abgebildet. Nach dem Satz von BELTRAMI (§ 90, Aufg. 14) müßte dann aber $\mathfrak{F}$ konstante Krümmung besitzen und als geschlossene Fläche konstanter Krümmung nach dem Satze von LIEBMANN (§ 91) die Kugel sein. Damit wäre dann der Beweis geführt.

Nun ist der angegebene topologische Satz aber nicht richtig, wie wir jetzt nach J. Hjelmslev[1] durch ein Gegenbeispiel zeigen wollen. Für das Bestehen einer in dem topologischen Satze angegebenen Abbildung $\mathfrak{F} \to \mathfrak{G}$ ist sicher nötig, daß für die Kurven $\mathfrak{S}$ auf $\mathfrak{F}$ die folgende Konfigurationseigenschaft[2] gültig wäre (vgl. Fig. 27a)

Man nehme auf einer beliebigen Kurve $\mathfrak{S}_1$ von $\mathfrak{S}$ vier verschiedene Punkte an und lege durch je zwei aufeinanderfolgende je eine $\mathfrak{S}$-Kurve: $\mathfrak{S}_2$, $\mathfrak{S}_4$, $\mathfrak{S}_3$, $\mathfrak{S}_5$. Dann liegen die vier zweiten Schnittpunkte dieser vier Linien von selbst auf einer und derselben $\mathfrak{S}$-Kurve $\mathfrak{S}_6$.

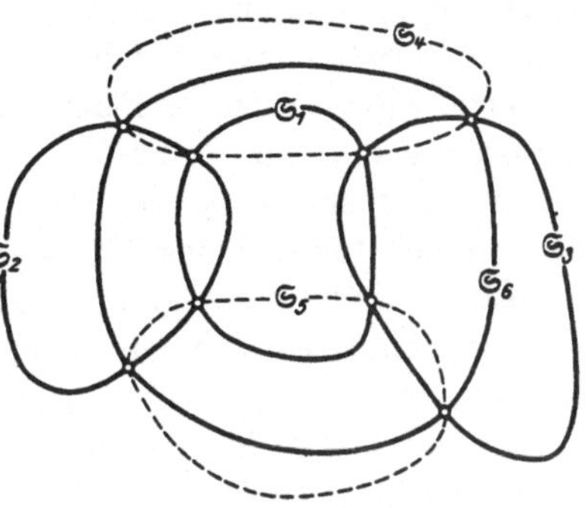

Fig. 27a.

Diese Konfiguration muß für die ebenen Schnitte einer Eifläche. wie man sich leicht überzeugen kann, bestehen, also, wenn die Abbildung möglich sein soll, auch für die Kurven $\mathfrak{S}$ auf $\mathfrak{F}$.

Diese Konfigurationseigenschaft, die wir im folgenden als Eigenschaft C bezeichnen wollen, folgt nun nicht aus den beiden angenommenen Eigenschaften A und B, wie wir an einem Gegenbeispiel zeigen werden.

Ein festes (ungleichachsiges) Ellipsoid werde zunächst mit einem System von Kugeln, deren Mittelpunkte in einer festen Ebene α gelegen sind, geschnitten. Die zu α senkrechten Ebenen werden auch unter die Kugeln gerechnet. Die Ebene α sei weit vom Ellipsoid entfernt gewählt, etwa so, daß sie von keinem Krümmungskreis geschnitten wird. Die hierdurch entstehenden Schnittkurven bilden auf dem Ellipsoid ein Kurvensystem $\mathfrak{S}$, für welches die Bedingungen A, B erfüllt sind. Und die oben angegebene Konfigurationseigenschaft C ist auch erfüllt. Wir greifen nun auf dem Ellipsoid eine Konfiguration (wie in der Figur angegeben) heraus, und richten es durch gewisse Abänderung des Systems der Kurven, bei der die Eigenschaften A und B erhalten bleiben, so ein, daß die Punkte P_5, P_6, P_7, P_8 nicht in einer Ebene liegen.

Die Kurven $\mathfrak{S}_1$, $\mathfrak{S}_2$, $\mathfrak{S}_3$, $\mathfrak{S}_4$, $\mathfrak{S}_5$, $\mathfrak{S}_6$ liegen, wie wir annehmen können, auf sechs nicht ausgearteten Kugelflächen, deren Mittelpunkte O_1, O_2, O_3, O_4, O_5, O_6 in der Ebene α enthalten sind. Mit O_6 als Mittelpunkt schlagen wir in der Ebene α einen kleinen Kreis k (so klein, daß die andern Mittelpunkte O_1, O_2, O_3, O_4, O_5 außerhalb des Kreises fallen).

---

[1] Nach einer brieflichen Mitteilung von 1925 an den Verfasser.

[2] Auf diese für die Kreise auf der Kugel gültige Konfiguration hat zuerst A. Miquel hingewiesen: Théorèmes de géométrie. Liouvilles Journal Bd. 3 (1838), S. 517.

Die ganze Ebene α werde nun mittels einer kleinen Abänderung durch eine neue Fläche folgendermaßen ersetzt: Das außerhalb des Kreises k liegende Stück von α behalten wir bei, dieses Stück soll auch der neuen Fläche α' angehören. Das innerhalb des Kreises liegende Stück von α hingegen ersetzen wir durch eine kleine flache Kugelkalotte, die von k begrenzt wird. Die neue Fläche α' besteht sonach aus einem unendlich großen Stück von α (außerhalb des Kreises k) und der genannten Kugelkalotte. Wir setzen voraus, daß die Kalotte so flach gewählt ist, daß sie von der Achse jedes Kreises, der durch drei beliebige Punkte des Ellipsoids hindurchgelegt ist, höchstens einmal getroffen wird.

Wir definieren nun auf dem Ellipsoid ein neues System $\mathfrak{S}'$ von Kurven, indem wir das Ellipsoid mit Kugeln durchschneiden, deren Mittelpunkte auf der neuen Fläche α' liegen. (Das neue System $\mathfrak{S}'$ fällt teilweise mit $\mathfrak{S}$ zusammen, aber die Einführung der Kugelkalotte statt eines kleinen Stücks der Ebene α hat kleine Änderungen einiger der Kurven nach sich gezogen.)

Das neue System $\mathfrak{S}'$ erfüllt die Bedingungen A und B. Die Eigenschaft C ist aber für dieses System nicht erfüllt, was auf folgende Weise gezeigt werden kann.

Die Kurven $\mathfrak{S}_1$, $\mathfrak{S}_2$, $\mathfrak{S}_3$, $\mathfrak{S}_4$, $\mathfrak{S}_5$ gehören alle den beiden Systemen $\mathfrak{S}$ und $\mathfrak{S}'$ an. Wenn nun die Konfigurationseigenschaft C auch für $\mathfrak{S}'$ gültig wäre, müßte eine Kurve $\mathfrak{S}_0$ des Systems $\mathfrak{S}'$ durch die Punkte P_5, P_6, P_7, P_8 hindurchgehen. Die Kurven $\mathfrak{S}_6$ und $\mathfrak{S}_6'$ müßten auf zwei verschiedenen Kugeln liegen (auf einer mit dem Mittelpunkt O_6 in der Ebene α, und auf einer andern mit dem Mittelpunkt O_6' auf der Kugelkalotte). Die vier Punkte P_5, P_6, P_7, P_8 müßten dann in einer Ebene liegen, gegen die Voraussetzung.

Wir haben also tatsächlich ein System $\mathfrak{S}'$ konstruiert, für welches die Eigenschaften A, B erfüllt sind, die Bedingung C aber nicht.

§ 103. Ein Satz CARATHÉODORYS über die Hüllkurven geodätischer Linien auf Eiflächen.

Es sei $\mathfrak{F}$ eine Eifläche, also eine durchweg reguläre analytische, geschlossene konvexe Fläche. Das Krümmungsmaß auf der Fläche genüge den Bedingungen

$$(78) \qquad \frac{1}{A^2} \leqq K \leqq \frac{1}{B^2}.$$

Dann bestehen nach § 100 für die geodätische Entfernung konjugierter Punkte die Beziehungen

$$(79) \qquad \pi B \leqq S \leqq \pi A.$$

Betrachten wir einen durch einen Punkt α der Eifläche gehenden gerichteten Extremalenbogen (Fig. 28). Dann gibt es darauf (§ 102) einen zu $\mathfrak{a}$ konjugierten Punkt $\mathfrak{a}'$. Im allgemeinen hört der Bogen schon vor $\mathfrak{a}'$ auf, einen kleinsten Weg von $\mathfrak{a}$ aus zu liefern, wie die Schlußweise am Ende von § 99 lehrt. Es gibt also im allgemeinen einen Punkt $\mathfrak{b}$ auf unsrer Extremalen zwischen $\mathfrak{a}$ und $\mathfrak{a}'$, so daß der Extremalbogen $\mathfrak{ac}$, wenn $\mathfrak{c}$ vor $\mathfrak{b}$ liegt, einen kürzesten Weg ergibt, nicht aber, wenn $\mathfrak{c}$ hinter $\mathfrak{b}$ liegt. Dann gibt es offenbar von $\mathfrak{a}$ nach $\mathfrak{b}$ zwei gleichlange kürzeste Wege. Diese Wege liegen getrennt und begrenzen auf der Fläche ein Zweieck. Geht man von einer zweiten geodätischen Linie durch $\mathfrak{a}$ aus, so kommt man zu einem andern solchen geodätischen Zweieck. Zwei solche Zweiecke liegen, wegen der Kleinsteigenschaft der begrenzenden geodätischen Bogen, getrennt, so daß jedes ganz in eines der einfach zusammenhängenden Stücke unsrer Eifläche fällt, in das unsre

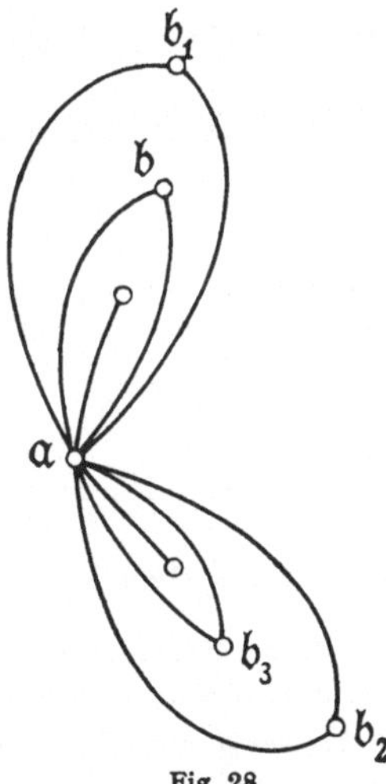

Fig. 28.

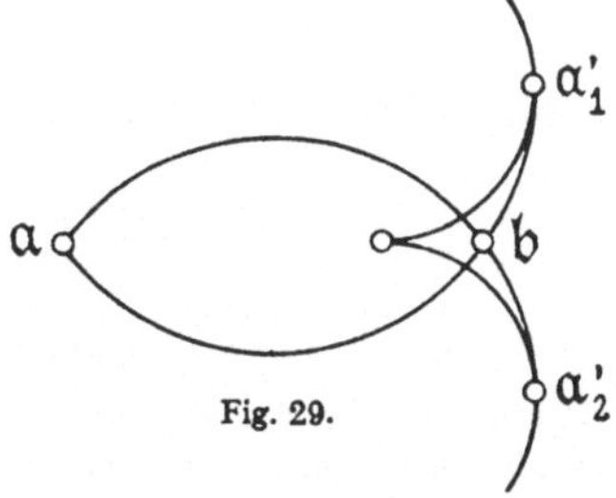

Fig. 29.

Eifläche durch das andre zerschnitten wird. Es muß deshalb mindestens zweimal vorkommen, daß unsre Zweiecke sich auf eine doppelt überdeckte Strecke zusammenziehen. Der von $\mathfrak{a}$ verschiedene Endpunkt einer solchen Strecke ist aber eine Spitze der Einhüllenden der geodätischen Linien durch $\mathfrak{a}$, soweit sie als Ort der ersten zu $\mathfrak{a}$ konjugierten Punkte anzusehen ist. Man erhält auf diese Art die dem Punkt $\mathfrak{a}$ zugekehrten Spitzen der Einhüllenden (Fig. 29), die nach dem Satz von § 78 einem Mindestwert der geodätischen Entfernung $\mathfrak{a\,a}'$ entsprechen. Wegen der Stetigkeit gibt es dazwischen auch mindestens zwei Größtwerte von $\mathfrak{a\,a}'$, die den von $\mathfrak{a}$ abgekehrten Spitzen entsprechen. Somit ist das Vorhandensein von mindestens vier Spitzen gesichert, wenn der Ort des Punktes $\mathfrak{a}'$ nicht auf einen einzigen Punkt zusammenschrumpft.

Scheinbare Ausnahmefälle können nur dann auftreten, wenn bei der Drehung des geodätischen Bogens um $\mathfrak{a}$ der Punkt $\mathfrak{a}'$ die Hüllkurve mehr als einmal durchliefe. Dann wären aber die Spitzen mit der betreffenden Vielfachheit zu zählen.

Damit ist folgender Satz bewiesen, dessen Kenntnis der Verfasser einer Mitteilung des Herrn C. Carathéodory (1912) verdankt:

Der Ort der zu einem Punkte der Eifläche konjugierten Punkte hat mindestens vier Spitzen.

Daß es solche Hüllkurven mit genau vier Spitzen wirklich gibt, kann man am Ellipsoid sehen.

Der ganze Beweis gilt allgemeiner auch für beliebige, positiv definite Variationsprobleme auf der Kugel, bei denen die Eichkurven (§ 98) konvex sind.

§ 104. Aufgaben und Lehrsätze.

1. Eine Kennzeichnung der Eiflächen. Eine geschlossene, zweiseitige und überall positiv gekrümmte Fläche ist notwendig eine Eifläche. J. HADAMARD: Liouvilles J. (5) Bd. 3, S. 352. 1897.

2. Zum System von CHRISTOFFEL. Die Formel (35) für $R_1 + R_2$ läßt sich nach WEINGARTEN auch so schreiben:

$$(80) \qquad R_1 + R_2 = (2 + \varDelta)\, p \,,$$

wobei $p\,(\xi_1, \xi_2, \xi_3)$ die Stützfunktion auf der Einheitskugel ist und $\varDelta$ den zweiten Differentiator BELTRAMIS bezüglich des Bogenelements der Kugel bedeutet. Die in § 95 mittels der Kugelfunktionen gelöste Differentialgleichung

$$(81) \qquad (2 + \varDelta)\, p = f$$

auf der Kugel läßt sich auch mittels einer GREENschen Funktion lösen:

$$(82) \qquad p\,(\xi) = \frac{1}{4\,\pi} \int f\,(\eta)\{1 - (\xi \cdot \eta)\log\,[1 - (\xi \cdot \eta)]\} \cdot d\,\omega_\eta \,.$$

Die Formel (80) steht bei J. WEINGARTEN: Über die Theorie der aufeinander abwickelbaren Oberflächen. Festschrift der Technischen Hochschule Berlin 1884.

3. Flächeninhalte der Normalrisse einer Eifläche. Es sei $\mathfrak{F}$ eine Eifläche, auf der das Krümmungsmaß den Bedingungen genügt

$$(78) \qquad \frac{1}{A^2} \leqq K \leqq \frac{1}{B^2} \,.$$

Es sei F der Flächeninhalt des Normalrisses (der orthogonalen Projektion) von $\mathfrak{F}$ auf eine Ebene. Dann ist

$$(83) \qquad \pi\, B^2 \leqq F \leqq \pi\, A^2 \,,$$

und ein Gleichheitszeichen kann nur gelten, wenn $\mathfrak{F}$ eine Kugel ist. Andrerseits gilt für die Oberfläche O

$$(83^*) \qquad 4\pi\, B^2 \leqq O \leqq 4\pi\, A^2 \,.$$

4. Eine Ungleichheit von CARATHÉODORY für die Flächeninhalte der Normalrisse einer Eifläche. Sind F_i die Flächeninhalte der Normalrisse auf drei paarweis senkrechte Ebenen, F der auf eine beliebige vierte Ebene, so ist

$$(84) \qquad F^2 \leqq F_1^2 + F_2^2 + F_3^2 \,.$$

Vgl. W. BLASCHKE: Kreis und Kugel, S. 148.

5. Kugeln in einer Eifläche. Die größte Kugel, die in einer Eifläche unbehindert rollen kann, hat den kleinsten Hauptkrümmungshalbmesser der Eifläche zum Halbmesser. Vgl. ebenda S. 118—119.

6. Kugeln um eine Eifläche. Die kleinste Kugel, in der eine Eifläche unbehindert rollen kann, hat den größten Hauptkrümmungshalbmesser der Eifläche zum Halbmesser. Ebenda S. 118—119.

7. Umkehrung eines Satzes von ARCHIMEDES über die Kugel. Aus einer Eifläche werde durch irgend zwei sie schneidende, parallele Ebenen im Abstand h

stets eine Zone mit der Oberfläche $2\,\pi a h$ ausgeschnitten. Dann ist die Eifläche notwendig eine Kugel vom Halbmesser a. Man zeige zunächst, daß die Krümmung konstant gleich $1 : a^2$ ist.

Die allgemeinere Aufgabe, die man erhält, wenn man a nicht als unabhängig von der Stellung der Schnittebenen voraussetzt, scheint ziemlich schwierig zu sein.

8. Eine kennzeichnende Eigenschaft der Kugel. Die einzigen Eiflächen, bei denen zwischen Krümmung K und Entfernung P der Tangentenebene von einem Festpunkt o die Beziehung besteht:

$$(85) \qquad K = \frac{c}{P^2}, \quad c = \text{konst.},$$

sind die Kugeln.

Man zeige zunächst durch Betrachtung der Flächenstellen, wo P seinen größten und kleinsten Wert annimmt, daß $c = 1$ sein muß. Bedeutet nun $d o$ das Element der Oberfläche, $d\omega$ das des sphärischen Bildes, so folgt aus $K = 1 : P^2 = d\omega : d o$ das Bestehen der Beziehung

$$(86) \qquad \tfrac{1}{3}\int P\,d o = \tfrac{1}{3}\int P^3\,d\omega\,.$$

D. h. aber: der Rauminhalt der Eifläche ist gleich dem Rauminhalt ihrer Fußpunktsfläche bezüglich des Festpunktes o. Bei einer nichtkugelförmigen Fläche liegt nun die Fußpunktsfläche außerhalb der ursprünglichen Eifläche. Somit ist dann

$$(87) \qquad \tfrac{1}{3}\int P\,d o < \tfrac{1}{3}\int P^3\,d\omega\,.$$

9. Eidrehflächen mit lauter geschlossenen geodätischen Linien. Läßt sich zu einer Eilinie $\mathfrak{E}$ mit der Symmetrieachse $\mathfrak{A}$ ein Kreis $\mathfrak{K}$ so angeben, daß jede Parallele zu $\mathfrak{A}$ von $\mathfrak{E}$ und $\mathfrak{K}$ gleichlange Bogen abschneidet, so entsteht durch Umdrehung von $\mathfrak{E}$ um $\mathfrak{A}$ eine Eifläche, deren sämtliche geodätische Linien geschlossen sind. Vgl. G. Darboux: Surfaces, Beginn des 3. Bandes. Weitere Literatur über Flächen mit geschlossenen geodätischen Linien: O. Zoll: Math. Ann. Bd. 57, S. 108. 1903 und P. Funk: Math. Ann. Bd. 74, S. 278. 1913. Vgl. ferner B. Cambier: Bull. sc. math. (2) Bd. 49, S. 57—64, 74—96, 104—128. 1925, sowie das Buch desselben Verfassers: „Surfaces ayant un $d s^2$ de Liouville …". Paris 1929.

Mittels der Konstruktion von Darboux lassen sich auch Nicht-Drehflächen, die aber aus Stücken von Drehflächen zu-

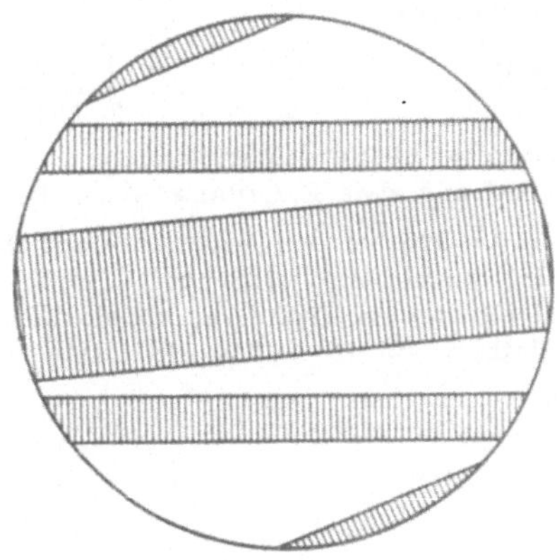

Fig. 30.

sammengesetzt sind, angeben, die die gewünschte Eigenschaft haben. Es mag dieser Gedanke, der von G. Thomsen (1921) stammt, durch die beigegebene Figur angedeutet werden (Fig. 30). Ändert man nämlich eine äquatoriale Zone der Kugel nach Darboux ab, so werden in dieser Zone die geodätischen Linien so verbogen, daß ihre Randelemente fest bleiben. Durch die abgeänderte Zone hindurch hängen also die geodätischen Linien der nicht geänderten Kugelteile ebenso zusammen wie vorher. Drei zonenweise Änderungen der Kugel wie in Fig. 30 stören sich also untereinander nicht.

10. Geodätische Zweiecke. Auf einer Fläche negativen Krümmungsmaßes kann es niemals zwei verschiedene, zwischen zwei verschiedenen Punkten der Fläche verlaufende geodätische Linien geben, die auf der Fläche stetig ineinander überführbar wären. J. HADAMARD: Liouvilles J. (5) Bd. 3, S. 331. 1897.

11. Über geodätische Linien auf Eiflächen. Durch jeden Punkt einer Eifläche
gibt es eine ausgezeichnete Richtung, so daß die in dieser Richtung von dem
Punkte auslaufende geodätische Linie wieder zu dem Punkt zurückkehrt, nachdem sie unterwegs nur einen zum Ausgangspunkt konjugierten Punkt durchlaufen hat (C. CARATHÉODORY).

12. Eine Frage von C. CARATHÉODORY. Gibt es auf jeder Eifläche ein Punktepaar, so daß jede geodätische Linie durch den einen Punkt des Paares notwendig
auch durch den andern geht? Auf einem Ellipsoid spielen bekanntlich die Nabelpunkte eine solche Rolle. Davon, daß die Antwort „nein" lautet, kann man sich
etwa folgendermaßen überzeugen: Man nehme als Grenzfall einer Eifläche das
doppelt überdeckte Innere einer Eilinie, die keine Ellipse ist.

13. Ein Satz von L. BERWALD über Flächen mit fester mittlerer Krümmung.
Auf einer Fläche lassen sich nur dann die natürlichen Parameter (§ 22) der isotropen Linien als Flächenparameter einführen, wenn die Fläche feste mittlere
Krümmung hat (1921).

14. Integralformel von M. W. CROFTON für Eikörper. Eine gerichtete Ebene
werde festgelegt durch ihre Entfernung p vom Ursprung und die Polarkoordinaten
φ, ϑ des Punktes der Einheitskugel, dessen Halbmesser zur positiven Normalen
der Ebene gleichsinnig parallel läuft. Dann ist

$$(88) \qquad \int\!\!\int\!\!\int \sin\vartheta \cdot d\vartheta \cdot d\varphi \cdot dp$$

eine Integralinvariante gegenüber Bewegungen. Das Integral, erstreckt über alle
Ebenen, die einen Eikörper schneiden, ist gleich dem Integral der mittleren
Krümmung

$$(89) \qquad \int \frac{1}{2} \cdot \left(\frac{1}{R_1} + \frac{1}{R_2} \right) \cdot do,$$

erstreckt über die Oberfläche des Eikörpers. Vgl. die Aufgabe 20 in § 24 und 20 in
§ 133 und etwa E. CZUBER: Wien. Ber. II, S. 719—742. 1884.

15. Flächen mit festem Abstand der konjugierten Punkte. Ergänzend zu den
Ergebnissen von § 102 hat P. FUNK gezeigt: Man kann die Gestalt der Kugel
stetig nicht so abändern, daß sie die Eigenschaften I und II von § 102 beibehält.
Math. Z. Bd. 16, S. 159—162. 1923.

8. Kapitel.

Extreme bei Flächen.

§ 105. Erste Variation der Oberfläche.

Wir wollen berechnen, wie sich die Oberfläche einer krummen Fläche bei einer Formänderung verhält. Es sei $\mathfrak{x}\,(u, v)$ die Ausgangsfläche. Auf deren Flächennormalen tragen wir die Längen

$$n\,(u, v) = \varepsilon\,\overline{n}\,(u, v)$$

ab und kommen dadurch zur Nachbarfläche

$$\overline{\mathfrak{x}} = \mathfrak{x} + n\,\xi\,,$$

die für $\varepsilon \to 0$ in die Ausgangsfläche hineinrückt. Durch Ableitung folgt

$$\overline{\mathfrak{x}}_u = \mathfrak{x}_u + n_u\,\xi + n\,\xi_u,$$
$$\overline{\mathfrak{x}}_v = \mathfrak{x}_v + n_v\,\xi + n\,\xi_v.$$

Berechnen wir daraus

$$\overline{E} = \overline{\mathfrak{x}}_u^2, \quad \overline{F} = \overline{\mathfrak{x}}_u\,\overline{\mathfrak{x}}_v, \quad \overline{G} = \overline{\mathfrak{x}}_v^2,$$

indem wir Glieder, die in ε von zweiter Ordnung sind, weglassen, erhalten wir nach § 42 (19):

$$\overline{E} = E - 2n\,L\,,$$

(1)
$$\overline{F} = F - 2n\,M\,,$$

$$\overline{G} = G - 2n\,N\,.$$

Hieraus ergibt sich weiter für

$$\overline{W}^2 = \overline{E}\,\overline{G} - \overline{F}^2$$

der Ausdruck

$$\overline{W}^2 = E\,G - F^2 - 2n\,(E\,N - 2F\,M + G\,L)$$

und daraus nach § 44 (30)

(2)
$$\overline{W} = W\,(1 - 2n\,H)\,,$$

wo H die mittlere Krümmung der Ausgangsfläche $(\mathfrak{x})$ bedeutet.

Für die Oberfläche von $(\bar{\mathfrak{x}})$ folgt daraus

(3) $$\iint \overline{W}\, du\, dv = \iint W\, du\, dv - 2\iint n\, H\, W\, du\, dv\,.$$

Somit ist die erste „Variation“ der Oberfläche, wenn man an Stelle von n wie üblich δn schreibt,

$$\delta O = -\iint \delta n \cdot 2H \cdot W\, du\, dv$$

oder

(4) $$\boxed{\;\delta O = -\int \delta n \cdot 2H \cdot do\;}\,.$$

Darin bedeutet do das Oberflächenelement von $(\mathfrak{x})$. Man kommt so durch die Variation der Oberfläche ganz von selbst zum Begriff der mittleren Krümmung H, genau so, wie wir durch die Variation der Bogenlänge einer Kurve zu deren Krümmung $1:\varrho$ gelangt sind (§ 25). Damit hat man wieder ein Hilfsmittel zur Hand, um den Begriff der mittleren Krümmung auf allgemeinere Maßbestimmungen zu übertragen, wovon wir später Gebrauch machen werden.

§ 106. Die Minimalflächen als Schiebflächen.

Physikalische Betrachtungen bei der Statik dünner Seifenhäutchen legen das „Problem von J. PLATEAU“[1] nahe: *Gegeben sei eine geschlossene Kurve. Man soll über diese Kurve eine Fläche mit möglichst kleiner Oberfläche ausspannen.* Haben wir eine Fläche, die diese Forderung erfüllt, so muß in (4) stets $\delta O = 0$ sein für jedes auf der Randlinie verschwindende δn. Daraus folgt, daß auf den gesuchten Flächen $H = 0$ sein muß. $H = 0$ ist die von J. L. LAGRANGE 1760[2] aufgestellte Differentialgleichung der „Extremalen“ unsres Variationsproblems. Man nennt deshalb die Flächen mit identisch verschwindender Krümmung, da sie als Lösungen der Minimumaufgabe PLATEAUS in Betracht kommen, „Minimalflächen“. Es gibt wohl kaum eine zweite Flächenfamilie, die wie die Minimalflächen die Aufmerksamkeit der größten Geometer auf sich gezogen hätte. So haben, um nur die wichtigsten Namen zu nennen, J. L. LAGRANGE, G. MONGE, B. RIEMANN, K. WEIERSTRASZ, H. A. SCHWARZ, E. BELTRAMI, S. LIE und A. RIBAUCOUR Untersuchungen über Minimalflächen angestellt.

Man kann die Bestimmung der Minimalflächen, wenn man sich von vornherein auf analytische Flächen beschränkt, sehr leicht auf die Bestimmung der isotropen Kurven (§§ 22, 23) zurückführen und hat darin wohl das glänzendste Beispiel für die Anwendung imaginärer

---

[1] J. PLATEAU: Recherches experimentales et théoriques sur les figures d'équilibre d'une masse liquide sans pesanteur. Mémoires de l'Académie royale de Belgique Bd. 36. 1866.

[2] J. L. LAGRANGE: Werke I, S. 335.

geometrischer Gebilde (wie die isotropen Kurven) auf reelle und physikalisch wichtige Flächen. Führen wir nämlich auf einer krummen Fläche die beiden Scharen isotroper Kurven, für die $ds^2 = 0$ ist, als Parameterlinien ein[1], so haben wir $E = 0$, $F \neq 0$, $G = 0$ und für die mittlere Krümmung nach § 44

$$(5) \qquad H = \frac{M}{F}.$$

Aus $H = 0$ folgt also $M = 0$ oder $\xi \mathfrak{x}_{uv} = 0$ in der Bezeichnung von § 42 (18). Aus

$$E = \mathfrak{x}_u^2 = 0, \quad G = \mathfrak{x}_v^2 = 0$$

ergibt sich aber durch Ableitung nach v und u, daß $\mathfrak{x}_u \mathfrak{x}_{uv} = 0$, $\mathfrak{x}_v \mathfrak{x}_{uv} = 0$. Somit genügt der Vektor $\mathfrak{x}_{uv}$ gleichzeitig den Bedingungen

$$(6) \qquad \mathfrak{x}_u \mathfrak{x}_{uv} = 0, \quad \mathfrak{x}_v \mathfrak{x}_{uv} = 0, \quad \xi \mathfrak{x}_{uv} = 0.$$

Da $\mathfrak{x}_u$, $\mathfrak{x}_v$, ξ linear unabhängig sind, folgt hieraus das identische Verschwinden von $\mathfrak{x}_{uv}$. Wir haben somit

$$(7) \qquad 2\mathfrak{x} = \mathfrak{y}(u) + \mathfrak{z}(v),$$

wobei der Faktor 2 ganz unwesentlich ist, und wegen $E = G = 0$

$$(8) \qquad \mathfrak{y}'^2 = 0, \quad \mathfrak{z}'^2 = 0.$$

Umgekehrt folgt aus dem Bestehen der Gleichungen (7) und (8) für die Fläche ($\mathfrak{x}$) rückwärts $H = 0$.

Wenn wir daher eine Ausdrucksweise von § 54 hier wieder verwerten, so haben wir gefunden: *Die Minimalflächen sind Schiebflächen, deren Erzeugende isotrope Kurven sind.*

Somit kommt die Integration der Differentialgleichung $H = 0$ zurück auf die Bestimmung der isotropen Kurven, die uns in § 22 schon gelungen ist. Die vorgetragene Deutung der Formeln von G. MONGE für Minimalflächen[2] rührt von S. LIE (1877)[3] her.

§ 107. Formeln von WEIERSTRASZ für Minimalflächen.

Wenn man beachtet, daß auf einer reellen Minimalfläche die isotropen Linien paarweise konjugiert imaginär sind, und wenn man in (7) für $\mathfrak{y}$ die Parameterdarstellung von § 23 einführt, so erhält man für

---

[1] Hier wird der Fall übergangen, daß es bloß eine solche Kurvenschar gibt, was nur bei imaginären Torsen möglich ist, deren Erzeugende isotrope Geraden sind.

[2] Vgl. etwa G. MONGES „Application ..." von 1850, § XX, S. 211—222. Die ersten Versuche MONGES über Minimalflächen gehen bis auf 1784 zurück.

[3] S. LIE: Beiträge zur Theorie der Minimalflächen. Math. Ann. Bd. 14, S. 331. 1879.

reelle analytische Minimalflächen die integrallose Darstellung

$$(9) \qquad \begin{aligned} x_1 &= \Re\, i\left(f - tf' - \frac{1-t^2}{2}\,f''\right), \\ x_2 &= \Re\left(f - tf' + \frac{1+t^2}{2}\,f''\right). \\ x_3 &= \Re\, - i\,(f' - tf''). \end{aligned}$$

Dabei bedeutet f eine analytische Funktion der komplexen Veränderlichen t und $\Re$ den Realteil der dahinterstehenden analytischen Funktion. Die Ebene entzieht sich dieser Darstellung, obwohl man sie mit zu den Minimalflächen zählen kann. Ferner hat man wie in § 23 von der Funktion f vorauszusetzen, daß ihre dritte Ableitung nicht identisch verschwinde. Die Formeln (9) oder gleichwertige Formeln sind von K. WEIERSTRASZ 1866 angegeben worden[1]. Aus diesen Formeln folgt, daß zu einer analytischen Funktion eine Minimalfläche gehört. Es besteht also zwischen der seit CAUCHY, RIEMANN und WEIERSTRASZ so viel beackerten Theorie der Funktionen einer komplexen Veränderlichen und der Theorie der Minimalflächen ein inniger Zusammenhang.

Wir wollen feststellen, welche Bedeutung die komplexe Veränderliche t für die Minimalfläche hat. Dazu berechnen wir uns aus der Darstellung (9) von WEIERSTRASZ den Einheitsvektor ξ der Flächennormalen. Zunächst erhält man durch Ableitung für eine Fortschreitung auf der Fläche

$$\delta x_1 = \Re\, - i\,\frac{1-t^2}{2}\,\lambda,$$

$$\delta x_2 = \Re\, + \frac{1+t^2}{2}\,\lambda,$$

$$\delta x_3 = \Re\, + i\,t\,\lambda,$$

worin

$$\lambda = f'''(t)\,\delta t$$

bedeutet. Daraus erhält man nach willkürlicher Wahl eines Vorzeichens folgenden Vektor ξ, der für alle λ auf $\delta\chi$ senkrecht steht:

$$(10) \qquad \begin{aligned} \xi_1 &= \frac{2r}{1+(r^2+s^2)}, \\ \xi_2 &= \frac{2s}{1+(r^2+s^2)}, \\ \xi_3 &= \frac{1-(r^2+s^2)}{1+(r^2+s^2)}, \end{aligned} \qquad t = r + i\,s = \frac{\xi_1 + i\,\xi_2}{1+\xi_3} = \frac{1-\xi_3}{\xi_1 - i\,\xi_2}.$$

Durch Angabe der komplexen Zahl $t = r + i\,s$ (r, s reell!) ist also der Normalenvektor ξ festgelegt und umgekehrt. Dieser Zusammenhang

---

[1] K. WEIERSTRASZ: Untersuchungen über die Flächen, deren mittlere Krümmung überall gleich Null ist. Werke III, S. 39—52; bes. S. 46 (35).

zwischen den Punkten ξ der Einheitskugel $\xi^2 = 1$ und den t-Werten wird durch „stereographische Projektion" vermittelt. Verbindet man jeden Punkt ξ mit dem „Südpol" $(0, 0, -1)$ der Einheitskugel, so wird die Äquatorebene $x_3 = 0$ von diesem Strahl im Punkte ξ^* mit den Koordinaten $r, s, 0$ geschnitten (vgl. Fig. 31). Faßt man also die Ebene $x_3 = 0$ als GAUSZsche Ebene der komplexen Zahlen $t = r + is = x_1 + ix_2$ auf, und ordnet man dieselben t-Werte den Punkten der Einheitskugel $x_1^2 + x_2^2 + x_3^2 = 1$ zu, die aus den Punkten $(r, s, 0)$ durch Projektion aus $(0, 0, -1)$ entstehen, so hat man die Zahlenkugel RIEMANNS vor sich. Für unsre Minimalfläche bedeutet also t RIEMANNS komplexe Veränderliche für das GAUSZsche sphärische Abbild der Fläche durch parallele Normalen.

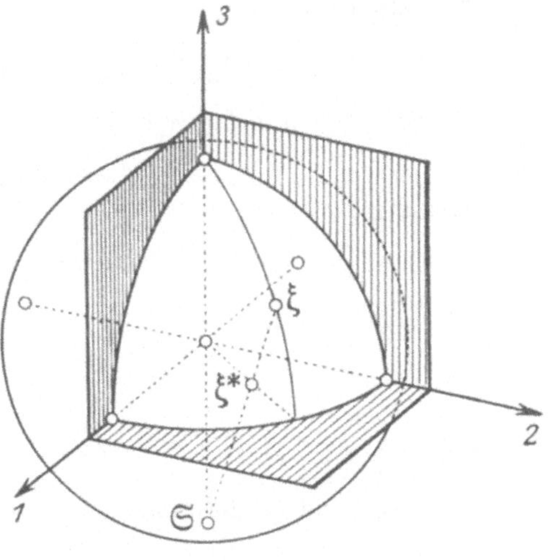

Fig. 31.

Nach WEIERSTRASZ kann man unschwer einsehen, daß man in der Darstellung (9) alle algebraischen Minimalflächen erhält, wenn man für $f(t)$ eine algebraische Funktion einsetzt.

§ 108. Formeln von STUDY für Minimalflächen.

Gehen wir von der Darstellung (7) einer im allgemeinen imaginären Minimalfläche $(\mathfrak{x})$ durch zwei isotrope Kurven $(\mathfrak{y})$ und $(\mathfrak{z})$ aus:

$$(11) \qquad 2\mathfrak{x} = \mathfrak{y}(u) + \mathfrak{z}(v); \quad \mathfrak{y}'^2 = \mathfrak{z}'^2 = 0,$$

so liegt nach § 22 der Gedanke nahe, mit STUDY die beliebigen Parameter u, v durch die *natürlichen* Parameter p, q zu ersetzen, so daß

$$2\mathfrak{x} = \mathfrak{y}(p) + \mathfrak{z}(q),$$
$$(12) \qquad \mathfrak{y}' \times \mathfrak{y}'' = -\mathfrak{y}', \quad \mathfrak{y}''^2 = -1;$$
$$\mathfrak{z}' \times \mathfrak{z}'' = -\mathfrak{z}', \quad \mathfrak{z}''^2 = -1$$

wird[1]. Es ist

$$(13) \qquad \xi = \frac{\mathfrak{x}_p \times \mathfrak{x}_q}{\sqrt{(\mathfrak{x}_p \times \mathfrak{x}_q)^2}} = i\,\frac{\mathfrak{y}' \times \mathfrak{z}'}{\mathfrak{y}' \cdot \mathfrak{z}'}$$

---

[1] Vgl. dazu § 104, Aufg. 13.

bei willkürlicher Entscheidung über das Vorzeichen. Aus $\xi^2 = 1$ folgt $\xi\xi_p = 0$ oder

$$(14) \qquad \xi_p = a\,\mathfrak{y}' + b\,\mathfrak{z}'.$$

Andrerseits ist $\xi\mathfrak{z}' = 0$. Durch Ableitung nach p folgt daraus $\xi_p\mathfrak{z}' = 0$. Deshalb ist nach (14)

$$\xi_p\mathfrak{z}' = a\,\mathfrak{y}'\mathfrak{z}' = 0, \quad \text{also} \quad a = 0.$$

Ebenso folgt aus $\xi\mathfrak{y}' = 0$ durch Ableitung und aus (14)

$$\xi_p\mathfrak{y}' = -\xi\mathfrak{y}'' = b\cdot\mathfrak{y}'\mathfrak{z}'.$$

Somit ist

$$b = -\frac{\xi\mathfrak{y}''}{\mathfrak{y}'\mathfrak{z}'} = i\,\frac{(\mathfrak{y}'\,\mathfrak{y}''\,\mathfrak{z}')}{(\mathfrak{y}'\mathfrak{z}')^2}$$

oder endlich nach (12)

$$b = -i\,\frac{1}{\mathfrak{y}'\mathfrak{z}'},$$

$$(15) \qquad \xi_p = -i\,\frac{\mathfrak{z}'}{\mathfrak{y}'\mathfrak{z}'}.$$

Entsprechend erhält man

$$(15)^* \qquad \xi_q = +i\,\frac{\mathfrak{y}'}{\mathfrak{y}'\mathfrak{z}'}.$$

Neben den Parametern p, q auf der Minimalfläche sollen noch zwei weitere Parameterpaare verwendet werden:

$$(16) \qquad
\begin{cases}
p = u + iv = \dfrac{\alpha + i\beta}{1+i}, \\[2ex]
q = u - iv = \dfrac{\alpha - i\beta}{1-i}; \\[2ex]
u = \dfrac{p+q}{2} = +\dfrac{\alpha+\beta}{2}, \\[2ex]
v = \dfrac{p-q}{2i} = -\dfrac{\alpha-\beta}{2}; \\[2ex]
\alpha = u - v = \dfrac{p - iq}{1-i}, \\[2ex]
\beta = u + v = \dfrac{p + iq}{1+i}.
\end{cases}$$

Setzen wir für den Augenblick

$$\frac{2}{\mathfrak{y}'\mathfrak{z}'} = 2\,\xi_p\xi_q = \lambda,$$

so wird

$$d\mathfrak{x} = +\tfrac{1}{2}\,(\mathfrak{y}'\,dp + \mathfrak{z}'\,dq),$$

$$d\xi = -\frac{i\lambda}{2}\,(\mathfrak{z}'\,dp - \mathfrak{y}'\,dq),$$

und daraus (§§ 42, 50)

$$I = + d\mathfrak{x} \cdot d\mathfrak{x} = \frac{dp\,dq}{\lambda} = \frac{du^2 + dv^2}{\lambda} = \frac{d\alpha^2 + d\beta^2}{2\lambda}\,,$$

$$II = - d\mathfrak{x} \cdot d\xi = \frac{i}{2}\,(dp^2 - dq^2) = -2\,du\,dv = \frac{1}{2}\,(d\alpha^2 - d\beta^2)\,,$$

$$III = + d\xi \cdot d\xi = \lambda\,dp\,dq = \lambda\,(du^2 + dv^2) = \frac{\lambda}{2}\,(d\alpha^2 + d\beta^2)\,.$$

Nach § 50 war

$$.\,K\,I - 2H\,II + III = 0;$$

also ist hier wegen $H = 0$

$$K\,I + III = 0\,.$$

Somit folgt für das Krümmungsmaß unsrer Minimalfläche

(17)
$$K = - \lambda^2 = - \left(\frac{2}{\mathfrak{y}'\,\mathfrak{z}'}\right)^2.$$

Beachten wir, daß $II = 0$ die Differentialgleichung der Asymptotenlinien ist, so ergibt sich, daß $u, v = $ konst. oder $p \pm q = $ konst. die *Asymptotenlinien* unsrer Fläche sind. Führen wir andrerseits $\alpha, \beta = $ konst. als Parameterlinien ein, so fehlt in I und II das gemischte Glied; also sind diese Kurven $p \pm iq = $ konst. nach § 46 ($F = 0$, $M = 0$) die *Krümmungslinien* unsrer Fläche. Hat man also erst die natürlichen Parameter p, q ermittelt, so sind damit die Krümmungslinien und Asymptotenlinien gleichzeitig aufgefunden.

Die Formeln dieses Abschnittes hat E. STUDY in einer Vorlesung 1909 angegeben, in der er die Theorie der Minimalflächen neu bearbeitet hat[1].

Setzt man wie in § 55 die Entfernung P der Tangentenebene vom Ursprung als positiv homogene Funktion eines (nicht normierten) Normalenvektors der Fläche an, so lautet nach § 94 (35) die Differentialgleichung der Minimalflächen

$$\frac{\partial^2 P}{\partial \xi_1^2} + \frac{\partial^2 P}{\partial \xi_2^2} + \frac{\partial^2 P}{\partial \xi_3^2} = 0\,.$$

Hieraus folgt, daß die Theorie der Minimalflächen aufs innigste mit den Kugelflächenfunktionen zusammenhängt. Darauf soll aber hier nicht eingegangen werden.

§ 109. Eine allgemeine Formel von GAUSZ für die erste Variation der Oberfläche.

Wir wollen die Formel von § 105 für δO noch einmal unter der allgemeineren Annahme herleiten, daß die Verrückung $\delta\mathfrak{x}$ des Flächen-

---

[1] Vgl. die Angaben am Schlusse der Abhandlung E. STUDY: Über einige imaginäre Minimalflächen. Leipz. Akad.-Ber. Bd. 63, S. 14—26. 1911.

punkts in beliebiger Richtung erfolgt. Legen wir beispielsweise die Krümmungslinien als Parameterkurven auf der Ausgangsfläche zugrunde, so lauten die Ableitungsgleichungen nach § 57 (135), (136):

$$\mathfrak{x}_{uu} = + \frac{E_u}{2E}\,\mathfrak{x}_u - \frac{E_v}{2G}\,\mathfrak{x}_v + L\,\xi\,,$$

$$\mathfrak{x}_{uv} = + \frac{E_v}{2E}\,\mathfrak{x}_u + \frac{G_u}{2G}\,\mathfrak{x}_v + M\,\xi\,,$$

$$\mathfrak{x}_{vv} = - \frac{G_u}{2E}\,\mathfrak{x}_u + \frac{G_v}{2G}\,\mathfrak{x}_v + N\,\xi\,,$$

und (§ 55):

$$\xi_u = -\frac{L}{E}\,\mathfrak{x}_u\,, \qquad \xi_v = -\frac{N}{G}\,\mathfrak{x}_v\,.$$

Wir gehen nun von unsrer Fläche $\mathfrak{x}(u, v)$ zu einer Nachbarfläche

$$\bar{\mathfrak{x}} = \mathfrak{x}(u, v) + \delta\mathfrak{x}(u, v)$$

über, indem wir setzen:

$$\delta\mathfrak{x} = p\,\mathfrak{x}_u + q\,\mathfrak{x}_v + n\,\xi\,,$$

$$(18) \qquad p = \varepsilon\,\bar{p}(u, v)\,, \quad q = \varepsilon\,\bar{q}(u, v)\,, \quad n = \varepsilon\,\bar{n}(u, v)\,;$$

$$\varepsilon \to 0\,.$$

Wir kommen also durch Spezialisierung $p = q = 0$ auf den in § 105 behandelten Sonderfall zurück. Hier ergibt sich durch Ableitung unter Beachtung der Ableitungsformeln

$$\bar{\mathfrak{x}}_u = \left(1 + p_u + \frac{E_u\,p + E_v\,q - 2L\,n}{2E}\right)\mathfrak{x}_u + (*)\,\mathfrak{x}_v + (*)\,\xi\,,$$

$$\bar{\mathfrak{x}}_v = (*)\,\mathfrak{x}_u + \left(1 + q_v + \frac{G_u\,p + G_v\,q - 2N\,n}{2G}\right)\mathfrak{x}_v + (*)\,\xi\,.$$

Dabei deuten die Symbole $(*)$ Ausdrücke an, die ε in erster Ordnung enthalten. Berücksichtigt man nur die in ε höchstens linearen Glieder, so folgt:

$$(19) \quad \begin{cases} \bar{\mathfrak{x}}_u \times \bar{\mathfrak{x}}_v = \left(1 + p_u + q_v + \dfrac{E_u\,p + E_v\,q - 2L\,n}{2E}\right. \\[2mm] \qquad\qquad \left. + \dfrac{G_u\,p + G_v\,q - 2N\,n}{2G}\right)(\mathfrak{x}_u \times \mathfrak{x}_v) + (*)\,(\mathfrak{x}_v \times \xi) + (*)\,(\xi \times \mathfrak{x}_u)\,. \end{cases}$$

Da die Parameterlinien Krümmungslinien sind, so sind die Vektoren $\mathfrak{x}_u$, $\mathfrak{x}_v$, ξ und daher auch die Vektoren $\mathfrak{x}_u \times \mathfrak{x}_v$, $\mathfrak{x}_v \times \xi$, $\xi \times \mathfrak{x}_u$ paarweise orthogonal. Somit lautet das innere Quadrat von (19), wenn wir wieder die in ε quadratischen Glieder weglassen:

$$(\bar{\mathfrak{x}}_u \times \bar{\mathfrak{x}}_v)^2 = \Phi^2\,(\mathfrak{x}_u \times \mathfrak{x}_v)^2 = \Phi^2\,E\,G\,,$$

wo Φ den Koeffizienten von $\mathfrak{x}_u \times \mathfrak{x}_v$ in (19) bedeutet. Somit wird die Oberfläche von $\bar{\mathfrak{x}}(u, v)$

$$\overline{O} = \int \sqrt{(\bar{\mathfrak{x}}_u \times \bar{\mathfrak{x}}_v)^2}\,du\,dv = \int \Phi\,\sqrt{E\,G}\,du\,dv = O + \delta O\,.$$

Darin ist

$$\delta O = \iint \left\{ \frac{\partial}{\partial u}\left(p\,\sqrt{EG}\right) + \frac{\partial}{\partial v}\left(q\,\sqrt{EG}\right)\right\} du\,dv$$

$$-\iint \left(\frac{L}{E} + \frac{N}{G}\right) n\,\sqrt{EG}\,du\,dv\,.$$

Das zweite Glied ist das uns schon von § 105 bekannte

$$-2\int H\,n\,do\,,$$

während man das erste Doppelintegral durch Integration nach Teilen („Formel von Green") in ein längs des Randes erstrecktes Kurvenintegral umformen kann:

$$\oint (p\,dv - q\,du)\,\sqrt{EG}\,.$$

Nun folgt aber aus (18) wegen $(\mathfrak{x}_u \mathfrak{x}_v \xi) = \sqrt{EG}$:

$$p\,\sqrt{EG} = (\delta\mathfrak{x},\,\mathfrak{x}_v,\,\xi)\,,$$

$$q\,\sqrt{EG} = (\mathfrak{x}_u,\,\delta\mathfrak{x},\,\xi)\,.$$

Das gibt eingesetzt in das Randintegral

$$\oint (\delta\mathfrak{x},\,d\mathfrak{x},\,\xi)\,,$$

wenn $d\mathfrak{x} = \mathfrak{x}_u\,du + \mathfrak{x}_v\,dv$ das vektorielle Linienelement der Randkurve ist.

Somit erhalten wir schließlich für δO die gewünschte allgemeine Formel

$$\delta O = \oint (\delta\mathfrak{x},\,d\mathfrak{x},\,\xi) - 2\int H\,n\,do\,,$$

oder; wenn wir auch noch n durch die Verrückung $\delta\mathfrak{x}$ ausdrücken:

$$(20) \qquad \boxed{\;\delta O = \oint (\delta\mathfrak{x},\,d\mathfrak{x},\,\xi) - \iint 2H\cdot(\delta\mathfrak{x},\,\mathfrak{x}_u,\,\mathfrak{x}_v)\,du\,dv\;}\;.$$

Für das Randintegral gilt darin die Zeichenregel: Stellt man sich auf die Fläche $\mathfrak{x}(u,v)$, so daß der Vektor ξ nach oben weist, so ist das Randintegral nach links herum zu nehmen, wenn wir voraussetzen, daß die x_2-Achse links von der x_1-Achse liegt.

Die Formel (20) für δO ist 1829 von Gausz angegeben worden[1].

§ 110. Eine Formel von Schwarz für die Oberfläche einer Minimalfläche.

Wir wollen die Formel von Gausz für δO dazu verwenden, um eine auf Untersuchungen von Riemann zurückgehende, von H. A. Schwarz

---

[1] C. F. Gausz: Principia generalia theoriae figurae fluidorum in statu aequilibrii. Werke Bd. 5, S. 29—77, bes. S. 65.

1874 angegebene Formel herzuleiten[1], die die Oberfläche eines Minimalflächenstücks durch ein längs der Randkurve erstrecktes Linienintegral ausdrückt.

Wir betrachten eine Schar ähnlicher und bezüglich des Ursprungs ähnlich gelegener derartiger Flächenstücke

$$\mathfrak{x}^* (u, v, \lambda) = \lambda\,\mathfrak{x}(u, v), \quad 0 < \lambda \leqq 1.$$

Setzen wir

$$\delta\mathfrak{x}^* = \delta\lambda \cdot \mathfrak{x},$$

so ist nach der Formel (20) wegen $H = 0$ und $\xi^* = \xi$

$$\delta O^* = \delta\lambda \oint (\mathfrak{x}, d\mathfrak{x}^*, \xi) = \lambda\,\delta\lambda \oint (\mathfrak{x}, d\mathfrak{x}, \xi).$$

Hieraus ergibt sich wegen $O^*(0) = 0$ durch Integration nach λ zwischen den Grenzen Null und Eins die gewünschte Formel:

$$(21) \qquad \boxed{\; O = \tfrac{1}{2} \oint (\mathfrak{x}, d\mathfrak{x}, \xi) \;}\; .$$

Aus (21) folgt z. B., daß man die Vektoren ξ längs des Randes sicher nicht beliebig vorschreiben darf. Denn wegen seiner Bedeutung muß das Integral O unabhängig von der Wahl des Ursprungs sein, d. h. es muß

$$\oint (\mathfrak{x} + \mathfrak{v}, d\mathfrak{x}, \xi)$$

unabhängig von der Wahl des (längs der Kurve festen) Vektors $\mathfrak{v}$ sein. Das ergibt die Bedingung:

$$(22) \qquad \oint \xi \times d\mathfrak{x} = - \oint \mathfrak{x} \times d\xi = 0.$$

Das Verschwinden dieses Integrals für jede geschlossene, ein einfach zusammenhängendes Flächenstück begrenzende Flächenkurve ist aber für die Minimalflächen kennzeichnend. Wir haben nämlich

$$\oint \xi \times d\mathfrak{x} = \oint \{ (\xi \times \mathfrak{x}_u)\,du + (\xi \times \mathfrak{x}_v)\,dv \}$$

und finden als Bedingung, daß der Integrand ein vollständiges Differential ist:

$$\frac{\partial}{\partial v} (\xi \times \mathfrak{x}_u) - \frac{\partial}{\partial u} (\xi \times \mathfrak{x}_v) = 0$$

oder

$$(23) \qquad \xi_v \times \mathfrak{x}_u - \xi_u \times \mathfrak{x}_v = 0.$$

Mittels der Ableitungsformeln WEINGARTENS (§ 55) ergibt sich daraus die Behauptung $H = 0$. Im übrigen kann man $H = 0$ aus (22) noch einfacher mittels der Formel (20) von GAUSZ herleiten.

Es sei nebenbei erwähnt, daß man die Beziehung (22) auch mechanisch deuten kann. Denkt man sich die Minimalfläche durch eine dünne Haut verwirklicht und in dieser einen solchen Spannungszustand her-

---

[1] H. A. SCHWARZ: Mathematische Abhandlungen I, S. 178.

gestellt, daß auf das Linienelement $d\mathfrak{x}$ der Spannungsvektor $d\xi$ wirkt, so ist wegen

$$\oint d\xi = 0\,, \qquad \oint \mathfrak{x} \times d\xi = 0$$

die Haut im Gleichgewicht.

Statt die Minimalfläche zu verwirklichen, kann man ebensogut die Einheitskugel (ξ) oder ein Stück von ihr durch eine Haut ersetzen und im Linienelement $d\xi$ die Spannung $d\mathfrak{x}$ herstellen. Wegen

$$\oint d\mathfrak{x} = 0\,, \qquad \oint \xi \times d\mathfrak{x} = 0$$

herrscht dann wiederum Gleichgewicht.

Die Flächen $(\mathfrak{x})$ und (ξ) stehen in der Beziehung, daß man die eine als „reziproken Kräfteplan" zu den Spannungen in der andern ansehen kann[1].

§ 111. Bestimmung einer Minimalfläche durch einen Streifen.
(Aufgabe von E. G. Björling.)

Nach dem letzten Ergebnis ist das auf einer Minimalfläche erstreckte Integral

$$\int \xi \times d\mathfrak{x}$$

vom Integrationsweg unabhängig[2]. Wir wollen dieses Integral auf eine andre Form bringen, indem wir die Parameterdarstellung (12) der Minimalfläche zugrunde legen. Wir setzen also

$$\xi = i\,\frac{\mathfrak{y}' \times \mathfrak{z}'}{\mathfrak{y}' \cdot \mathfrak{z}'}\,, \qquad 2\,d\mathfrak{x} = \mathfrak{y}'\,dp + \mathfrak{z}'\,dq$$

und finden nach der Rechenregel § 3 (43) oder

(24) $$(\mathfrak{p} \times \mathfrak{q}) \times \mathfrak{r} = (\mathfrak{p}\,\mathfrak{r})\,\mathfrak{q} - (\mathfrak{q}\,\mathfrak{r})\,\mathfrak{p}$$

das Ergebnis

(25) $$2\,\xi \times d\mathfrak{x} = -\,i\,(d\mathfrak{y} - d\mathfrak{z})\,.$$

Aus den Gleichungen

$$d\mathfrak{y} + d\mathfrak{z} = 2\,d\mathfrak{x}$$
$$d\mathfrak{y} - d\mathfrak{z} = +\,2\,i\,\xi \times d\mathfrak{x}$$

folgen die 1874 von H. A. Schwarz[3] gefundenen Formeln

(26)$_1$ $$d\mathfrak{y} = d\mathfrak{x} + i\,(\xi \times d\mathfrak{x})\,,$$
$$d\mathfrak{z} = d\mathfrak{x} - i\,(\xi \times d\mathfrak{x})$$

[1] Vgl. W. Blaschke: Reziproke Kräftepläne zu den Spannungen in einer biegsamen Haut. Congress Cambridge Bd. 2, S. 291—297. 1912.

[2] Es ist das ein Sonderfall eines Satzes von Fräulein E. Noether über invariante Variationsprobleme. Gött. Nachr. 1918, S. 235—257.

[3] H. A. Schwarz: Mathematische Abhandlungen I, S. 179, S. 181.

oder

$$(26)_2 \qquad \boxed{\begin{aligned} \mathfrak{y} &= \mathfrak{x} + i \int \xi \times d\mathfrak{x}, \\ \mathfrak{z} &= \mathfrak{x} - i \int \xi \times d\mathfrak{x}. \end{aligned}}$$

Hierin ist in übersichtlichster Art die Lösung einer 1844 durch den Professor an der Universität in Upsala E. G. BJÖRLING behandelten Aufgabe enthalten: *Alle Minimalflächen durch einen vorgeschriebenen „Streifen" zu ermitteln.* D. h. die Minimalfläche soll so bestimmt werden, daß sie durch eine vorgegebene (offene) Kurve hindurchgeht und in den Punkten der Kurve gegebene Tangentenebenen besitzt. Die Kurve sei $\mathfrak{x}(t)$, die Tangentenebene werde durch den Vektor $\xi(t)$ der Flächennormalen bestimmt ($\xi^2 = 1$, $\xi \mathfrak{x}' = 0$). Dann kann man die Integrale (26) längs der Kurve $\mathfrak{x}(t)$ erstrecken. Man findet so die isotropen Kurven $\mathfrak{y}(t)$ und $\mathfrak{z}(t)$, durch die die gesuchte Minimalfläche durch den Streifen eindeutig bestimmt ist. Eine Ausnahme könnte nur dann eintreten, wenn längs $\mathfrak{x}(t)$ entweder

$$\mathfrak{x}' - i\xi \times \mathfrak{x}' = 0 \quad \text{oder} \quad \mathfrak{x}' + i\xi \times \mathfrak{x}' = 0$$

wäre. Da der Vektor $\xi \times \mathfrak{x}'$ auf $\mathfrak{x}'$ senkrecht steht, kann er nur dann die Richtung $\mathfrak{x}'$ haben, wenn die Kurve $\mathfrak{x}(t)$ isotrop ist ($\mathfrak{x}'^2 = 0$). Somit ergibt sich:

Durch einen Streifen (dessen Kurve nicht isotrop ist, also insbesondere durch jeden reellen Streifen) geht eine und nur eine Minimalfläche hindurch, die durch die Formeln von SCHWARZ *(26) bestimmt ist.*

SCHWARZ hat bemerkt[1], daß hierin die besonderen Ergebnisse enthalten sind:

Enthält eine Minimalfläche eine (nicht isotrope) gerade Linie, so führt eine Drehung durch den Winkel π um diese Gerade die Minimalfläche in sich selbst über.

Liegt auf einer Minimalfläche eine (etwa reelle) ebene geodätische Linie, so ist die Fläche zur Ebene dieser Kurve symmetrisch.

Entsprechend beweist man nach STUDY[2]: *Ein konischer Doppelpunkt einer Minimalfläche ist stets Mittelpunkt der Fläche.*

§ 112. Ein Satz von T. CARLEMAN über den Kreis.

Wir haben in § 29 und § 30 die isoperimetrische Haupteigenschaft des Kreises bewiesen, unter „allen" geschlossenen, ebenen Kurven gegebenen Umfangs den größten Flächeninhalt zu umgrenzen. Diese Tatsache läßt sich, wie T. CARLEMAN gefunden hat[3], in bemerkenswerter

---

[1] H. A. SCHWARZ: Mathematische Abhandlungen I, S. 179, S. 181.

[2] E. STUDY: Leipz. Ber. Bd. 63, S. 23, 26. 1911.

[3] T. CARLEMAN: Zur Theorie der Minimalflächen. Math. Z. Bd. 9, S. 154 bis 160. 1921.

Art auf die räumliche Geometrie übertragen. Hier soll das Ergebnis Carlemans unter engeren Voraussetzungen, dafür aber auf sehr anschauliche Art hergeleitet werden.

Spannt man über eine geschlossene räumliche Kurve, die man sich durch einen Draht verwirklicht denken möge, ein dünnes Flüssigkeitshäutchen — etwa einer Seifenlösung — aus, so ist dessen Gleichgewichtsfigur die Minimalfläche, die von allen über die Kurve ausgespannten Flächen die kleinste Oberfläche besitzt. Der mathematische Nachweis für das Vorhandensein einer Lösung dieses „Problems von Plateau" ist unter recht allgemeinen Voraussetzungen über den Rand von S. Bernstein[1] erbracht worden.

Gehen wir von einer geschlossenen Raumkurve $\mathfrak{C}$ vom Umfang L aus, und nehmen wir an, es gehe durch $\mathfrak{C}$ eine Fläche M kleinster Oberfläche. M ist dann eine Minimalfläche, ihre Oberfläche sei O. Es soll nun gezeigt werden: Zwischen L und O besteht die Beziehung

$$(27) \qquad L^2 - 4\pi O \geqq 0,$$

und es ist nur dann $L^2 - 4\pi O = 0$, wenn $\mathfrak{C}$ ein Kreis ist.

Beschränkt man sich auf *ebene* Kurven $\mathfrak{C}$, so erhält man den alten isoperimetrischen Satz (§ 29) als Sonderfall.

Zum Nachweis wählen wir auf $\mathfrak{C}$ einen beliebigen Punkt $\mathfrak{H}$ aus und bestimmen die Kegelfläche $\mathfrak{K}$, die $\mathfrak{H}$ zur Spitze hat und durch $\mathfrak{C}$ hindurchgeht. Wickelt man $\mathfrak{K}$ in die Ebene ab, so geht $\mathfrak{C}$ in eine geschlossene ebene Kurve $\mathfrak{C}^*$ über, deren Flächeninhalt F gleich der Oberfläche des Kegels, $\mathfrak{K}$, also wegen der Kleinsteigenschaft der Minimalfläche M sicher $\geqq O$ ist, und deren Umfang L ist. Nach § 30 gilt

$$(28) \qquad L^2 - 4\pi F \geqq 0$$

und wegen

$$(29) \qquad F \geqq O$$

folgt die zu beweisende Behauptung

$$L^2 - 4\pi O \geqq L^2 - 4\pi F \geqq 0.$$

Es bleibt nur noch festzustellen, wann in (27) die Gleichheit gilt. Dazu muß sowohl in (28) wie in (29) das Gleichheitszeichen richtig sein. Ist $F = O$, so muß $\mathfrak{K}$ eine Minimalfläche sein. Da nun die Ebene als einzige (reelle!) Fläche gleichzeitig Torse und Minimalfläche ist, so ist $\mathfrak{K} = M$ eine Ebene. Für eine ebene Kurve $\mathfrak{C}^* = \mathfrak{C}$ gilt aber nach § 30 nur dann $L^2 = 4\pi F$, wenn $\mathfrak{C}$ ein Kreis ist. Damit ist auch noch der Einzigkeitsbeweis erbracht.

Es sei noch einmal der Unterschied zwischen den „Randwertaufgaben" von Björling (§ 111) und Plateau (§ 106) hervorgehoben. Bei

<hr>

[1] S. Bernstein: Math. Ann. Bd. 69, S. 126, 127. 1910.

BJÖRLING soll durch ein *offenes* Kurvenstück eine Minimalfläche gelegt werden, die längs dieser Kurve gegebene Tangentenebenen hat. Bei PLATEAU hingegen handelt es sich um das mathematisch ungleich schwierigere Problem, die Minimalflächen durch eine *geschlossene* Kurve zu bestimmen, so daß die Kurve ein einfach zusammenhängendes Stück der Minimalfläche berandet. Legt man mittels der Formeln von SCHWARZ (§ 111) durch einen geschlossenen Streifen die Minimalfläche, so wird der Streifen in der Regel kein reguläres, einfach zusammenhängendes Stück ihrer Fläche begrenzen.

§ 113. Isoperimetrie der Kugel.

Das einfachste Gegenstück zur isoperimetrischen Eigenschaft des Kreises in der Ebene ist in der räumlichen Geometrie nicht der im letzten Abschnitt auseinandergesetzte Satz CARLEMANS, sondern die entsprechende *Eigenschaft der Kugel, unter „allen" geschlossenen Flächen mit gegebener Oberfläche den größten Rauminhalt zu umgrenzen*, oder, was auf dasselbe hinausläuft, bei gegebenem Rauminhalt kleinste Oberfläche zu besitzen.

Es sei zunächst darauf hingewiesen, wie man die Differentialgleichung des Problems aufstellt. Für die Variation der Oberfläche hatten wir in § 105 die Formel

$$\delta O = - 2 \int \delta n \cdot H \cdot do$$

gefunden. Für die Variation des Rauminhalts ergibt sich bei geeigneter Vorzeichenbestimmung offenbar

$$\delta V = - \int \delta n \cdot do .$$

Soll nun aus $\delta O = 0$ folgen $\delta V = 0$, so muß sein

$$H = \text{konst.},$$

was man genau so wie den entsprechenden Satz in der Ebene begründet § (28). Durch $H = $ konst. sind aber (wenigstens unter den Eiflächen) nach LIEBMANN (§ 92) die Kugeln gekennzeichnet. Somit kommen als Lösungen der isoperimetrischen Aufgabe unter Eiflächen nur die Kugeln in Betracht.

Hierfür soll nun noch ein zweiter, weit einfacherer Beweis erbracht werden, den man dem phantasievollen Geometer J. STEINER (1796 bis 1863), einem der Mitbegründer der projektiven Geometrie, verdankt. Übrigens war JAKOB STEINER (trotz seines östlich klingenden Namens) ein urwüchsiger Schweizer Bauernsohn. Das wichtigste Hilfsmittel des Beweises ist STEINERS „*Symmetrisierung*", ein Verfahren, das gestattet, aus jedem Eikörper einen neuen, inhaltsgleichen herzuleiten, der eine Symmetrieebene und in der Regel kleinere Oberfläche besitzt.

Dazu denken wir uns den Ausgangseikörper $\mathfrak{K}$ aus parallelen, „vertikalen" Stäbchen aufgebaut. Die vertikale Richtung sei etwa die x_3-Richtung eines rechtwinkligen Achsenkreuzes. Wir verschieben jedes Stäbchen auf seiner Geraden so lange, bis sein Mittelpunkt in die Ebene $x_3 = 0$ zu liegen kommt. Die so verschobenen Stäbchen erfüllen dann eine zu $x_3 = 0$ symmetrische Punktmenge $\mathfrak{K}^*$. Es ist zunächst zu zeigen, daß aus der Konvexität von $\mathfrak{K}$ die von $\mathfrak{K}^*$ folgt, daß also auch der „symmetrisierte" Körper $\mathfrak{K}^*$ ein Eikörper ist. Dazu ist nur zu zeigen, daß mit zwei Punkten $\mathfrak{p}_1^*$, $\mathfrak{q}_1^*$ immer auch deren Verbindungsstrecke in $\mathfrak{K}^*$ liegt. Es seien $\mathfrak{p}_2^*$, $\mathfrak{q}_2^*$ die Spiegelpunkte von $\mathfrak{p}_1^*$, $\mathfrak{q}_1^*$ an $x_3 = 0$ und $\mathfrak{p}_1$, $\mathfrak{q}_1$; $\mathfrak{p}_2$, $\mathfrak{q}_2$ die vier Punkte in $\mathfrak{K}$, durch deren Vertikalverschiebung $\mathfrak{p}_1^*$, $\mathfrak{q}_1^*$; $\mathfrak{p}_2^*$, $\mathfrak{q}_2^*$ entstanden sind. Da $\mathfrak{K}$ ein Eikörper ist, enthält $\mathfrak{K}$ die konvexe Vierecksfläche mit den Ecken $\mathfrak{p}_1$, $\mathfrak{q}_1$; $\mathfrak{p}_2$, $\mathfrak{q}_2$. Infolge seiner Entstehung enthält demnach auch $\mathfrak{K}^*$ die aus dieser Vierecksfläche durch die Symmetrisierung entstehende mit den Ecken $\mathfrak{p}_1^*$, $\mathfrak{q}_1^*$; $\mathfrak{p}_2^*$, $\mathfrak{q}_2^*$, also auch insbesondere die Strecke $\mathfrak{p}_1^*\,\mathfrak{q}_1^*$, w. z. b. w.

Daß $\mathfrak{K}$ und $\mathfrak{K}^*$ inhaltsgleich sind, folgt aus dem sogenannten Prinzip von B. Cavalieri (1598—1648). Man zeigt es auch folgendermaßen: Bedeutet $f(x_1, x_2)\ (\geqq 0)$ die Länge der vertikalen Strecke, in der $\mathfrak{K}$ durch die Gerade geschnitten wird, deren Punkte die vorgeschriebenen x_1, x_2-Koordinaten haben, so gilt für den Rauminhalt von $\mathfrak{K}$ die Formel

$$V = \iint f(x_1, x_2)\, dx_1\, dx_2,$$

und, da f für $\mathfrak{K}^*$ dasselbe ist, gilt diese Gleichung auch für den Inhalt von $\mathfrak{K}^*$.

Bevor wir zur Verkleinerung der Oberfläche übergehen, soll gezeigt werden: Ist die den Eikörper $\mathfrak{K}$ begrenzende Eifläche $\mathfrak{F}$ durchweg regulär und analytisch, so hat auch die Begrenzung $\mathfrak{F}^*$ von $\mathfrak{K}^*$ diese Eigenschaft. Eine Singularität könnte nämlich höchstens dort entstehen, wo die Tangentenebenen von $\mathfrak{F}$ vertikal, d. h. parallel x_3 sind. Für eine solche Stelle läßt sich durch geeignete Achsenwahl die Darstellung

$$x_1 = a\, x_2^2 + 2\, b\, x_2\, x_3 + c\, x_3^2 + \cdots$$

herbeiführen mit $a, c, ac - b^2 > 0$. Für die symmetrisierte Eifläche $\mathfrak{F}^*$ ergibt sich dann an der entsprechenden Stelle die Entwicklung

$$x_1 = \frac{ac - b^2}{c}\, x_2^2 + c\, x_3^2 + \cdots,$$

woraus die Regularität von $\mathfrak{F}^*$ einleuchtet.

§ 114. Wirkung von Steiners Symmetrisierung auf die Oberfläche.

Zum Beweis für die Oberflächenverringerung zerschneiden wir unsre Eifläche $\mathfrak{F}$ durch die Kurve der vertikalen Tangentenebenen in zwei

Teile, in den „oberen" Teil $\overline{\mathfrak{F}}$ und den unteren $\underline{\mathfrak{F}}$. Beide beziehen wir auf Parameter u, v, so daß

$$\bar{x}_1 (u, v) = \underline{x}_1 (u, v) = x_1 (u, v),$$

$$\bar{x}_2 (u, v) = \underline{x}_2 (u, v) = x_2 (u, v)$$

wird. Wir setzen ferner

$$x_3 (u, v; t) = \frac{1+t}{2} \bar{x}_3 (u, v) - \frac{1-t}{2} \underline{x}_3 (u, v)$$

und

$$\Phi (t) = \int\int \sqrt{A^2 + B^2 + C^2}\, du\, dv;$$

$$A = \frac{\partial x_2}{\partial u} \frac{\partial x_3}{\partial v} - \frac{\partial x_2}{\partial v} \frac{\partial x_3}{\partial u} = \frac{1+t}{2} \bar{A} - \frac{1-t}{2} \underline{A},$$

$$B = \frac{\partial x_3}{\partial u} \frac{\partial x_1}{\partial v} - \frac{\partial x_3}{\partial v} \frac{\partial x_1}{\partial u} = \frac{1+t}{2} \bar{B} - \frac{1-t}{2} \underline{B},$$

$$C = \frac{\partial x_1}{\partial u} \frac{\partial x_2}{\partial v} - \frac{\partial x_1}{\partial v} \frac{\partial x_2}{\partial u}.$$

Dann drückt sich unsere Behauptung über die Verkleinerung der Oberfläche durch Symmetrisierung durch die Formel aus:

$$(30) \qquad \Phi (+1) - 2\, \Phi (0) + \Phi (-1) \geqq 0.$$

In der t, Φ-Ebene bedeutet (30) (vgl. Fig. 32), daß der Mittelpunkt der beiden Punkte

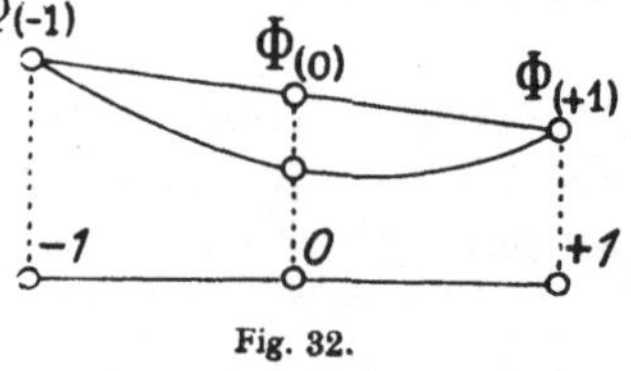

Fig. 32.

$$-1, \Phi (-1) \quad \text{und} \quad +1, \Phi (+1)$$

über der Stelle $0, \Phi (0)$ liegt, was durch die Konvexitätsbedingung $\Phi'' (t) \geqq 0$, für $-1 < t < +1$ sichergestellt wäre.

Man erhält

$$\Phi'' (t) = \int\int \frac{\{A\, (\bar{B} + \underline{B}) - B\, (\bar{A} + \underline{A})\}^2 + \{(\bar{A} + \underline{A})^2 + (\bar{B} + \underline{B})^2\}\, C^2}{4\, \{A^2 + B^2 + C^2\}^{3/2}}\, du\, dv.$$

Daraus ist aber $\Phi'' (t) \geqq 0$ ersichtlich und somit die Behauptung bewiesen, daß die Oberfläche beim Symmetrisieren im allgemeinen abnimmt.

Es bleibt noch die Frage zu erledigen: Wann bleibt die Oberfläche beim Symmetrisieren erhalten? Dazu ist notwendig, daß $\Phi'' (t) = 0$ für alle $-1 < t < +1$ und daher

$$(31) \qquad \bar{A} + \underline{A} = \bar{B} + \underline{B} = 0,$$

da C im Innern des Integrationsbereichs $\neq 0$ ist ($\xi_3 \neq 0$). Aus (31) und

$$\bar{C} = \underline{C} = C$$

ergibt sich aber, daß der obere und untere Flächenteil zu einer Ebene $x_3 =$ konst. symmetrisch sind[1].

Wir finden also zusammenfassend: Steiners *Symmetrisierung verwandelt jede reguläre Eifläche wieder in eine reguläre Eifläche, die zur ersten inhaltsgleich und in der Regel kleiner an Oberfläche ist. Die Oberfläche bleibt nur in dem trivialen Fall ungeändert, daß schon die ursprüngliche Fläche senkrecht zur Symmetrisierungsrichtung eine Symmetrieebene hatte.*

Die einzige Eifläche, bei der dieser Ausnahmefall für jede Richtung zutrifft, ist die Kugel. Denn diese Eifläche hat zunächst sicher drei paarweis senkrechte Symmetrieebenen, also deren Schnitt zum Mittelpunkt o. Dann muß jede Ebene durch o Symmetrieebene sein. Somit wird die Eifläche alle Geraden durch o senkrecht durchschneiden, was wirklich nur bei der Kugel der Fall ist.

Damit ist aber gezeigt: Jede nichtkugelige Eifläche kann man durch Symmetrisierung in eine inhaltsgleiche mit kleinerer Oberfläche verwandeln. *Falls daher die isoperimetrische Grundaufgabe der räumlichen Geometrie unter den regulären Eiflächen überhaupt eine Lösung hat, so kann diese Lösung nur die Kugel sein.*

Das ist der Gedanke von J. Steiners Beweis aus dem Jahre 1836[2].

§ 115. Konvergenzbeweis von Wilhelm Gross.

Wenn man das Vorhandensein einer Lösung unsres isoperimetrischen Problems als selbstverständlich ansieht, so ist mit dem Ergebnis des letzten Abschnitts die Frage völlig erledigt. Will man aber über diese Schwierigkeit nicht ebenso leichtsinnig hinweggleiten, wie das in ähnlichen Fällen (§ 97; § 112) schon geschehen ist, so ist man durchaus noch nicht über den Berg.

O. Perron hat die Notwendigkeit von Existenzbeweisen an einem zwar trivialen, aber dafür um so schlagenderen Beispiel so auseinandergesetzt: Gibt es unter den Zahlen 1, 2, 3, ... eine größte, so ist es die Zahl Eins. Denn durch das Verfahren des Quadrierens wird jede andre dieser Zahlen vergrößert. Das ist genau dieselbe Schlußweise wie die vorgetragene, von Steiner herrührende. An Stelle der Zahlen 1, 2, 3, ... hatten wir dort die unendliche Menge der inhaltsgleichen Eiflächen. Anstatt zu quadrieren, wurde dort symmetrisiert.

Der erste, der auf Grund von Methoden, die K. Weierstrasz in die Variationsrechnung eingeführt hat, die isoperimetrische Haupteigen-

---

[1] Man kann zu dem eben geführten Nachweis auch folgenden Mittelwertsatz von O. Hölder (1884) heranziehen:

$$\Phi(-1) - 2\Phi(0) + \Phi(+1) = \Phi''(h); \quad |h| < 1.$$

[2] J. Steiner: Einfache Beweise der isoperimetrischen Hauptsätze. Werke II, S. 75—91.

schaft der Kugel einwandfrei begründet hat, war H. A. Schwarz im Jahre 1884[1]. Ein neues Beweisverfahren, auf das wir im zweiten Teile zurückkommen werden, hat 1903 H. Minkowski ersonnen. 1916 hat der Verfasser auf Grund von Steiners Symmetrisierung einen strengen Beweis geführt[2]. In neuer und besonders schöner Weise hat dann 1917 Wilhelm Gross diesen Gedanken wieder aufgenommen[3]. Das Verfahren von Gross, der 1918 im Alter von 32 Jahren in Wien ein Opfer der Grippe geworden ist, soll hier unter der Beschränkung auf Eiflächen wiedergegeben werden.

Es handelt sich darum, folgendes zu zeigen: Man kann jede Eifläche $\mathfrak{F}$ durch genügend häufiges Symmetrisieren in eine neue inhaltsgleiche Eifläche $\mathfrak{F}_n$ verwandeln, deren Oberfläche sich um beliebig wenig von der Oberfläche $O_\mathfrak{K}$ der inhaltsgleichen Kugel $\mathfrak{K}$ unterscheidet. Dann gilt nach § 114 für die Oberflächen:

$$O \geqq O_n, \quad \lim O_n = O_\mathfrak{K},$$

also

$$O \geqq O_\mathfrak{K},$$

w. z. b. ist.

Zum Nachweis nehmen wir innerhalb von $\mathfrak{F}$ einen Punkt $\mathfrak{o}$ an und schlagen um $\mathfrak{o}$ als Mittelpunkt zwei Kugeln, erstens eine Kugel $\mathfrak{K}_0$, die in $\mathfrak{F}$ liegt, zweitens die zu $\mathfrak{F}$ inhaltsgleiche Kugel $\mathfrak{K}$. Der Rauminhalt von $\mathfrak{K}$, der außerhalb $\mathfrak{F}$ liegt, sei mit φ bezeichnet. Da $\mathfrak{F}$ und $\mathfrak{K}$ inhaltsgleich sind, ragt dann auch $\mathfrak{F}$ über $\mathfrak{K}$ um φ hinaus. Wir wollen zeigen:

Es läßt sich eine stetige Funktion $\Phi(\varphi)$ angeben, so daß für $\varphi > 0$ auch $\Phi > 0$ ist und daß zu jeder Eifläche $\mathfrak{F}$, die die Kugel $\mathfrak{K}_0$ enthält und um φ über die zu $\mathfrak{F}$ inhaltsgleiche Kugel $\mathfrak{K}$ hinausragt, zwei Kugeln des Inhalts Φ ermittelt werden können, die eine $\mathfrak{S}$ in $\mathfrak{F}$ außerhalb $\mathfrak{K}$, die andere $\mathfrak{S}'$ in $\mathfrak{K}$ außerhalb $\mathfrak{F}$ (Fig. 33).

Wir schlagen um $\mathfrak{o}$ die Kugel, die über $\mathfrak{K}$ um die Schale vom Inhalt φ hinausragt. Diese neue Kugel liegt sicher nicht ganz außerhalb der zu $\mathfrak{K}$ inhaltsgleichen $\mathfrak{F}$. Also gibt es auf der Oberfläche der neuen Kugel einen Punkt $\mathfrak{p}$ in $\mathfrak{F}$. Wir konstruieren die Kugel (Fig. 34), die $\mathfrak{K}$ von außen, und den Kegel, der von $\mathfrak{p}$ als Spitze an $\mathfrak{K}_0$ gelegt ist, von innen berührt. Der Inhalt der so gefundenen Kugel (Fig. 34), die sicher in $\mathfrak{F}$ liegt, sei $\Phi_1(\varphi)$. Andrerseits ragt die Kugel um $\mathfrak{o}$ innerhalb $\mathfrak{K}$, die mit $\mathfrak{K}$ zusammen eine Schale des Inhalts φ begrenzt, sicher über $\mathfrak{F}$ hinaus. Wir können daher in dieser Schale eine Kugel ermitteln,

---

[1] H. A. Schwarz: Beweis des Satzes, daß die Kugel kleinere Oberfläche besitzt als jeder andere Körper gleichen Volumens. Gesammelte Abhandlungen II, S. 327—340.

[2] W. Blaschke: Kreis und Kugel. Leipzig 1916.

[3] W. Gross: Die Minimaleigenschaft der Kugel. Monatsh. Math. Phys. Bd. 28, S. 77—97. 1917.

die die beiden die Schale begrenzenden Kugeln berührt, und die außerhalb $\mathfrak{F}$ liegt. Ihr Inhalt sei $\Phi_2(\varphi)$. Wir können ihren Mittelpunkt etwa
auf dem Fahrstrahl wählen, der von $\mathfrak{o}$ nach dem am nächsten liegenden
Punkt von $\mathfrak{F}$ hinweist. Die so erklärten Funktionen $\Phi_1(\varphi)$, $\Phi_2(\varphi)$
könnte man elementar berechnen. Sie sind aber sicher stetig und positiv. Die kleinere unter ihnen

$$\Phi(\varphi) = \tfrac{1}{2}\{\Phi_1(\varphi) + \Phi_2(\varphi)\} - \tfrac{1}{2}|\Phi_1(\varphi) - \Phi_2(\varphi)|$$

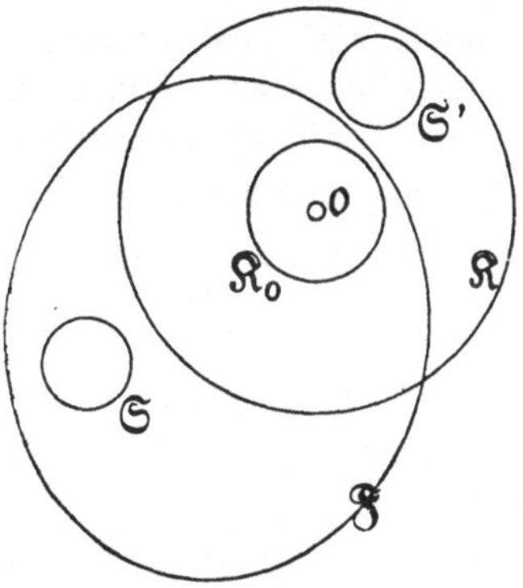

Fig. 33.

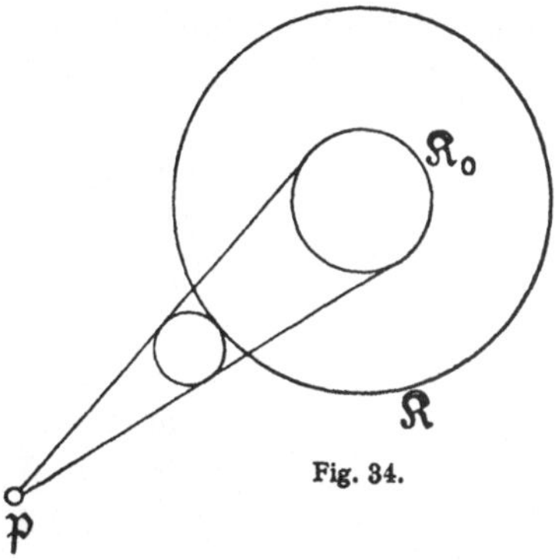

Fig. 34.

hat die behauptete Eigenschaft. Da bei wachsenden φ die Kugeln
$\mathfrak{S}$, $\mathfrak{S}'$ offenbar größer werden, so ist die Funktion $\Phi(\varphi)$ sicher monoton
zunehmend.

Jetzt wollen wir $\mathfrak{F}$ so zu einer Eifläche $\mathfrak{F}_1$ symmetrisieren, daß
die Symmetrisierungsrichtung (x_3-Richtung in der Bezeichnung von
§ 113) in die Verbindungsgerade der Mittelpunkte der Kugeln $\mathfrak{S}$ und
$\mathfrak{S}'$ fällt und die Symmetrieebene ($x_3 = 0$) durch $\mathfrak{o}$ hindurchgeht. Dann
enthält $\mathfrak{F}_1$ wieder die alte Kugel $\mathfrak{K}_0$. Der Rauminhalt φ_1, um den $\mathfrak{F}_1$
über die inhaltsgleiche Kugel $\mathfrak{K}$ hinausragt, genügt der Bedingung

$$0 \leq \varphi_1 \leq \varphi - \Phi(\varphi),$$

da die ganze Kugel $\mathfrak{S}$ beim Symmetrisieren innerhalb $\mathfrak{K}$ Platz findet.

Das Verfahren können wir jetzt auf $\mathfrak{F}_1$ neuerdings anwenden
unter Wiederverwendung der alten Kugeln $\mathfrak{K}_0$ und $\mathfrak{K}$. Für den Raum,
inhalt φ_2, um den die neue Eifläche $\mathfrak{F}_2$ über $\mathfrak{K}$ hinwegragt, gilt dann

$$\varphi_2 \leq \varphi_1 - \Phi(\varphi_1).$$

So fahren wir fort. Da die Funktion $\Phi(\varphi)$ monoton wachsend ist
folgt aus

$$\varphi - \varphi_1 \geq \Phi(\varphi),$$
$$\varphi_1 - \varphi_2 \geq \Phi(\varphi_1),$$
$$\cdots \cdots \cdots \cdots$$
$$\varphi_{n-1} - \varphi_n \geq \Phi(\varphi_{n-1})$$
$$\varphi - \varphi_n \geq n\,\Phi(\varphi_n)$$

und daraus

$$n < \frac{\varphi}{\varPhi(\varphi_n)}.$$

Will man also durch n-malige Symmetrisierung eine Eifläche erreichen, die über die inhaltsgleiche Kugel $\mathfrak{K}$ nur um den Raumteil ε hervorragt, so genügen

$$n < \frac{\varphi}{\varPhi(\varepsilon)}$$

Wiederholungen des Symmetrisierungsverfahrens.

Damit haben wir einen genauen Einblick in die Konvergenz unsres Verfahrens genommen und können wirklich eine zu $\mathfrak{F}$ inhaltsgleiche Eifläche $\mathfrak{F}_n$ auffinden, deren Oberfläche sich um beliebig wenig von der inhaltsgleichen Kugel $\mathfrak{K}$ unterscheidet. Das kann man so feststellen (Fig. 35).

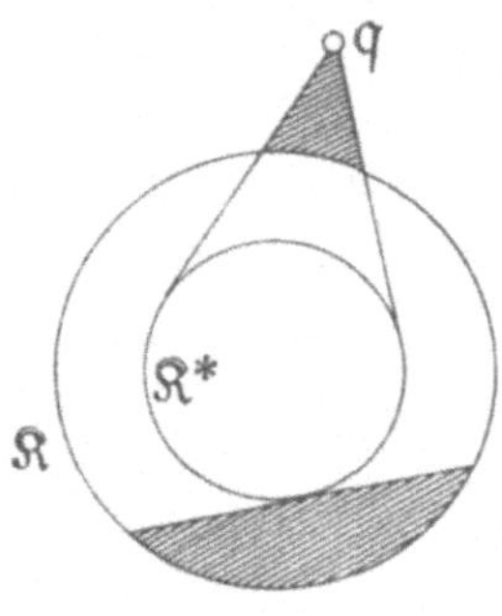

Fig. 35.

Wir zeichnen um o eine Kugel $\mathfrak{K}^*$, durch deren Tangentenebenen von $\mathfrak{K}$ ein Raumstück vom Inhalt ε abgeschnitten wird. Dann liegt $\mathfrak{K}^*$ sicher in $\mathfrak{F}_n$. Suchen wir ferner einen Punkt q außerhalb $\mathfrak{K}$ auf, so daß der Körper, der von dem Kegel von q an $\mathfrak{K}^*$ und von der Kugel $\mathfrak{K}$ begrenzt wird, den Inhalt ε hat, so liegt die Kugel $\mathfrak{K}^{**}$ um o durch q sicher außerhalb $\mathfrak{F}_n$. (Immer unter der Voraussetzung, daß $\mathfrak{F}_n$ über $\mathfrak{K}$ nur um ε hinausragt.) Aus der Lagenbeziehung

$$\mathfrak{K}^* < \mathfrak{F}_n < \mathfrak{K}^{**},$$
$$\mathfrak{K}^* < \mathfrak{K} < \mathfrak{K}^{**},$$

und den daraus folgenden Beziehungen zwischen den Oberflächen[1]

$$O^* < O_n < O^{**},$$
$$O^* < O_{\mathfrak{K}} < O^{**},$$

folgt nun

$$|O_{\mathfrak{K}} - O_n| < O^{**} - O^*.$$

Da aber für hinreichend kleines ε die berechenbare Differenz rechts beliebig herabgedrückt werden kann, ist darin das gewünschte Ergebnis enthalten. Unser Konvergenzbeweis genügt allen Forderungen der Exaktheitsfanatiker und „Finitisten". Denn man kann, wenn der Fehler $|O_n - O_{\mathfrak{K}}|$ vorgeschrieben ist, die Anzahl n der zu dieser Annäherung notwendigen Symmetrisierungen durch Berechnung einiger elementarer Funktionen ermitteln.

---

[1] Daß bei Eiflächen aus $\mathfrak{K}^* < \mathfrak{K}^{**}$ für die Oberflächen $O^* < O^{**}$ folgt, kann man z. B. aus der Formel (4) von § 105 für die Variation einsehen. Umgekehrt kann man diese Ungleichheit auch zur Definition des Begriffs Oberfläche einer Eifläche verwenden, wie es der Verfasser in seinem Büchlein „Kreis und Kugel" S. 58, Leipzig 1916, durchgeführt hat.

Bemerkt man schließlich, daß zwischen Rauminhalt V und Oberfläche O bei einer Kugel die Gleichung gilt

$$O^3 - 36\,\pi\,V^2 = 0,$$

dann kann man das Ergebnis so fassen:

Zwischen Rauminhalt V und Oberfläche O einer Eifläche besteht die Beziehung

$$(32) \qquad \boxed{O^3 - 36\,\pi\,V^2 \geqq 0,}$$

und zwar gilt nur für die Kugeln das Gleichheitszeichen.

Die einschränkenden Regularitätsforderungen, die wir der Kürze halber eingeführt haben, sind unwesentlich. Auch die Beschränkung auf Eiflächen ist für das Beweisverfahren unnötig, wie man bei GROSS nachlesen möge.

Später, im zweiten Teil dieser Vorlesung, werden wir die isoperimetrische Ungleichheit (32) unter einem allgemeineren Zusammenhang, den H. BRUNN und H. MINKOWSKI entdeckt haben, wiederfinden.

§ 116. Zweite Variation der Oberfläche.

Wir wollen jetzt die Rechnung von § 105 dahin verfeinern, daß wir bei der Berechnung der Änderung der Oberfläche beim Übergang zu einer Nachbarfläche

$$\mathfrak{x} = \mathfrak{x}(u, v) + n\,\xi(u, v), \qquad n = \varepsilon\,\bar{n}(u, v)$$

auch noch die Glieder zweiter Ordnung in ε ausrechnen. Wir haben

$$\bar{\mathfrak{x}}_u = \mathfrak{x}_u + n\,\xi_u + n_u\,\xi,$$
$$\bar{\mathfrak{x}}_v = \mathfrak{x}_v + n\,\xi_v + n_v\,\xi;$$

daraus ist

$$\bar{E} = \bar{\mathfrak{x}}_u^2 \;\;= E - 2\,n\,L \;+ n^2\,\xi_u^2 \;\;+ n_u^2,$$
$$\bar{F} = \bar{\mathfrak{x}}_u\,\bar{\mathfrak{x}}_v = F - 2\,n\,M + n^2\,\xi_u\,\xi_v + n_u\,n_v,$$
$$\bar{G} = \bar{\mathfrak{x}}_v^2 \;\;= G - 2\,n\,N + n^2\,\xi_v^2 \;\;+ n_v^2$$

oder nach § 50 (83), (87)

$$\bar{E} = E - 2\,n\,L + n^2\,(2\,H\,L - K\,E) + n_u^2,$$
$$\bar{F} = F - 2\,n\,M + n^2\,(2\,H\,M - K\,F) + n_u\,n_v,$$
$$\bar{G} = G - 2\,n\,N + n^2\,(2\,H\,N - K\,G) + n_v^2.$$

Hieraus ergibt sich weiter, wenn wir

$$\bar{E}\,\bar{G} - \bar{F}^2 = \bar{W}^2$$

berechnen und die Abkürzung aus § 79 (95)

$$\triangledown n = \frac{E\,n_v^2 - 2\,F\,n_u\,n_v + G\,n_u^2}{W^2}$$

verwenden,

(33) $$\overline{W} = W\left\{1 - 2\,n\,H + n^2\,K + \tfrac{1}{2}\triangledown n\right\} + \cdots.$$

Für die Oberfläche folgt daraus durch Integration:

$$\overline{O} = O - 2\int n\,H\cdot do + \int (n^2\,K + \tfrac{1}{2}\triangledown n)\,do + \cdots.$$

Setzen wir wie üblich

$$\overline{O} = O + \delta O + \tfrac{1}{2}\delta^2 O + \cdots,$$

so haben wir für die „zweite Variation" der Oberfläche die Formel gefunden:

(34) $$\boxed{\;\delta^2 O = \int (2\,n^2\,K + \triangledown n)\,do\,.\;}$$

Ist die Ausgangsfläche insbesondere eine Minimalfläche ($H = 0$), so können wir, anstatt den Differentiator $\triangledown$ für die erste Grundform I zu berechnen, den für die dritte Grundform $III = d\xi^2$ verwenden. Es ist in diesem Falle (§ 50 (86))

$$III = -K\cdot I,$$
$$\triangledown_I n = -K\cdot\triangledown_{III} n.$$

Führt man noch das Flächenelement des sphärischen Bildes $K\,do = d\omega$ ein, so erhält man schließlich

(35) $$\delta^2 O = \int\left\{2\,n^2 - \triangledown_{III} n\right\}d\omega,$$

eine Formel, die in etwas anderer Form von H. A. SCHWARZ 1872 angegeben worden ist[1]. Es ist besonders auffallend, daß in dieser Formel nur mehr die Funktion n auf der Einheitskugel des sphärischen Bildes auftritt, daß jede Spur der besonderen Minimalfläche, von der ausgegangen wurde, aus der Formel verschwunden ist.

Es soll hier mit einigen Worten über die Schlüsse berichtet werden, die H. A. SCHWARZ in seiner berühmten Festschrift von 1885[2], die für die Begründung der Integralgleichungen in der Dissertation von E. SCHMIDT neuerdings vorbildlich geworden ist, aus der Formel (35) für $\delta^2 O$ bei Minimalflächen gezogen hat.

Genau wie in § 99 findet man mittels der Überlegung von BLISS aus der Bedingung $\delta^2 O \geqq 0$ die Bedingung von JACOBI für das vorliegende Problem von PLATEAU, nämlich

$$2\,n + \Delta_{III}\,n = 0.$$

---

[1] H. A. SCHWARZ: Gesammelte Abhandlungen I, S. 157.
[2] H. A. SCHWARZ: Gesammelte Abhandlungen I, S. 223—269.

Dabei bedeutet $\triangle_{III}$ den zweiten Differentiator BELTRAMIS bezüglich der quadratischen Differentialform III, d. h. bezüglich des Bogenelements des sphärischen Bildes. Führen wir noch einen auf der Kugel unveränderlichen Parameter λ in unsere Differentialgleichung ein:

$$(36) \qquad 2\lambda n + \triangle_{III} n = 0,$$

dann können wir das Ergebnis von SCHWARZ so aussprechen:

Dafür, daß bei festgehaltenem Rand eine Minimalfläche den kleinsten Wert der Oberfläche unter den benachbarten Flächen ergibt, ist notwendig, daß alle Eigenwerte λ der Differentialgleichung (36) der Bedingung

$$(37) \qquad \lambda \geqq 1$$

genügen, und hinreichend, daß

$$(38) \qquad \lambda > 1.$$

Dabei heißt die Konstante λ ein Eigenwert von (36), wenn es eine nichttriviale Lösung n dieser Gleichung gibt, die auf dem Rande verschwindet.

L. LICHTENSTEIN hat diese Ergebnisse von SCHWARZ neuerdings auf allgemeinere Variationsprobleme übertragen[1].

§ 117. Erste Variation von H und K.

Zum Abschluß dieses Kapitels sei noch festgestellt, wie sich die beiden Krümmungen H und K einer Fläche $\mathfrak{x}(u, v)$ bei einer „Normalvariation"

$$\overline{\mathfrak{x}}(u, v) = \mathfrak{x}(u, v) + n(u, v)\,\xi(u, v),$$
$$n(u, v) = \varepsilon\,\overline{n}(u, v), \quad \varepsilon \to 0$$

ändern. Durch Ableitung erhält man:

$$\begin{aligned}
\overline{\mathfrak{x}}_u &= \mathfrak{x}_u + n\,\xi_u + n_u\,\xi, \\
\overline{\mathfrak{x}}_v &= \mathfrak{x}_v + n\,\xi_v + n_v\,\xi; \\
\overline{\mathfrak{x}}_{uu} &= \mathfrak{x}_{uu} + n\,\xi_{uu} + 2n_u\,\xi_u + n_{uu}\,\xi, \\
\overline{\mathfrak{x}}_{uv} &= \mathfrak{x}_{uv} + n\,\xi_{uv} + n_u\,\xi_v + n_v\,\xi_u + n_{uv}\,\xi, \\
\overline{\mathfrak{x}}_{vv} &= \mathfrak{x}_{vv} + n\,\xi_{vv} + 2n_v\,\xi_v + n_{vv}\,\xi.
\end{aligned}$$

Hieraus ergibt sich, wenn man Glieder, die in ε von zweiter und höherer Ordnung sind, wegläßt:

$$(39) \qquad \begin{cases} \overline{E} = E - 2L\,n, \\ \overline{F} = F - 2M\,n, \\ \overline{G} = G - 2N\,n; \end{cases}$$

---

[1] L. LICHTENSTEIN: Untersuchungen über zweidimensionale reguläre Variationsprobleme I. Monatsh. Math. Phys. Bd. 28, S. 3—51. 1917.

$$(40) \qquad \begin{aligned}
\overline{L} &= L + (KE - 2HL)\,n + n_{11}, \\
\overline{M} &= M + (KF - 2HM)\,n + n_{12}, \\
\overline{N} &= N + (KG - 2HN)\,n + n_{22}.
\end{aligned}$$

Dabei bedeuten die n_{ik} die „kovarianten zweiten Ableitungen" der Funktion n, nämlich

$$\begin{aligned}
n_{11} &= n_{uu} - \left\{ \begin{matrix} 1\ 1 \\ 1 \end{matrix} \right\} n_u - \left\{ \begin{matrix} 1\ 1 \\ 2 \end{matrix} \right\} n_v, \\
n_{12} &= n_{uv} - \left\{ \begin{matrix} 1\ 2 \\ 1 \end{matrix} \right\} n_u - \left\{ \begin{matrix} 1\ 2 \\ 2 \end{matrix} \right\} n_v, \\
n_{22} &= n_{vv} - \left\{ \begin{matrix} 2\ 2 \\ 1 \end{matrix} \right\} n_u - \left\{ \begin{matrix} 2\ 2 \\ 2 \end{matrix} \right\} n_v.
\end{aligned}$$

Die Dreizeigersymbole CHRISTOFFELS wurden in § 57 erklärt. Statt der Ausdrücke $KE - 2HL, \ldots$ könnten wir nach § 50 (87) auch die Koeffizienten der dritten Grundform III (des Bogenelements des sphärischen Bildes) einführen.

Aus (39) und (40) ergeben sich jetzt die gewünschten Formeln:

$$(41) \qquad \left\{ \begin{aligned}
\overline{K} &= K + 2HKn + \frac{L\,n_{22} - 2M\,n_{12} + N\,n_{11}}{EG - F^2} + \cdots, \\
\overline{H} &= H + (2H^2 - K)\,n + \frac{1}{2}\,\frac{E\,n_{22} - 2F\,n_{12} + G\,n_{11}}{EG - F^2} + \cdots
\end{aligned} \right.$$

Dabei ist

$$(42) \qquad \triangle\,n = \frac{E\,n_{22} - 2F\,n_{12} + G\,n_{11}}{EG - F^2}$$

nichts anderes als der uns wohlbekannte zweite Differentiator BELTRAMIS (§ 81) in etwas veränderter Schreibart.

Aus der zweiten Formel (41), die wir auch so schreiben wollen:

$$(43) \qquad \delta H = (2H^2 - K)\,n + \tfrac{1}{2} \triangle\,n,$$

können wir neuerdings die Formel (34) für $\delta^2 O$ herleiten.

Aus der Formel (4) für die erste Variation von O, das heißt aus

$$(44) \qquad \delta\,do = -2nH \cdot do$$

ergibt sich nämlich durch neuerliche Anwendung des Differentiationsprozesses δ bei festgehaltenem n

$$\begin{aligned}
\delta^2\,do &= -2n\,(H \cdot \delta\,do + \delta H \cdot do) = \\
&= (2Kn^2 - n \triangle n)\,do.
\end{aligned}$$

Durch Integration folgt daraus wieder (34), wenn wir beachten, daß für verschwindende Randwerte von n nach § 82 (128)

$$(45) \qquad \int \bigtriangledown n \cdot do = -\int n \triangle n \cdot do.$$

ist.

§ 118. Aufgaben und Lehrsätze.

1. Größteigenschaft der Minimalflächen nach Steiner (1840). Ein Stück einer Minimalfläche hat stets größeren Flächeninhalt als die benachbarten Parallelflächen. Steiner, J.: Ges. Werke II, S. 176.

2. Verbiegung der Minimalflächen nach O. Bonnet (1853). Es sei $2\,\mathfrak{x} = \mathfrak{y}\,(u) + \mathfrak{z}\,(v)$ eine Minimalfläche (§ 92), $\mathfrak{y}'^2 = \mathfrak{z}'^2 = 0$. Wir betrachten die von einem Parameter α abhängige Schar von Minimalflächen

$$(46) \qquad 2\,\mathfrak{x}\,(u, v;\, \alpha) = e^{+\alpha i}\,\mathfrak{y}\,(u) + e^{-\alpha i}\,\mathfrak{z}\,(v),$$

deren Bogenelement die Form hat

$$(47) \qquad 2\,ds^2 = \mathfrak{y}'\,\mathfrak{z}'\,du\,dv.$$

Alle diese „*assoziierten*" Minimalflächen sind also längentreu aufeinander abgebildet (ds^2 ist unabhängig von α). Die einzigen Minimalflächen, die auf eine gegebene abwickelbar sind, sind im wesentlichen ihre Assoziierten. Die Tangentenebenen in entsprechenden Punkten assoziierter Flächen sind parallel. Umgekehrt: sind zwei Flächen längentreu aufeinander so bezogen, daß in entsprechenden Punkten die Tangentenebenen parallel laufen, so sind sie entweder kongruente oder assoziierte Minimalflächen. Entsprechende Linienelemente auf zwei assoziierten Flächen schließen einen festen Winkel ein. Die Flächen, die den Parameterwerten $\alpha = 0$, $\alpha = \pi : 2$ entsprechen, heißen *adjungiert*. Adjungierte Flächen sind so aufeinander bezogen, daß entsprechende Linienelemente senkrecht stehen und den Asymptotenlinien der einen die Krümmungslinien der anderen entsprechen, und umgekehrt. Sind zwei Flächen so aufeinander längentreu abbildbar, daß entsprechende Linienelemente senkrecht stehen, so sind sie adjungierte Minimalflächen. (Bonnet, O.: Comptes Rendus Bd. 37, S. 529—532. 1853.) Jede von zwei adjungierten Flächen läßt sich in der Art von § 110 als Kräfteplan von Spannungen in der anderen deuten. Es treten dann nur Normalspannungen mit konstantem Absolutwert auf, wie das bei einem Flüssigkeitshäutchen der Fall ist.

3. G. Darboux' Erzeugung der Minimalflächen von Enneper. Zwei Parabeln, die in senkrechten Ebenen so liegen, daß der Brennpunkt der einen in den Scheitel der anderen fällt und umgekehrt, nennt man Fokalparabeln. Läßt man zwei Punkte beliebig auf zwei Fokalparabeln wandern, so umhüllt ihre Symmetrieebene eine Minimalfläche mit ebenen Krümmungslinien. Enneper, A.: Z. Math. Phys. Bd. 9, S. 108. 1864. — Darboux, G.: Théorie des Surfaces Bd. 1, S. 318. 1887.

4. Kettenfläche. Die einzige reelle, unebene Minimalfläche, die zugleich Drehfläche ist, entsteht durch Umdrehung einer Kettenlinie:

$$(48) \qquad \sqrt{x_1^2 + x_3^2} = \frac{a}{2}\left(e^{+\frac{x_3}{a}} + e^{-\frac{x_3}{a}}\right).$$

5. Wendelfläche. Die einzigen reellen Minimalflächen, die gleichzeitig windschiefe Flächen sind, sind die „Wendelflächen", die durch Schraubung einer Geraden um eine sie rechtwinklig schneidende Achse entstehen. Catalan, E.: J. de Mathématiques (1) Bd. 7, S. 203. 1842. Wendelfläche und Kettenfläche sind adjungierte Minimalflächen (vgl. Aufg. 2).

6. Lies imaginäre Minimalfläche dritter Ordnung. Die Sehnenmittenfläche einer isotropen Raumkurve dritter Ordnung ist eine algebraische, windschiefe Minimalfläche dritter Ordnung. Study hat über diese Flächen Lies folgendes bewiesen: Alle solche Flächen sind untereinander kongruent. Sie lassen sich als Schraubenflächen erzeugen und sind auf unendlich viele Arten Spiralflächen. Die

Gleichung der Fläche läßt sich durch geeignete Achsenwahl auf die Gestalt bringen:

$$(49) \qquad 2\,(x_1 - i\,x_2)^3 - 6\,i\,(x_1 - i\,x_2)\,x_3 - 3\,(x_1 + i\,x_2) = 0.$$

LIE, S.: Math. Ann. Bd. 14, S. 353. 1879. — STUDY, E.: Leipz. Ber. Bd. 63, S. 14 bis 26. 1911.

7. Imaginäre Minimalfläche vierter Ordnung nach GEISER. Nach STUDY läßt sich die Minimalfläche

$$(50) \qquad (x_1 - i\,x_2)^4 + 3\,(x_1^2 + x_2^2 + x_3^2) = 0$$

als Drehfläche um die auf ihr liegende isotrope Gerade

$$(51) \qquad x_1 - i\,x_2 = 0, \qquad x_3 = 0$$

auffassen. STUDY, E.: Ebenda (vgl. Aufg. 6).

8. Ein Satz von STEINER zum Problem von PLATEAU (1842). Durch eine geschlossene Kurve können unmöglich zwei verschiedene Flächen allerkleinster Oberfläche hindurchgehen, die sich in der Gestalt $x_3 = f_1\,(x_1,\,x_2)$, $x_3 = f_2\,(x_1,\,x_2)$ darstellen lassen; denn die Fläche $2\,x_3 = f_1\,(x_1,\,x_2) + f_2\,(x_1,\,x_2)$ hätte kleinere Oberfläche als beide. STEINER, J.: Werke II, S. 298.

9. Ein Satz von BELTRAMI über Minimalflächen (1868). Es sei $x_k\,(u,\,v)$; ($k = 1,\,2,\,3$) eine Minimalfläche. Dann ist $\Delta\,x_k = 0$, wenn Δ den zweiten Differentiator BELTRAMIS bezeichnet. Die „Höhenlinien" $x_k =$ konst. und die zugehörigen orthogonalen Trajektorien bilden also eine Schar isothermer Kurven. BELTRAMI, E.: Werke II, S. 25.

10. Eine Aufgabe über Minimalflächen. Nach den Formeln (9) von WEIERSTRASZ besteht zwischen den analytischen Funktionen einerseits und den Minimalflächen andererseits eine innige Beziehung. Es müssen sich also die Eigenschaften der analytischen Funktionen in entsprechenden Eigenschaften der Minimalflächen widerspiegeln und umgekehrt. Man untersuche nun, was für Eigentümlichkeiten der Minimalflächen den Eigenschaften der analytischen Funktionen entsprechen, die man in neuerer Zeit in Zusammenhang mit dem Satz von E. PICARD gefunden hat. Vgl. dazu die neuerschienene vortreffliche Darstellung in dem Enzyklopädieartikel von L. BIEBERBACH: Neuere Untersuchungen über Funktionen von komplexen Variablen. Enzyklopädie II C 4, S. 409 u. ff. 1921.

11. Gleichgewicht einer gravitierenden Flüssigkeit. Es sei $\mathfrak{K}$ ein Körper mit vorgegebenem Rauminhalt V, dV_1 und dV_2 zwei Raumelemente von $\mathfrak{K}$ mit der Entfernung r. Das Integral

$$E = \iint\limits_{\mathfrak{K}\,\mathfrak{K}} \frac{dV_1 \cdot dV_2}{r}$$

erreicht dann und nur dann seinen größten Wert, wenn $\mathfrak{K}$ eine Kugel ist (A. LIAPOUNOFF). Man kann diesen Nachweis wohl am einfachsten mittels STEINERs Symmetrisierung erbringen. T. CARLEMAN: Math. Z. Bd. 3, S. 1—7. 1919. Verwandte isoperimetrische Aufgaben bei W. BLASCHKE, Math. Z. Bd. 1, S. 52—57. 1918.

12. Literatur über Minimalflächen. An zusammenfassenden Darstellungen der Theorie der Minimalflächen seien genannt: H. A. SCHWARZ: Math. Abhandlungen I. Berlin 1890; G. DARBOUX: Théorie des surfaces I, Livre III. Paris 1887. Es ist dies eines der schönsten Kapitel in dem ausgezeichneten Werk von DARBOUX (1842—1917). A. RIBAUCOUR: Étude des Élassoïdes ..., Bruxelles, Mémoires couronnées par l'Académie de Belgique Bd. 44. 1881; E. BELTRAMI: Sulle proprietà generali delle superficie d'area minima. Opere II, S. 1—54. 1868. An neueren Schriften über Minimalflächen seien genannt: A. HAAR: Über das Plateausche Problem. T. RADO: Über den analytischen Charakter der Minimalflächen.

9. Kapitel.

Liniengeometrie.

Von J. Plücker (1801—1868) stammt der Gedanke, als Baustein für eine räumliche Geometrie statt der Punkte oder Ebenen höhere Gebilde, z. B. Geraden oder Kugeln zu verwenden. In beiden Fällen wird unser gewöhnlicher Raum Träger einer vierdimensionalen Gesamtheit, denn sowohl die Geraden wie die Kugeln hängen von vier Konstanten ab. F. Klein, der 1866—1868 Plückers physikalischer Assistent war, hat Plückers Werk zu Ende geführt: „Neue Geometrie des Raumes, gegründet auf die Betrachtung der geraden Linie als Raumelement" (1868, 1869), in dem Plücker seine „Liniengeometrie" hauptsächlich in algebraischer Richtung aufgebaut hatte. Schon vorher ist die Liniengeometrie in Zusammenhang mit der geometrischen Optik insbesondere durch W. R. Hamilton (1805—1865) und E. Kummer (1810—1893) in differentialgeometrischer Hinsicht entwickelt worden. Hamiltons Abhandlungen sind 1828, 1830 erschienen und Kummers Schrift über unsern Gegenstand 1860. Später ist die Liniengeometrie in innige und vielfache Beziehungen zur Flächentheorie gekommen[1].

Hier soll eine Seite der Liniengeometrie behandelt werden, die auf einem sehr reizvollen „Übertragungsprinzip" von E. Study beruht, der in Bonn Plückers geistiges Erbe verwaltet.

§ 119. Duale Zahlen.

Study hat gezeigt, daß man die (in dem eben genannten Sinn vierdimensionale) Liniengeometrie in einen merkwürdigen Zusammenhang mit der (zweidimensionalen) Geometrie auf einer Kugelfläche bringen kann, und zwar dadurch, daß man auf der Kugel eine besondere Art komplexer Punkte einführt.

---

[1] Eine zusammenfassende Darstellung der Liniengeometrie bei K. Zindler: Liniengeometrie I, II. Leipzig 1902, 1906. Von demselben Geometer: Die Entwicklung und der gegenwärtige Stand der differentiellen Liniengeometrie. Jahresbericht Dt. Math. Ver. Bd. 15, S. 185—213. 1906. Man vgl. ferner den 1921 erschienenen ersten Band der gesammelten Abhandlungen von F. Klein, Berlin 1921. Ein älteres Lehrbuch der Liniengeometrie ist das von G. Koenigs: La géométrie réglée et ses applications. Paris 1895.

Neben das System der gewöhnlichen komplexen Zahlen $a + ib$ mit $i^2 = -1$ tritt nämlich in mancher Hinsicht gleichberechtigt das System der sogenannten „*dualen Zahlen*" $A = a + \varepsilon b$ des englischen Geometers W. K. CLIFFORD (1845—1879). Hier sollen a und b als reelle Zahlen aufgefaßt werden und die neue Einheit ε der Rechenregel $\varepsilon^2 = 0$ genügen. Wir nennen a den Realteil und b den Dualteil von A.

Für Produkt und Summe zweier dualer Zahlen $A = a + \varepsilon b$ und $\tilde{A} = \tilde{a} + \varepsilon \tilde{b}$ gilt dann

$$
(1) \qquad
\begin{cases}
A + \tilde{A} = (a + \tilde{a}) + \varepsilon (b + \tilde{b}) \\
A \cdot \tilde{A} \; = a\,\tilde{a} + \varepsilon (a\,\tilde{b} + b\,\tilde{a}).
\end{cases}
$$

In den Formeln (1) ist die ganze Definition der dualen Zahlen enthalten, indem zwei Paaren (a, b) und $(\tilde{a}, \tilde{b})$ auf zwei Weisen wieder ein reelles Zahlenpaar zugeordnet wird und zwar einmal $\{a + \tilde{a},\ b + \tilde{b}\}$ als „Summe" und zweitens $\{a\tilde{a},\ a\tilde{b} + b\tilde{a}\}$ als „Produkt". Wir können ε als eine Hilfsgröße ansehen, die auf Grund ihrer Eigenschaft

$$\varepsilon^2 = 0$$

nur eine bequeme Übersicht über diese Zuordnungen vermitteln soll. Offenbar sind, da in beiden Verbindungen die Paare $\{a, b\}$ und $\{\tilde{a}, \tilde{b}\}$ ganz symmetrisch vorkommen, Summen- und Produktbildung kommutativ

$$A + \tilde{A} = \tilde{A} + A, \quad A \cdot \tilde{A} = \tilde{A} \cdot A.$$

Die Gleichung

$$A + X = \tilde{A} \qquad\qquad [X = x + \varepsilon y]$$

ist in X eindeutig lösbar, denn die Gleichungen

$$a + x = \tilde{a}, \qquad b + y = \tilde{b}$$

sind in x und y eindeutig lösbar. Wir schreiben dann natürlich $X = \tilde{A} - A$ und die Subtraktion ist eindeutig erklärt. Erklären wir die Zahl 0 dadurch, daß für jedes A gilt $A + 0 = A$, so muß 0 offenbar das Zahlenpaar $\{0, 0\}$ sein. Wie ist es nun mit der Umkehrung der Multiplikation? $A \cdot X = \tilde{A}$ heißt, wenn man die Zahlenpaare zerlegt,

$$a\,x = \tilde{a}, \qquad a\,y + b\,x = \tilde{b}.$$

Diese Gleichungen sind nur dann nach x und y eindeutig lösbar, wenn $a \neq 0$. Die Division $X = \tilde{A} : A$ ist also nur dann ausführbar, wenn der Realteil des Nenners nicht verschwindet. Durch „rein duale" Zahlen $\{0, b\}$ darf man nicht dividieren. Hier weisen die Rechenregeln der dualen Zahlen eine Abweichung von denen der reellen Zahlen auf, denn bei diesen ist die Zahl 0 die einzige, durch die man nicht dividieren darf, während bei den dualen Zahlen nicht nur das Paar $\{0, 0\}$ ausgeschlossen wird, das die Rolle der 0 spielt, sondern jede Zahl $\{0, b\}$. Die übrigen Gesetze, z. B. die assoziativen Gesetze sowie das distributive Gesetz, sind erfüllt, aber natürlich gilt hier nicht die Regel, daß ein Produkt nur verschwinden kann, wenn mindestens ein Faktor Null ist. Die Zahlen $\{0, b\}$ sind „Nullteiler". Hinsichtlich des ε mit dem verschwindenden Quadrat ε^2 können wir sagen: Man rechnet mit den dualen Zahlen $a + \varepsilon b$ so, wie mit Potenzreihen in ε, die man nach den linearen Gliedern in ε abbricht.

Als Cosinus und Sinus eines dualen Winkels $\Phi = \varphi + \varepsilon\overline{\varphi}$ erklären wir in Analogie zu den Verhältnissen bei gewöhnlichen komplexen Größen die Potenzreihen

$$\cos \Phi = 1 - \frac{\Phi^2}{2!} + \frac{\Phi^4}{4!} \cdots$$

$$\sin \Phi = \Phi - \frac{\Phi^3}{3!} + \frac{\Phi^5}{5!} \cdots.$$

Ersetzen wir Φ durch φ und $\overline{\varphi}$, so haben wir:

$$\cos(\varphi + \varepsilon\overline{\varphi}) = \left(1 - \frac{\varphi^2}{2!} + \frac{\varphi^4}{4!} \cdots\right)$$
$$- \varepsilon\overline{\varphi}\left(\varphi - \frac{\varphi^3}{3!} + \frac{\varphi^5}{5!} \cdots\right),$$

oder

$$(1\,\mathrm{a}) \qquad \cos(\varphi + \varepsilon\overline{\varphi}) = \cos\varphi - \varepsilon\overline{\varphi}\sin\varphi.$$

Diese Formel werden wir später benutzen.

Ebenso findet man

$$(1\,\mathrm{b}) \qquad \sin(\varphi + \varepsilon\overline{\varphi}) = \sin\varphi + \varepsilon\overline{\varphi}\cos\varphi.$$

§ 120. STUDYs Übertragungsprinzip.

Wir führen nun zunächst PLÜCKERs *Linienkoordinaten* ein. Eine Gerade $\mathfrak{A}$ sei durch zwei auf ihr liegende Punkte $\mathfrak{x}$ und $\mathfrak{y}$ bestimmt. Wir setzen

$$(2) \qquad \mathfrak{a} = \varrho(\mathfrak{y} - \mathfrak{x}), \qquad \overline{\mathfrak{a}} = \varrho(\mathfrak{x} \times \mathfrak{y}),$$

wo ϱ einen von Null verschiedenen und im übrigen beliebigen Faktor bedeutet. Die sechs Komponenten a_k, $\overline{a}_k$ dieser beiden Vektoren sind PLÜCKERs homogene Koordinaten der Geraden $\mathfrak{A}$. Sie sind offenbar an die Bedingung

$$(3) \qquad \mathfrak{a}\,\overline{\mathfrak{a}} = 0$$

geknüpft. Wir wollen nun, um den Faktor ϱ festzulegen, überdies

$$(4) \qquad \mathfrak{a}^2 = 1$$

fordern, was im reellen Falle, auf den wir uns hier in der Regel beschränken, immer, und zwar auf zwei verschiedene Arten erreichbar ist. Jetzt können wir die beiden Vektoren $\mathfrak{a}$, $\bar{\mathfrak{a}}$ zur Kennzeichnung der gerichteten, d. h. mit einem Durchlaufungssinn versehenen Geraden $\mathfrak{A}$ nehmen, und zwar gibt der Vektor $\mathfrak{a}$ die Richtung. In der Ausdrucksweise der Mechanik ist der zweite Vektor $\bar{\mathfrak{a}}$ das „vektorielle Moment" der in der Geraden $\mathfrak{A}$ wirkenden Einheitskraft $\mathfrak{a}$ um den Ursprung. Die Bedingung dafür, daß ein Punkt $\mathfrak{x}$ auf $\mathfrak{A}$ liegt, ist

$$(5) \qquad \boxed{\mathfrak{x} \times \mathfrak{a} = \bar{\mathfrak{a}}} \,.$$

Wir berechnen den Fußpunkt $\underline{\mathfrak{a}}$ des Lotes vom Ursprung auf $\mathfrak{A}$. Es ist

$$(6) \qquad \underline{\mathfrak{a}} = \mathfrak{a} \times \bar{\mathfrak{a}} \,.$$

Tatsächlich liegt nach (5) dieser Punkt auf $\mathfrak{A}$, denn es ist nach (29) in § 2

$$\underline{\mathfrak{a}} \times \mathfrak{a} = (\mathfrak{a}\,\mathfrak{a})\,\bar{\mathfrak{a}} - (\mathfrak{a}\,\bar{\mathfrak{a}})\,\mathfrak{a} = \bar{\mathfrak{a}} \,,$$

und andrerseits ist

$$\mathfrak{a}\,\underline{\mathfrak{a}} = 0 \,.$$

Wir setzen nun nach STUDY

$$(7) \qquad \mathfrak{a} + \varepsilon\,\bar{\mathfrak{a}} = \mathfrak{A}$$

und führen damit den „dualen Vektor" $\mathfrak{A}$ ein mit den Komponenten

$$(8) \qquad A_k = a_k + \varepsilon\,\bar{a}_k; \quad k = 1, 2, 3.$$

$\mathfrak{A}$ ist ein Einheitsvektor, denn wir haben wegen

$$\mathfrak{a}^2 = 1, \quad \mathfrak{a}\,\bar{\mathfrak{a}} = 0$$

die Beziehung

$$(9) \qquad \mathfrak{A}^2 = (\mathfrak{a} + \varepsilon\,\bar{\mathfrak{a}})^2 = \mathfrak{a}^2 + 2\,\varepsilon\,\mathfrak{a}\,\bar{\mathfrak{a}} = 1 \,.$$

In dieser Abbildung der Geraden des Raumes auf die dualen Punkte der Einheitskugel $\mathfrak{A}^2 = 1$ *besteht* STUDYS *Übertragungsprinzip*, das vielleicht den wesentlichsten Inhalt seines großen Werkes „Geometrie der Dynamen" (Leipzig 1903) bildet[1].

Daß diese dem ersten Anschein nach recht willkürliche Zuordnung einen guten Sinn hat, sieht man sofort ein, wenn man nachrechnet, was dem inneren oder skalaren Produkt $\mathfrak{A}\mathfrak{A}^*$ zweier Vektoren im Linienraum entspricht. Wir setzen:

$$(10) \qquad \begin{aligned} \mathfrak{A} &= \mathfrak{a} + \varepsilon\,\bar{\mathfrak{a}}, \\ \mathfrak{A}^* &= \mathfrak{a}^* + \varepsilon\,\bar{\mathfrak{a}}^* \end{aligned}$$

und finden:

$$(11) \qquad \mathfrak{A}\,\mathfrak{A}^* = \mathfrak{a}\,\mathfrak{a}^* + \varepsilon\,(\mathfrak{a}\,\bar{\mathfrak{a}}^* + \mathfrak{a}^*\,\bar{\mathfrak{a}}) \,.$$

---

[1] Vgl. dort besonders § 23, S. 195 und die Literaturangaben S. 207, 208.

Wir behaupten: Die beiden Bestandteile rechts sind Bewegungsinvarianten der beiden Geraden $\mathfrak{A}, \mathfrak{A}^*$. Zunächst ist nämlich $\mathfrak{a}\,\mathfrak{a}^*$ der Kosinus des Winkels φ der beiden gerichteten Geraden. Es bleibt also nur noch die Bedeutung des Klammerausdrucks zu ermitteln. Wählen wir auf $\mathfrak{A}$ zwei Punkte $\mathfrak{x}$ und $\mathfrak{x} + \mathfrak{a} = \mathfrak{y}$ und auf $\mathfrak{A}^*$ die Punkte $\mathfrak{x}^*$ und $\mathfrak{x}^* + \mathfrak{a}^* = \mathfrak{y}^*$, so gibt die Determinante

$$(12) \qquad V = \begin{vmatrix} 1 & x_1 & x_2 & x_3 \\ 1 & y_1 & y_2 & y_3 \\ 1 & x_1^* & x_2^* & x_3^* \\ 1 & y_1^* & y_2^* & y_3^* \end{vmatrix}.$$

nach ihren beiden ersten Zeilen nach dem Determinantensatz von Laplace entwickelt, gerade den gewünschten Ausdruck

$$(13) \qquad V = \mathfrak{a}\,\overline{\mathfrak{a}}^* + \mathfrak{a}^*\,\overline{\mathfrak{a}}.$$

Subtrahiert man in der Determinante die dritte Zeile von der vierten und dann die erste von der zweiten und dritten, so folgt

$$(14) \qquad V = (\mathfrak{a}, \quad \mathfrak{x}^* - \mathfrak{x}, \quad \mathfrak{a}^*),$$

wo rechts eine dreireihige Determinante steht. Verlegt man die Punkte $\mathfrak{x}$ und $\mathfrak{x}^*$ auf den Geraden $\mathfrak{A}, \mathfrak{A}^*$ in die Fußpunkte des gemeinsamen Lotes, so erkennt man, daß

$$(15) \qquad V = -\,\overline{\varphi}\cdot\sin \varphi$$

ist, wenn $\overline{\varphi}$ die Länge dieses gemeinsamen Lotes, d. h. den kürzesten Abstand der Geraden bedeutet. Dabei wäre über die Vorzeichen noch eine geeignete Festsetzung zu treffen. In der Mechanik nennt man V das Moment der einen Geraden um die andere. Sein Vorzeichen ist von der Reihenfolge der Geraden unabhängig, abhängig aber vom Sinn der gerichteten Geraden.

Setzen wir

$$(16) \qquad \Phi = \varphi + \varepsilon\,\overline{\varphi},$$

so ist wegen (1a) nach (11) und (15)

$$(17) \qquad \mathfrak{A}\,\mathfrak{A}^* = \cos \Phi = \cos \varphi - \varepsilon\,\overline{\varphi}\sin \varphi.$$

Der „duale Winkel" Φ der Geraden $\mathfrak{A}, \mathfrak{A}^*$ setzt sich aus dem gewöhnlichen Winkel φ und dem kürzesten Abstand $\overline{\varphi}$ zusammen:

$$\Phi = \varphi + \varepsilon\,\overline{\varphi}.$$

Insbesondere ergibt sich als Bedingung, daß sich zwei Geraden $\mathfrak{A}, \mathfrak{A}^*$ senkrecht schneiden.

$$(18) \qquad \mathfrak{A}\,\mathfrak{A}^* = 0.$$

Bezeichnen wir mit

$$\mathfrak{R}(A) \quad \text{und} \quad \mathfrak{D}(A)$$

Real- und Dualteil der Zahl A, so haben wir nach (17) für Winkel φ und kürzesten Abstand $\overline{\varphi}$ der beiden Geraden $\mathfrak{A}$ und $\mathfrak{A}^*$, wenn wir den Fall paralleler Geraden für den Augenblick ausschließen:

$$\cos\varphi = \mathfrak{R}(\mathfrak{A}\,\mathfrak{A}^*); \qquad \overline{\varphi} = \frac{-\mathfrak{D}(\mathfrak{A}\,\mathfrak{A}^*)}{\sqrt{1 - [\mathfrak{R}(\mathfrak{A}\,\mathfrak{A}^*)]^2}}.$$

Es ist also

$$(18a) \qquad\qquad \mathfrak{R}(\mathfrak{A}\,\mathfrak{A}^*) = 0$$

die Bedingung für die senkrechte Lage windschiefer Geraden und

$$(18b) \qquad\qquad \mathfrak{D}(\mathfrak{A}\,\mathfrak{A}^*) = 0 \qquad\qquad (\mathfrak{R}^2 \neq 1)$$

die Bedingung für das Schneiden zweier Geraden. (Für $\mathfrak{R} = \pm 1$, $\mathfrak{D} = 0$ haben wir parallele Gerade.)

Unterwirft man jetzt die Einheitskugel $\mathfrak{A}^2 = 1$ der Gruppe der dualen Drehungen, d. h. den orthogonalen Substitutionen mit dualen Koeffizienten, so entsprechen ihnen die Euklidischen Bewegungen des Linienraums und umgekehrt. Denn die Bewegungen des Raumes sind als stetige Gruppe von Transformationen dadurch gekennzeichnet, daß bei ihnen der duale Winkel zweier Geraden, also kürzester Abstand und Winkel, erhalten bleibt.

Den so hergestellten Zusammenhang zwischen der dualen Geometrie auf der Kugel und der Liniengeometrie wollen wir zunächst dazu benutzen, um die geradlinigen Flächen zu untersuchen.

Wir schicken noch die folgenden Bemerkungen voraus:

Die Bewegungen des Linienraums sind in den dualen Linienkoordinaten A durch die Substitutionsformeln

$$A_i = \sum_{k=1}^{3} B_{ik} A_k^*$$

gegeben, wo die 9 dualen Koeffizienten den sechs Relationen

$$\sum_{i=1}^{3} B_{ik} B_{il} = \begin{cases} 1 & \text{für} \quad k = l\,(= 1, 2, 3) \\ 0 & \text{für} \quad k \neq l \end{cases}$$

genügen. Denn es sind ja nach dem eben Gesagten die kongruenten Abbildungen des dualen Raumes der A_1, A_2, A_3, die die Einheitskugel oder, was auf dasselbe hinauskommt, den Ursprung fest lassen. Wir haben also formal dieselben Transformationen, wie in § 3 (35), (33) für die Vektoren. Für die Invariantenbildung kommen dann wieder die Sätze des § 4 zur Anwendung. Soll das vollständige System unabhängiger Invarianten einer Reihe von Geraden bestimmt werden, so sind diese durch die Reihe ihrer dualen Einheitsvektoren

$$\mathfrak{A}^{(1)}, \mathfrak{A}^{(2)}, \mathfrak{A}^{(3)} \ldots \mathfrak{A}^{(\nu)}$$

gegeben. Nach § 4 haben wir aus diesen Vektoren irgendwie die Höchstzahl linear unabhängiger Vektoren als Grundvektoren herauszugreifen und aus den Grundvektoren dann alle weiteren linear zu kombinieren. Das vollständige System der unabhängigen Invarianten ist dann durch die Skalarprodukte der Grundvektoren und die Koeffizienten der Linearkombinationen gegeben. Jede dieser Invarianten ist eine duale Größe, bei Zerlegung in Real- und Dualteil gibt das jedesmal zwei unabhängige reelle geometrische Invarianten. Ein Vektor $\mathfrak{B}$ läßt sich natürlich aus drei linear unabhängigen $\mathfrak{A}^{(1)}$, $\mathfrak{A}^{(2)}$, $\mathfrak{A}^{(3)}$ in eindeutiger Weise linear kombinieren:

$$(19) \qquad \mathfrak{B} = \Lambda_1 \mathfrak{A}^{(1)} + \Lambda_2 \mathfrak{A}^{(2)} + \Lambda_3 \mathfrak{A}^{(3)}$$

mit skalaren dualen Koeffizienten $\Lambda_i = \lambda_i + \varepsilon \bar{\lambda}_i$. (19) gibt in Real- und Dualteil gespalten:

$$(19\,\text{a}) \quad \begin{cases} \mathfrak{b} = \lambda_1\,\mathfrak{a}^{(1)} + \lambda_2\,\mathfrak{a}^{(2)} + \lambda_3\,\mathfrak{a}^{(3)} \\ \bar{\mathfrak{b}} = \bar{\lambda}_1\,\mathfrak{a}^{(1)} + \bar{\lambda}_2\,\mathfrak{a}^{(2)} + \bar{\lambda}_3\,\mathfrak{a}^{(3)} + \lambda_1\,\bar{\mathfrak{a}}^{(1)} + \lambda_2\,\bar{\mathfrak{a}}^{(2)} + \lambda_3\,\bar{\mathfrak{a}}^{(3)}. \end{cases}$$

Die sechs Größen λ_i, $\bar{\lambda}_i$ sind Invarianten der vier Vektoren $\mathfrak{A}^{(1)}$, $\mathfrak{A}^{(2)}$, $\mathfrak{A}^{(3)}$, $\mathfrak{B}$.

Die lineare Kombination des Paares der Dreiervektoren $\mathfrak{b}$, $\bar{\mathfrak{b}}$ aus den sechs Vektoren $\mathfrak{a}$, $\bar{\mathfrak{a}}$ nach Art von (19a) ist in eindeutig bestimmter Weise möglich. Zwar ist in der zweiten Gleichung $\mathfrak{b}$ auf sehr viele Weisen durch die sechs Vektoren $\mathfrak{a}$, $\bar{\mathfrak{a}}$ kombinierbar, aber nur auf eine Weise so, daß bei der Kombination die Koeffizienten der drei $\mathfrak{a}$ dieselben werden wie die Koeffizienten der ersten Gleichung. Die $\bar{\mathfrak{a}}$ substituieren sich bei einer Bewegung nicht wie Vektoren im strengen Sinne, im Gegensatz zu den $\mathfrak{a}$.

§ 121. Geradlinige Flächen.

Stellen wir den dualen Einheitsvektor

$$(20) \qquad \mathfrak{A} = \mathfrak{a}\,(t) + \varepsilon\,\bar{\mathfrak{a}}\,(t)$$

in seiner Abhängigkeit von einem reellen Parameter t dar, so ist uns dadurch eine geradlinige Fläche gegeben. Dabei wollen wir, um das Stirnrunzeln des gestrengen Geometers zu vermeiden, dem dieses Büchlein gewidmet ist, ausdrücklich den Fall ausschließen, daß $\mathfrak{a}$ und $\bar{\mathfrak{a}}$ nur konstante Vektoren sind. Für den dualen Winkel zweier benachbarter Erzeugender haben wir

$$(20\,\text{a}) \qquad d\Phi^2 = (d\varphi + \varepsilon\,d\bar{\varphi})^2 = d\mathfrak{A}^2 = (d\mathfrak{a} + \varepsilon\,d\bar{\mathfrak{a}})^2.$$

Daraus ist

$$(21) \qquad d\varphi^2 = d\mathfrak{a}^2, \qquad d\varphi \cdot d\bar{\varphi} = d\mathfrak{a} \cdot d\bar{\mathfrak{a}},$$

und in

$$(22) \qquad \frac{1}{d} = \frac{d\,\bar{\varphi}}{d\,\varphi} = \frac{\mathfrak{a}' \cdot \bar{\mathfrak{a}}'}{\mathfrak{a}' \cdot \mathfrak{a}'}$$

haben wir die einfachste Differentialinvariante der geradlinigen Flächen. Die Invariante d pflegt man seit M. CHASLES (1793—1880) mit dem langweiligen Namen „*Verteilungsparameter*" zu belegen. Wir wollen sie kürzer den „*Drall*" der Fläche nennen. Der Ausdruck (22) für $1:d$ wird nur bei den Zylindern $\mathfrak{a}'^2 = 0$ unbrauchbar (wenn wir uns, wie erwähnt, auf Reelles beschränken). Sein identisches Verschwinden ist für die Torsen kennzeichnend. Die Zylinder schließen wir im folgenden aus. Geradlinige Flächen, die keine Torsen sind, hatten wir als „windschief" bezeichnet. Eine geometrische Deutung des Dralles folgt unten.

Jetzt führen wir ein unsre geradlinige Fläche begleitendes Dreibein ein, das erstens aus der Erzeugenden $\mathfrak{A} = \mathfrak{A}_1$ besteht und zweitens aus der Geraden

$$(23) \qquad \mathfrak{A}_2 = \frac{\mathfrak{A}'}{P}, \qquad P = \sqrt{\mathfrak{A}'^2},$$

endlich drittens aus der Geraden

$$(24) \qquad \mathfrak{A}_3 = \mathfrak{A}_1 \times \mathfrak{A}_2.$$

Um die geometrische Bedeutung von $\mathfrak{A}_2$ und $\mathfrak{A}_3$ festzustellen, beachten wir, daß aus $\mathfrak{A}^2 = 1$ durch Ableitung nach t

$$(25) \qquad \mathfrak{A}\,\mathfrak{A}' = 0$$

folgt. Wir behaupten nun zunächst, daß $\mathfrak{A}_3$ das gemeinsame Lot benachbarter Erzeugender $\mathfrak{A}$ und $\mathfrak{A} + \mathfrak{A}'dt$ ist. Tatsächlich! Wir haben dazu nach (18) nur zu bestätigen, daß

$$(26) \qquad \mathfrak{A}_3\,\mathfrak{A} = 0, \qquad \mathfrak{A}_3\,(\mathfrak{A} + \mathfrak{A}'dt) = \mathfrak{A}_3\,\mathfrak{A}'dt = 0$$

ist, und daß $\mathfrak{A}_3$ der Normierungsbedingung genügt:

$$(27) \qquad \mathfrak{A}_3^2 = (\mathfrak{A}_1 \times \mathfrak{A}_2)^2 = \mathfrak{A}_1^2\,\mathfrak{A}_2^2 - (\mathfrak{A}_1\,\mathfrak{A}_2)^2 = 1.$$

Den Schnittpunkt $\mathfrak{x}$ der drei Geraden unsres Dreibeins $\mathfrak{A}_1$, $\mathfrak{A}_2$, $\mathfrak{A}_3$, also den Punkt auf $\mathfrak{A}_1$, der von der Nachbarerzeugenden die kleinste Entfernung hat, werden wir als „*Kehlpunkt*"[1] der Fläche bezeichnen und den Ort $\mathfrak{x}\,(t)$ dieses Punktes als ihre „*Kehllinie*". Statt Kehlpunkt und Kehllinie sagt man wohl auch „*Hauptpunkt*" und „*Striktionslinie*". $\mathfrak{A}_3$ ist die Tangente unsrer Fläche im Kehlpunkt, die zur Erzeugenden $\mathfrak{A}_1$ senkrecht ist, $\mathfrak{A}_2$ ist die Flächennormale im Kehlpunkt. Die Ebene durch $\mathfrak{A}_1$, $\mathfrak{A}_2$ nennt man „*Asymptotenebene*" unsrer Fläche.

---

[1] Dieser Kehlpunkt begegnete uns schon im § 34.

Wir wollen nun die Ableitungen $\mathfrak{A}'_k$ der drei dualen Vektoren $\mathfrak{A}_k$ aus den $\mathfrak{A}_k$ linear aufbauen:

$$\text{(28)} \qquad \mathfrak{A}'_k = \sum a_{kl}\mathfrak{A}_l, \qquad a_{kl} = \mathfrak{A}'_k\mathfrak{A}_l.$$

Aus

$$\text{(29)} \qquad \mathfrak{A}_k\mathfrak{A}_l = 0, \quad k \neq l; \quad \mathfrak{A}_k\mathfrak{A}_l = 1, \quad k = l$$

folgt durch Ableitung

$$\text{(30)} \qquad \mathfrak{A}'_k\mathfrak{A}_l + \mathfrak{A}_k\mathfrak{A}'_l = a_{kl} + a_{lk} = 0,$$

d. h. die Matrix der a_{kl} ist schiefsymmetrisch. Das Gleichungssystem (28) hat also die Form

$$\text{(31)} \qquad \begin{aligned} \mathfrak{A}'_1 &= a_{12}\mathfrak{A}_2 - a_{31}\mathfrak{A}_3, \\ \mathfrak{A}'_2 &= a_{23}\mathfrak{A}_3 - a_{12}\mathfrak{A}_1, \\ \mathfrak{A}'_3 &= a_{31}\mathfrak{A}_1 - a_{23}\mathfrak{A}_2. \end{aligned}$$

Nach (23) war aber $\mathfrak{A}' = \mathfrak{A}'_1 = P\mathfrak{A}_2$, es ist also $a_{12} = P$, $a_{31} = 0$, und es bleibt nur

$$\text{(32)} \qquad a_{23} = \mathfrak{A}'_2\mathfrak{A}_3$$

zu berechnen. Aus (23) folgt durch Ableitung

$$\text{(33)} \qquad \mathfrak{A}'_2 = \frac{\mathfrak{A}''}{P} + \mathfrak{A}'\left(\frac{1}{P}\right)',$$

und da andrerseits nach (24)

$$\text{(34)} \qquad \mathfrak{A}_3 = \mathfrak{A}_1 \times \mathfrak{A}_2 = \frac{\mathfrak{A} \times \mathfrak{A}'}{P}$$

war, so finden wir für a_{23}, wofür wir Q setzen wollen, den Ausdruck

$$\text{(35)} \qquad Q = \frac{(\mathfrak{A}\,\mathfrak{A}'\,\mathfrak{A}'')}{P^2} = \frac{(\mathfrak{A}\,\mathfrak{A}'\,\mathfrak{A}'')}{\mathfrak{A}'\mathfrak{A}'}.$$

Somit haben unsre Ableitungsgleichungen schließlich die Gestalt:

$$\text{(36)} \qquad \boxed{\begin{aligned} \mathfrak{A}'_1 &= + P\mathfrak{A}_2, & P &= \sqrt{\mathfrak{A}'^2}, \\ \mathfrak{A}'_2 &= - P\mathfrak{A}_1 + Q\mathfrak{A}_3, & & \\ \mathfrak{A}'_3 &= - Q\mathfrak{A}_2; & Q &= \frac{(\mathfrak{A}\,\mathfrak{A}'\,\mathfrak{A}'')}{\mathfrak{A}'^2}. \end{aligned}}$$

Trennen wir hierin Reelles und Duales und setzen wir

$$\text{(37)} \qquad P = p + \varepsilon\bar{p}, \qquad Q = q + \varepsilon\bar{q},$$

so finden wir, falls wir

$$\text{(38)} \qquad \mathfrak{A}_k = \mathfrak{a}_k + \varepsilon\bar{\mathfrak{a}}_k$$

einführen, das Gleichungssystem

$$(39) \qquad \begin{cases} \mathfrak{a}_1' = + p\,\mathfrak{a}_2, \\ \mathfrak{a}_2' = - p\,\mathfrak{a}_1 + q\,\mathfrak{a}_3, \\ \mathfrak{a}_3' = - q\,\mathfrak{a}_2; \end{cases}$$

$$(40) \qquad \begin{cases} \bar{\mathfrak{a}}_1' = + \bar{p}\,\mathfrak{a}_2 + p\,\bar{\mathfrak{a}}_2, \\ \bar{\mathfrak{a}}_2' = - \bar{p}\,\mathfrak{a}_1 + \bar{q}\,\mathfrak{a}_3 - p\,\bar{\mathfrak{a}}_1 + q\,\bar{\mathfrak{a}}_3, \\ \bar{\mathfrak{a}}_3' = - \bar{q}\,\mathfrak{a}_2 - q\,\bar{\mathfrak{a}}_2. \end{cases}$$

Darin sind

$$(41) \qquad \begin{aligned} & p = \sqrt{\mathfrak{a}'^2}, \qquad \bar{p} = \frac{\mathfrak{a}'\bar{\mathfrak{a}}'}{\sqrt{\mathfrak{a}'^2}}, \\[2mm] & q = \frac{(\mathfrak{a}\,\mathfrak{a}'\,\mathfrak{a}'')}{\mathfrak{a}'^2}, \\[2mm] & \bar{q} = \frac{(\bar{\mathfrak{a}}\,\mathfrak{a}'\,\mathfrak{a}'') + (\mathfrak{a}\,\bar{\mathfrak{a}}'\,\mathfrak{a}'') + (\mathfrak{a}\,\mathfrak{a}'\,\bar{\mathfrak{a}}'')}{\mathfrak{a}'^2} - 2\,\frac{(\mathfrak{a}\,\mathfrak{a}'\,\mathfrak{a}'')(\mathfrak{a}'\,\bar{\mathfrak{a}}')}{(\mathfrak{a}'^2)^2}. \end{aligned}$$

In diesen Formeln ist der Parameter, auf den wir die Regelfläche beziehen, noch nicht in invarianter Weise festgelegt.

Für die „duale Länge" der sphärischen Kurve $\mathfrak{A}_1\,(t)$ erhalten wir nach (36), (37)

$$(42) \qquad \int \sqrt{\mathfrak{A}_1'^2}\,dt = \int P\,d\mathfrak{t} = \int (p + \varepsilon\,\bar{p})\,dt$$

und für die duale Länge von $\mathfrak{A}_3\,(t)$

$$(43) \qquad \int \sqrt{\mathfrak{A}_3'^2}\,dt = \int Q\,dt = \int (q + \varepsilon\,\bar{q})\,dt.$$

Dabei blieb ein Vorzeichen willkürlich. *Somit sind die Integrale*

$$\int p\,dt, \qquad \int \bar{p}\,dt, \qquad \int q\,dt, \qquad \int \bar{q}\,dt$$

Integralinvarianten unsrer geradlinigen Fläche $\mathfrak{A}\,(t)$

Ferner findet man mittels der Formel (22) für den Drall d_1 der Fläche $\mathfrak{A}_1\,(t)$ den Wert

$$(44) \qquad \frac{1}{d_1} = \frac{\mathfrak{a}_1'\,\bar{\mathfrak{a}}_1'}{\mathfrak{a}_1'^2} = \frac{\bar{p}}{p},$$

$p = 0$ kennzeichnet dann die Zylinder.

Um den Drall geometrisch zu deuten, wollen wir uns jetzt noch die Geraden $\mathfrak{T}$ darstellen, welche zu der Erzeugenden $\mathfrak{A} = \mathfrak{A}_1$ senkrecht sind und die Nachbargerade $\mathfrak{A} + d\mathfrak{A} = \mathfrak{A} + \mathfrak{A}'\,dt$ schneiden, d. h. die Tangenten $\mathfrak{T}$ unsrer Regelfläche, welche von den Punkten von $\mathfrak{A}$ auslaufen und zu dieser Erzeugenden $\mathfrak{A}$ senkrecht sind. Setzen wir $\mathfrak{T}$ als Linearkombination

$$\mathfrak{T} = \Lambda_1\,\mathfrak{A}_1 + \Lambda_2\,\mathfrak{A}_2 + \Lambda_3\,\mathfrak{A}_3$$

mit dualen Koeffizienten Λ_1, Λ_2, Λ_3 an, so folgt aus $\mathfrak{T}\mathfrak{A}_1 = 0$, daß $\Lambda_1 = 0$ sein muß. Wegen $\mathfrak{T}\mathfrak{T} = 1$ gilt $\Lambda_2^2 + \Lambda_3^2 = 1$ und wir können

$$\mathfrak{T} = \sin \Phi \cdot \mathfrak{A}_2 + \cos \Phi \, \mathfrak{A}_3$$

mit

$$\sin \Phi = \sin \varphi + \varepsilon \overline{\varphi} \cos \varphi; \quad \cos \Phi = \cos \varphi - \varepsilon \overline{\varphi} \sin \varphi$$

setzen. Soll $\mathfrak{T}$ noch die Nachbargerade $\mathfrak{A} + \mathfrak{A}' dt$ schneiden, so muß weiter nach (18b):

$$\mathfrak{D}\,(\mathfrak{T}\,\mathfrak{A}') = 0$$

gelten oder nach (23)

(44a) $$\mathfrak{D}\,[(\mathfrak{T}\,\mathfrak{A}_2) \cdot P] = \mathfrak{D}\,[\sin \Phi \cdot P] = 0\;.$$

Spalten wir in Real- und Dualteil, so gilt:

$$\sin \Phi \cdot P = \sin \varphi \cdot p + \varepsilon\,[\sin \varphi \cdot \overline{p} + \overline{\varphi} \cos \varphi \cdot p]\,.$$

Die Bedingung (44a) führt also mittels (44) auf

(45) $$\overline{\varphi} = -\,\frac{\overline{p}}{p}\,\mathrm{tg}\,\varphi = -\,\frac{1}{d_1}\,\mathrm{tg}\,\varphi\,.$$

Somit haben wir für unsre von dem einen Parameter φ abhängigen senkrechten Tangenten, wenn wir den Fall der Zylinder $p = 0$ ausschließen:

$$\mathfrak{T}\,(\varphi) = \sin \varphi\,\mathfrak{a}_2 + \cos \varphi\,\mathfrak{a}_3$$
$$+ \varepsilon\left\{\sin \varphi\,\overline{\mathfrak{a}}_2 + \cos \varphi\,\overline{\mathfrak{a}}_3 - \frac{1}{d_1}\sin \varphi\,\mathfrak{a}_2 + \frac{1}{d_1}\,\sin \varphi\,\mathrm{tg}\,\varphi\,\mathfrak{a}_3\right\}\,.$$

Für $\varphi = 0$ ergibt sich offenbar die senkrechte Tangente $\mathfrak{A}_3$ im Kehlpunkt. Nehmen wir nun irgend eine Tangente $\mathfrak{T}$, so gilt

$$(\mathfrak{T}\,\mathfrak{A}_3) = \cos \Phi\,.$$

Nach (17) ist also φ der Winkel zwischen $\mathfrak{T}$ und $\mathfrak{A}_3$ und $\overline{\varphi}$ der kürzeste Abstand beider Geraden.

Zwischen beiden und dem Drall unsrer Fläche besteht nach (45) die Beziehung

(46) $$d_1 \cdot \overline{\varphi} = -\,\mathrm{tg}\,\varphi\,.$$

Da $\mathfrak{A}$ das gemeinsame Lot von $\mathfrak{T}$ und $\mathfrak{A}_3$ ist, so hat man in $\overline{\varphi}$ einfach den Abstand desjenigen Punktes M, in dem $\mathfrak{T}$ Tangente ist, vom Kehlpunkt, und φ ist der Winkel, den die Tangentenebenen in M und im Kehlpunkt miteinander bilden. Die Formel (46) gibt uns also einen Aufschluß darüber, wie sich die Tangentenebene längs der Erzeugenden unsrer Regelfläche dreht, wenn man vom Kehlpunkt um die Strecke $\overline{}$ auf der Erzeugenden fortschreitet. Setzen wir $\overline{\varphi} = 1$, so haben wir

$$d_1 = -\,\mathrm{tg}\,\varphi$$

und damit die folgende geometrische Deutung des Dralles: *Ist φ der Winkel zwischen der Tangentenebene unsrer Regelfläche im Kehlpunkt und der Tangentenebene in einem der beiden Punkte, die vom Kehlpunkt im Abstand 1 auf der Erzeugenden gelegen sind, so ist der Drall unsrer Regelfläche gleich* $- \operatorname{tg} \varphi$.

Entsprechend der Formel (44) für den Drall der Fläche $\mathfrak{A}_1\,(t)$ finden wir für den Drall der Fläche $\mathfrak{A}_2\,(t)$

$$\frac{1}{d_2} = \frac{\mathfrak{a}_2'\,\bar{\mathfrak{a}}_2'}{\mathfrak{a}_2'^2} = \frac{p\,\bar{p} + q\,\bar{q}}{p^2 + q^2}$$

und schließlich für den Drall der Fläche $\mathfrak{A}_3\,(t)$

$$(46\,\mathrm{a}) \qquad \frac{1}{d_3} = \frac{\mathfrak{a}_3'\,\bar{\mathfrak{a}}_3'}{\mathfrak{a}_3'^2} = \frac{\bar{q}}{q}.$$

Um den Geschwindigkeitsvektor $\mathfrak{x}'$ des Kehlpunktes $\mathfrak{x}$ zu gewinnen, beachten wir, daß $\mathfrak{A}_3$ die von $(\mathfrak{A}_1)$ bestrichene Fläche in $\mathfrak{x}$ berührt, daß also

$$(47) \qquad \mathfrak{x}' \overset{\perp}{=} a\,\mathfrak{a}_1 + b\,\mathfrak{a}_3$$

sein muß. Leiten wir andrerseits die Gleichungen

$$(48) \qquad \mathfrak{x} \times \mathfrak{a}_1 = \bar{\mathfrak{a}}_1, \qquad \mathfrak{x} \times \mathfrak{a}_3 = \bar{\mathfrak{a}}_3,$$

die aussagen, daß der Kehlpunkt $\mathfrak{x}$ auf $\mathfrak{A}_1$ und $\mathfrak{A}_3$ liegt, mittels (39), (40) und (47) ab, so folgt

$$(49) \qquad a = \bar{q}, \qquad b = \bar{p}.$$

Damit haben wir die gewünschte Ableitungsgleichung für den Kehlpunkt

$$(50) \qquad \boxed{\mathfrak{x}' = \bar{q}\,\mathfrak{a}_1 + \bar{p}\,\mathfrak{a}_3}$$

und daraus

$$(51) \qquad \mathfrak{x}'^2 = \bar{p}^2 + \bar{q}^2.$$

Aus (50) ergibt sich eine *geometrische Deutung der Integralinvarianten*

$$\int \bar{q}\,dt, \qquad \int \bar{p}\,dt.$$

Es ist nämlich

$$(52) \qquad \int \mathfrak{x}'\mathfrak{a}_1\,dt = \int \bar{q}\,dt$$

die auf $\mathfrak{A}_1$ gemessene Entfernung des Kehlpunkts von einer Kurve auf unsrer geradlinigen Fläche $(\mathfrak{A}_1)$, die die Erzeugenden $\mathfrak{A}_1$ senkrecht durchschneidet, und entsprechend

$$(53) \qquad \int \mathfrak{x}'\mathfrak{a}_3\,dt = \int \bar{p}\,dt$$

die Entfernung von einer senkrechten Schnittlinie der $\mathfrak{A}_3$.

$p = 0$ kennzeichnet die Zylinder $\mathfrak{A}(t)$. Ist $\bar{p} = 0$, ohne daß $p = 0$ ist, so hat $\mathfrak{A}(t)$ nach (44) unendlich großen Drall, also ist $\mathfrak{A}(t)$ auf jeden Fall eine Torse, wenn $\bar{p} = 0$ ist. Aus $q = 0$ folgt nach (39) $\mathfrak{a}_3' = 0$ oder $\mathfrak{a}_3 = $ konst. Wegen $\mathfrak{a}_1\mathfrak{a}_3 = 0$ bedeutet also $q = 0$, daß die Erzeugenden von $\mathfrak{A}_1(t)$ einer Ebene („Richtebene") parallel sind. Es bleibt noch der Fall $\bar{q} = 0$ zu untersuchen.

Im allgemeinen, d. h., für $p \neq 0$, $q \neq 0$ entsprechen sich die Flächen $\mathfrak{A}_1(t)$ und $\mathfrak{A}_3(t)$ gegenseitig, d. h. jede besteht aus den kürzesten Abständen der Nachbarerzeugenden der andern. Daß nämlich $\mathfrak{A}_3$ das Lot von $\mathfrak{A}_1$ und $\mathfrak{A}_1 + d\mathfrak{A}_1$ ist, drückt sich so aus [vgl. (36)]:

$$(54) \qquad \mathfrak{A}_3 = \frac{\mathfrak{A}_1 \times \mathfrak{A}_1'}{P}$$

und die umgekehrte Beziehung durch

$$(55) \qquad \mathfrak{A}_1 = \frac{\mathfrak{A}_3 \times \mathfrak{A}_3'}{Q}.$$

Beide Ausdrücke haben dabei einen guten Sinn, da die Realteile p, q der Nenner nicht verschwinden. Soll nun $\bar{q} = 0$ sein, so hat $\mathfrak{A}_3(t)$ nach (46a) unendlich großen Drall, ist also eine Torse. $\mathfrak{A}_1(t)$ besteht aus den gemeinsamen Loten benachbarter Erzeugenden der Torse, also aus den Binormalen der von der Torse im allgemeinen umhüllten Raumkurve. $\bar{q} = 0$ bedeutet also, daß $\mathfrak{A}_1(t)$ in der Regel aus den Binormalen einer Kurve besteht.

In dem Sonderfall $\bar{p} = 0$ steckt in unsrer Theorie der geradlinigen Flächen die Theorie der Raumkurven ($\bar{q} \neq 0$) und gleichzeitig ($\bar{q} = 0$) die der Kegel. Im ersten Fall wird nämlich nach (50) $\mathfrak{x}' = \bar{q}\mathfrak{a}_1$, $\mathfrak{x}'^2 = \bar{q}^2$ und somit nach willkürlicher Entscheidung über das Vorzeichen der Bogenlänge s der Kehllinie

$$s = \int \bar{q}\, dt.$$

Die Formeln (39) bekommen also die Gestalt

$$\frac{d\mathfrak{a}_1}{ds} = + \frac{p}{q}\,\mathfrak{a}_2,$$

$$\frac{d\mathfrak{a}_2}{ds} = - \frac{p}{q}\,\mathfrak{a}_1 + \frac{q}{q}\,\mathfrak{a}_3,$$

$$\frac{d\mathfrak{a}_3}{ds} = - \frac{q}{q}\,\mathfrak{a}_2.$$

Durch Vergleich mit den Formeln (71) von FRENET in § 9 ergeben sich somit für Krümmung und Windung von ($\mathfrak{x}$) die Werte

$$(56) \qquad \frac{1}{\varrho} = \frac{p}{\bar{q}}, \qquad \frac{1}{\tau} = \frac{q}{\bar{q}}.$$

Nebenbei bemerkt, kann man außer unsern vier Integralinvarianten für geradlinige Flächen leicht noch weitere bilden, so z. B. die von dem französischen Geometer G. KOENIGS betrachtete

$$(57) \qquad \int \sqrt{p\,\bar{p}}\,dt = \int \sqrt{a'\,\bar{a}'}\,dt.$$

Stellen wir einen beliebigen Punkt $\mathfrak{y}$ einer geradlinigen Fläche, ausgehend von der Kehllinie $\mathfrak{x}\,(t)$ in der Form $\mathfrak{y} = \mathfrak{x} + r\,\mathfrak{a}_1$ durch die Parameter r, t dar, so findet sich nach (39), (50) für das Bogenelement der Fläche der Ausdruck:

$$(58_1) \qquad d\mathfrak{y}^2 = dr^2 + 2\,\bar{q}\,dr\,dt + (p^2 r^2 + \bar{p}^2 + \bar{q}^2)\,dt^2.$$

Daraus folgt etwa mittels (42) in § 36 für das Krümmungsmaß

$$(58_2) \qquad K = -\left\{ \frac{p\,\bar{p}}{p^2 r^2 + \bar{p}^2} \right\}^2.$$

Längs einer Erzeugenden hat also K, wenn p, $\bar{p} \neq 0$ sind, für $r = 0$, also im Kehlpunkt seinen absolut größten Wert.

Aus der Biegungsinvarianz von K (§ 45) folgt: *Sind zwei windschiefe ($K \neq 0$) geradlinige Flächen längentreu so aufeinander abgebildet, daß sich die geradlinigen Erzeugenden entsprechen, so entsprechen sich auch die Kehllinien.* Ferner: *Dafür, daß zwei windschiefe Flächen derart aufeinander abbildbar sind, ist notwendig und hinreichend, daß für entsprechende Erzeugende die Verhältnisse $p : \bar{p} : \bar{q}$ übereinstimmen.*

Merken wir uns zum Schluß noch einige *Formeln für den Kehlpunkt $\mathfrak{x}$* einer geradlinigen Fläche an. Setzen wir dazu

$$\mathfrak{x} = \alpha_1\,\mathfrak{a}_1 + \alpha_2\,\mathfrak{a}_2 + \alpha_3\,\mathfrak{a}_3 \,,$$

so gibt die Tatsache, daß $\mathfrak{x}$ auf $\mathfrak{A}_1$ liegt

$$\mathfrak{x} \times \mathfrak{a}_1 = \bar{\mathfrak{a}}_1 \,,$$

wobei

$$\mathfrak{x} \times \mathfrak{a}_1 = -\,\alpha_2\,\mathfrak{a}_3 + \alpha_3\,\mathfrak{a}_2.$$

Multipliziert man mit $\mathfrak{a}_2$, so findet sich wegen $\mathfrak{a}_2^2 = 1$, $\mathfrak{a}_2\mathfrak{a}_3 = 0$ das Ergebnis $\alpha_3 = \mathfrak{a}_2\bar{\mathfrak{a}}_1$.

Daraus durch zyklische Vertauschung

$$(59_1) \qquad +\,\mathfrak{x} = (\mathfrak{a}_3\,\bar{\mathfrak{a}}_2)\,\mathfrak{a}_1 + (\mathfrak{a}_1\,\bar{\mathfrak{a}}_3)\,\mathfrak{a}_2 + (\mathfrak{a}_2\,\bar{\mathfrak{a}}_1)\,\mathfrak{a}_3$$

oder auch, da $\mathfrak{A}_i$ und $\mathfrak{A}_k$ $(i \neq k)$ sich schneiden $(\mathfrak{a}_i\bar{\mathfrak{a}}_k + \mathfrak{a}_k\bar{\mathfrak{a}}_i = 0)$

$$(59_2) \qquad -\,\mathfrak{x} = (\mathfrak{a}_2\,\bar{\mathfrak{a}}_3)\,\mathfrak{a}_1 + (\mathfrak{a}_3\,\bar{\mathfrak{a}}_1)\,\mathfrak{a}_2 + (\mathfrak{a}_1\,\bar{\mathfrak{a}}_2)\,\mathfrak{a}_3.$$

Mittels (39) und (40) ergibt sich weiter

$$(59_3) \qquad \mathfrak{x} = \mathfrak{a} \times \bar{\mathfrak{a}} + \frac{(\mathfrak{a}\,\mathfrak{a}'\,\bar{\mathfrak{a}}')}{\mathfrak{a}'^2}\,\mathfrak{a}$$

oder nach (6)

$$(59_4) \qquad \mathfrak{x} = \underline{\mathfrak{a}} - \frac{\mathfrak{a}'\,\underline{\mathfrak{a}}'}{\mathfrak{a}'^2}\,\mathfrak{a} \;^{[1]}.$$

---

[1] Entsprechend dem hier Vorgetragenen läßt sich besonders symmetrisch für die nicht-Euklidische Geometrie eine Theorie der geradlinigen Flächen aufstellen. Vgl. W. BLASCHKE: Math. Zeitschrift, Bd. 15, S. 309—320. 1922.

§ 122. Besondere geradlinige Flächen.

Wir wollen von der vorhin entwickelten Theorie eine kleine Anwendung machen, indem wir den Drall $\varDelta$ derjenigen geradlinigen Fläche berechnen, die von einer mit dem begleitenden Dreibein einer gegebenen geradlinigen Fläche $\mathfrak{A}\,(t)$ starr verbundenen Geraden $\mathfrak{G}$ beschrieben wird.

Zu dem Zweck setzen wir den dualen Vektor $\mathfrak{G}$ linear aus den dualen Vektoren $\mathfrak{A}_1$, $\mathfrak{A}_2$, $\mathfrak{A}_3$ zusammen:

$$(60) \qquad \mathfrak{G} = G_1\,\mathfrak{A}_1 + G_2\,\mathfrak{A}_2 + G_3\,\mathfrak{A}_3\,.$$

Dabei bedeuten die G_k feste duale Zahlen mit der Quadratsumme $\mathfrak{G}^2 = 1$. Durch Ableitung folgt wegen (36)

$$(61) \qquad \mathfrak{G}' = -\,G_2\,P\,\mathfrak{A}_1 + (G_1\,P - G_3\,Q)\,\mathfrak{A}_2 + G_2\,Q\,\mathfrak{A}_3\,.$$

Daraus ergeben sich nebenbei für die im Augenblick ruhende Gerade $(\mathfrak{G}' = 0)$ die Bestimmungsstücke

$$(62) \qquad G_1 = \frac{Q}{\sqrt{P^2 + Q^2}}\,, \qquad G_2 = 0\,, \qquad G_3 = \frac{P}{\sqrt{P^2 + Q^2}}\,.$$

Ferner folgt aus (61)

$$\mathfrak{G}'^2 = G_2^2\,P^2 + (G_1\,P - G_3\,Q)^2 + G_2^2\,Q^2$$

oder wegen $G_1^2 + G_2^2 + G_3^2 = 1$

$$(63_1) \qquad \mathfrak{G}'^2 = P^2 + Q^2 - (G_3\,P + G_1\,Q)^2\,.$$

Daraus durch Trennung des Real- und Dualteils:

$$G_k = g_k + \varepsilon\,\overline{g}_k\,,$$
$$\mathfrak{G} = g + \varepsilon\,\overline{g};$$
$$(63_2) \qquad g'^2 = p^2 + q^2 - (g_3\,p + g_1\,q)^2\,,$$
$$g'\overline{g}' = p\,\overline{p} + q\,\overline{q} - (g_3\,p + g_1\,q)(g_3\,\overline{p} + g_1\,\overline{q} + \overline{g}_3\,p + \overline{g}_1\,q)\,.$$

Somit gilt für den gesuchten Drall $\varDelta$:

$$(64) \qquad \frac{1}{\varDelta} = \frac{g'\overline{g}'}{g'g'} = \frac{p\,\overline{p} + q\,\overline{q} - (g_3\,p + g_1\,q)(g_3\,\overline{p} + g_1\,\overline{q} + \overline{g}_3\,p + \overline{g}_1\,q)}{p^2 + q^2 - (g_3\,p + g_1\,q)^2}\,.$$

Suchen wir jetzt insbesondere die Geraden $\mathfrak{G}$ durch den Kehlpunkt $\mathfrak{x}$ auf, für die der Drall unendlich groß wird. Für die Geraden durch $\mathfrak{x}$ sind die $\overline{g}_k = 0$; denn die $\overline{g}_k$ bedeuten die Drehmomente von $\mathfrak{G}$ um die $\mathfrak{A}_k$. Somit findet sich die Bedingung

$$(65) \qquad p\,\overline{p} + q\,\overline{q} = (g_3\,p + g_1\,q)(g_3\,\overline{p} + g_1\,\overline{q})\,.$$

Das ist die Gleichung eines Kegels zweiten Grades durch $\mathfrak{x}$. Fragen wir nun: *Für welche Flächen $\mathfrak{A}\,(t)$ behält dieser Kegel, dessen Erzeugende Torsen beschreiben, Gestalt und Lage innerhalb des Dreibeins $\mathfrak{A}_k\,(t)$ bei?*

Nach (65) ist offenbar dafür notwendig und hinreichend, daß $p:q$ und $\bar p:\bar q$ längs $\mathfrak{A}\,(t)$ konstant (also unabhängig von t) bleiben. Wir wollen nun die geometrische Bedeutung der Bedingungen $p:q$ und $\bar p:\bar q =$ konst. ermitteln. $p:q =$ konst. bedeutet, daß die Erzeugenden $\mathfrak{A}\,(t)$ mit einer festen Richtung einen festen Winkel bilden. In der Tat: Nimmt man in (61) die Realteile, so erhält man

$$(66) \qquad \mathfrak{g}' = -\,g_2\,p\,\mathfrak{a}_1 + (g_1\,p - g_3\,q)\,\mathfrak{a}_2 + g_2\,q\,\mathfrak{a}_3\,.$$

Daraus folgt, daß die im Dreibein feste Richtung

$$(67) \qquad g_1 = \frac{q}{\sqrt{p^2 + q^2}}\,, \qquad g_2 = 0\,, \qquad g_3 = \frac{p}{\sqrt{p^2 + q^2}}$$

auch im Raum fest ist ($\mathfrak{g}' = 0$), was sich leicht umkehren läßt. Aus (51) folgt andrerseits, daß $\bar p:\bar q =$ konst. diejenigen geradlinigen Flächen kennzeichnet, für welche die Kehllinie mit der Erzeugenden $\mathfrak{A}\,(t)$ einen festen Winkel bildet. Da sowohl die Richtung (67) wie die Tangentenrichtung $\mathfrak{x}'$ in der Ebene durch $\mathfrak{A}_1$ und $\mathfrak{A}_3$ liegen, ist auch der Winkel zwischen $\mathfrak{x}'$ (50) und der raumfesten Richtung (67) unveränderlich. In der Ausdrucksweise von § 18 heißt das: Die Kehllinie ist eine Böschungslinie.

Da $\mathfrak{a}_2$ auf der festen Richtung und auf $\mathfrak{x}'$ senkrecht steht und die Hauptnormale ξ_2 einer Böschungslinie nach § 18 dieselbe Eigenschaft hat, so können wir $\xi_2 = \mathfrak{a}_2$ setzen.

Gehen wir jetzt umgekehrt von einer Böschungslinie $\mathfrak{x}\,(t)$ aus und konstruieren dazu eine von unsern geradlinigen Flächen $\mathfrak{A}\,(t)$, die $\mathfrak{x}\,(t)$ zur Kehllinie hat, so muß wegen $\xi_2 = \mathfrak{a}_2$ die Beziehung bestehen:

$$(68) \qquad \mathfrak{a}_1 = \xi_1 \cos\vartheta + \xi_3 \sin\vartheta\,, \qquad \vartheta = \text{konst.}$$

Daraus folgt durch Ableitung mittels der Formeln von Frenet aus § 9

$$(69) \qquad \mathfrak{a}_1' = \xi_2 \left(\frac{\cos\vartheta}{\varrho} - \frac{\sin\vartheta}{\tau}\right).$$

Somit ist

$$(70) \qquad \mathfrak{a}_2 = \frac{\mathfrak{a}_1'}{\sqrt{\mathfrak{a}_1'^2}} = \xi_2\,.$$

Also ist die Kurve $\mathfrak{x}\,(t)$ auf der Fläche

$$(71) \qquad \mathfrak{A}\,(t) = \mathfrak{a}_1 + \varepsilon\,(\mathfrak{x} \times \mathfrak{a}_1)$$

tatsächlich Kehllinie. *Um also eine geradlinige Fläche mit $p:q =$ konst., $\bar p:\bar q =$ konst. zu konstruieren, braucht man nur durch die Punkte $\mathfrak{x}$ einer Böschungslinie die Erzeugenden mit der Richtung*

$$\mathfrak{a} = \xi_1 \cos\vartheta + \xi_3 \sin\vartheta\,, \qquad \vartheta = \text{konst.}$$

zu legen.

Dabei ist der Winkel ϑ so zu wählen, daß die Richtung $\mathfrak{a}$ nicht raumfest ausfällt. Das Dreibein der ξ_k ist mit dem der $\mathfrak{a}_k$ starr verbunden. Eine Gerade $\mathfrak{G}$, die mit den $\mathfrak{A}_k$ starr zusammenhängt, ist also auch mit den ξ_k in unveränderlichem Zusammenhang. Somit gibt es bei jeder Böschungslinie einen mit dem begleitenden Dreibein der ξ starr verbundenen Kegel mit der Spitze im Kurvenpunkt, dessen Erzeugende bei der Bewegung des Dreibeins Torsen umhüllen. Diese Eigenschaft ist für die Böschungslinien kennzeichnend. Damit sind wir auf ein von P. APPELL herrührendes Ergebnis zurückgekommen[1].

Nach (60) ist für beliebige geradlinige Flächen die Gerade

$$(72) \qquad \mathfrak{B}(t) = \frac{Q\,\mathfrak{A}_1 + P\,\mathfrak{A}_3}{\sqrt{P^2 + Q^2}}$$

das, was dem sphärischen Krümmungsmittelpunkt auf der dualen Kugel entspricht, also etwa die „*Krümmungsachse*" der geradlinigen Fläche $\mathfrak{A}(t)$. $\mathfrak{B}(t)$ könnte man dann die Evolutenfläche zu $\mathfrak{A}(t)$ nennen.

Setzt man in $\mathfrak{B}$ für $\mathfrak{A}_1$, $\mathfrak{A}_3$, P, Q die Werte aus (23), (24), (36) ein, so erhält man:

$$(73_1) \qquad \mathfrak{B} = \frac{Q\,\mathfrak{A} + \mathfrak{A}\times\mathfrak{A}'}{\sqrt{\mathfrak{A}'^2 + Q^2}}, \qquad Q = \frac{(\mathfrak{A}\,\mathfrak{A}'\,\mathfrak{A}'')}{\mathfrak{A}'^2}.$$

Bezeichnet man den dualen Winkel zwischen $\mathfrak{A}$ und $\mathfrak{B}$ mit $\Theta = \vartheta + \varepsilon\,\overline{\vartheta}$, so erhält man aus (72):

$$(73_2) \qquad \begin{aligned} \operatorname{ctg}\Theta &= \operatorname{ctg}\vartheta - \frac{\varepsilon\,\overline{\vartheta}}{\sin^2\vartheta} = \frac{Q}{P} = \frac{(\mathfrak{A}\,\mathfrak{A}'\,\mathfrak{A}'')}{(\mathfrak{A}'^2)^{3/2}}; \\[2mm] \operatorname{ctg}\vartheta &= \frac{q}{p} \qquad \overline{\vartheta} = \frac{q\,\overline{p} - p\,\overline{q}}{p^2 + q^2}. \end{aligned}$$

§ 123. Strahlensysteme.

Eine Gesamtheit von Geraden, die von zwei wesentlichen Parametern abhängt, nennt man ein „Strahlensystem" oder eine „Kongruenz". Wir wollen den Einheitsvektor $\mathfrak{A}$ als Funktion zweier reeller Parameter u, v darstellen.

$$(74) \qquad \mathfrak{A} = \mathfrak{a}(u, v) + \varepsilon\,\overline{\mathfrak{a}}(u, v)$$

und haben so ein Strahlensystem gegeben. Das duale Bogenelement

$$\begin{aligned} d\mathfrak{A}^2 &= \{(\mathfrak{a}_u\,du + \mathfrak{a}_v\,dv) + \varepsilon\,(\overline{\mathfrak{a}}_u\,du + \overline{\mathfrak{a}}_v\,dv)\}^2 \\ (75) \qquad &= (\mathfrak{a}_u^2\,du^2 + 2\mathfrak{a}_u\,\mathfrak{a}_v\,du\,dv + \mathfrak{a}_v^2\,dv^2) \\ &\quad + 2\varepsilon\,\{\mathfrak{a}_u\,\overline{\mathfrak{a}}_u\,du^2 + (\mathfrak{a}_u\,\overline{\mathfrak{a}}_v + \mathfrak{a}_v\,\overline{\mathfrak{a}}_u)\,du\,dv + \mathfrak{a}_v\,\overline{\mathfrak{a}}_v\,dv^2\} \end{aligned}$$

---

[1] P. APPELL: Arch. Math. Phys. (1) Bd. 64, S. 19—23. 1879.

kürzen wir so ab:

$$(76) \quad \begin{aligned} d\mathfrak{A}^2 &= E\,du^2 + 2F\,du\,dv + G\,dv^2 \\ &= e\,du^2 + 2f\,du\,dv + g\,dv^2 + \varepsilon\{\bar{e}\,du^2 + 2\bar{f}\,du\,dv + \bar{g}\,dv^2\} \end{aligned}$$

indem wir setzen:

$$(77) \quad \boxed{\begin{aligned} E &= e + \varepsilon\bar{e}, & F &= f + \varepsilon\bar{f}, & G &= g + \varepsilon\bar{g}; \\ e &= \mathfrak{a}_u^2, & f &= \mathfrak{a}_u\,\mathfrak{a}_v, & g &= \mathfrak{a}_v^2; \\ \bar{e} &= 2\mathfrak{a}_u\,\bar{\mathfrak{a}}_u, & \bar{f} &= \mathfrak{a}_u\,\bar{\mathfrak{a}}_v + \mathfrak{a}_v\,\bar{\mathfrak{a}}_u, & \bar{g} &= 2\mathfrak{a}_v\,\bar{\mathfrak{a}}_v. \end{aligned}}$$

Wir werden im folgenden die „zylindrischen" Strahlensysteme, d. h. solche, deren sphärisches Bild $\mathfrak{a}\,(u, v)$ auf eine Kurve zusammenschrumpft $(eg - f^2 = 0)$, ausschließen.

Um die Abhängigkeit zwischen den beiden quadratischen Different alformen[1]

$$(78) \quad \begin{aligned} \mathrm{I} &= e\,du^2 + 2f\,du\,dv + g\,dv^2, \\ \mathrm{II} &= \bar{e}\,du^2 + 2\bar{f}\,du\,dv + \bar{g}\,dv^2 \end{aligned}$$

aufzufinden, brauchen wir nur hinzuschreiben, daß die duale Differentialform $\mathrm{I} + \varepsilon\,\mathrm{II}$ das Gauszsche Krümmungsmaß Eins hat. Mittels der Formel (138) in § 58 erhält man:

$$(79) \quad 1 = -\frac{1}{4\,w^4}\begin{vmatrix} e & e_u & e_v \\ f & f_u & f_v \\ g & g_u & g_v \end{vmatrix} - \frac{1}{2w}\left\{\frac{\partial}{\partial v}\frac{e_v - f_u}{w} - \frac{\partial}{\partial u}\frac{f_v - g_u}{w}\right\},$$

$$w^2 = eg - f^2$$

und eine zweite, etwas längliche Formel

$$(80) \quad \begin{aligned} 0 = {} & \frac{2h}{w^4}\begin{vmatrix} e & e_u & e_v \\ f & f_u & f_v \\ g & g_u & g_v \end{vmatrix} - \frac{1}{4\,w^4}\left\{\begin{vmatrix} \bar{e} & e_u & e_v \\ \bar{f} & f_u & f_v \\ \bar{g} & g_u & g_v \end{vmatrix} + \begin{vmatrix} e & \bar{e}_u & e_v \\ f & \bar{f}_u & f_v \\ g & \bar{g}_u & g_v \end{vmatrix} + \begin{vmatrix} e & e_u & \bar{e}_v \\ f & f_u & \bar{f}_v \\ g & g_u & \bar{g}_v \end{vmatrix}\right\} \\ & + \frac{h}{w}\left\{\frac{\partial}{\partial v}\frac{e_v - f_u}{w} - \frac{\partial}{\partial u}\frac{f_v - g_u}{w}\right\} - \frac{1}{2w}\left\{\frac{\partial}{\partial v}\frac{\bar{e}_v - \bar{f}_u}{w} - \frac{\partial}{\partial u}\frac{\bar{f}_v - \bar{g}_u}{w}\right\} \\ & + \frac{1}{w}\left\{\frac{\partial}{\partial v}h\frac{e_v - f_u}{w} - \frac{\partial}{\partial u}h\frac{f_v - g_u}{w}\right\}, \end{aligned}$$

wo

$$4h = \frac{e\,\bar{g} - 2f\,\bar{f} + g\,\bar{e}}{eg - f^2}.$$

gesetzt ist.

---

[1] Diese Formen hat systematisch zuerst G. Sannia zur Grundlage der differentialgeometrischen Behandlung der Strahlensysteme gemacht (Math. Ann. Bd. 68, S. 409–416. 1910), nachdem schon K. Zindler beide Formen eingeführt hatte.

Man kann (80) mittels (79) noch ein wenig umformen.

Überträgt man auch die Ableitungsformeln (135) (§ 57) von GAUSZ auf den vorliegenden Fall, indem man (für $\mathfrak{x} = \xi = \mathfrak{A}$) nach (77)

$$E = -L = e + \varepsilon\,\bar{e},$$
$$F = -M = f + \varepsilon\,\bar{f},$$
$$G = -N = g + \varepsilon\,\bar{g}$$

setzt, so sieht man z. B., daß durch die Grundformen I, II mit den Bedingungen (79) und (80) das Strahlensystem im wesentlichen bestimmt ist.

Untersuchen wir den Drall d der geradlinigen Flächen, die durch eine Gerade $\mathfrak{A}$ unseres Systems hindurchgehen und aus Systemgeraden bestehen! Wir finden

$$(81)\quad \frac{1}{d} = \frac{\mathfrak{a}'\,\bar{\mathfrak{a}}'}{\mathfrak{a}'^{2}} = \frac{(\mathfrak{a}_u\,du + \mathfrak{a}_v\,dv)\,(\bar{\mathfrak{a}}_u\,du + \bar{\mathfrak{a}}_v\,dv)}{(\mathfrak{a}_u\,du + \mathfrak{a}_v\,dv)^{2}} = \frac{1}{2}\,\frac{\bar{e}\,du^{2} + 2\bar{f}\,du\,dv + \bar{g}\,dv^{2}}{e\,du^{2} + 2f\,du\,dv + g\,dv^{2}}\,.$$

Genau durch die entsprechenden Betrachtungen wie in §§ 44, 46 erhält man für die extremen Werte von d als Funktion der „Fortschreitungsrichtung" $du : dv$ die Formeln:

$$(82)\qquad
\begin{aligned}
(2e - \bar{e}d)\,du + (2f - \bar{f}d)\,dv &= 0\\
(2f - \bar{f}d)\,du + (2g - \bar{g}d)\,dv &= 0
\end{aligned}$$

und daraus

$$4(eg - f^{2}) - 2(e\bar{g} - 2f\bar{f} + g\bar{e})\,d + (\bar{e}\bar{g} - \bar{f}^{2})\,d^{2} = 0$$

oder

$$(83)\qquad 1 - 2hd + k\,d^{2} = 0,$$

$$(84)\qquad h = \frac{1}{2}\left(\frac{1}{d_1} + \frac{1}{d_2}\right) = \frac{1}{4}\,\frac{e\bar{g} - 2f\bar{f} + g\bar{e}}{eg - f^{2}},$$

$$(85)\qquad k = \frac{1}{d_1 d_2} = \frac{1}{4}\,\frac{\bar{e}\bar{g} - \bar{f}^{2}}{eg - f^{2}}\,.$$

Dabei sind die Nenner $\neq 0$, wenn das Strahlensystem nicht zylindrisch ist, wie wir angenommen hatten. Aus (82) folgt ferner durch Entfernung von d für die „*Hauptrichtungen*" $du : dv$

$$(86)\qquad
\begin{vmatrix}
(e\,du + f\,dv) & (\bar{e}\,du + \bar{f}\,dv)\\
(f\,du + g\,dv) & (\bar{f}\,du + \bar{g}\,dv)
\end{vmatrix} = 0.$$

Da die Differentialform I > 0 definit ist, so sind die geradlinigen Flächen, die der Bedingung (86) genügen, stets reell. Diese Flächen, die den Krümmungslinien entsprechen, könnte man wohl als „*Hauptflächen*" bezeichnen.

Aus (86) folgt, wenn wir den Ausnahmefall, daß die Differentialformen I, II linear abhängen, auf später (§ 127) verschieben, daß $f = 0$ und $\bar{f} = 0$ wird, sobald man die Hauptflächen zu Parameterflächen $u, v = $ konst. nimmt.

Merken wir noch an, wie sich die Formeln (79), (80) in diesem Fall vereinfachen. Wir finden:

$$(87) \qquad 1 = -\frac{1}{2w}\left\{\frac{\partial}{\partial v}\frac{e_v}{w} + \frac{\partial}{\partial u}\frac{g_u}{w}\right\},$$

$$(88) \qquad 4h = \frac{1}{w}\left\{\frac{\partial}{\partial v}\frac{2h\,e_v - \bar{e}_v}{w} + \frac{\partial}{\partial u}\frac{2h\,g_u - \bar{g}_u}{w}\right\};$$

wo jetzt zur Abkürzung gesetzt ist:

$$(89) \qquad h = \frac{1}{4}\frac{e\,\bar{g} + g\,\bar{e}}{e\,g}, \qquad w^2 = e\,g.$$

Dazu kommen die Ableitungsformeln nach § 57 (136), (137):

$$(90) \qquad \begin{aligned}
\mathfrak{A}_{uu} &= +\frac{E_u}{2E}\mathfrak{A}_u - \frac{E_v}{2G}\mathfrak{A}_v - E\,\mathfrak{A}.\\[2mm]
\mathfrak{A}_{uv} &= +\frac{E_v}{2E}\mathfrak{A}_u + \frac{G_u}{2G}\mathfrak{A}_v,\\[2mm]
\mathfrak{A}_{vv} &= -\frac{G_u}{2E}\mathfrak{A}_u + \frac{G_v}{2G}\mathfrak{A}_v - G\,\mathfrak{A}.
\end{aligned}$$

Die einzigen Integrierbarkeitsbedingungen für das System (90) sind dann die Gleichungen (87) (88). Im § 129 wollen wir diese Grundgleichungen der Theorie der Strahlensysteme invariant schreiben.

Durch die Differentialgleichung

$$(91) \qquad \mathrm{II} = \bar{e}\,du^2 + 2\bar{f}\,du\,dv + \bar{g}\,dv^2 = 0$$

sind nach (81) die Torsen definiert, die in unserm Strahlensystem enthalten sind. Während die Hauptflächen stets reell sind, können die Torsen auch imaginär sein $(\bar{e}\,\bar{g} - \bar{f}^2 > 0)$.

§ 124. Übertragung der Integralformel von Gausz-Bonnet auf Strahlensysteme.

Nach O. Bonnet drückt sich die Gesamtkrümmung eines einfach zusammenhängenden Flächenstückes folgendermaßen durch ein Randintegral aus (§ 76):

$$\int K \cdot do + \oint \frac{ds}{\varrho_g} = 2\pi.$$

Wir wollen diese Formel auf den Sonderfall eines Flächenstücks auf der Einheitskugel $K = +1$, $\xi = \mathfrak{x}$ anwenden, wo die geodätische

Krümmung nach § 68 (6) durch den Ausdruck erklärt ist:

$$(92) \qquad \frac{1}{\varrho_g} = + (\mathfrak{x}\, \mathfrak{x}_s\, \mathfrak{x}_{ss}).$$

Wir finden jetzt

$$(93) \qquad \int do + \oint \frac{(\mathfrak{x}\, \mathfrak{x}'\, \mathfrak{x}'')}{\mathfrak{x}'^2}\, dt = 2\,\pi.$$

Diese Formel wollen wir dual erweitern und auf ein Stück eines Strahlensystems anwenden, dessen sphärisches Abbild ein einfach zusammenhängendes Stück der Einheitskugel ist. Wir haben zunächst

$$(94) \qquad \int do = \iint \sqrt{EG - F^2}\, du\, dv = \iint (1 + 2\,\varepsilon\,h)\, \sqrt{e\,g - f^2}\, du\, dv$$

oder, wenn wir das Flächenelement des sphärischen Bildes

$$(95) \qquad (\mathfrak{a}\, \mathfrak{a}_u\, \mathfrak{a}_v)\, du\, dv = \sqrt{e\,g - f^2}\, du\, dv = d\,\omega$$

einführen,

$$(96) \qquad \int do = \int (1 + 2\,\varepsilon\,h)\, d\omega.\ ^1$$

Ferner ist

$$(97) \qquad \int \frac{(\mathfrak{A}\, \mathfrak{A}'\, \mathfrak{A}'')}{\mathfrak{A}'^2}\, dt = \int Q\, dt,$$

wenn wir wie in (36)

$$(98) \qquad Q = \frac{(\mathfrak{A}\, \mathfrak{A}'\, \mathfrak{A}'')}{\mathfrak{A}'^2}$$

setzen. Somit ist

$$(99) \qquad \int (1 + 2\,\varepsilon\,h)\, d\omega + \oint Q\, dt = 2\,\pi$$

oder, wenn man Realteil und Dualteil trennt,

$$(100) \qquad \int d\omega + \oint q\, dt = 2\,\pi,$$

$$(101) \qquad -2 \int h \cdot d\omega = \oint \bar{q}\, dt.$$

Hieraus folgt: *Die Strahlensysteme mit $h = 0$ haben die kennzeichnende Eigenschaft, daß auf ihnen das Integral*

$$(102) \qquad \int \bar{q}\, dt$$

nicht vom Wege abhängt.

Diese Strahlensysteme mit $h = 0$ sind nichts anderes als die von uns schon in § 51 betrachteten Normalensysteme. Es folgt das sofort aus der Unabhängigkeit des Integrals (102) vom Wege und aus der in § 121 aus (50) entnommenen geometrischen Deutung dieses Integrals.

---

[1] Das über ein Strahlensystem erstreckte Doppelintegral $\int h\, d\omega$ dürfte zuerst von E. Cartan betrachtet worden sein. Bull. Soc. Math. France Bd. 24, S. 140 bis 177. 1896. (Vgl. § 133, Aufg. 24.)

§ 125. Brennflächen eines Strahlensystems.

Nehmen wir $\bar{e}\,\bar{g} - \bar{f}^2 \neq 0$, so können wir die Torsen zu Parameterflächen machen, wenn wir das Strahlensystem analytisch voraussetzen und uns nicht scheuen, gegebenenfalls $(k > 0)$ imaginäre Parameterflächen zu verwenden. Für die Kehlpunkte der Torsen, d. h. für die Berührungspunkte mit dem Hüllgebilde, haben wir dann nach $(59)_3$

$$(113) \qquad \begin{aligned} \mathfrak{z}_1 &= \mathfrak{a} \times \bar{\mathfrak{a}} + \frac{(\mathfrak{a}\,\mathfrak{a}_u\,\bar{\mathfrak{a}}_u)}{\mathfrak{a}_u^2}\,\mathfrak{a}, \\[1em] \mathfrak{z}_2 &= \mathfrak{a} \times \bar{\mathfrak{a}} + \frac{(\mathfrak{a}\,\mathfrak{a}_v\,\bar{\mathfrak{a}}_v)}{\mathfrak{a}_v^2}\,\mathfrak{a}. \end{aligned}$$

Nun ist in unsrem Fall $\bar{e} = \bar{g} = 0$ und somit nach (77)

$$(114) \qquad \begin{aligned} (\mathfrak{a}\,\mathfrak{a}_u\,\mathfrak{a}_v)(\mathfrak{a}\,\mathfrak{a}_u\,\bar{\mathfrak{a}}_u) &= + (\mathfrak{a}_u^2)(\mathfrak{a}_v\,\bar{\mathfrak{a}}_u), \\[0.5em] (\mathfrak{a}\,\mathfrak{a}_u\,\mathfrak{a}_v)(\mathfrak{a}\,\mathfrak{a}_v\,\bar{\mathfrak{a}}_v) &= - (\mathfrak{a}_v^2)(\mathfrak{a}_u\,\bar{\mathfrak{a}}_v). \end{aligned}$$

Daraus folgt

$$(115) \qquad \begin{aligned} \mathfrak{z}_1 &= \mathfrak{a} \times \bar{\mathfrak{a}} + \frac{(\mathfrak{a}_v\,\bar{\mathfrak{a}}_u)}{(\mathfrak{a}\,\mathfrak{a}_u\,\mathfrak{a}_v)}\,\mathfrak{a}, \\[1em] \mathfrak{z}_2 &= \mathfrak{a} \times \bar{\mathfrak{a}} - \frac{(\mathfrak{a}_u\,\bar{\mathfrak{a}}_v)}{(\mathfrak{a}\,\mathfrak{a}_u\,\mathfrak{a}_v)}\,\mathfrak{a}, \end{aligned}$$

$$(11 \qquad \mathfrak{z}_2 - \mathfrak{z}_1 = - \frac{(\mathfrak{a}_u\,\bar{\mathfrak{a}}_v) + (\mathfrak{a}_v\,\bar{\mathfrak{a}}_u)}{(\mathfrak{a}\,\mathfrak{a}_u\,\mathfrak{a}_v)}\,\mathfrak{a} = - \frac{\bar{f}}{(\mathfrak{a}\,\mathfrak{a}_u\,\mathfrak{a}_v)}\,\mathfrak{a}.$$

$$(117 \qquad \mathfrak{m} = \frac{\mathfrak{z}_1 + \mathfrak{z}_2}{2} = \mathfrak{a} \times \bar{\mathfrak{a}} - \frac{1}{2}\frac{(\mathfrak{a}_u\,\bar{\mathfrak{a}}_v) - (\mathfrak{a}_v\,\bar{\mathfrak{a}}_u)}{(\mathfrak{a}\,\mathfrak{a}_u\,\mathfrak{a}_v)}\,\mathfrak{a}.$$

Von der letzten Formel sieht man sofort, daß sie von der Parameterwahl nicht abhängt, denn es ist

$$(118) \qquad \mathfrak{a}_u\,\bar{\mathfrak{a}}_v - \mathfrak{a}_v\,\bar{\mathfrak{a}}_u = \frac{\partial(\mathfrak{a}, \bar{\mathfrak{a}})}{\partial(u, v)} = \frac{\partial(\mathfrak{a}, \bar{\mathfrak{a}})}{\partial(u_1, v_1)}\frac{\partial(u_1, v_1)}{\partial(u, v)}.$$

Man nennt die Punkte $\mathfrak{z}_k$ die „*Brennpunkte*" des Strahls $\mathfrak{A}$ unseres Systems, ihren Mittelpunkt $\mathfrak{m}$ den „*Mittelpunkt*" des Strahls $\mathfrak{A}$. Für die Entfernung der Brennpunkte folgt aus (116)

$$(119) \qquad (\mathfrak{z}_2 - \mathfrak{z}_1)^2 = - \frac{\bar{e}\,\bar{g} - \bar{f}^2}{e\,g - f^2} = - 4\,k.$$

wenn wir die Formel gleich invariant schreiben.

Im allgemeinen werden die Punkte $\mathfrak{z}_1(u, v)$, $\mathfrak{z}_2(u, v)$ Flächen beschreiben. Da bei unsrer speziellen Parameterwahl

$$(120) \qquad \frac{\partial \mathfrak{z}_1}{\partial u} = \lambda_1\,\mathfrak{a}, \qquad \frac{\partial \mathfrak{z}_2}{\partial u} = \lambda_2\,\mathfrak{a}$$

ist [die Flächen u, $v = $ konst. sind Torsen], so liegt die Richtung $\mathfrak{a}$ unseres Systemstrahls in den Tangentenebenen, die durch die Vektoren

$$(121) \qquad \frac{\partial \mathfrak{z}_k}{\partial u}, \qquad \frac{\partial \mathfrak{z}_k}{\partial v}$$

bestimmt sind, wenn $\mathfrak{z}_u \times \mathfrak{z}_v \neq 0$. *Die Systemstrahlen sind also im allgemeinen gemeinsame Tangenten der beiden „Brennflächen"* $\mathfrak{z}_k\,(u,v)$.

Für später merken wir uns die bei beliebigen Parametern gültigen Formeln für die Brennpunkte an:

$$(122) \qquad \mathfrak{z} = \mathfrak{m} \pm \mathfrak{a}\,\sqrt{-k}\,,$$

$$(123) \qquad \mathfrak{m} = \mathfrak{a} \times \bar{\mathfrak{a}} - \frac{1}{2}\,\frac{\mathfrak{a}_u\,\bar{\mathfrak{a}}_v - \mathfrak{a}_v\,\bar{\mathfrak{a}}_u}{(\mathfrak{a}\,\mathfrak{a}_u\,\mathfrak{a}_v)}\,\mathfrak{a}\,.$$

§ 126. Formeln von Hamilton und Mannheim.

Um das Verhalten eines Strahlensystems in der Nähe eines Strahls einfach zu beschreiben, wollen wir an dieser Stelle die Parameter $u,\ v$ so wählen, daß sie zu den Hauptflächen (§ 123) gehören, so daß $f = 0$, $\bar{f} = 0$ wird und daß in diesem Punkte $e = g = 1$ ausfällt. Den Ursprung wollen wir in den Mittelpunkt $\mathfrak{m}$ unsres Strahls verlegen. Dann wird schließlich, wenn $d_1,\ d_2$ die Dralle der Hauptflächen bedeuten,

$$(124) \qquad \begin{aligned} &\mathfrak{a}_u\,\mathfrak{a}_u = 1\,, &\quad \mathfrak{a}_u\,\mathfrak{a}_v = 0\,, &\quad \mathfrak{a}_v\,\mathfrak{a}_v = 1\,,\\ &\mathfrak{a}_u\,\bar{\mathfrak{a}}_u = 1 : d_1\,, &\quad \mathfrak{a}_u\,\bar{\mathfrak{a}}_v = 0\,, &\quad \mathfrak{a}_v\,\bar{\mathfrak{a}}_u = 0\,, &\quad \mathfrak{a}_v\,\bar{\mathfrak{a}}_v = 1 : d_2\,. \end{aligned}$$

Unsre Formel (81) für den Drall einer Systemfläche vereinfacht sich zu

$$\frac{1}{d} = \frac{\dfrac{1}{d_1}\,du^2 + \dfrac{1}{d_2}\,dv^2}{du^2 + dv^2}$$

Führen wir endlich den Winkel α der Asymptotenebenen (§ 121) ein:

$$du : dv = \cos\alpha : \sin\alpha\,,$$

so wird:

$$(125) \qquad \frac{1}{d} = \frac{1}{d_1}\,\cos^2\alpha + \frac{1}{d_2}\,\sin^2\alpha\,.$$

Diese Formel für die Dralle aller geradlinigen Flächen eines Strahlensystems durch einen Systemstrahl hat A. Mannheim 1872 angegeben[1].

Für die Kehlpunkte unsrer geradlinigen Flächen haben wir nach $(59)_3$

$$\mathfrak{x} = \mathfrak{a} \times \bar{\mathfrak{a}} + r\,\mathfrak{a}\,,$$

$$r = \frac{(\mathfrak{a},\ \mathfrak{a}_u\,du + \mathfrak{a}_v\,dv,\ \bar{\mathfrak{a}}_u\,du + \bar{\mathfrak{a}}_v\,dv)}{(\mathfrak{a}_u\,du + \mathfrak{a}_v\,dv)^2}$$

oder wegen der Normierung (124) unserer Koordinaten, wenn man

---

[1] A. Mannheim: Liouvilles J. (2) Bd. 17, S. 126. 1872.

Zähler und Nenner von r nach dem Multiplikationssatz für Determinanten mit $(\mathfrak{a}\,\mathfrak{a}_u\,\mathfrak{a}_v)$ multipliziert,

$$r = \frac{(d_1 - d_2)\, du\, dv}{d_1\, d_2\, (du^2 + dv^2)}\,.$$

Führt man wieder den Winkel α ein, so folgt

$$(126) \qquad \boxed{\; r = \frac{d_1 - d_2}{2\, d_1\, d_2}\, \sin 2\,\alpha \,. \;}$$

Dieser Zusammenhang zwischen dem Winkel α der Asymptotenebenen und der Entfernung r des Kehlpunktes vom Mittelpunkt $\mathfrak{m}$ ist zuerst von W. R. Hamilton 1830 gefunden worden[1].

Die Punkte auf unserm Systemstrahl, die den Werten $2\,\alpha = \pm\, \pi : 2$ entsprechen:

$$r = \pm\, \frac{d_1 - d_2}{2\, d_1\, d_2}$$

werden wohl als „*Grenzpunkte*" bezeichnet. Aus der Formel von Mannheim erkennt man auch die Gestalt der geradlinigen Fläche, die von den gemeinsamen Loten unsres Systemstrahls mit seinen Nachbarstrahlen erfüllt wird[2].

§ 127. Isotrope Strahlensysteme.

Die Differentialgleichung (86) der Hauptflächen versagt, wenn

$$(127) \qquad e : f : g = \bar{e} : \bar{f} : \bar{g}$$

ist. Solche Strahlensysteme mit der kennzeichnenden Eigenschaft, daß *alle (reellen) Systemflächen durch einen Systemstrahl dort denselben Drall besitzen* (vgl. Formel (81)), nennt man nach A. Ribaucour *isotrop*[3].

Legen wir für das sphärische Bild $\mathfrak{a}\,(u,\,v)$ isotherme Parameter (vgl. § 85) zugrunde:

$$(128) \qquad d\mathfrak{a}^2 = \lambda^2\,(du^2 + dv^2),$$

so können wir nach (76) setzen:

$$(129) \qquad d\mathfrak{A}^2 = \Lambda^2\,(du^2 + dv^2), \qquad \Lambda = \lambda\,(1 + \varepsilon\,\mu);$$

$$(130) \qquad
\left|
\begin{aligned}
& e = \lambda^2, \qquad\quad f = 0, \qquad g = \lambda^2; \\
& \bar{e} = 2\,\lambda^2\,\mu, \qquad \bar{f} = 0, \qquad \bar{g} = 2\,\lambda^2\,\mu. \\
& \qquad (\mathfrak{a}\,\mathfrak{a}_u\,\mathfrak{a}_v) = \lambda^2, \\
& \qquad k = \mu^2, \qquad h = \mu.
\end{aligned}
\right.
$$

---

[1] W. R. Hamilton: Transact. of the Irish Ac. Bd. 15. 1828 und Bd. 16. 1830.

[2] Vgl. § 133, Aufgabe 3.

[3] A. Ribaucour: Étude des élassoïdes ou surfaces à courbure moyenne nulle. Mém. cour. Bd. 44. Brüssel 1881. Der Ausdruck „Elassoid" für Minimalfläche hat sich nicht eingebürgert.

Es gilt der Satz: *Alle Systemflächen eines isotropen Strahlensystems durch denselben Systemstrahl haben dort denselben Kehlpunkt.*

Für ein isotropes Strahlensystem ist nämlich $d_1 = d_2$ und daher nach der Formel (126) von HAMILTON $r = 0$. Umgekehrt ist die gefundene Eigenschaft für die isotropen Strahlensysteme kennzeichnend. Denn aus (126) folgt, daß r nur für $d_1 = d_2$ unabhängig von α sein kann; und dann ist nach der Formel (125) von MANNHEIM auch d unabhängig von α, also das Strahlensystem tatsächlich isotrop.

Stellen wir unter Verwendung des Bogenelements (129) für die isotropen Strahlensysteme die Hauptformeln zusammen. Es ist das Krümmungsmaß

$$(131) \qquad -\frac{1}{\varLambda^2}\left(\frac{\partial^2}{\partial u^2} + \frac{\partial^2}{\partial v^2}\right)\lg \varLambda = 1.$$

Beachtet man, daß

$$(132) \qquad \lg \varLambda = \lg \lambda + \varepsilon\,\mu,$$

so folgt durch Abtrennung des Realteils

$$(133) \qquad -\frac{1}{\lambda^2}\left(\frac{\partial^2}{\partial u^2} + \frac{\partial^2}{\partial v^2}\right)\lg \lambda = 1,$$

$$(134) \qquad -\frac{1}{\lambda^2}\left(\frac{\partial^2}{\partial u^2} + \frac{\partial^2}{\partial v^2}\right)\mu = 2\,\mu.$$

Aus (90) folgt

$$(135) \qquad \begin{cases} \mathfrak{A}_{uu} = +\dfrac{\varLambda_u}{\varLambda}\,\mathfrak{A}_u - \dfrac{\varLambda_v}{\varLambda}\,\mathfrak{A}_v - \varLambda^2\,\mathfrak{A}, \\[2mm] \mathfrak{A}_{uv} = +\dfrac{\varLambda_v}{\varLambda}\,\mathfrak{A}_u + \dfrac{\varLambda_u}{\varLambda}\,\mathfrak{A}_v, \\[2mm] \mathfrak{A}_{vv} = -\dfrac{\varLambda_u}{\varLambda}\,\mathfrak{A}_u + \dfrac{\varLambda_v}{\varLambda}\,\mathfrak{A}_v - \varLambda^2\,\mathfrak{A}. \end{cases}$$

Durch Trennung der reellen und imaginären Teile ergibt sich daraus

$$(136) \qquad \begin{cases} \mathfrak{a}_{uu} = +\dfrac{\lambda_u}{\lambda}\,\mathfrak{a}_u - \dfrac{\lambda_v}{\lambda}\,\mathfrak{a}_v - \lambda^2\,\mathfrak{a}, \\[2mm] \mathfrak{a}_{uv} = +\dfrac{\lambda_v}{\lambda}\,\mathfrak{a}_u + \dfrac{\lambda_u}{\lambda}\,\mathfrak{a}_v \qquad *\ , \\[2mm] \mathfrak{a}_{vv} = -\dfrac{\lambda_u}{\lambda}\,\mathfrak{a}_u + \dfrac{\lambda_v}{\lambda}\,\mathfrak{a}_v - \lambda^2\,\mathfrak{a}; \end{cases}$$

$$(137) \qquad \begin{cases} \bar{\mathfrak{a}}_{uu} = +\mu_u\,\mathfrak{a}_u - \mu_v\,\mathfrak{a}_v - 2\,\lambda^2\,\mu\,\mathfrak{a} + \dfrac{\lambda_u}{\lambda}\,\bar{\mathfrak{a}}_u - \dfrac{\lambda_v}{\lambda}\,\bar{\mathfrak{a}}_v - \lambda^2\,\bar{\mathfrak{a}}, \\[2mm] \bar{\mathfrak{a}}_{uv} = +\mu_v\,\mathfrak{a}_u + \mu_u\,\mathfrak{a}_v \qquad * \qquad + \dfrac{\lambda_v}{\lambda}\,\bar{\mathfrak{a}}_u + \dfrac{\lambda_u}{\lambda}\,\bar{\mathfrak{a}}_v \qquad * \\[2mm] \bar{\mathfrak{a}}_{vv} = -\mu_u\,\mathfrak{a}_u + \mu_v\,\mathfrak{a}_v - 2\,\lambda^2\,\mu\,\mathfrak{a} - \dfrac{\lambda_u}{\lambda}\,\bar{\mathfrak{a}}_u + \dfrac{\lambda_v}{\lambda}\,\bar{\mathfrak{a}}_v - \lambda^2\,\bar{\mathfrak{a}}. \end{cases}$$

§ 128. Beziehungen der isotropen Strahlensysteme zu den Minimalflächen.

Aus (123) folgt wegen $\bar{f} = a_u \bar{a}_v + a_v \bar{a}_u = 0$ für den Mittelpunkt m der Brennpunkte

$$(138) \qquad m = a \times \bar{a} - \frac{a_u \bar{a}_v}{\lambda^2} a = a \times \bar{a} + \frac{a_v \bar{a}_u}{\lambda^2} a.$$

Wir wollen daraus die Ableitungen m_u und m_v ermitteln. Wir finden

$$(139) \quad m_u = a_u \times \bar{a} + a \times \bar{a}_u - \frac{a_{uu}\bar{a}_v + a_u\bar{a}_{uv}}{\lambda^2} a + 2\frac{a_u \bar{a}_v \lambda_u}{\lambda^3} a - \frac{a_u \bar{a}_v}{\lambda^2} a_u$$

Zerlegen wir diesen Vektor nach den drei paarweise senkrechten Richtungen a, a_u, a_v, so erhalten wir

$$(140) \qquad m_u\, a = (a\, a_u\, \bar{a}) - \frac{a_{uu}\bar{a}_v + a_u\bar{a}_{uv}}{\lambda^2} + \frac{2\, a_u \bar{a}_v \lambda_u}{\lambda^3}.$$

Beachten wir, daß nach dem Multiplikationsgesetz für Determinanten

$$(a\, a_u\, \bar{a})(a\, a_u\, a_v) = \lambda^2 (a\, a_u\, \bar{a}) = \lambda^2 a_v\, \bar{a}$$

oder

$$(a\, a_u\, \bar{a}) = a_v\, \bar{a}$$

ist, und rechnen wir das zweite Glied rechts in (140) mittels der Ableitungsformeln (136), (137) um, so finden wir

$$m_u\, a = - \mu_v,$$

wenn wir beachten, daß wegen $a\,\bar{a} = 0$ durch Ableitung $a_v\,\bar{a} + a\,\bar{a}_v = 0$ ist. Entsprechend findet sich

$$m_u\, a_u = 0, \qquad m_u\, a_v = \lambda^2\, \mu$$

und somit ist

$$(141) \qquad m_u = - \mu_v\, a + \mu\, a_v.$$

Ebenso erhalten wir

$$(142) \qquad m_v = + \mu_u\, a - \mu\, a_u.$$

Es ist

$$(143) \qquad (a\, m_u\, m_v) = \lambda^2\, \mu^2,$$

für $\lambda \neq 0$ und $\mu \neq 0$ beschreibt also der Mittelpunkt m eine Fläche. Diese Mittenfläche steht nach RIBAUCOUR in einer merkwürdigen Beziehung zur Kugel $a^2 = 1$. Es ist nämlich:

$$(144) \quad \begin{aligned} &(a_u du + a_v dv)(m_u\, du + m_v\, dv) \\ &= (a_u du + a_v dv)\{(-\mu_v\, a + \mu\, a_v)\, du + (\mu_u\, a - \mu\, a_u)\, dv\} = 0, \end{aligned}$$

d. h.: *Entsprechende Linienelemente der Kugel $a\,(u, v)$ und der Mittenfläche $m\,(u, v)$ stehen aufeinander senkrecht.*

Umgekehrt können wir zeigen: *Entspricht eine Fläche* $\mathfrak{m}\,(u,v)$ *der Einheitskugel* $\mathfrak{a}\,(u,v)$ *unter Orthogonalität zugeordneter Linienelemente, so bilden die Strahlen durch* $\mathfrak{m}$ *mit der Richtung* $\mathfrak{a}$ *eine isotrope Kongruenz.*

Wir wollen die Kugel $\mathfrak{a}\,(u,v)$ auf ein isothermes Parametersystem beziehen, so daß

$$(145) \qquad d\mathfrak{a}^2 = \lambda^2\,(du^2 + dv^2)$$

wird und die Bedingungen (136) gelten. Dann folgt aus der Voraussetzung

$$(146) \qquad (\mathfrak{a}_u\,du + \mathfrak{a}_v\,dv)\,(\mathfrak{m}_u\,du + \mathfrak{m}_v\,dv) = 0,$$

daß sich $\mathfrak{m}_u$, $\mathfrak{m}_v$ in der Form darstellen lassen:

$$(147) \qquad \begin{aligned} \mathfrak{m}_u &= \alpha\,\mathfrak{a} + \mu\,\mathfrak{a}_v, \\ \mathfrak{m}_v &= \beta\,\mathfrak{a} - \mu\,\mathfrak{a}_u. \end{aligned}$$

Unter Berücksichtigung von (136) ergibt dann die Integrabilitätsbedingung $\mathfrak{m}_{uv} = \mathfrak{m}_{vu}$ das Gleichungssystem

$$\alpha = -\,\mu_v, \qquad \beta = +\,\mu_u$$
$$\mu_{uu} + \mu_{vv} = -\,2\,\lambda^2\,\mu.$$

Setzen wir jetzt

$$\mathfrak{a} = \mathfrak{a}, \qquad \bar{\mathfrak{a}} = \mathfrak{m} \times \mathfrak{a},$$

so bekommen wir für das Strahlensystem dieser Geraden $\mathfrak{A}$ das duale Bogenelement

$$\lambda^2\,(1 + 2\,\varepsilon\,\mu)\,(du^2 + dv^2).$$

Darin ist die Bestätigung unsrer Behauptung enthalten, daß dieses Strahlensystem isotrop ist.

Errichten wir jetzt auf jedem Systemstrahl $\mathfrak{A}$ im Mittelpunkt $\mathfrak{m}$ die senkrechte Ebene und bestimmen wir die Hüllfläche dieser Ebenen! Es gelten für den Berührungspunkt $\mathfrak{x}$ nach (141), (142) die Gleichungen

$$(148) \qquad \begin{aligned} (\mathfrak{x} - \mathfrak{m})\,\mathfrak{a} &= 0, \\ (\mathfrak{x} - \mathfrak{m})\,\mathfrak{a}_u &= \mathfrak{m}_u\,\mathfrak{a} = -\,\mu_v, \\ (\mathfrak{x} - \mathfrak{m})\,\mathfrak{a}_v &= \mathfrak{m}_v\,\mathfrak{a} = +\,\mu_u \end{aligned}$$

und daraus ergibt sich für den Berührungspunkt

$$(149) \qquad \mathfrak{x} = \mathfrak{m} - \frac{\mu_v}{\lambda^2}\,\mathfrak{a}_u + \frac{\mu_u}{\lambda^2}\,\mathfrak{a}_v.$$

Untersuchen wir jetzt die Brennflächen! Nach (122), (130) beschreibt der Punkt

$$\mathfrak{z} = \mathfrak{m} + i\,\mu\,\mathfrak{a}$$

eine dieser Brennflächen, deren Tangentenebene durch $\mathfrak{A}$ geht, also in laufenden $\mathfrak{y}$ die Gleichung

$$(\mathfrak{y} - \mathfrak{m},\ \mathfrak{a},\ (\mathfrak{m} + i\,\mu\,\mathfrak{a})_u) = 0$$

oder

$$(\mathfrak{y} - \mathfrak{m},\ \mathfrak{a},\ (\mathfrak{m} + i\,\mu\,\mathfrak{a})_v) = 0$$

besitzt. Beides gibt nach (141), (142) wegen

$$\mathfrak{a} \times (\mathfrak{a}_v + i\,\mathfrak{a}_u) = -\,\mathfrak{a}_u + i\,\mathfrak{a}_v$$

$$(150) \qquad\qquad (\mathfrak{y} - \mathfrak{m})\,(\mathfrak{a}_u - i\,\mathfrak{a}_v) = 0\,.$$

Da $(\mathfrak{a}_u - i\,\mathfrak{a}_v)^2 = 0$ ist, ist demnach diese Ebene isotrop und somit die Brennfläche eine isotrope Torse, also im allgemeinen die Tangentenfläche einer isotropen Kurve. Um den Berührungspunkt $\mathfrak{y}$ mit der umhüllten Kurve zu ermitteln, brauchen wir nur die Gleichung (150) bei festem $\mathfrak{y}$ zweimal nach u oder v abzuleiten und finden unter Beachtung der Gleichung (150) selbst mittels (136), (141), (142)

$$(151) \qquad\qquad (\mathfrak{y} - \mathfrak{m})\,\mathfrak{a}\ = i\,\mu,$$

$$(152) \qquad\qquad (\mathfrak{y} - \mathfrak{m})\,\mathfrak{a}_u = i\,(\mu_u + i\,\mu_v).$$

Aus (150) und (152) folgt

$$(153) \qquad\qquad (\mathfrak{y} - \mathfrak{m})\,\mathfrak{a}_v = \mu_u + i\,\mu_v$$

und aus (150) bis (153):

$$(154) \qquad\qquad \mathfrak{y} = \mathfrak{m} + i\,\mu\,\mathfrak{a} + i\,\frac{\mu_u + i\,\mu_v}{\lambda^2}\,(\mathfrak{a}_u - i\,\mathfrak{a}_v).$$

Der konjugiert imaginäre Brennpunkt $\mathfrak{m} - i\,\mu\,\mathfrak{a}$ beschreibt die konjugiert imaginäre Torse, und wir erhalten den konjugiert imaginären Berührungspunkt mit dem Hüllgebilde

$$(155) \qquad\qquad \mathfrak{z} = \mathfrak{m} - i\,\mu\,\mathfrak{a} - i\,\frac{\mu_u - i\,\mu_v}{\lambda^2}\,(\mathfrak{a}_u + i\,\mathfrak{a}_v).$$

Vergleicht man nun die Formeln (154), (155) und (149), so ergibt sich

$$(156) \qquad\qquad 2\,\mathfrak{x} = \mathfrak{y} + \mathfrak{z}\,.$$

Da nun $\mathfrak{y}$ und $\mathfrak{z}$, wenn sie nicht beide fest sind, isotrope Kurven durchlaufen, so beschreibt nach (156) $\mathfrak{x}$ im allgemeinen eine Minimalfläche (§ 106 (7)).

Die Mittelebenen der Strahlen eines isotropen Strahlensystems umhüllen in der Regel eine Minimalfläche (RIBAUCOUR 1880).

Diese Minimalfläche schrumpft nur dann auf einen einzigen Punkt zusammen, wenn $\mathfrak{y}$ und $\mathfrak{z}$ im Raume festliegen, wenn also die Brennflächen unsres Strahlensystems mit den isotropen Kegeln zusammenfallen, die diese Punkte zu Spitzen haben.

Umgekehrt gilt:

Bringt man die konjugiert imaginären Tangentenebenen zweier konjugiert imaginärer isotroper Torsen zum Schnitt, so ist die Gesamtheit der Schnittgeraden ein isotropes Strahlensystem.

Ohne Rechnung ist das so einzusehen. Bringt man alle Paare von Tangentenebenen der beiden Torsen zum Schnitt, so erhält man neben den reellen auch noch die imaginären Strahlen unsres Systems und erkennt sofort, daß die im System enthaltenen Torsen in die Tangentenebenen der gegebenen Torsen fallen. Die sphärischen Bilder aller Strahlen einer solchen isotropen Ebene fallen in die Punkte einer geradlinigen Erzeugenden der Kugel $\mathfrak{x}^2 = 1$, also in eine isotrope Gerade der Kugel. Aus dem Verschwinden der quadratischen Form II für eine Systemfläche folgt also das Verschwinden des Bogenelements des sphärischen Bildes. D. h. die Differentialformen I und II haben gemeinsame Nulllinien und daher ist

$$e : f : g = \bar{e} : \bar{f} : \bar{g}.$$

Das war aber die Definitionseigenschaft der isotropen Strahlensysteme.

§ 129. Grundformeln der Strahlensysteme in invarianten Ableitungen.

Wie im Kap. 5 die Flächentheorie, wollen wir jetzt auch die Strahlensysteme in invarianten Ableitungen behandeln. Wir denken uns dabei das System auf die Hauptflächen bezogen: $F = f = \bar{f} = 0$. Dabei müssen wir dann allerdings die isotropen Strahlensysteme von der Betrachtung ausschließen (vgl. § 127). Wir definieren jetzt die invarianten Ableitungen einer Ortsfunktion S im Strahlensystem durch die Formeln:

$$(156a) \qquad S_1 = \frac{S_u}{\sqrt{e}}, \qquad S_2 = \frac{S_v}{\sqrt{g}}.$$

Für die zweiten gemischten invarianten Ableitungen S_{12} und S_{21} gilt jetzt entsprechend

$$S_{12} + q\,S_1 = S_{21} + \tilde{q}\,S_2,$$

wo jetzt die Invarianten q und $\tilde{q}$ durch

$$q = \frac{1}{2}\frac{e_v}{e\sqrt{g}}, \qquad \tilde{q} = \frac{1}{2}\frac{g_u}{g\sqrt{e}}$$

erklärt sind. Wir wollen jetzt die Gleichungen (90) invariant schreiben. Zu dem Zweck spalten wir (90) in Real- und Dualteil:

$$(156\mathrm{b})\quad\begin{cases}
\mathfrak{a}_{uu} = \dfrac{1}{2}\dfrac{e_u}{e}\,\mathfrak{a}_u - \dfrac{1}{2}\dfrac{e_v}{g}\,\mathfrak{a}_v - e\,\mathfrak{a}, \\[2ex]
\mathfrak{a}_{uv} = \dfrac{1}{2}\dfrac{e_v}{e}\,\mathfrak{a}_u + \dfrac{1}{2}\dfrac{g_u}{g}\,\mathfrak{a}_v, \\[2ex]
\mathfrak{a}_{vv} = -\dfrac{1}{2}\dfrac{g_u}{e}\,\mathfrak{a}_u + \dfrac{1}{2}\dfrac{g_v}{g}\,\mathfrak{a}_v - g\,\mathfrak{a}; \\[2ex]
\bar{\mathfrak{a}}_{uu} = \dfrac{1}{2}\dfrac{e_u}{e}\,\bar{\mathfrak{a}}_u - \dfrac{1}{2}\dfrac{e_v}{g}\,\bar{\mathfrak{a}}_v - e\,\bar{\mathfrak{a}} + \dfrac{1}{2}\left(\dfrac{\bar{e}_u}{e} - \dfrac{\bar{e}\,e_u}{e^2}\right)\mathfrak{a}_u \\[2ex]
\qquad - \dfrac{1}{2}\left(\dfrac{\bar{e}_v}{g} - \dfrac{\bar{g}\,e_v}{g^2}\right)\mathfrak{a}_v - \bar{e}\,\mathfrak{a}, \\[2ex]
\bar{\mathfrak{a}}_{uv} = \dfrac{1}{2}\dfrac{e_v}{e}\,\bar{\mathfrak{a}}_u + \dfrac{1}{2}\dfrac{g_u}{g}\,\bar{\mathfrak{a}}_v + \dfrac{1}{2}\left(\dfrac{\bar{e}_v}{e} - \dfrac{\bar{e}\,e_v}{e^2}\right)\mathfrak{a}_u \\[2ex]
\qquad + \dfrac{1}{2}\left(\dfrac{\bar{g}_u}{g} - \dfrac{\bar{g}\,g_u}{g^2}\right)\mathfrak{a}_v, \\[2ex]
\bar{\mathfrak{a}}_{vv} = -\dfrac{1}{2}\dfrac{g_u}{e}\,\bar{\mathfrak{a}}_u + \dfrac{1}{2}\dfrac{g_v}{g}\,\bar{\mathfrak{a}}_v - g\,\bar{\mathfrak{a}} - \dfrac{1}{2}\left(\dfrac{\bar{g}_u}{e} - \dfrac{\bar{e}\,g_u}{\varepsilon^2}\right)\mathfrak{a}_u \\[2ex]
\qquad + \dfrac{1}{2}\left(\dfrac{\bar{g}_v}{g} - \dfrac{\bar{g}\,g_v}{g^2}\right)\mathfrak{a}_v - \bar{g}\,\mathfrak{a}.
\end{cases}$$

Nach (156a) gilt jetzt:

$$\mathfrak{a}_u = \sqrt{e}\,\mathfrak{a}_1, \quad \mathfrak{a}_v = \sqrt{g}\,\mathfrak{a}_2,$$

$$\mathfrak{a}_{uu} = e\,\mathfrak{a}_{11} + \dfrac{1}{2}\dfrac{e_u}{\sqrt{e}}\,\mathfrak{a}_1,$$

$$\mathfrak{a}_{uv} = \sqrt{eg}\,\mathfrak{a}_{12} + \dfrac{1}{2}\dfrac{e_v}{\sqrt{e}}\,\mathfrak{a}_1,$$

$$\mathfrak{a}_{vu} = \sqrt{eg}\,\mathfrak{a}_{21} + \dfrac{1}{2}\dfrac{g_u}{\sqrt{g}}\,\mathfrak{a}_2.$$

$$\mathfrak{a}_{vv} = g\,\mathfrak{a}_{22} + \dfrac{1}{2}\dfrac{g_v}{\sqrt{g}}\,\mathfrak{a}_2,$$

und genau dieselben Gleichungen bestehen, wenn wir überall die $\mathfrak{a}$ durch die $\bar{\mathfrak{a}}$ ersetzen.

Setzen wir das in (156b) ein und führen die Abkürzungen ein:

$$(157)\qquad r = \dfrac{\bar{e}}{e}, \qquad \tilde{r} = \dfrac{\bar{g}}{g},$$

so erhalten wir die Ableitungsgleichungen:

$$\begin{aligned}
\mathfrak{a}_{11} &= -q\,\mathfrak{a}_2 - \mathfrak{a}, \\
\mathfrak{a}_{12} &= \tilde{q}\,\mathfrak{a}_2, \\
\mathfrak{a}_{21} &= q\,\mathfrak{a}_1, \\
\mathfrak{a}_{22} &= -\tilde{q}\,\mathfrak{a}_1 - \mathfrak{a};
\end{aligned}$$

$$\bar{a}_{11} = - q\,\bar{a}_2 - \bar{a} + \tfrac{1}{2} r_1 a_1 - [\tfrac{1}{2} r_2 + q\,(r - \tilde{r})]\,a_2 - r\,a\,,$$

$$\bar{a}_{12} = + \tilde{q}\,\bar{a}_2 + \tfrac{1}{2} r_2 a_1 + \tfrac{1}{2}\tilde{r}_1 a_2\,,$$

$$\bar{a}_{21} = + q\,\bar{a}_1 + \tfrac{1}{2} r_2 a_1 + \tfrac{1}{2}\tilde{r}_1 a_2\,,$$

$$\bar{a}_{22} = - \tilde{q}\,\bar{a}_1 - \bar{a} - [\tfrac{1}{2}\tilde{r}_1 + \tilde{q}\,(\tilde{r} - r)]\,a_1 + \tfrac{1}{2}\tilde{r}_2 a_2 - \tilde{r}\,a\,.$$

Um die Bedingungen (87) und (88) der Integrierbarkeit in invarianter Schreibweise zu bekommen, brauchen wir wieder nur von den zu dem System (156b) gehörigen Bedingungen

$$
\begin{aligned}
a_{112} + q\,a_{11} &= a_{121} + \tilde{q}\,a_{12}\,,\\
a_{212} + q\,a_{21} &= a_{221} + \tilde{q}\,a_{22}\,,\\
\bar{a}_{112} + q\,\bar{a}_{11} &= \bar{a}_{121} + \tilde{q}\,\bar{a}_{12}\,,\\
\bar{a}_{212} + q\,\bar{a}_{21} &= \bar{a}_{221} + \tilde{q}\,\bar{a}_{22}
\end{aligned}
$$

(157a)

auszugehen. Ersetzen wir in (157a) alle höheren Ableitungen der a, $\bar{a}$ durch die a, a_1, a_2, $\bar{a}$, $\bar{a}_1$, $\bar{a}_2$, selbst nach (156b), so erhalten wir aus jeder Gleichung (157a) eine Linearkombination der a, a_1, a_2, $\bar{a}$, $\bar{a}_1$, $\bar{a}_2$. Hier müssen dann nach (19a) die Koeffizienten einzeln verschwinden. Außer vielen Identitäten führt das auf die zwei wesentlichen Bedingungen

$$\tilde{q}_1 + q_2 + \tilde{q}^2 + q^2 + 1 = 0\,,$$

$$r_{22} + \tilde{r}_{11} + q\,(2 r_2 - \tilde{r}_2) + \tilde{q}\,(2\tilde{r}_1 - r_1)$$
$$+ 2 r\,(q_2 + q^2 + 1) + 2\tilde{r}\,(\tilde{q}_1 + \tilde{q}^2 + 1) = 0\,,$$

von denen die erste (87) und die zweite (88) entspricht.

Nach (84) (85) (157) hängen die r, $\tilde{r}$ mit den Drallen d_1 und d_2 der Hauptflächen nach

$$r = \frac{2}{d_1}\,,\qquad \tilde{r} = \frac{2}{d_2}$$

zusammen. r und $\tilde{r}$ sind die zwei Invarianten des Strahlensystems von erster und r_1, r_2, $\tilde{r}_1$, $\tilde{r}_2$, q, $\tilde{q}$ die sechs hinzukommenden unabhängigen Invarianten zweiter Ordnung. Weil wir die isotropen Strahlensysteme ausschließen, gilt $r - \tilde{r} \neq 0$. $r + \tilde{r} = 0$ kennzeichnet die Normalensysteme, $r\tilde{r} = 0$ die Strahlensysteme, bei denen die Torsen, d. h. bei denen die beiden Brennflächen zusammenfallen. Die Formen

$$ds_1 = \sqrt{e}\; du\,,\qquad ds_2 = \sqrt{g}\; dv$$

sind jetzt die Bogenelemente der sphärischen Bilder der Hauptflächen, und die invarianten Ableitungen werden längs der Hauptflächen nach diesen Bogenelementen genommen. Es ist nicht schwer, die Formeln aufzustellen, mittels derer man von beliebigen Parametern aus zu diesen linearen Differentialformen und den invarianten Ableitungen gelangt. Man verfährt ähnlich wie in § 62[1].

Für die Verwendung der Grundformeln dieses Abschnitts müssen wir uns merken, daß für die Skalarprodukte der Grundvektoren nach (77) die folgenden Beziehungen gelten.

$$(157\,\mathrm{b})\quad\begin{cases} \mathfrak{a}\,\mathfrak{a} = \mathfrak{a}_1\mathfrak{a}_1 = \mathfrak{a}_2\mathfrak{a}_2 = 1, & \mathfrak{a}\,\mathfrak{a}_1 = \mathfrak{a}\,\mathfrak{a}_2 = \mathfrak{a}_1\mathfrak{a}_2 = 0, \\[2mm] \mathfrak{a}\,\bar{\mathfrak{a}} = 0, \quad \mathfrak{a}_1\bar{\mathfrak{a}}_1 = \dfrac{1}{2}\,\gamma, & \mathfrak{a}_2\bar{\mathfrak{a}}_2 = \dfrac{1}{2}\,\tilde{\gamma}, \\[2mm] \mathfrak{a}\,\bar{\mathfrak{a}}_1 + \bar{\mathfrak{a}}\,\mathfrak{a}_1 = \mathfrak{a}\,\bar{\mathfrak{a}}_2 + \bar{\mathfrak{a}}\,\mathfrak{a}_2 = 0, & \mathfrak{a}_1\bar{\mathfrak{a}}_2 + \bar{\mathfrak{a}}_1\mathfrak{a}_2 = 0. \end{cases}$$

Die Kenntnis der einzelnen Skalarprodukte $\mathfrak{a}\,\bar{\mathfrak{a}}_1$, $\mathfrak{a}\,\bar{\mathfrak{a}}_2$, $\mathfrak{a}_1\,\bar{\mathfrak{a}}_2$ usw. ist nicht nötig, da nach § 120 bei invarianten geometrischen Problemen immer nur die in (157b) auftretenden Kombinationen derselben auftreten. Anwendungen der Formeln dieses Abschnitts finden sich in den Aufgaben 26 und 27 des § 133.

§ 130. Darstellung der isotropen Strahlensysteme durch stereographische Linienkoordinaten.

Wir wollen jetzt die Theorie der isotropen Strahlensysteme neuerdings begründen, und zwar mittels eines Verfahrens, das im wesentlichen auf J. GRÜNWALD (1876—1911) zurückgeht. Dieses Verfahren hat den Vorteil, eine äußerst einfache Darstellung der isotropen Strahlensysteme zu ergeben, die mit den Formeln von WEIERSTRASZ für Minimalflächen (§ 107) nahe zusammenhängt. Dafür muß man den Nachteil völliger Unsymmetrie in Kauf nehmen.

Benutzen wir die Formeln (10) von § 107, um die Punkte $\mathfrak{A}$ der dualen Einheitskugel $\mathfrak{A}^2 = 1$ auf die dualen Punkte einer Ebene stereographisch abzubilden. Wir setzen dementsprechend für die Koordinaten A_k von $\mathfrak{A}$:

$$(158)\qquad\begin{aligned} A_1 &= \frac{2R}{1 + (R^2 + S^2)}, \\[2mm] A_2 &= \frac{2S}{1 + (R^2 + S^2)}, \\[2mm] A_3 &= \frac{1 - (R^2 + S^2)}{1 + (R^2 + S^2)} \end{aligned}$$

und umgekehrt

$$(158\,\mathrm{a})\qquad\begin{aligned} R &= \frac{A_1}{1 + A_3}, \\[2mm] S &= \frac{A_2}{1 + A_3}. \end{aligned}$$

---

[1] Eine Differentialgeometrie der Strahlensysteme unter Verwendung des in Bd. II dieser Vorlesungen auseinandergesetzten „Ricci-Kalküls" findet sich bei M. M. SLOTNICK: Math. Zeitschr. Bd. 28, S. 107—115. 1928.

Die rechtwinkligen Koordinaten R und S fassen wir jetzt zu einer komplex-dualen Verbindung zusammen, indem wir die R-, S-Ebene als Zahlenebene von GAUSZ ansehen:

$$(159) \qquad\qquad R + iS = T .$$

Setzen wir

$$(160) \qquad R = r + \varepsilon \bar r, \quad S = s + \varepsilon \bar s, \quad T = t + \varepsilon \bar t,^1$$

so haben wir also

$$(161) \qquad \begin{aligned} t &= r + i s, \\ \bar t &= \bar r + i \bar s, \end{aligned}$$

wo r, s, $\bar r$, $\bar s$ reelle und t, $\bar t$ gewöhnliche komplexe Zahlen sind[2].

Wir können nun das Paar komplexer Zahlen t, $\bar t$ als Koordinaten für unsre gerichtete Gerade $\mathfrak{A}$ verwerten. Man könnte t, $\bar t$ vielleicht als *stereographische Linienkoordinaten* bezeichnen. Dann gilt der Satz:

Die isotropen Strahlensysteme sind durch eine analytische Beziehung zwischen den stereographischen Linienkoordinaten t, $\bar t$ *gekennzeichnet* (J. GRÜNWALD).

Zum Nachweis berechnen wir den Drall einer geradlinigen Fläche. die dadurch gegeben sein möge, daß t, $\bar t$ als komplexe Funktionen einer reellen Veränderlichen vorgeschrieben sind. Es ergibt sich aus (158a) wegen $\mathfrak{A}^2 = 1$

$$(162) \qquad \frac{\sqrt{d\mathfrak{A}^2}}{1 + A_3} = \sqrt{dR^2 + dS^2} = \sqrt{dr^2 + ds^2} \left(1 + \varepsilon \frac{dr\, d\bar r + ds\, d\bar s}{dr^2 + ds^2} \right).$$

Nun gilt für den Drall d nach (22)

$$(163) \qquad \frac{\sqrt{d\mathfrak{A}^2}}{1 + A_3} = \frac{\sqrt{d\mathfrak{a}^2}\left\{ 1 + \dfrac{\varepsilon}{d} \right\}}{(1 + a_3)\left(1 + \dfrac{\varepsilon \bar a_3}{1 + a_3} \right)} = \frac{\sqrt{d\mathfrak{a}^2}}{1 + a_3} \left\{ 1 + \varepsilon \left(\frac{1}{d} - \frac{\bar a_3}{1 + a_3} \right) \right\}$$

Bildet man in (162) und in (163) den Quotienten aus dem mit ε behafteten und dem von ε freien Teil, so ergibt sich durch Gleichsetzen der beiden Quotienten

$$(164) \qquad \frac{1}{d} = \frac{\bar a_3}{1 + a_3} + \frac{dr\, d\bar r + ds\, d\bar s}{dr^2 + ds^2} .$$

Soll nun $\bar r\,(r, s)$, $\bar s\,(r, s)$ ein isotropes Strahlensystem sein[3], so ist

---

[1] Die neuen Größen $\dot r$, $\bar r$ haben nichts mit den Invarianten r, $\bar r$ des vorigen Paragraphen zu tun.

[2] Wegen dieser Zuordnung vgl. man J. GRÜNWALD: Monatsh. Math. Phys. Bd. 17, S. 81—136. 1906 und W. BLASCHKE: Ebenda Bd. 21, S. 201—306. 1910.

[3] Bei einem nicht-zylindrischen Strahlensystem können wir immer r, s als unabhängige Veränderliche nehmen.

dazu nach § 127 notwendig und hinreichend, daß der Drall d einer Systemfläche unabhängig von der Fortschreitungsrichtung $dr : ds$ ausfällt. Es muß also

$$(165) \qquad \frac{dr\,d\bar{r} + ds\,d\bar{s}}{dr^2 + ds^2} = \frac{\frac{\partial \bar{r}}{\partial r}\,dr^2 + \left(\frac{\partial \bar{r}}{\partial s} + \frac{\partial \bar{s}}{\partial r}\right)\,dr\,ds + \frac{\partial \bar{s}}{\partial s}\,ds^2}{dr^2 + ds^2}$$

unabhängig von $dr : ds$ werden. Dazu ist notwendig und hinreichend das Bestehen der Gleichungen von CAUCHY und RIEMANN:

$$(166) \qquad \frac{\partial \bar{r}}{\partial r} - \frac{\partial \bar{s}}{\partial s} = 0, \qquad \frac{\partial \bar{r}}{\partial s} + \frac{\partial \bar{s}}{\partial r} = 0.$$

Diese Gleichungen sagen aber tatsächlich aus, daß $\bar{t} = \bar{r} + i\bar{s}$ eine analytische Funktion von $t = r + is$ ist, w. z. b. w.

Daraus folgt, daß durch Transformationen von der Form

$$(167) \qquad \begin{aligned} r^* + i\,s^* &= \varphi\,(r + is, \bar{r} + i\bar{s}), \\ \bar{r}^* + i\bar{s}^* &= \psi\,(r + is, \bar{r} + i\bar{s}) \end{aligned}$$

und

$$(168) \qquad \begin{aligned} r^* - i\,s^* &= \varphi\,(r + is, \bar{r} + i\bar{s}), \\ \bar{r}^* - i\bar{s}^* &= \psi\,(r + is, \bar{r} + i\bar{s}), \end{aligned}$$

wo φ und ψ analytische Funktionen mit gemeinsamem Existenzbereich sind, die isotropen Strahlensysteme wieder in solche übergeführt werden. Unter geeigneten Voraussetzungen läßt sich überdies zeigen, daß diese Eigenschaften für unsre Transformationen kennzeichnend sind.

Hierfür sei ein Beweis von A. OSTROWSKI mitgeteilt. Setzen wir

$$(169) \qquad \begin{aligned} r + i\,s &= t, \quad r - i\,s = \tau; \\ \bar{r} + i\,\bar{s} &= \bar{t}, \quad \bar{r} - i\,\bar{s} = \bar{\tau}, \end{aligned}$$

dann können wir von unsern Transformationen annehmen, daß sie sich in der Form schreiben lassen:

$$(170) \qquad \begin{aligned} t^* &= r^* + i\,s^* = \varphi\,(t, \bar{t}; \ \tau, \bar{\tau}), \\ \bar{t}^* &= \bar{r}^* + i\bar{s}^* = \psi\,(t, \bar{t}; \ \tau, \bar{\tau}), \end{aligned}$$

wo φ, ψ analytische Funktionen ihrer vier Veränderlichen sind, zwischen denen keine identische Abhängigkeit besteht. Setzen wir dann

$$\bar{t} = f\,(t), \qquad \bar{\tau} = f\,(\tau);$$

wo f eine *reelle* analytische Funktion bedeutet, so muß nach Voraussetzung zwischen t^* und $\bar{t}^*$ eine analytische Abhängigkeit bestehen, wenn t und τ konjugiert imaginär sind, und daher muß die Funktionaldeterminante

$$(171) \qquad \frac{\partial(t^*, \bar{t}^*)}{\partial(t, \tau)} = \begin{vmatrix} \varphi_t + \varphi_{\bar{t}}\, f_t, & \varphi_\tau + \varphi_{\bar{\tau}}\, f_\tau \\ \psi_t + \psi_{\bar{t}}\, f_t, & \psi_\tau + \psi_{\bar{\tau}}\, f_\tau \end{vmatrix}_{\substack{\bar{t}=f(t)\\ \bar{\tau}=f(\tau)}} = 0$$

sein. Da die reelle analytische Funktion f beliebig ist, folgt, daß die analytische Funktion

$$\begin{vmatrix} \varphi_t + \varphi_{\bar{t}}\, z, & \varphi_\tau + \varphi_{\bar{\tau}}\, \zeta \\ \psi_t + \psi_{\bar{t}}\, z, & \psi_\tau + \psi_{\bar{\tau}}\, \zeta \end{vmatrix}$$

in den sechs Veränderlichen t, $\bar{t}$, z; τ, $\bar{\tau}$, ζ verschwindet, wenn die letzten drei zu den ersten drei konjugiert-imaginär sind. Daraus folgt aber durch analytische Fortsetzung, daß die Funktion überhaupt identisch verschwindet. Denn ist z. B.

$$\omega\,(r + i\,s,\ r - i\,s) = 0$$

für reelle r, s, so folgt daraus auch das Verschwinden für komplexe r, s.

Somit folgt das Verschwinden der vier Funktionaldeterminanten

$$(172) \qquad \begin{aligned} \frac{\partial(\varphi, \psi)}{\partial(t, \tau)} = 0, & \qquad \frac{\partial(\varphi, \psi)}{\partial(t, \bar{\tau})} = 0, \\[2mm] \frac{\partial(\varphi, \psi)}{\partial(\bar{t}, \tau)} = 0, & \qquad \frac{\partial(\varphi, \psi)}{\partial(\bar{t}, \bar{\tau})} = 0. \end{aligned}$$

Wäre nun im Gegensatz zu den Annahmen (167), (168) das Funktionenpaar φ, ψ etwa von dem Paar t, τ von Veränderlichen abhängig, so folgte aus den beiden oberen Gleichungen in (172), die linear in φ_t, ψ_t sind, und aus den beiden linken Gleichungen (172), die in φ_τ, ψ_τ linear sind, auch noch

$$(173) \qquad \frac{\partial(\varphi, \psi)}{\partial(\tau, \bar{\tau})} = 0, \qquad \frac{\partial(\varphi, \psi)}{\partial(t, \bar{t})} = 0.$$

Nach (172), (173) wären aber die Funktionen φ, ψ voneinander abhängig entgegen der Voraussetzung.

Damit ist also gezeigt: *Soll durch eine analytische Zuordnung*

$$(r,\ s,\ \bar{r},\ \bar{s}) \longrightarrow (r^*,\ s^*,\ \bar{r}^*,\ \bar{s}^*)$$

jeder analytischen Beziehung zwischen $r + is$ *und* $\bar{r} + i\bar{s}$ *wieder eine solche zwischen* $r^* + is^*$, $\bar{r}^* + i\bar{s}^*$ *entsprechen, so muß die Zuordnung die Form* (167) *oder* (168) *haben*[1].

Zur Gültigkeit des Beweises sind ziemlich erhebliche Voraussetzungen über die Existenzbereiche der auftretenden analytischen Funktionen erforderlich.

---

[1] Das hat schon E. STUDY behauptet: Sugli enti analitici, Rendiconti di Palermo Bd. 21, S. 345—359. 1906. Für seinen etwas allgemeineren Satz hat STUDY dem Verfasser 1921 einen Beweis mitgeteilt.

§ 131. Weitere Formeln für stereographische Linienkoordinaten.

Wir wollen in (158) die reellen Bestandteile absondern und erhalten so:

$$(174) \qquad \mathfrak{a} \begin{cases} a_1 = \dfrac{2r}{1 + r^2 + s^2}, \\[2mm] a_2 = \dfrac{2s}{1 + r^2 + s^2}, \\[2mm] a_3 = \dfrac{1 - (r^2 + s^2)}{1 + r^2 + s^2}, \end{cases}$$

$$(175) \qquad \bar{\mathfrak{a}} = 2\,\frac{\mathfrak{b}\,\bar{r} + \mathfrak{c}\,\bar{s}}{1 + r^2 + s^2}.$$

Darin bedeuten $\mathfrak{b}$ und $\mathfrak{c}$ die Vektoren

$$(176) \qquad \mathfrak{b} \begin{cases} \dfrac{1 - r^2 + s^2}{1 + r^2 + s^2}, \\[2mm] \dfrac{-2rs}{1 + r^2 + s^2}, \\[2mm] \dfrac{-2r}{1 + r^2 + s^2}; \end{cases} \qquad \mathfrak{c} \begin{cases} \dfrac{-2rs}{1 + r^2 + s^2}, \\[2mm] \dfrac{1 + r^2 - s^2}{1 + r^2 + s^2}, \\[2mm] \dfrac{-2s}{1 + r^2 + s^2}. \end{cases}$$

Die drei Vektoren $\mathfrak{a}$, $\mathfrak{b}$, $\mathfrak{c}$ bilden ein orthogonales Dreibein von Einheitsvektoren

$$(177) \qquad \mathfrak{a} \times \mathfrak{b} = \mathfrak{c}, \quad \mathfrak{b} \times \mathfrak{c} = \mathfrak{a}, \quad \mathfrak{c} \times \mathfrak{a} = \mathfrak{b}.$$

Aus dieser Darstellung der Vektoren $\mathfrak{a}$, $\bar{\mathfrak{a}}$ folgt: *Die stereographischen Linienkoordinaten haben folgende Bedeutung:* $t = r + is$ *gibt die Richtung, und zwar ist* t Riemanns *komplexe Zahl auf dem sphärischen Bilde.* $\bar{t} = \bar{r} + i\bar{s}$ *legt die Lage des Strahls im Bündel gleichsinnig paralleler Strahlen fest, und zwar ist die Gaußsche Zahlenebene der* $\bar{t}$ *ähnlich abgebildet auf das Feld der Schnittpunkte der Strahlen des Parallelbündels mit einer dazu senkrechten Ebene.*

Diese Deutung unsrer Koordinaten können wir benutzen, um mit ihrer Hilfe eine einfache Abbildung aus der Gruppe (167) darzustellen, die schon Ribaucour betrachtet hat und die wir kurz als „*Schwenkung*" bezeichnen wollen. Ist $\mathfrak{A}$ ein Strahl, so wird der entsprechende $\mathfrak{A}^*$ nach folgender Vorschrift gefunden: Man lege durch den Ursprung den zu $\mathfrak{A}$ gleichsinnig parallelen Strahl $\mathfrak{A}_0$ und schwenke $\mathfrak{A}$ um die Achse $\mathfrak{A}_0$ durch einen positiven rechten Winkel nach $\mathfrak{A}^*$. In stereographischen Linienkoordinaten schreibt sich diese „Schwenkung" offenbar so:

$$(178) \qquad t^* = t, \qquad \bar{t}^* = i\,\bar{t}.$$

oder ausführlicher:

$$(179) \qquad \begin{aligned} r^* &= r, \qquad s^* = s; \\ \bar{r}^* &= -\,\bar{s}, \qquad \bar{s}^* = +\,\bar{r} \end{aligned}$$

und in den Vektoren $\mathfrak{a}$, $\bar{\mathfrak{a}}$ folgendermaßen:

$$(180) \qquad \mathfrak{a}^* = \mathfrak{a}, \qquad \bar{\mathfrak{a}}^* = \mathfrak{a} \times \bar{\mathfrak{a}}.$$

Geben wir nun eine geradlinige Fläche, d sei ihr Drall und l die Entfernung vom Fußpunkt des Lotes aus dem Ursprung auf eine Erzeugende bis zum Kehlpunkt dieser Erzeugenden. Dann ist nach (22) und (59_3):

$$(181) \qquad \frac{1}{d} = \frac{\mathfrak{a}'\bar{\mathfrak{a}}'}{\mathfrak{a}'^2}, \qquad l = \frac{(\mathfrak{a}\,\mathfrak{a}'\,\bar{\mathfrak{a}}')}{\mathfrak{a}'^2}.$$

Üben wir auf diese Fläche die Schwenkung aus, so finden wir für die transformierte Fläche

$$(182) \qquad \frac{1}{d^*} = -l, \qquad l^* = +\frac{1}{d}.$$

Die Formel (164) für d können wir jetzt wegen (166) auch so schreiben:

$$(183) \qquad \frac{1}{d} = -2\frac{r\bar{r} + s\bar{s}}{1 + r^2 + s^2} + \Re\frac{d\bar{t}}{dt},$$

wenn $\Re$ den Realteil heraushebt.

Für die Schwenkung folgt daraus nach (179)

$$(184) \qquad \frac{1}{d^*} = -l = -2\frac{r\bar{s} - s\bar{r}}{1 + r^2 + s^2} + \Re\,i\,\frac{d\bar{t}}{dt}.$$

Somit ist

$$(185) \qquad l = 2\frac{r\bar{s} - s\bar{r}}{1 + r^2 + s^2} - \Re\,i\,\frac{d\bar{t}}{dt}.$$

Hierin steckt, daß alle Systemflächen durch einen Strahl eines isotropen Strahlensystems denselben Kehlpunkt haben und, daß dies die isotropen Strahlensysteme kennzeichnet, was wir früher anders bewiesen hatten (§ 127).

§ 132. Zusammenhang mit der Theorie der Minimalflächen von WEIERSTRASZ.

Um jetzt wieder auf die Minimalflächen zu kommen, bemerken wir zunächst folgendes. Man kann die (reellen, eigentlichen und gerichteten) Strahlen eineindeutig auf hindurchgehende isotrope Ebenen abbilden. Dazu setzen wir die Gleichung einer durch den Strahl $\mathfrak{A}$ laufenden isotropen Ebene in der Form an:

$$(186) \qquad \begin{aligned} (\underline{\mathfrak{a}} - i\,\bar{\mathfrak{a}})\,\mathfrak{x} &= \bar{\mathfrak{a}}^2, \\ \underline{\mathfrak{a}} &= \mathfrak{a} \times \bar{\mathfrak{a}}. \end{aligned}$$

Zunächst geht nämlich diese Ebene durch den Fußpunkt $\underline{\mathfrak{a}}$ des Lotes vom Ursprung auf $\mathfrak{A}$, dann geht sie durch $\mathfrak{a}$ wegen

$$(\underline{\mathfrak{a}} - i\,\bar{\mathfrak{a}})\,\mathfrak{a} = 0$$

und schließlich ist sie' isotrop wegen

$$(\underline{\mathfrak{a}} - i\,\bar{\mathfrak{a}})^2 = 0\,.$$

Wir wollen nun die Ebenengleichung (186) auf unsre stereographischen Linienkoordinaten umrechnen. Wir finden aus (175) wegen (176)

$$(187) \qquad\qquad \underline{\mathfrak{a}} = \mathfrak{a} \times \bar{\mathfrak{a}} = 2\,\frac{\mathfrak{c}\,\bar{r} - \mathfrak{b}\,\bar{s}}{1 + r^2 + s^2}\,.$$

Daraus ist

$$(188) \qquad\qquad \underline{\mathfrak{a}} - i\,\bar{\mathfrak{a}} = 2\,\frac{\bar{r} - i\,\bar{s}}{1 + r^2 + s^2}\,(\mathfrak{c} - i\,\mathfrak{b})\,.$$

Ferner ist nach (175)

$$(189) \qquad\qquad \bar{\mathfrak{a}}^2 = 4\,\frac{\bar{r}^2 + \bar{s}^2}{(1 + r^2 + s^2)^2}\,.$$

Durch Einsetzen in (186) erhalten wir schließlich für unsre isotrope Ebene durch den Strahl $\mathfrak{A}$ die Gleichung

$$(190) \qquad\qquad -i\,(1 - t^2)\,x_1 + (1 + t^2)\,x_2 + 2\,i\,t\,x_3 = 2\,\bar{t}\,.$$

Unsre stereographischen Linienkoordinaten bestimmen also aufs einfachste die isotrope Ebene und vermitteln den Zusammenhang zwischen den Strahlen und isotropen Ebenen.

Aus (190) ist der Zusammenhang zwischen isotropen Strahlensystemen und isotropen Torsen klar erkennbar: Jeder analytischen Abhängigkeit der komplexen Koordinaten t, $\bar{t}$ entspricht im Linienraum ein isotropes Strahlensystem und andrerseits eine durch die Strahlen des Systems hindurchgelegte, von einem komplexen Parameter abhängige Schar isotroper Ebenen, die eine isotrope Torse umhüllen, d. h. im allgemeinen die Tangentenfläche einer isotropen Kurve.

Setzen wir

$$(191) \qquad\qquad \bar{t} = f(t)\,,$$

so geht unsre Formel (190) genau in die Formel (177) von § 23 über, die wir der integrallosen Darstellung der isotropen Kurven zugrunde gelegt hatten. Wir haben daher nach (178) § 23 für den Berührungspunkt $\mathfrak{y}$ mit der (im allgemeinen) umhüllten isotropen Kurve:

$$
\begin{aligned}
y_1 &= i\left(\bar{t} - t\,\frac{d\bar{t}}{d\,t} - \frac{1 - t^2}{2}\,\frac{d^2\bar{t}}{d t^2}\right),\\[2mm]
(192)\qquad\quad y_2 &= \left(\bar{t} - t\,\frac{d\bar{t}}{d\,t} + \frac{1 + t^2}{2}\,\frac{d^2\bar{t}}{d t^2}\right),\\[2mm]
y_3 &= -\,i\left(\frac{d\bar{t}}{d\,t} - t\,\frac{d^2 t}{d t^2}\right).
\end{aligned}
$$

Nennen wir den konjugiert imaginären Punkt $\mathfrak{z}$, so ergibt sich für den Mittelpunkt $\mathfrak{x}$ von $\mathfrak{y}$ und $\mathfrak{z}$ das Formelsystem (9) von § 107 für die Minimalfläche $\mathfrak{x}\,(r,\,s)$. Die umhüllte isotrope Kurve $\mathfrak{y}\,(t)$ und infolgedessen auch die Minimalfläche $\mathfrak{x}\,(r,\,s)$ schrumpft auf einen Punkt zusammen, wenn $\bar{t}$ ein in t quadratisches Polynom ist. Hingegen gibt es auch in diesem Falle ein zugehöriges isotropes Strahlensystem, das im allgemeinen aus den Erzeugenden einer konfokalen Schar von Drehhyperboloiden, im besonderen aus einem Strahlenbündel besteht.

§ 133. Bemerkungen und Aufgaben.

1. Bewegungsparameter von STUDY. Die Drehungen um einen Punkt kann man nach EULER auf zwei Arten durch Parameter darstellen, erstens durch die „EULERschen Winkel" und zweitens in symmetrischer Form durch die homogenen Parameter von EULER. Überträgt man die zweite Art von Parametern mittels des Übertragungsprinzips (§ 119) auf den Linienraum, so erhält man die von STUDY eingeführten Parameter für die Bewegungen im Raume EUKLIDS. Vgl. E. STUDY: Math. Ann. Bd. 39, S. 441—566. 1891.

2. Parallele geradlinige Flächen. Zu einer geradlinigen Fläche $\mathfrak{A}\,(t)$ konstruiere man die „Parallelfläche" $\mathfrak{A}^*\,(t)$, wobei

$$(193) \qquad\qquad \mathfrak{A}^* = \mathfrak{A}_1 \cos \Theta + \mathfrak{A}_3 \sin \Theta$$

und $\Theta = \vartheta + \varepsilon\,\bar{\vartheta}$ konstant ist. Zwischen den zugehörigen Größen (§ 121) besteht die Beziehung:

$$(194) \qquad
\begin{aligned}
p^* &= p \cos \vartheta - q \sin \vartheta, \\
q^* &= p \sin \vartheta + q \cos \vartheta; \\
\bar{p}^* &= \bar{p} \cos \vartheta - \bar{q} \sin \vartheta - \bar{\vartheta}\,(+\,p \sin \vartheta + q \cos \vartheta), \\
\bar{q}^* &= \bar{p} \sin \vartheta + \bar{q} \cos \vartheta - \bar{\vartheta}\,(-\,p \cos \vartheta + q \sin \vartheta).
\end{aligned}$$

Es ist das die Übertragung des Begriffs der sphärischen Parallelkurven auf den Linienraum. Man kann auch dem Begriff der sphärischen Kurven konstanter Breite ein räumliches Gegenstück gegenüberstellen und zwischen den Integralinvarianten einer derartigen zu sich selbst parallel laufenden geradlinigen Fläche Beziehungen herleiten.

3. Zylindroid. Die gemeinsamen Lote zwischen einem Strahl eines Systems und allen Nachbarstrahlen des Systems bilden im allgemeinen eine geradlinige Fläche dritter Ordnung, die man als Zylindroid zu bezeichnen pflegt. Man vergleiche etwa K. ZINDLER: Liniengeometrie II, S. 82. Leipzig 1906.

4. Ein Satz von P. APPELL über das Zylindroid. Fällt man von einem beliebigen Punkt auf die Erzeugenden eines Zylindroids die Lote, so ist der Ort der Fußpunkte stets eine ebene Kurve. Dadurch sind die Zylindroide unter den nicht zylindrischen geradlinigen Flächen gekennzeichnet. P. APPELL: Bull. Soc. Math. France Bd. 28, S. 261—265. 1900. Die Fragestellung APPELLS hängt aufs innigste mit einer von G. DARBOUX zusammen, nämlich nach allen stetigen Bewegungsvorgängen eines starren Körpers, wobei jeder Punkt des Körpers eine ebene Bahn beschreibt. Comptes Rendus Bd. 92, S. 118. 1881.

5. Ein Gegenstück zum Satz von MEUSNIER. Die Krümmungsachsen (§ 122) aller Systemflächen eines Strahlensystems, die sich längs einer Erzeugenden berühren, bilden ein Zylindroid. Dabei sind natürlich die Krümmungsachsen gemeint, die zur Berührungserzeugenden gehören. Auch zum Satz von Euler über die Krümmungen der Normalschnitte einer Fläche gibt es bei Strahlensystemen ein Gegenstück, das von den Krümmungsachsen der Systemflächen mit Richtebene handelt. Indessen ist dieser Satz etwas verwickelt.

6. Strahlensysteme mit einer einzigen Brennfläche. Durch das Verschwinden der Invariante k sind die Systeme mit einer einzigen Brennfläche gekennzeichnet. Es umhüllen in diesem Fall die Torsen des Strahlensystems eine Schar von Asymptotenlinien der Brennfläche. Man vgl. etwa G. Koenigs: Thèse 1882 oder G. Sannia: Math. Ann. Bd. 68, S. 414. 1910.

7. Dichte eines Strahlensystems nach Kummer. Um einen Punkt $\mathfrak{x}$ eines Systemstrahls, senkrecht zu diesem, legen wir ein Flächenelement do. Das sphärische Bild aller durch do gehenden Systemstrahlen erfülle das Flächenelement $d\omega$ der Einheitskugel. Dann nennt man nach Kummer:

$$(195) \qquad \frac{d\omega}{do} = \frac{1}{k + \varrho^2}$$

die Dichte des Strahlensystems an der Stelle $\mathfrak{x}$. Zwischen der Dichte und der Invariante k (vgl. § 123) besteht die hingeschriebene Beziehung, wenn ϱ die Entfernung von $\mathfrak{x}$ auf dem hindurchgehenden Systemstrahl bis zu dessen Mittelpunkt (§ 125) bedeutet. E. Kummer: Crelles J. Bd. 57, S. 189—230. 1860; bes. S. 208 u. f. Es sei die Rechnung kurz angedeutet. Einen Punkt auf einem Strahl $\mathfrak{A}$ unsres Systems kann man in der Form $\underline{\mathfrak{a}} + r\mathfrak{a}$ ansetzen und findet für das von ihm beschriebene Flächenelement

$$(196) \qquad \begin{aligned} do &= ((\underline{\mathfrak{a}} + r\,\mathfrak{a})_u,\ (\underline{\mathfrak{a}} + r\,\mathfrak{a})_v,\ \mathfrak{a})\,du\,dv \\ &= (\underline{\mathfrak{a}}_u + r\,\mathfrak{a}_u,\ \ \underline{\mathfrak{a}}_v + r\,\mathfrak{a}_v,\ \mathfrak{a})\,du\,dv. \end{aligned}$$

Durch Division mit dem entsprechenden Element $d\omega$ der Kugeloberfläche folgt nach einer Umrechnung

$$(197) \qquad \begin{aligned} \frac{do}{d\omega} &= \frac{(\underline{\mathfrak{a}}_u\,\mathfrak{a}_v\,\mathfrak{a})}{(\mathfrak{a}_u\,\mathfrak{a}_v\,\mathfrak{a})} + \frac{(\underline{\mathfrak{a}}_u\,\mathfrak{a}_v\,\mathfrak{a}) + (\mathfrak{a}_u\,\underline{\mathfrak{a}}_v\,\mathfrak{a})}{(\mathfrak{a}_u\,\mathfrak{a}_v\,\mathfrak{a})}\,r + r^2 \\ &= \frac{\overline{e}\,\overline{g} - (\mathfrak{a}_u\,\overline{\mathfrak{a}}_v)\,(\mathfrak{a}_v\,\overline{\mathfrak{a}}_u)}{e\,g - f^2} + \frac{(\mathfrak{a}_u\,\overline{\mathfrak{a}}_v) - (\mathfrak{a}_v\,\overline{\mathfrak{a}}_u)}{(\mathfrak{a}_u\,\mathfrak{a}_v\,\mathfrak{a})}\,r + r^2 \\ &= \frac{\overline{e}\,\overline{g} - \overline{f}^2}{e\,g - f^2} + \left\{ r + \frac{(\mathfrak{a}_u\,\overline{\mathfrak{a}}_v) - (\mathfrak{a}_v\,\overline{\mathfrak{a}}_u)}{2\,(\mathfrak{a}_u\,\mathfrak{a}_v\,\mathfrak{a})} \right\}^2 = k + \varrho^2. \end{aligned}$$

8. Divergenz eines Strahlensystems. Denken wir uns in jedem Punkt eines Strahls $(\mathfrak{a},\ \overline{\mathfrak{a}})$ eines Systems den Einheitsvektor $\mathfrak{a}$ abgetragen, so ist dadurch ein „Vektorfeld" erklärt. Als Divergenz eines Vektorfeldes $a_k\,(x_1,\ x_2,\ x_3)$ bezeichnet man den Ausdruck

$$\frac{\partial a_1}{\partial x_1} + \frac{\partial a_2}{\partial x_2} + \frac{\partial a_3}{\partial x_3}.$$

Für die Divergenz des eben erklärten Feldes findet man den Wert

$$(198) \qquad 2\,\frac{\varrho}{k + \varrho^2},$$

wo k und ϱ dieselbe Bedeutung wie in der vorhergehenden Aufgabe haben.

9. Über die Gesamtkrümmung eines Strahlensystems. Man dehne die Integralformel (§ 124 (101))

$$-2 \int h\,d\omega = \oint \overline{q}\,dt$$

auf geradlinige Flächen mit Kanten aus.

10. Synektische Strahlensysteme. Nach dem Vorbild einer analytischen Funktion einer komplexen Veränderlichen kann man die „synektischen Funktionen" einer dualen Veränderlichen erklären. Man findet

$$(199) \qquad f(u + \varepsilon v) = f(u) + \varepsilon v \, f'(u).$$

Gibt man den dualen Einheitsvektor $\mathfrak{A}$ als derartige Funktion vor

$$(200) \qquad \mathfrak{A}(u + \varepsilon v) = \mathfrak{A}(u) + \varepsilon v \, \mathfrak{A}'(u),$$

so ist dadurch ein zylindrisches Strahlensystem erklärt, das man nach STUDY wieder „synektisch" nennt. Man zeige, daß diese Strahlensysteme aus den Normalen einer Torse bestehen. E. STUDY: Geometrie der Dynamen, S. 305 u. f.

11. Über isotrope Strahlensysteme. Man ermittle zu einer gegebenen Minimalfläche alle zugehörigen isotropen Strahlensysteme, die die Minimalfläche zur Einhüllenden der Mittelebenen haben, und gebe die einfache Konstruktion an, die von einem dieser Systeme zu irgend einem andern führt. A. RIBAUCOUR: Brüssel mém. cour. Bd. 44. 1881.

12. Strahlensysteme von BIANCHI. Wenn h und k konstant sind, so haben die Brennflächen festes Krümmungsmaß. L. BIANCHI: Annali di matematica (2) Bd. 15 (1887).

13. Strahlensysteme von GUICHARD. Das duale Bogenelement $d\mathfrak{A}^2$ eines Strahlensystems lasse sich auf die Form von TSCHEBYSCHEFF bringen:

$$(201) \qquad d\mathfrak{A}^2 = du^2 + 2F \, du \, dv + dv^2.$$

Dann ist also $e = g = 1$, $\bar{e} = \bar{g} = 0$. Man zeige, daß die Torsen des Systems die Brennflächen in Krümmungslinien berühren. C. GUICHARD: Ann. de l'École normale (3) Bd. 6, S. 333—348. 1889.

14. Synektische Transformationen des Strahlenraumes. In den Linienkoordinaten $R = r + \varepsilon\bar{r}$, $S = s + \varepsilon\bar{s}$ von § 130 schreibt sich eine synektische Transformation in der Form

$$(202) \qquad \begin{aligned} R^* &= f(R, S) = f(r, s) + \varepsilon\left\{\frac{\partial f}{\partial r}\bar{r} + \frac{\partial f}{\partial s}\bar{s}\right\}, \\[2mm] S^* &= g(R, S) = g(r, s) + \varepsilon\left\{\frac{\partial g}{\partial r}\bar{r} + \frac{\partial g}{\partial s}\bar{s}\right\}, \end{aligned}$$

wo f und g synektische Funktionen im Sinne der Aufgabe 10 sind. Man zeige, daß diese Transformationen die synektischen Strahlensysteme unter sich vertauschen.

15. Dual konforme Abbildungen. Unter den synektischen Abbildungen (Aufg. 14) sind die dual-konformen enthalten, die sich in der Veränderlichen $T = t + \varepsilon\bar{t}$ so schreiben lassen:

$$(203) \qquad T^* = F(T) = F(t) + \varepsilon F'(t) \cdot \bar{t},$$

wo F eine Potenzreihe mit komplexdualen Koeffizienten bedeutet. Die „Winkeltreue" dieser Abbildungen äußert sich so: Ist $d\varphi + \varepsilon d\bar{\varphi}$ der duale Winkel zweier Nachbarstrahlen, $d\varphi^* + \varepsilon d\bar{\varphi}^*$ der der entsprechenden, so ist

$$(204) \qquad d\varphi^* + \varepsilon \, d\bar{\varphi}^* = (a + \varepsilon b)(d\varphi + \varepsilon \, d\bar{\varphi}),$$

$$(205) \qquad \frac{d\bar{\varphi}^*}{d\varphi^*} = \frac{d\bar{\varphi}}{d\varphi} + a,$$

wo a, b nur vom Orte, nicht von der Richtung abhängen. Die Transformationen (203) gehören zu den Transformationen (167). J. GRÜNWALD: Monatsh. Math. Phys. Bd. 17, S. 118 u. f. 1906.

16. Die dualen Kreisverwandtschaften. Eine Untergruppe der dual-konformen Abbildungen entsteht, wenn wir für F eine lineargebrochene Funktion nehmen:

$$(206) \qquad T^* = \frac{A\,T + B}{C\,T + D}\,.$$

Dieselbe (12gliedrige) Gruppe von Transformationen des Linienraumes kann man auch auf anderem Wege erhalten: Man unterwerfe die isotropen Ebenen den komplexen EUKLIDischen Bewegungen, dann entspricht diesen Transformationen der isotropen Ebenen vermöge der Abbildung von § 132 auf die Strahlen im Linienraum die Gruppe (206). Man vergleiche dazu neben der eben genannten Arbeit von J. GRÜNWALD noch E. v. WEBER: Leipz. Ber. Bd. 55, S. 384—408. 1903 und W. BLASCHKE: Monatsh. Math. Phys. Bd. 21, S. 201—308. 1910.

17. Dual flächentreue Abbildungen. Eine andere Untergruppe der in Aufgabe 14 besprochenen synektischen Abbildungen sind die, bei denen das duale Flächenelement der Kugel $\mathfrak{A}^2 = 1$ erhalten bleibt. Man beweise, daß diesen Transformationen Abbildungen der Strahlen entsprechen, bei denen die Normalensysteme untereinander vertauscht werden.

18. Formänderung von Minimalflächen. Man unterwerfe ein isotropes Strahlensystem einer Transformation (203) oder (206), wie ändert sich dann die zugehörige Minimalfläche?

19. Ein Satz von W. R. HAMILTON. Es sei $a_k\,(x_1,\ x_2,\ x_3)$ ein Vektorfeld. Unter seiner „Rotation" versteht man den Vektor

$$(207) \qquad rot\ \mathfrak{a} \begin{cases} \dfrac{\partial a_3}{\partial x_2} - \dfrac{\partial a_2}{\partial x_3}, \\[2ex] \dfrac{\partial a_1}{\partial x_3} - \dfrac{\partial a_3}{\partial x_1}, \\[2ex] \dfrac{\partial a_2}{\partial x_1} - \dfrac{\partial a_1}{\partial x_2}. \end{cases}$$

Wenn $\mathfrak{a}^2 = 1$ ist, so ist die notwendige und hinreichende Bedingung für die Geradlinigkeit der Kraftlinien des Feldes:

$$(208) \qquad \mathfrak{a} \times rot\ \mathfrak{a} = 0.$$

W. R. HAMILTON: Transactions of the Irish Academy Bd. 15. 1828; R. ROTHE: Jahresber. Dt. Math. Ver. Bd. 21, S. 256. 1912. Weitere Literatur bei H. ROTHE: Enzyklopädie III A B 11, S. 1363 u. ff.

20. Integralinvarianten der Liniengeometrie. Neben den in § 124 betrachteten beiden Doppelintegralen kann man auch Bewegungsinvarianten drei- und vierfacher Integrale betrachten. Um sie einfach schreiben zu können, wollen wir unsre Linienkoordinaten $a_k,\ \bar a_k$ durch vier unabhängige Veränderliche $\varphi,\ \bar\varphi,\ \vartheta,\ \bar\vartheta$ ausdrücken:

$$(209) \qquad \begin{aligned} a_1 &= \cos\vartheta\cos\varphi, & \bar a_1 &= -\cos\vartheta\sin\varphi\cdot\bar\varphi - \sin\vartheta\cos\varphi\cdot\bar\vartheta, \\ a_2 &= \cos\vartheta\sin\varphi, & \bar a_2 &= +\cos\vartheta\cos\varphi\cdot\bar\varphi - \sin\vartheta\sin\varphi\cdot\bar\vartheta, \\ a_3 &= \sin\vartheta, & \bar a_3 &= \qquad * \qquad\quad + \cos\vartheta\cdot\bar\vartheta. \end{aligned}$$

Dann ist das über eine von drei Parametern abhängige Gesamtheit von Geraden erstreckte dreifache Integral

$$(210) \qquad \int\int \left\{ \sin\vartheta\cdot d\vartheta\,d\varphi \int \sqrt{\cos^2\vartheta\cdot d\bar\varphi^2 + d\bar\vartheta^2} \right\}$$

und ebenso das vierfache Integral

$$(211) \qquad \int\int \left\{ \sin\vartheta\cdot d\vartheta\,d\varphi \int\int |\cos\vartheta|\cdot d\bar\vartheta\,d\bar\varphi \right\}$$

bewegungsinvariant. Erstreckt man das dreifache Integral über alle (gerichteten) Geraden, die ein Kurvenstück schneiden, so ist der Wert des Integrals gleich $\pi^2 \times$ Länge des Kurvenstücks. Erstreckt man das vierfache Integral über alle Geraden, die ein Flächenstück treffen, so ergibt sich, wenn man die Vielfachheit der Schnittpunkte berücksichtigt, als Integralwert $2\pi \times$ Oberfläche des Flächenstückes. Das vierfache Integral hat in etwas anderer Schreibweise schon E. Cartan betrachtet: Bull. Soc. Math. France Bd. 24, S. 140—177. 1896. Man vgl. auch die Aufgaben 22 in § 24 und 14 in § 104 und die dort angegebene Literatur.

21. Ein Satz von G. Darboux. Eine Gerade $\mathfrak{A}$ sei so beweglich, daß auf ihr drei Punkte $\mathfrak{p}_k$ mit festen Abständen in drei festen paarweis senkrechten Ebenen gleiten können. Dann beschreibt $\mathfrak{A}$ das Normalensystem einer Fläche, die vom Mittelpunkt der Strecke beschrieben wird, deren eines Ende nach $\mathfrak{p}_k$ fällt, und deren andres Ende der Fußpunkt des Lotes vom Schnittpunkt der festen Ebenen auf $\mathfrak{A}$ ist. Comptes Rendus Bd. 92, S. 446. 1881.

22. Ein Lehrsatz zur Kinematik. Ein Strahl eines Strahlensystems heißt „isotrop", wenn dort $d_1 = d_2$ (§ 123) ist. Man zeige: Die geraden Linien eines mit zwei Freiheitsgeraden beweglichen starren Körpers, die in einem Bewegungsaugenblick von allgemeiner Art isotrope Strahlen der von ihnen durchlaufenen Strahlensysteme sind, bilden ein isotropes Strahlensystem, das aus den Erzeugenden der Paraboloide einer konfokalen Schar besteht. W. Blaschke: Arch. Math. Phys. (3) Bd. 17, S. 194—195. 1911.

23. Über geradlinige Flächen. Führt man in § 121 an Stelle der $\bar{a}_k$ die Koordinaten α_k ein:

$$(212) \qquad \bar{a}_1 = \alpha_3 a_2 - \alpha_2 a_3, \quad \bar{a}_2 = \alpha_1 a_3 - \alpha_3 a_1, \quad \bar{a}_3 = \alpha_2 a_1 - \alpha_1 a_2,$$

durch die sich der Kehlpunkt $\mathfrak{x}$ so darstellen läßt:

$$(213) \qquad \mathfrak{x} = \alpha_1 a_1 + \alpha_2 a_2 + \alpha_3 a_3,$$

so treten an Stelle von (39), (40) die Ableitungsgleichungen:

$$(214) \qquad \alpha_1' = \bar{q} + p\,\alpha_2, \quad \alpha_2' = -p\,\alpha_1 + q\,\alpha_3, \quad \alpha_3' = \bar{p} - q\,\alpha_2.$$

24. Strahlensysteme von A. Schur. Man bestimme die Strahlensysteme, deren Brennflächen durch die Strahlen isometrisch aufeinander bezogen sind. Schur, A.: Math. Z. Bd. 19, S. 114—127. 1923 sowie M. Slotnick: Math. Z. Bd. 28, S. 107 bis 115. 1928.

25. Verhalten eines Strahlensystems bei Verbiegung seiner Leitflächen. Legt man durch ein Strahlensystem eine beliebige Fläche hindurch und führt bei Verbiegungen dieser Fläche die Strahlen des Systems als starr mit den Flächenelementen der Fläche verbunden mit, so bleibt das im § 124 (101) betrachtete Integral

$$\int h\,d\omega$$

ungeändert. E. Cartan: Bull. Soc. Math. France Bd. 24, S. 140—177. 1896.

26. Formeln für Tangenten an die Brennflächen. Unter Verwendung der Formeln des § 129 zeige man, daß die beiden dualen Vektoren

$$(215) \qquad \begin{cases} \mathfrak{B} = \sqrt{\dfrac{r}{r - \tilde{r}}}\,(1 - \varepsilon r)\,\mathfrak{A}_1 + \sqrt{\dfrac{\tilde{r}}{r - \tilde{r}}}\,(1 - \varepsilon \tilde{r})\,\mathfrak{A}_2 \\[2ex] \mathfrak{W} = \sqrt{\dfrac{r}{r - \tilde{r}}}\,(1 - \varepsilon r)\,\mathfrak{A}_1 - \sqrt{\dfrac{\tilde{r}}{r - \tilde{r}}}\,(1 - \varepsilon \tilde{r})\,\mathfrak{A}_2 \end{cases}$$

die beiden Geraden darstellen, die in den beiden Brennpunkten die Brennflächen berühren und zum Systemstrahl senkrecht sind.

27. Krümmungslinien der Brennflächen. Man zeige, daß die Krümmungslinien der Brennfläche, die zu der Geraden $\mathfrak{B}$ in (215) gehört, die Nullinien der quadratischen Differentialform

$$\mathfrak{D}\,[(d\mathfrak{A}\,d\mathfrak{A}) + (d\mathfrak{B}\,d\mathfrak{B})]$$

sind, während die Krümmungslinien der zweiten Brennfläche entsprechend durch

$$\mathfrak{D}\,[(d\mathfrak{A}\,d\mathfrak{A}) + (d\mathfrak{W}\,d\mathfrak{W})] = 0$$

gegeben sind.

Zum Schluß sei erwähnt, daß sich die hier vorgetragenen Methoden der Liniengeometrie auch dazu verwenden lassen, um die Differentialgeometrie der „Linienkomplexe" zu behandeln, d. h. der von drei wesentlichen Parametern abhängigen Mannigfaltigkeiten von geraden Linien. Indessen wurde bisher die elementare Differentialgeometrie dieser Gebilde noch wenig untersucht[1], vielleicht da kein Anstoß dazu aus der geometrischen Optik erfolgt ist, aber die algebraische Seite ist z. B. von F. KLEIN entwickelt worden, wobei er wieder auf die berühmte nach KUMMER benannte Fläche gekommen ist, die den Gegenstand der Untersuchungen vieler Geometer gebildet hat.

----

[1] Vgl. etwa G. SANNIA: Annali di matematica (3) Bd. 17, S. 179—223. 1910.

Namen- und Sachverzeichnis.

Die Zahlen geben die Seiten an.